EXPOSITION UNIVERSELLE DE 1851.

TRAVAUX

DE

LA COMMISSION FRANÇAISE

SUR L'INDUSTRIE DES NATIONS.

EXPOSITION UNIVERSELLE DE 1851.

TRAVAUX

DE

LA COMMISSION FRANÇAISE

SUR L'INDUSTRIE DES NATIONS,

PUBLIÉS

PAR ORDRE DE L'EMPEREUR.

TOME I.

CINQUIÈME PARTIE.

PARIS.

IMPRIMERIE IMPÉRIALE.

M DCCC LXII.

EXPOSITION UNIVERSELLE DE 1851.

TRAVAUX
DE LA COMMISSION FRANÇAISE.

INTRODUCTION

PAR

M. LE BARON CHARLES DUPIN,

PRÉSIDENT DE LA COMMISSION,

SÉNATEUR ET MEMBRE DE L'INSTITUT.

FORCE PRODUCTIVE

DES NATIONS CONCURRENTES,

DEPUIS 1800 JUSQU'A 1851.

Ve PARTIE.

L'INDO-CHINE ET L'INDE.

HOMMAGE A LA MÉMOIRE

DE

S. A. R. LE PRINCE ALBERT,

PRINCE-ÉPOUX D'ANGLETERRE,

PRÉSIDENT

DE L'EXPOSITION UNIVERSELLE

DE 1851.

Au moment où nous achevons le tableau des arts producteurs du cinquième et dernier groupe de l'Empire britannique, nous apprenons la mort imprévue et lamentable du Prince accompli qui présidait la première Exposition, où cet Empire a brillé d'un si grand éclat. Son existence est ravie, ne craignons pas de le dire, à l'attente des nations dont il s'apprêtait à présider le nouveau concours; toutes ensemble se faisaient un bonheur de mettre bientôt sous ses yeux les progrès de l'univers depuis dix années.

Nous exprimons ici la douleur qu'éprouvent les Jurés de toutes les nations. Ce Prince les avait charmés et captivés par sa royale courtoisie, par son accueil rempli de bienveillance et par les témoignages d'une estime dont ils avaient droit d'être fiers.

S. A. R. prenait un puissant intérêt à la longue entreprise par laquelle nous rattachons un demi-siècle de progrès au concours universel qu'il avait si dignement présidé; chaque fois qu'il recevait un volume nouveau publié sous le souverain patronage de Sa Majesté l'Empereur des Français, il exprimait avec effusion son suffrage approbateur.

Entre tous les souvenirs que réveille en nous la perte du Prince-époux, il en est un qu'il nous est doux de rappeler.

Un jour avait été fixé par Sa Majesté la Reine d'Angleterre pour montrer, elle-même, l'exposition française à d'augustes visiteurs :

C'étaient Leurs Altesses Royales le Prince et la Princesse héréditaires de Prusse; c'était le Prince qui devait un jour, et dès le premier pas, porter la dignité de son pays plus haut que ses prédécesseurs ne l'avaient fait depuis Frédéric le Grand; c'était la Princesse accomplie qui rappelait, par la culture et la distinction de son esprit, la cour lettrée de Weymar et les leçons du célèbre Goëthe; elle apparaissait à nos yeux comme, au temps le plus beau de l'Italie, ces princesses de Ferrare, dignes des vers de l'Arioste et du Tasse.

L'unique fils de cet illustre couple, et l'aînée des Princesses d'Angleterre, et le jeune Prince de Galles, accompagnaient leurs augustes parents; à peine ils touchaient à l'adolescence. Ils ne pouvaient retenir leurs acclamations joyeuses lorsque nous leur faisions apprécier ces mille inventions de l'industrie parisienne, inventions si charmantes pour tous les âges, qui commencent par des joujoux et finissent par des chefs-d'œuvre.

Nous n'étions pas moins fiers de montrer les autres parties de notre industrie nationale. Alors Son Altesse Royale le Prince Albert se faisait un devoir, et surtout un plaisir, d'en signaler le mérite aux illustres visiteurs. Il était vraiment ainsi le Président d'une Exposition universelle, où sans jalousie, sans injustes préférences, il remplissait le grand et beau rôle de Mécène des arts du Monde; rôle qu'il devait au choix, disons mieux, à la divination de l'épouse qui jugeait si bien son cœur et son âme.

Dix ans sont à peine écoulés depuis cette époque, et le temps a marqué ce court intervalle par des changements qui montrent la puissance de sa main et l'imprévu de ses coups.

Le Prince et la Princesse héréditaires règnent aujourd'hui sur la Prusse, fière et satisfaite; leur fils et la Princesse d'Angleterre ont pris rang sur le premier degré d'un trône si noblement occupé.

Le Prince de Galles a parcouru les mers sur lesquelles, un jour, il exercera tant d'empire; il a visité ces républicains des États-Unis, tout surpris d'acclamer le futur souverain de deux cents millions d'âmes, et le jeune rénovateur de ces rois anglo-saxons dont leurs pères avaient été, ce qu'on sait être en Angleterre, les sujets libres et respectueux.

S. M. la Reine Victoria, si longtemps proclamée, comme la Vierge sainte, *heureuse entre toutes les femmes,* n'est plus aujourd'hui fortunée qu'entre toutes les mères; elle n'aura possédé que vingt-deux ans sa félicité d'épouse.

Enfin S. A. R. le Prince Albert, à qui la nation britannique avait érigé dans Londres une statue gagnée, par son caractère, à l'Exposition universelle; ce prince aimé, estimé du peuple; porté lentement, et sur épreuve, au sommet de la plus superbe des aristocraties; appelé par le premier des arts à présider la grande et royale Société d'agriculture; puis appelé, par cette Cambridge dont Newton fut l'élève et la gloire, à présider l'Université célèbre surtout par les sciences;

Ce Prince, comblé d'honneurs, heureux autant que peut l'être un père et plus que tous les époux, à la fleur de l'âge, il vient de descendre d'un seul pas dans la tombe!

La douleur nationale éclate aussi grande que s'il avait été lui-même le Souverain héréditaire du Royaume-Uni; et nous, citoyens des nations étrangères, nous unissons à cette douleur la profonde expression de nos regrets.

AVANT-PROPOS.

Afin d'exposer avec méthode la force productive des nations, et par conséquent aussi leur force destructive, nous parcourons les États en avançant toujours de l'orient vers l'occident; nous plaçons ainsi sous les yeux du lecteur les peuples et les contrées, dans les rapports de position qu'ils occupent sur le globe.

Nous avons fixé notre point de départ au détroit de la Manche et commencé par l'Angleterre pour accomplir le tour du monde en finissant par la France. Ce dernier but d'un si rude labeur terminera notre entreprise par un patriotique et noble plaisir.

Dans la Grande-Bretagne, tout grandit, tout fleurit, tout prospère à la fois. L'ordre et la liberté s'appuient l'un sur l'autre; la puissance publique est révérée; et pour accroître incessamment les fortunes privées et la fortune de l'État, les arts, guidés par les sciences, font des progrès auxquels l'esprit humain n'a pas encore entrevu de limites.

En quarante-cinq ans, nous avons visité huit fois le Royaume-Uni, pour en étudier et pour en exposer successivement la force militaire[1], la force navale[2] et la force commerciale[3]. Dans le travail auquel nous consacrons tous nos efforts, ce n'a plus été ces forces séparées qu'il a fallu mesurer ; c'est leur ensemble et leur génie collectif.

Des deux nations, l'anglo-saxonne et la celtique, réparties entre la Grande-Bretagne et l'Irlande, la première est de beaucoup la plus nombreuse et la plus puissante : dans un demi-siècle elle a doublé sur une terre où tout autre peuple aurait été trop à l'étroit. Cet accroissement merveilleux ne l'a pas empêchée de couvrir le monde avec ses émigrants, comme les mers avec ses navigateurs. Avide d'un terrain qui lui manquait en Europe, un siècle a suffi pour qu'elle ajoutât à son empire la douzième partie du globe et qu'elle portât à deux cents millions le nombre de ses sujets et de ses vassaux.

Elle n'en a pas moins tout mis en œuvre dans le dessein de rendre sa terre natale capable de nourrir un plus grand nombre d'habitants; elle en a défriché les landes et détruit les forêts, pour semer plus de blés et créer plus de prairies.

Afin d'augmenter la faculté productive de son sol naturel, elle a cherché dans les deux mondes les os des animaux, et quelquefois les ossements humains; ses navires s'en vont dans l'Océan Pacifique enlever les excréments que des oiseaux de mer ont

[1] 2 vol. in-4°, 1820.
[2] 2 vol. in-4°, 1821.
[3] 2 vol. in-4°, 1823.

accumulés, en couches immenses, sur des îles inhabitées. Voilà ce qu'elle a fait pour le règne végétal.

Elle s'est surpassée en cherchant à tirer parti de l'autre règne organique, plus difficile à maîtriser. Elle a métamorphosé, c'est le mot exact, tous ses animaux domestiques : les traitant ainsi pour s'en faire de plus puissants auxiliaires et les subordonner plus complétement à ses travaux, à ses plaisirs, à ses appétits; elle a voulu qu'ils devinssent une réunion de familles et d'espèces aussi séparées qu'elle-même du reste de l'univers. De ces races subordonnées, elle a proportionné ou disproportionné, suivant ses calculs, la force, la masse et la vitesse. Elle a modifié profondément leur ossature, leurs muscles, leurs nerfs, leurs chairs et leurs toisons : ses chevaux, ses taureaux, ses moutons, ses chiens même et ses porcs, tous ont subi son pétrissage. Elle a commencé par des accidents bien étudiés, pour arriver à des types factices, auxquels elle a fini par imposer le dernier sceau de la création : l'hérédité des formes et des caractères. Voilà ce qu'elle a fait pour le règne animal.

Tandis qu'elle a de la sorte exploité tout ce qui végète et tout ce qui respire sur son territoire, la nation britannique a pris plus que jamais possession de ses trésors souterrains. Elle a tiré de ses mines du combustible, du fer, de l'étain, du cuivre et du sel gemme, non-seulement pour suffire à ses besoins devenus immenses, mais pour en vendre aux habitants des deux hémisphères. Avec son combustible minéral elle a trouvé l'équivalent des coupes réglées de forêts plus étendues que certains royaumes. Avec le plus commun de ses métaux, elle a créé des chemins à vitesse accélérée, des maisons, des palais, des navires perfectionnés; et quand il a fallu bâtir le plus grand vaisseau qui soit sorti de la main des hommes, c'est ce métal qu'elle a préféré. Elle a fait quelque chose de plus miraculeux encore : avec du fer, elle a créé des fileuses automatiques à cent, à cinq cents, à mille fuseaux réunis, et des métiers mécaniques pour tenir lieu de tisserands. Afin d'animer ces producteurs mathématiques, elle s'est contentée de la simple vapeur de l'eau, vapeur devenue la plus intelligente et la plus puissante de ses forces productives. Nous avons pris la mesure de ces moyens créateurs, et, par l'état actuel d'une seule application, nous pouvons montrer la grandeur des résultats obtenus. Avec des filaments empruntés au monde entier, la nation britannique, employant les arts qui viennent d'être indiqués, est parvenue à produire un développement de tissus presque égal, par année, à quatre-vingts fois le tour de la terre. Sur les marchés de l'univers elle en jette, comme un défi, trois milliards de mètres courants; elle y joint une si grande proportion de fils apprêtés par les mêmes moyens, et concédés au reste des nations, qu'elles peuvent tisser toutes ensemble, avec ce seul secours, un quatrième milliard!

Chose étonnante, trois millions d'hommes, de femmes et d'enfants suffisent à diriger ce travail accompli par la vapeur britannique; que si l'on voulait employer le fuseau de la fileuse et la navette lancée par le tisserand, on n'y suffirait pas avec cent millions d'ouvriers. Telle est, sur un seul point, la multiplication des forces de l'Angleterre.

La Grande-Bretagne étudiée, nous sommes passés en Irlande. Quand nous avons comparé la nation britannique et la nation irlandaise, la diversité de leurs éléments de richesse présentait à nos yeux un étonnant et sombre problème. Si nous rapprochons deux peuples dotés à l'envi par la nature, tous deux robustes, intelligents, et tous deux intrépides, l'un avec sang-froid, l'autre avec enthousiasme, à quelle cause rapporter la marche si contraire de leurs destinées? En vingt ans, celui qui prédomine par le nombre et qui dicte les lois, celui-là s'élève de 19 millions à 23 millions d'âmes; preuve admirable de tous ses progrès. Dans le même laps de temps, l'autre descend de 8 millions à 5,700,000 âmes. La terre de ce dernier est la plus fertile et son climat est le plus doux; néanmoins les famines, la misère, les mortalités effrayantes, l'exil volontaire et désespéré, déciment à l'envi la nation si bien partagée par la nature. Aux cultures, aux industries du peuple dominé, le peuple dominant offre, comme un présent tout généreux, la liberté du commerce, l'égalité des échanges et la concurrence illimitée. Cependant, loin qu'il en résulte un équilibre de manufactures, de navigation et de négoce extérieur, les arts refluent vers le plus avancé des deux peuples, vers le mieux pourvu d'ateliers, de capitaux et de puissance. Les produits agricoles de nature supérieure, le froment et l'orge, ceux dont la récolte a le plus de constance, passent la mer et vont nourrir la race opulente; les autres aliments, et surtout la pomme de terre, sont gardés pour un animal immonde et pour le peuple atrophié par la misère, en conséquence de ces partages mercantiles. Notre tâche était de présenter avec fidélité et clarté l'exposition de ces faits étranges; nous en avons suivi l'enchaînement depuis l'origine du XIXe siècle, époque où remonte notre programme.

L'Irlande étudiée, nous avons franchi l'Atlantique et visité d'abord l'extrême Amérique du nord. Dans la Nouvelle-Bretagne nous avons trouvé deux races ennemies dans le principe; mais, depuis peu d'années, leur antagonisme a presque disparu. On les a vues s'unir pour résister à l'oppression gouvernementale. Alors le pouvoir métropolitain a senti le danger de les révolter en se permettant des actes absolus et durs; sa prudence l'a rendu pour eux paternel et libéral. Par ce moyen, il leur a donné la paix intérieure et l'amour de la métropole. Animées d'une ardente émulation, elles marchent aujourd'hui vers la même prospérité; à l'égal des citoyens d'un pays voisin, tous les vingt-cinq ans elles doublent leur population.

Dans le bas Canada, la race française, féconde, laborieuse, active, et pourtant sédentaire, a su conserver sur les bords du Saint-Laurent la foi, les institutions et la civilisation qu'elle doit au génie de Richelieu; elle est fière de garder sa langue française.

Au nord des grands lacs, la race anglaise, arrivée la dernière, est devenue la plus nombreuse, à force d'immigrations. Elle a perdu par degrés son désir de fusion avec des États contigus qui ne semblent plus, dans la pensée canadienne, avoir trouvé le secret de toutes les perfections politiques et sociales.

La Nouvelle-Bretagne, depuis l'Océan Atlantique jusqu'aux lacs intérieurs les plus reculés, présente à l'observateur des travaux prodigieux; ils établissent les communications à travers des contrées d'une immense étendue. Les chemins de fer, les viaducs, les ponts-tubes, les ponts suspendus et les canaux navigables sont combinés pour servir le commerce et pour concourir à la défense du pays contre des voisins chaque année plus redoutables. Ces derniers ont été pour nous l'objet d'une étude approfondie.

Quand nous avons expliqué le progrès merveilleux des États-Unis, et l'orgueil si juste qu'ils en concevaient, on comptait déjà trente et une républiques possédant chacune ses lois, sa constitution, son indépendance, et réunies dans un seul corps fédéral par le consentement universel. On voyait ces républiques, jeunes, énergiques et florissantes, multipliant à miracle le nombre de leurs enfants et l'étendue de leurs cultures; elles y joignaient la puissance des arts manufacturiers, les uns empruntés à l'Europe, les autres créés avec un infatigable esprit de recherche et d'entreprise, par les descendants et les émules des Anglo-Normands leurs ancètres. Elles plaçaient une partie du nouveau monde dans les rangs les plus élevés de la science et de l'invention. Dès le XVIIIe siècle, la jeune nation avait maîtrisé la foudre comme un simple jet d'électricité, par le génie de Franklin; dès l'origine du XIXe siècle, elle avait soumis les fleuves et bientôt après les mers à la force de la vapeur, par le génie de Fulton.

A l'époque où nous retracions avec enthousiasme cet admirable spectacle, deux flots divergents d'intérêts matériels poussaient déjà dans des voies opposées les États du Sud et les États du Nord. Ces derniers, enrichis à la fois par l'industrie mécanique, par le commerce extérieur et par la navigation des lacs, des rivières et des Océans, avaient trouvé dans leur position géographique un grand élément de puissance; leurs habitants, favorisés par la douceur d'une zone tempérée, possédaient cet autre avantage de pouvoir féconder leur territoire avec leurs propres bras. Les premiers, ceux du Sud, accablés par le soleil de la zone torride, étaient obligés de faire labourer la terre par une race tropicale : c'étaient les nègres, que les navigateurs des deux mondes étaient allés acheter pour eux en Afrique et leur avaient revendus. Alors en effet, comme aujourd'hui, les colons méridionaux n'avaient pas plus de navires et de marins que de négoce à l'extérieur et de fabriques à l'intérieur.

Nous avons dénombré distinctement les populations et les forces si différentes de ces deux groupes d'États, qui finissaient, quand nous prenions la plume, par ne plus vivre en véritable et bonne intelligence. Dès 1855, l'observateur ami de la concorde était affecté douloureusement; il ne pouvait pas fermer les yeux sur des passions qui descendaient des remontrances à des injures mortelles et des clameurs aux voies de fait les plus déplorables.

Une femme du Nord, audacieuse et virile avec un air de candeur et de bonhomie, écrivait pour déverser la détestation et le mépris sur les blancs du Sud. De leur côté, les femmes du Midi, même les plus élégantes, passionnées comme on l'est sous leur climat, portaient sur leur sein, enchâssés dans leurs joyaux, des fragments d'une canne vengeresse : celle dont un coup avait presque immolé l'orateur yankie le moins mesuré dans ses paroles outrageantes. De si tristes commencements nous paraissaient gros d'un avenir prochain et menaçant; nous faisions, hélas! un vain appel à la modération, à la prudence, aux concessions mutuelles, si l'on voulait, nous le disions, conserver l'unité fédérative.

Un ouvrage où sont rapprochées pour le bien général les forces productives de toutes les nations est, avant tout, favorable à leur bonne harmonie; mais notre amour même de la paix ouvre nos yeux sur les motifs qui peuvent tantôt la détruire, tantôt l'empêcher de renaître.

Ici finiraient nos observations et nos vœux en faveur de la grande Union américaine, si les événements, qui chaque jour se multiplient, ne devaient pas produire une immense réaction sur *les peuples de l'Inde britannique*, et s'ils ne devaient pas jeter un jour nouveau sur la métamorphose et le progrès accéléré des forces de l'Hindoustan. C'est ce qui paraîtra plus clair au lecteur avant la fin de cet avant-propos.

Aujourd'hui, sous un aspect bien différent, les États-Unis renouvellent entre eux une guerre de scission qu'on n'oserait pas comparer à celle qu'ils avaient entreprise, il y aura bientôt un siècle, pour briser les liens qui les unissaient à la mère patrie; guerre à jamais mémorable et qui finit pour eux avec un rare bonheur. Ils invoquaient alors les principes éternels, imprescriptibles suivant eux, qui donnaient à trois millions d'Américains le droit d'être maîtres d'eux-mêmes, en secouant le joug de leur gouvernement héréditaire. A présent dix millions de confédérés se voient dénier le même droit par vingt millions de fédéraux. Au lieu de les combattre comme des nations indépendantes, on veut ne voir en eux que des sujets rebelles; et déjà, pour mieux faire triompher le pacte d'union, les plus nombreux voudraient le fouler sous leurs pieds. En même temps les liens paisibles et fructueux du commerce entre les belligérants et le reste de l'univers sont froissés ou brisés; chaque parti s'est imaginé que les Européens, à force de souffrir, abrégeront la lutte, en se prononçant pour lui. C'est un jeu dangereux pour l'un ou pour l'autre.

Jusqu'ici l'ancien monde a montré le sage désir de rester neutre, d'insister seulement sur le droit des gens, et de laisser la fortune vider sans lui cette querelle lamentable. La France a ce noble avantage que sa bienveillance et son impartialité sont au-dessus de tout soupçon.

Quand nous montrions, heureux fruits des forces productives, ces cargaisons de cotons en laine dont il nous fallait calculer le poids par centaines de mille tonneaux, quand nous les suivions sur la route de Liverpool, de Manchester et de Glasgow, nous regardions ce magnifique mouvement comme à jamais sauvegardé par l'utilité des deux mondes. Nous n'avions pas même l'idée qu'en haine du Sud, les États du Nord, pour rendre à toujours impossible cette alimentation des arts européens, tenteraient de combler l'entrée des fleuves et des ports que la nature a créés sur un littoral de douze cents lieues d'étendue : sans réfléchir, ou peut-être en réfléchissant que c'était combler, avec les mêmes navires coulés bas, les fleuves commerciaux de l'Angleterre et de l'Écosse.

Trop heureux les États du Sud, s'ils n'avaient pas un jour à pleurer sur d'autres malheurs que sur la perte des ports dont, jusqu'à présent, leurs rares navires ont fait trop peu d'usage, et si l'incendie de leurs grandes cités ne servait pas de prélude à des massacres dont Saint-Domingue, avec ses fureurs, ne serait qu'un faible modèle!

En cet instant, tous les regards sont tournés vers la Grande-Bretagne. Depuis quarante ans, cette puissance a montré tout ce qu'elle pouvait concéder aux États-Unis pour conserver ce que j'appellerai *la paix du coton*, la paix adorée par Manchester et ses apôtres. Comment les Américains ont-ils pu supposer que la même puissance, si redoutable et si fière, souffrirait toujours ce qui met à mort son industrie la plus importante? Précisément ce qu'elle endurait dans le premier cas doit nous révéler ce qu'elle ne veut pas, ce qu'elle ne peut pas endurer indéfiniment dans la dernière circonstance.

Avec un grand luxe de chiffres, l'économiste d'Angleterre a calculé qu'aujourd'hui les trois millions d'ouvriers qui doivent tout au coton perdent déjà, par mesure de prudence, entre le tiers et le quart de leur travail et de leurs moyens d'existence. En attendant, les petits manufacturiers, victimes infortunées des profondes crises, vont être jetés par-dessus le bord dans l'Océan des faillites : ce qui soulagera les riches! Tout compte fait, en atténuant la vérité, si les mêmes entraves à l'importation de la matière première continuent pendant quatre mois, l'approvisionnement entier sera consommé; alors les trois millions de travailleurs n'auront plus aucun moyen de subsister. Pour les consoler, on leur prédit la taxe des pauvres, avec l'espoir qu'on y joindra la charité privée.

On leur dirait volontiers ces sombres mots des cénobites, *Il faut mourir, frères;* et l'on pense qu'ils répondront d'une voix résignée : *Frères, il faut mourir.* On n'admet sous aucun prétexte l'explosion d'un grand peuple, qui répugne à périr de faim quand ses vaisseaux, au premier signal, pourraient rouvrir les sources de la vie à des masses affamées et le mouvement à trois milliards d'affaires menacées de paralysie. Ne vaudrait-il pas mieux, en Amérique, déclarer que le coton, devenu comme le blé la nourriture de plusieurs millions d'hommes, ne sera plus intercepté par aucun blocus systématique? Tel est le conseil de la prévoyance et de l'amitié.

L'Angleterre a pris feu pour un outrage à sa neutralité, comme si jamais elle n'avait assailli celle d'autrui. Tout à coup elle a découvert que ses lamentations périodiques sur l'insuffisance relative de sa marine militaire étaient simplement une douleur feinte et politique. Elle a montré ce qu'est, en effet, cette force immense; et ses armements ont pris une activité surhumaine.

Un fait me paraît plus étonnant que tous les triomphes. La satisfaction orgueilleusement exigée une fois consentie, les Anglais ont senti le besoin de la rendre plus éclatante par le sang-froid et le silence. Leur patriotisme unanime tient à montrer *sa discipline*. Ils ont cet empire sur eux-mêmes, qu'il suffit d'un mot d'ordre intelligent, donné par le journal de ses passions et de ses intérêts, pour refréner chez eux tout emportement populaire.

Les deux personnages capturés sur *le Trent*, sans respect du droit des neutres, sont restitués à l'Angleterre; le peuple les recevra comme des particuliers sans importance et presque sans nom. Il faut que l'univers ne voie qu'une chose dans cette restitution : la toute-puissance navale et la majesté du pavillon britannique.

Quand on va voir le peu que nous avons à dire sur les parties les moins avancées et les moins réglées de l'Amérique, on comprendra mieux l'incomparable mérite de cet ordre dans la vaillance et de ce calme après le succès, qui produisent à la longue la prépondérance des nations de premier ordre.

Depuis la publication de nos travaux, le Mexique, l'Amérique centrale et l'Amérique du Sud n'ont rien changé dans leur amour de l'anarchie, ni dans les convulsions qui retardent tous leurs progrès en paralysant leurs forces productives. Loin d'offrir au fonds commun du genre humain leur part de progrès, de découvertes et de sages leçons, ces contrées ne nous présentent guère que des exemples affligeants.

Pour obtenir la réparation d'insupportables outrages et de spoliations faites à leurs nationaux, il faut que la France, l'Espagne et l'Angleterre occupent les ports du Mexique et marchent sur sa capitale. La solution la plus fâcheuse de cette lutte inégale serait quelque nouvelle révolution qui désavouerait les actes iniques et violents de la précédente, sauf à les imiter plus tard. Les autres États méridionaux ne sont guère plus amis des lois et de la sagesse.

Cependant l'Empire du Brésil fait à ces désordres une grande et consolante exception. Son développement, sa richesse et sa paix semblent tenir à la stabilité de son état monarchique et constitutionnel. C'est un exemple qui tôt ou tard portera des fruits salutaires pour faire cesser les troubles et les infortunes d'un immense continent.

Nous avons vu combien les colonies des Indes occidentales se relèvent avec lenteur du choc violent qu'elles ont éprouvé par une émancipation louable, à coup sûr, *et dotée avec la plus noble générosité;* mais cette émancipation fut trop précipitée pour être en tout fructueuse, et pour ne laisser qu'un sentiment de bonheur sans mélange aux amis de l'humanité.

Cuba, fidèle à sa métropole, menacée longtemps par des voisins ambitieux, a jusqu'à ce jour été défendue par le courage espagnol et sa fidélité proverbiale. Cette colonie accroît toujours son opulence ; malheureusement elle l'accroît en tolérant un commerce d'esclaves réprouvé par l'Europe entière.

Santo-Domingo, partie la moins étendue, mais la plus policée de l'île qui fut la reine des Antilles, Santo Domingo, depuis que nous en avons constaté la situation, a réclamé l'antique protection de sa mère patrie; celle-ci lui garantit la conservation de la liberté personnelle, en lui procurant la sécurité, le bienfait des arts et le retour à la richesse.

Dans ma conviction profonde, encore quelques années qui profiteront au malheur, et la force de l'exemple obligera le Saint-Domingue français à tendre aussi ses bras confiants vers la France. La France, à son tour, conservera religieusement la liberté du peuple nègre, en le dirigeant dans les voies du bien-être, du travail intelligent et de la civilisation.

Au couchant de l'Amérique septentrionale, dans l'Océan Pacifique, nous avons étudié les îles Sandwich. Elles nous ont présenté le phénomène d'une monarchie tempérée, à formes représentatives, chez des peuplades qu'un homme extraordinaire a tirées d'un état presque sauvage.

Les Français s'efforcent d'assurer les mêmes bienfaits à la population, peu nombreuse il est vrai, mais si favorisée par la nature, que renferme un autre groupe d'îles ayant Tahiti pour chef-lieu.

Nos compatriotes s'essayent aujourd'hui sur un plus grand théâtre, dans la Nouvelle-Calédonie; formons des vœux pour leurs succès.

L'Australie, ce continent presque aussi spacieux que l'Europe, envahi sans exception par l'Angleterre, offre le spectacle d'une des plus fortes et des plus belles créations des temps modernes. Il n'y a pas quatre-vingts ans, la Grande-Bretagne, fatiguée de ses voleurs mis à la chaîne, exilait 900 forçats au bout du monde, à Botany-Bay. Ce noyau, digne des sujets de Romulus, a prospéré plus vite qu'eux en améliorant ses mœurs. Déjà six États, constitués par leurs propres efforts, présentent plus d'un million de citoyens actifs, heureux et tranquilles, sous la protection de la Grande-Bretagne.

Nous les avons montrés défrichant, cultivant des terrains immenses; sachant être tour à tour laboureurs et pasteurs; fécondant des prairies pour dix millions de bêtes à laine, dont les troupeaux sont leur création, et vendant à l'Europe des toisons d'une qualité perfectionnée. Le règne minéral leur réservait un autre présent : il leur permettait de ramasser, de laver, de cribler l'or, de trouver un peu plus bas des pépites énormes; le tout en effleurant la terre, à raison d'un milliard tous les quatre ans!

A nos yeux, cet or est moins étonnant que le blé si largement produit et qu'on porte déjà, d'un hémisphère à l'autre, sur les marchés de l'ancien monde.

Un spectacle plus admirable à nos yeux est celui qui nous montre les six États australiens inaugurant leur vie nationale en fondant leur liberté; en créant, dès le principe, leur constitution, leur parlement, leurs garanties. Nulle part le genre humain n'a développé ses forces productives et sociales avec tant de précocité, et je dirais presque avec tant de maturité.

Mais comme il faut, dans les œuvres des mortels, que l'imperfection perce toujours par quelque endroit, voyez ces fiers Australiens, libéraux à tant d'égards, amoureux des immunités du travail et d'un libre échange intéressé; voyez-les se coalisant pour opprimer le pauvre émigrant chinois : et pourquoi? parce que celui-ci, robuste, infatigable, intelligent, parvient à les surpasser dans la récolte de l'or! Ils taxent ses bras, ils imposent sa tête, et souvent l'accablent de mauvais traitements sous la brutalité du nombre; ils font tout cela pour tourner en leur faveur une concurrence ainsi déshonorée. Pouvions-nous, sans éprouver aucun sentiment hostile, ne pas protester contre un pareil abus de la force et de la déraison?

A l'occident de l'Australie et jusqu'au voisinage du continent asiatique s'étendent les îles de la Sonde, dans une direction tracée par l'équateur : îles si renommées chez les Occidentaux pour leurs produits tropicaux. Là règnent les Néerlandais. Obligés qu'ils sont d'obéir à la même loi d'un climat de zone torride que les Américains méridionaux des États-

....

Unis, ils font travailler le sol par une race faite pour braver le soleil, mais bronzée au lieu d'être noire. Cependant, du côté moral, ils se montrent supérieurs; car, en retour du labeur que doit fournir cette race, ils lui conservent le plus précieux de tous les biens, la liberté personnelle.

Le premier roi qu'aient eu les Pays-Bas, après les longues guerres de l'Empire français, Guillaume Ier, fut le plus homme d'État de tous les commerçants bataves et le plus commerçant de tous leurs hommes d'État. Guillaume l'Industrieux a résolu ce difficile problème : identifier les travaux, le commerce et la richesse entre les Pays-Bas et les possessions d'Océanie habitées par des nations qui diffèrent de race, de culte et de mœurs avec les métropolitains. Ce prince eût été trop heureux s'il n'avait rien détourné des trésors créés sous sa direction incomparable, pour prolonger une lutte impossible avec les Belges, qui défendaient leur indépendance nationale.

Dans leurs colonies océaniques, les Néerlandais ont réalisé les plans d'un homme de génie, le général Van den Bosch. Ce merveilleux colonisateur, respectant l'existence, le pouvoir et l'hérédité des princes natifs, les a transformés, par le vif stimulant de l'intérêt, en *propulseurs* de leurs sujets, sur les terres de leurs États; quant aux sujets mêmes, il les a décidés à livrer au pouvoir européen le superflu de leurs produits, payés à prix librement consenti. Nous expliquons avec détails ce profond système, justifié par l'expérience.

Par cette application sans exemple des forces productives indigènes, la Néerlande retire des îles qu'elle a conservées un revenu net presque égal à la dette annuelle que l'Angleterre a jusqu'ici retirée de ses grandes Indes.

Ajoutons que déjà les législateurs néerlandais travaillent à démolir ce monument de leur grandeur, avec le même esprit étroit et jaloux qu'en d'autres temps d'autres législateurs ont essayé d'employer à démolir notre Algérie.

Dans les îles Philippines, les Espagnols résolvent un problème peu brillant au point de vue monétaire; mais là ils règnent en paix sur des indigènes acquis au christianisme depuis plusieurs générations. Le sort de ces insulaires diffère en ceci du sort des Indo-Musulmans qui peuplent les possessions néerlandaises : ils ne sont pas comme ces derniers, si je puis ainsi parler, forcés au libre travail par leurs chefs héréditaires. Les progrès dans les Philippines, semblables aux progrès de la métropole, ont une lenteur vraiment espagnole; mais du moins ce mouvement, qui rappelle un peu la vitesse de la tortue, ne blesse en rien nos mœurs européennes et notre façon de concevoir le doux repos et le bien-être de l'humanité.

En remontant vers le nord, nous avons trouvé les îles du Japon, de ce pays aux mœurs chevaleresques, assez prévoyant pour incarcérer pendant deux siècles l'ambition européenne au coin d'un îlot, le plus éloigné du centre de sa puissance. A cet acte, qui révolte nos cupidités occidentales, les Japonais doivent d'être restés deux cents ans de plus maîtres d'eux-mêmes; tandis que tous les États du nouveau monde, ouverts sans méfiance aux Occidentaux, en sont devenus la proie. Tout est changé depuis deux ans; les peuples les plus commerçants sont admis à trafiquer dans le port même de la capitale japonaise. Augurons, s'il se peut, avec faveur de cette grande innovation : peut-être une jalousie mutuelle empêchera que les nations les plus ambitieuses et les plus avides s'emparent du pays qu'elles brûlent d'exploiter, suivant la langue convenue, au nom des modernes échanges et de la paix perpétuelle.

Nous faisons remarquer au nord, à l'ouest du Japon, le grand Empire de Russie et sa profonde habileté. Sans soulever contre lui les jalousies ni les frayeurs de l'Asie orientale, les successeurs de Pierre le Grand poursuivent des conquêtes en apparence pacifiques. Partis du détroit de Behring en avançant jusqu'au fleuve Amour, ils campent maintenant au midi de ce fleuve, en face de la Corée et du Japon.

Ces modernes Normands des mers de l'Asie ont déjà fait vers le sud plus de chemin que n'en avaient fait les Scandinaves, aux temps voisins de Charlemagne, lorsque, partis des confins de la mer Glaciale, ils abordaient la côte française qui leur dut le nom de Normandie.

Un intérêt bien supérieur à celui du Japon nous est offert par la Chine, le plus ancien, le plus peuplé des empires et l'un des moins soucieux de commercer avec les peuples occidentaux. Mais, pour son malheur, son extrême industrie a perfectionné des produits que la sensualité des autres nations range aujourd'hui parmi leurs objets *de première nécessité.*

Une compagnie mercantile, quand elle régnait en Asie au nom de l'Angleterre, imagina de payer la plus innocente des boissons par un narcotique funeste à l'intelligence, à la force physique et même à la vie de l'homme. Le gouvernement qui règne au nom du sage Confucius, tout dégénéré qu'il pût être, mais plein de grands souvenirs, a voulu proscrire ce moyen d'abrutir son peuple. La conséquence de cet acte honnête et fier est devenue déplorable contre lui. Pour la première fois on a vu déclarer la guerre parce qu'un État ne voulait pas qu'on opérât ce qu'il déclarait être l'empoisonnement de ses sujets. Cette guerre, sous divers prétextes, on l'a poursuivie trois fois en moins d'un quart de siècle, jusqu'au moment où les Chinois, à bout d'efforts, et voyant leur capitale envahie, ont enfin concédé, le sabre sur la gorge, la pleine liberté d'un trafic si délétère.

Cette atteinte portée à l'indépendance morale d'un grand Empire est motivée, on dit même justifiée, par plus de cent millions de francs que procure aux bords du Gange un simple monopole : le célèbre monopole de l'opium[1]. Cependant, si merveilleuse est l'équité de la divine Providence, que ce bénéfice,

[1] En 1859, le produit net de l'opium est de 133,659,775 francs. (*Statistical tables relative to the colonies and other possessions :* London, 1861, page 2, numéro 6.)

tout énorme qu'il est, va s'engloutir dans le gouffre de la dépense. Depuis trente ans il ne suffit pas même à combler le déficit annuel du conquérant monopoleur[1].

Malgré cet abus de la force, la Chine aurait continué d'être prospère sans la plaie récente d'une secte monstrueuse, fondée sur l'abus le plus pervers des nombreux livrets bibliques répandus par les anglicans et leurs dissidents sur le marché de Canton.

Un maître d'école de village, autrement ambitieux que les instituteurs français les plus excités de 1848, s'est positivement déclaré frère puîné de Jésus-Christ, du Sauveur, qui n'a prêché sur la terre que la paix et la charité! Il l'a confiné près du Père suprême, dans les solitudes du ciel, en réservant pour lui la proie de tout un monde ici-bas, l'asservissement des hommes, la confiscation des femmes et des filles, l'envahissement, le pillage de tous les biens. Pour précepte suprême, il a décrété l'assassinat sans exception et des Tartares et des mandarins; il a prescrit le sac des cités, dès que ses sicaires y pénétreront, et l'apostasie immédiate imposée aux conquis, sous peine d'assassinat.

Nous avons mesuré les ressources et les plaies de l'Empire qui se débat contre de tels sectaires. Ils sont déjà possesseurs de cent lieues en tout sens, au milieu des provinces naguère les plus peuplées et les

[1] Pour 1859, année de paix dans l'Inde : Revenu, 901,519,700 fr. dépense, 1,276,423,250 francs : déficit, 374,903,550 francs. (*Tables statistiques* citées dans la note de la page précédente.)

plus fertiles de la terre. Ce sont les belles provinces qui fournissent de thé le monde entier, les provinces qui pourraient aujourd'hui donner aux Anglais du coton brut encore, ce filament dont Manchester est affamé.

Osons espérer que les puissances qui se sont deux fois unies, l'une du moins par un motif de conscience et d'humanité, pour dicter des lois à la Chine, s'uniront une autre fois pour restituer à ce beau pays la paix intérieure, si favorable au commerce, veau d'or chéri de notre civilisation! Quelques navires à vapeur, opérant sur les fleuves principaux et sur le grand canal de l'Empire, suffiraient à refouler l'insurrection loin des grandes cités; et bientôt celles-ci renaîtraient de leurs cendres. Déjà les Français ont montré par un bel exemple la possibilité de ce bienfait, qui suffirait pour nous donner un titre impérissable à la reconnaissance de cinq cents millions de nos semblables.

Voyez quels nobles et bons souvenirs nous laissons déjà dans l'Empire du milieu! Tout récemment nos derniers bataillons ont quitté Tien-tsin, qu'ils avaient protégée contre les insurgés; à cette occasion, les jonques chinoises, arborant nos trois couleurs, ont voulu nous rendre un hommage de plus en élevant au faîte de leurs mâts la croix, qui leur paraît un symbole tout français.

Avant d'arriver à l'Inde, nous avons passé de la Chine à l'Indo-Chine. Les Français et les Espagnols avaient à demander raison du martyre d'un grand nombre de leurs coreligionnaires. Au midi de la Cochinchine, nous avons recouvré la baie de Tourane, qu'un souverain nous avait donnée par reconnaissance du salut de ses États. Contraints d'envahir afin de nous défendre, nous avons conquis la ville et le port de Saïgon, au bord d'un beau fleuve, au milieu d'un pays admirable de fécondité. Formons des vœux pour la prospérité de l'établissement nouveau, sous l'égide glorieuse d'un culte généreux et tolérant. Peut-être cette conquête nous consolera des pertes qu'au milieu du siècle dernier la France a faites en Asie.

A l'occident de Siam et du royaume des Birmans nous avons trouvé l'*Inde orientale*, aujourd'hui tout entière possédée ou dominée par les Anglais; c'est le sujet principal de la partie que nous allons étudier.

Ici finit notre parcours de ces vastes contrées qu'on a nommées *le nouveau monde* et qui nous ont fourni tant de leçons.

Nous avons pensé qu'il serait opportun d'en résumer les principales; elles montrent à quel point ce que nous avons appelé les forces productives, bien ou mal employées par l'homme, font tour à tour le bonheur et le malheur des nations. Abordons maintenant les parties de la terre qui composaient *le monde antique.*

Entre toutes les contrées dont les Grecs et les Romains n'ont pas ignoré l'existence, l'Inde était la plus lointaine. Par l'effet d'un tel éloignement, cette contrée est restée en dehors des grands intérêts politiques et religieux de l'antiquité. Bossuet ne l'a pas comprise dans l'enchaînement de son Histoire universelle, quoiqu'il ait étendu son œuvre jusqu'au siècle de Charlemagne.

L'éloignement que nous signalons n'a permis que le commerce des objets les plus précieux, apportés d'Orient par des voies souvent ignorées : ainsi l'Occident n'a connu que des produits merveilleux provenant de cette origine. Les imaginations de l'ancien monde ont été frappées à leur sujet d'un singulier prestige; ces produits, à leur tour, ont exercé sur les arts et sur les mœurs de l'ancien monde une influence qui mérite une profonde attention.

Les forces de l'Asie ayant été vaincues par l'héroïsme de la Grèce, on vit paraître un beau génie qui mérita de donner son nom au premier grand siècle des arts. Périclès voulut qu'Athènes offrît le sublime exemple d'un monument qui consacrât à jamais la reconnaissance des vainqueurs envers la Déesse du Génie, de la Sagesse et de la Victoire. Son architecte, Phidias, eut la faculté de choisir entre les matériaux les plus admirés. Pour le temple de Minerve, pour ses murs, ses colonnes et ses ornements, il puisa dans les carrières du Pentélique et de Paros; il réserva l'argent et l'or pour la tunique, l'égide et les armes de la Déesse. Il fallait quelque chose de plus précieux, au jugement du statuaire, et qui rappelât mieux la vie, pour exprimer l'animation, le génie et la beauté d'une immortelle. Dans les débris du trône de Xercès et des armes prises aux Perses il avait vu l'un des tributs de l'Inde les plus précieux : c'était ce qu'on pourrait appeler un marbre organique, non pas formé comme un minéral avec des cristaux anguleux plus ou moins scintillants, mais par un développement insensible de la matière animée qui semblait s'infiltrer par couches et s'épanouir au dehors à la façon d'un épiderme : l'ivoire avait cette beauté. En le taillant, la main du grand artiste offrit la plus fidèle image de l'éclat à la fois éblouissant et doux de cette blancheur animée qui n'appartient qu'à la plus parfaite entre les races humaines.

D'autres emprunts faits à la même contrée n'eurent pas un emploi qui fût aussi grave, aussi chaste que le premier de tous, et le plus illustre. Ils suivirent l'invasion du luxe et des plaisirs sensuels parmi les Grecs et les Romains. Chez le dernier de ces peuples, les recherches de la table succédant à la frugalité des siècles où régnait la vertu, elles demandèrent à l'Inde les condiments les plus excitants et les plus abondants pour la table d'Apicius, les plus dispendieux et les plus délicats pour les festins de Lucullus. Au milieu de tant d'aromates apportés de l'extrême Asie, et dont les deux sexes faisaient un usage raffiné pour leur personne et leurs fastueux appartements, leur luxe abandonne un peu d'encens afin de laisser quelque chose au culte des dieux.

Dans les colonies efféminées de l'Asie Mineure, dans cette Corinthe si bien située pour corrompre à la fois l'Attique et le Péloponnèse, dans Syracuse, autre Corinthe, et dans la Sybaris de la Grande Grèce, on voyait porter par les hétaires, et par leurs rivales d'un ordre supérieur, les pierreries les plus rares, les vêtements les plus somptueux empruntés à l'Orient; elles y joignaient d'autres tissus, orgueil sensuel de l'Inde, tissus qui n'avaient plus que le nom d'un voile, et dont le travail merveilleux surpassait toute idée qu'on avait eue jusqu'alors de la transparence.

Citons un dernier emprunt rapporté par de graves narrateurs. La nature et la fortune avaient prodigué leurs dons à la plus célèbre héritière des Ptolémées : la royauté, la beauté, l'esprit, la grâce, étaient ses armes; César, Antoine, sont au nombre de ses conquêtes; l'Afrique et l'Asie s'épuisent pour suffire à ses fêtes, à ses prodigalités. En subjuguant tour à tour deux dominateurs du monde, elle avait appris d'eux comment les maîtresses des maîtres de Rome donnaient, par la dissipation et le dédain, un prix de plus à la spoliation incessante de l'univers.

Entre tous les ornements qui siéent le mieux à la beauté, la mer de l'Inde pouvait seule offrir une simple perle qui valût toute une province, et qui valût davantage attachée sur le front de la Vénus d'Alexandrie. Sans autre but qu'un vain sacrifice aux dépens de la raison, celui de tous qui nous séduit le plus, elle arrache la perle sans égale qui pare son diadème et la dissout dans un breuvage pour porter la santé d'un maître du monde. Ce dernier, en retour, lui sacrifie le monde même, et sa vie après sa gloire.

Tels avaient été ce qu'on appellerait aujourd'hui le progrès des mœurs et le prestige croissant des merveilles de l'Inde, depuis Phidias et Minerve jusqu'à Marc-Antoine et Cléopâtre.

En résumé, les peuples de l'Occident n'avaient d'autre idée de l'Inde que celle d'une contrée dont tous les produits portaient en eux le cachet d'une excellence extraordinaire. C'était le pays des merveilles de la nature et des chefs-d'œuvre d'une industrie qui s'appliquait à parer la beauté, à décorer les palais et les temples, à fournir d'encens les autels et de parfums les gynécées.

Jusqu'en 1851, je n'avais pas conçu l'idée de l'influence que certains objets rapportés de ce pays peuvent exercer sur l'imagination des peuples de l'ancien monde. Lorsqu'à cette époque, au sein du Palais de cristal, je me vis en présence des produits de l'univers, je rapprochai dans ma pensée tout ce qu'avait envoyé de plus frappant le nouveau monde : les pierreries du Brésil, l'argent du Mexique, le vieil or du Pérou, et les trésors si récents, si fiévreux, si contagieux, de la Californie : trésors exposés à l'état natif et par masses d'une grosseur qui semblait incroyable, même alors qu'on les voyait. Des termes de comparaison si redoutables n'existaient pas pour l'antiquité, et tout cela disparaissait devant un seul présent de l'Inde : un diamant encore informe, à transparence voilée, mais duquel une taille savante allait tirer des feux éblouissants. Tel était le *Kohi-nour,* diamant célèbre dans toute l'Asie. On l'aurait jugé médiocre d'aspect, si le vulgaire même n'avait pas appris de bouche en bouche les quarante millions que représentait, disait-on, ce joyau. Eh bien! tous les jours, depuis l'ouverture des portes jusqu'à la clôture du Palais, la foule, avide de voir le *nec plus ultrà* de ses imaginations, s'organisait comme l'interminable queue de nos spectacles gratis; impatiente, elle n'avançait qu'à pas de tortue; ébahie, elle défilait devant le cippe isolé sur lequel était emprisonné, sous un verre épais, le diamant si renommé. A coup sûr, il représentait, sous le moindre volume, la plus grande valeur qu'ait jamais contemplée l'homme à qui l'on veut apprendre ce que l'avarice attache d'argent au prix de chaque chose. Pour moi, le grand objet d'étude était cette populace organisée. Je passais quelquefois des heures à contempler la figure des innombrables visiteurs. Ce qui saisissait leur attention stupéfiée et leurs yeux affolés, ce n'était pas l'enveloppe imparfaite à travers laquelle un lapidaire seul aurait pu découvrir la merveille que l'art en pouvait extraire; ce qui les captivait, c'était la personnification du trésor idéal réduit à si modeste apparence. Des pères mêmes, qui tenaient sans doute à former, à cultiver la cupidité naissante de leurs enfants, les soulevaient dans leurs bras, en leur disant : « Regarde bien; voilà quarante millions! Voilà ce que ne valent pas beaucoup de villes et ce qui vaut presque autant qu'un quartier de la Cité; regarde! ce n'est pas si gros que ton poing, et le monde entier n'a rien de pareil : quarante millions qu'on pourrait porter dans la main! Mon fils, cela vient de l'Inde. »

Retournons à l'antiquité. Dès le siècle d'Alexandre, visiter et conquérir la contrée d'où provenaient de tels présents semblait le dernier terme qui pût combler l'ambition et mériter la renommée.

Lorsque ce conquérant eut défait une première fois le roi des rois, il poussa vers le midi jusqu'en Égypte. Les yeux tournés du côté de l'Inde, il chercha sur le littoral de la Méditerranée un port assuré qui présentât au commerce de l'Europe un marché naturel où viendraient s'échanger les merveilles de l'Orient contre l'or de l'Occident; il découvrit le mouillage abrité par l'île de Pharos et défendu par les seuls rochers que présentât la côte d'Égypte. C'est là qu'il fonda cette Alexandrie qui devint la cité la plus opulente, la plus splendide, et, Rome exceptée, la plus populeuse de la terre.

A peine sont posés les fondements d'une capitale de si grand avenir pour le commerce, pour les lettres et pour les arts, le conquérant reprend l'invasion de l'Asie; il atteint Darius auprès de l'Euphrate et remporte la dernière de ses grandes victoires. En poursuivant les fugitifs, il s'empare de la Perse et de la Médie. Malgré les déserts, il défait les Parthes et les subjugue : ce que les Romains ne feront pas, même arrivés au faîte de leur puissance.

A ce moment, le programme héroïque de la Grèce indiqué par Hérodote est glorieusement rempli. Les États du roi des rois sont conquis; Darius, trahi par un vil lieutenant, a cessé de vivre, et sa dynastie est descendue avec lui dans la tombe.

Mais une grande pensée d'Alexandre est encore à réaliser. Entre le conquérant et l'Inde il existe des pays immenses dont à peine les noms n'étaient pas ignorés dans la Grèce. Des bords de la mer Caspienne il gagne l'Oxus; il remonte ce fleuve et dompte, en passant, les peuples établis sur les deux rives; il s'élève toujours et parvient à l'un des passages que recèle la plus longue et la plus haute chaîne de montagnes qui soit sur la terre. Jusqu'à ce point culminant, le cours naturel des eaux descendait vers le nord et le couchant; au delà, leur cours est dirigé vers le levant et le midi. Alexandre suit cet indice; il arrive aux bords de l'Indus et complète un itinéraire que suivront les Tartares et les Turcomans dans leurs invasions futures. Cette route tentera plus d'une fois les héritiers de Pierre le Grand, et sera pour jamais la terreur des conquérants britanniques.

Alexandre envahit l'immense éventail des cinq rivières, la Pentapotamie des Grecs, le Pendjab des Hindous; mais au delà du dernier fleuve, au lieu d'un paradis terrestre qui ne devait donner à l'Occident que les trésors exquis de la nature et des arts, un désert aux sables brûlants sert de défense au bassin du Gange. À cet aspect, l'armée d'Alexandre, rassasiée de victoires, de contagions subies et de périls affrontés, déclare qu'elle refuse de pousser plus loin ses conquêtes; et l'armée veut être obéie. Pour la première fois le triomphateur est vaincu et son ambition trouve enfin qu'elle a des bornes. Au lieu de pousser jusqu'au Gange, on s'arrête, on revient à l'Indus; on le descend sur de légers bateaux; on approche de la mer inconnue dont les Grecs ignorent les marées : ennemi nouveau qui submerge les frêles navires et menace d'engloutir l'armée entière.

Alexandre laisse à Néarque le soin de refaire une flotte et d'explorer la mer jusqu'au fond du golfe Persique, tandis qu'avec l'armée de terre lui-même domptera les peuples qui sont établis au nord de cette mer. Enfin il revient à Babylone ; là n'ayant plus rien à vaincre, le plus jeune et le plus illustre des conquérants, après avoir triomphé de tout un monde, ne sait pas triompher de son incontinence et meurt de débauche.

Parmi les lieutenants d'Alexandre, pas un n'osera réclamer la portion de l'Inde que leur chef avait effleurée sans y rien conserver. Ils se contenteront de construire des cités sur les routes que pouvaient suivre avec avantage les produits envoyés, soit par l'Indus, soit par le Gange, aux peuples de l'Occident : telles étaient Antioche, Palmyre, Balbeck, et, longtemps après, Bagdad, la Babylone des modernes. Ces villes, à jamais célèbres, ont dû leur grandeur et leur opulence à ces parcours, à ce flot des merveilles que l'Occident demandait toujours à l'Orient.

Il est curieux de voir à présent l'Angleterre chercher pour sa télégraphie la même voie commerciale, en traversant la Syrie, la Mésopotamie et le golfe Persique. Mais la transmission des idées pourra seule suivre cette direction avec avantage, parce que le chemin le plus économique pour les transports matériels s'ouvre de nouveau du côté qu'Alexandre avait pressenti dès l'origine : par la mer Rouge et par Suez.

Les musulmans, conquérants de l'Inde, ne songeaient pas au négoce avec l'Occident; leurs grandes armées se transformaient en colons qui ne cultivaient pas. Ils réservaient aux vaincus le labourage et le vasselage, en déclarant l'État possesseur de la terre; ils gardaient pour eux les arts libres exercés dans les cités, le commandement suprême, l'administration militaire ou féodale et la gloire des combats.

Par là quelques industries de Bagdad, de Téhéran et de Samarcande sont venues s'allier à celles des sectateurs de Brahma. Une architecture nouvelle, civile et religieuse, a déployé par degrés sa magnificence et sa perfection. L'Inde aujourd'hui ne présente, parmi les monuments qui méritent l'admiration des hommes, que les temples antiques des Hindous et les mosquées, les palais, les mausolées, des musulmans. Vingt siècles de travaux civils dus aux peuples indigènes ont disparu sans laisser presque de vestiges qui fissent connaître la civilisation et l'industrie de l'époque intermédiaire.

Les conquérants mogols, aux croyances mahométanes, avaient un amour incroyable de l'or et du faste. Suivant la coutume des peuples à moitié civilisés, ils se plaisaient à couvrir leur personne de joyaux, d'habits brodés et d'armes sans prix. C'était pour eux un besoin de remplir leurs palais de richesses éblouissantes et leurs trésors particuliers de tributs ravis au peuple conquis. On disait qu'ils gouvernaient paternellement lorsqu'ils ne prenaient pas tout au cultivateur et mettaient une certaine retenue dans la spoliation. Aussi, quand des voyageurs, tels que Marco Polo et ses successeurs, visitaient les cours de l'Asie, si grands étaient les trésors entassés sous toutes les formes par les princes conquérants, que les modernes narrateurs ne trouvaient rien d'exagéré dans les récits de l'antiquité sur les merveilles d'Orient; merveilles dont ils ravivaient la soif chez les peuples nouveaux de l'Occident.

Par une coïncidence, effet du hasard, les descendants de Tamerlan, de Timour le boiteux, accomplissaient leur grande et dernière invasion de l'Hindoustan cinq années avant l'ouverture du XVe siècle, lorsque les Européens, franchissant le cap de Bonne-Espérance, découvraient les Indes orientales et prenaient terre aux rivages du Malabar.

Mais, dans le cours d'une génération, l'empereur mogol avait achevé ses conquêtes, et les successeurs d'Albuquerque, perdant les leurs par degrés rapides, étaient refoulés dans leurs comptoirs; ils n'avaient plus de libre que la mer.

Plus tard le Portugal tombe entre les mains de l'Espagne; contre celle-ci sont révoltées les Provinces-Unies, dont la Hollande est l'État principal. Des hommes qui naguère ne possédaient sur la mer que des barques de pêcheurs attaquent avec audace les flottes marchandes et militaires du tout-puissant Philippe II; et, poursuivant la lutte jusque dans les mers de l'Inde, ils conquièrent tour à tour les îles de la Sonde, et Ceylan, et le cap de Bonne-Espérance.

Les Anglais, au milieu de ce conflit, abordent aussi dans l'Inde; à l'instant éclate entre eux et les Hollandais une longue et sanglante rivalité, sans qu'aucun des deux rivaux obtienne sur l'autre un triomphe définitif. La fortune capricieuse attendra cent cinquante années avant de livrer à l'Angleterre le plus brillant empire d'Orient.

Des deux côtés, l'esprit d'association produisait des miracles d'activité, d'audace et de génie commercial. Les deux Compagnies orientales obtenaient de leurs métropoles un droit complet de souveraineté; elles avaient leurs pavillons, leurs forteresses, leurs troupes régulières et leurs navires armés, suivant le besoin, pour le trafic ou pour la guerre.

Au milieu de cette émulation, qui, dans les mers de l'Asie, donna longtemps la prépondérance à la Compagnie batave, un grand événement européen allait changer la balance des forces dans l'un et l'autre hémisphère. Le stathouder des Hollandais quittait leur république et devenait roi d'Angleterre. Quand il fut établi dans Londres, il commença par soupçonner, inquiéter et rançonner la Compagnie des Indes, organisée avant son règne; sa partialité se prononça pour une Compagnie nouvelle, qu'il croyait à ce titre plus amie de son régime. Enfin, les deux Sociétés rivales, fatiguées qu'on les ruinât l'une par l'autre, sollicitent un compromis, qu'on leur vend au poids de l'or. De là résulte une institution collective, garantie par un acte solennel du Parlement britannique. Elle va chercher le modèle de son organisation chez la Compagnie hollandaise, alors célèbre et prospère. Elle impose des formes régulières et savantes à son administration, à ses finances, à son négoce, à sa marine; ces divisions du pouvoir sont confiées à des ministères collectifs, prudemment combinés et contrôlés les uns par les autres.

Au milieu de cette organisation, il est curieux de remarquer une division consacrée au commerce des diamants, parures, joyaux, etc. A présent le commerce est libre; l'achat des produits vulgaires et d'un très-bas prix s'est élevé, depuis un siècle, de 50 à 400 millions, et le commerce des diamants, joyaux, etc. a cessé de figurer sur les états d'importation les plus détaillés, tant il est insignifiant. Ce simple contraste indique une grande révolution dans la nature des échanges; nous en suivons les progrès. Revenons à l'organisation de la Compagnie-réunie des Indes orientales.

La sommité des affaires est conduite par un gouvernement mercantile, que la phraséologie de notre époque appellerait à bon droit *démocratique et social.* Comme pour empêcher toute unité, toute fixité, dans la marche de l'administration, on établit un Directoire exécutif composé de *vingt-quatre membres.* Ils sont renouvelés chaque année, et fonctionnent sous le pouvoir prédominant du suffrage universel exercé par la cohue des actionnaires. Dans l'Inde, le gouvernement n'est guère mieux constitué et l'administration, toute mercantile, est souvent déplorable.

Cette organisation, qui présentait tant de choses dignes d'être conservées et tant d'autres d'être abolies, régulièrement continuée et parfois modifiée de vingt ans en vingt ans, éprouve pourtant le bienfait de tout gouvernement humain qui se prolonge et qui dans son sein compte des hommes capables; il se perfectionne avec le temps. Il se prête à des luttes, à des victoires qui deviennent, depuis le milieu du siècle dernier, l'étonnement des deux mondes.

Nous avons fait une étude approfondie des améliorations graduelles qu'a reçues le gouvernement anglais dans l'Inde et de leur influence sur le sort des peuples indigènes.

Nous n'avons pas dû passer sous silence la rivalité des Français, la seule qui, pendant quelque temps, ait balancé le pouvoir britannique, il y a déjà plus de cent années.

Pour paraître avec succès en Orient, les Français avaient attendu le grand siècle de Louis XIV, ce siècle où Colbert ouvrait à nos aïeux toutes les carrières de la navigation, du commerce et de l'industrie, dans les deux mondes et dans la mère patrie.

Sous le règne néfaste de Louis XV, deux Français illustres sont jetés par le hasard en Orient, Labourdonnaye à l'île de France et Dupleix à Pondichéry. Chacun marche à la renommée par des voies qui lui sont propres. Nous parlerons du premier en parcourant les mers d'Afrique; le second, privé de bataillons européens par un gouvernement qui ne sait être fort sur aucun point extérieur, imagine une armée d'Indiens qui seront instruits, disciplinés, commandés par des Français : voilà les cipayes. Grâce à ce trait de génie, le gouverneur français sauve un des grands vassaux de l'empire mogol, empire déjà sur le penchant de sa ruine. Le Nizam, c'est le titre du prince qui régit le Deccan, lui confère le gouvernement du Carnatic, gouvernement qui nous donne aussitôt soldats, trésors et territoire.

Le grand service que Dupleix, sans le vouloir, rend aux chefs de la Compagnie britannique, c'est l'exemple qu'il présente à leur ambition et les moyens de conquête dont il leur offre le modèle. Les Compagnies des deux nations luttent avec acharnement; enfin, lorsqu'il faut arrêter les conditions de la paix, les Anglais demandent que les gouverneurs des deux Compagnies dans le pays du Carnatic soient exclus des négociations; ils ne perdaient par là qu'un chef médiocre, et les Français perdaient un grand homme, que la Compagnie parisienne a la bassesse et la folie de rappeler. Dès cet instant, tout est perdu pour nous dans la péninsule hindoustanie.

C'est alors que se déploie chez les administrateurs britanniques, en Asie, le besoin de régner au lieu de commercer.

Toujours poursuivis par la pensée des merveilles qui séduisaient l'antiquité, par celle des trésors que les empereurs de Delhy semblaient avoir exhumés depuis trois siècles, ils saisissent avidement l'occasion d'envahir le Bengale ; les agents de la Compagnie britannique s'en partagent à l'avance les millions. Il faut voir quelle justification fait de semblables vols le plus grand, le plus hardi de ces grands spoliateurs. Lord Clive, traduit à Londres devant un Comité d'enquête, s'écrie, pour se justifier, comme s'il était encore dans Mourchedabad envahie : « Les plus riches banquiers de cette capitale enchérissaient les uns sur les autres pour gagner un de mes sourires; dans le palais du vizir détrôné, des souterrains étaient remplis d'or empilé, de pierreries, de joyaux entassés ; et ces souterrains s'ouvraient pour moi seul! Au nom de Dieu, Monsieur le Président, au nom de Dieu, je m'étonne qu'en cet instant j'aie été si modéré (c'est-à-dire que j'aie pris si peu)! »

Une de nos études principales, et qui nous ont le plus charmé, c'est de montrer par quels degrés et par quels moyens l'invasion de tels Européens dans l'Inde, après avoir commencé par le vol universel, l'oubli de toutes les lois et la violence, a perdu ce caractère détestable : j'ai tâché de montrer comment l'administration s'est élevée par degrés vers la justice et l'intégrité.

La probité, le désintéressement, ont honoré de plus en plus les administrateurs, les juges et les gouverneurs. Cependant, jusqu'à ces derniers temps, la cupidité politique, le besoin de conquérir par la guerre et la fureur de confisquer, d'annexer malgré la paix, ont cessé rarement de caractériser les mandataires de la Compagnie des Indes britanniques.

Jusqu'à la fin du XVIIIe siècle, les agents de ce pouvoir mercantile agissaient plutôt par instinct que par une idée préconçue, dans les conquêtes qu'ils faisaient sur les lieutenants qui se disputaient entre eux l'empire d'Aureng-Zeb. Mais à l'aurore du XIXe siècle, on voit arriver dans l'Inde le plus grand militaire et le plus profond politique de la famille Wellesley; tout va prendre un nouvel aspect.

Le premier, qui deviendra le duc de Wellington, s'illustre déjà par les armes. Son frère aîné, le marquis Wellesley, imagine un système pacifique en apparence : sans combats indispensables, avec des alliances vendues à prix d'or, avec des troupes mercenaires prêtées au nom de la Compagnie, il dictera des lois aux princes de l'Inde; il leur ravira, par degrés inévitables et calculés, l'indépendance, la dignité, l'honneur même, et par-dessus tout l'affection de leurs sujets. L'abaissement, la démoralisation des gouvernants et des gouvernés, l'esprit militaire énervé chez l'indigène, tels seront les précurseurs de la confiscation, ou, si l'on veut, de l'annexion des États indiens à l'empire marchand de la Compagnie.

Nous avons essayé de suivre dans ses développements cet étonnant et profond système qui devait finir par un assujettissement complet et, prétendait-on, à jamais pacifique. Cependant, à la suite de l'acte le plus considérable, la séquestration du brillant royaume d'Oude, on voit éclater une rébellion, la plus vaste en Asie depuis Mithridate et les cent mille Romains qu'il fit égorger en un jour. Les Anglais, plus heureux, ne comptent pas trois mille victimes, et cette perte est vengée par l'extermination de cent mille cipayes, ou morts les armes à la main, ou faits prisonniers, attachés à la bouche des canons et mitraillés avec sang-froid, en grand appareil militaire.

Le monde entier connaît cette lutte sociale; mais une autre lutte qu'on n'a pas signalée, c'est *l'insurrection de l'indigo*, qui restait enfouie sous la cendre, quand celle des cipayes désolait le bassin du Gange, et qui fit explosion quand cette dernière était éteinte. Telle fut la guerre industrielle, heureusement apaisée. Nous l'avons suivie dans ses phases peu sanglantes, mais propres à révéler le sort du peuple agriculteur.

Ce sort, nous l'espérons, deviendra chaque année meilleur. On a compris des conditions nouvelles pour la prospérité mutuelle des indigènes et d'un gouvernement plus direct et plus simple. C'est le gouvernement royal qui succède à la grande Compagnie dont la suppression, je dirai presque la condamnation pour cause d'insuffisance, a suivi de si près les annexions multipliées qui semblaient tant ajouter à sa grandeur et consolider pour longtemps son existence.

Nous présentons le tableau des arts les plus éminents qui caractérisent l'industrie des Indes. Ce tableau, que nous avons tracé d'après nature et sur le vu des produits réunis à l'Exposition universelle, ce tableau montrera combien la nation qui les pratique depuis tant de siècles a su tirer parti des présents qu'elle tient de la nature, et combien elle pourrait

. . . .

avancer dans les arts modernes si les conquérants européens daignaient devenir ses instituteurs et ses guides.

Nous réservons, pour la dernière partie de notre travail sur l'Inde, l'exposition d'un nouvel ordre de progrès, qui peut produire le bonheur de cette vaste contrée. Depuis près d'un tiers de siècle les Anglais ont conçu le vague désir de développer en Asie une grande culture de coton. Ils souhaitaient d'atteindre ce but afin de créer une concurrence sérieuse aux producteurs américains; toutefois, ils ne prenaient aucune des mesures étendues et généreuses qui pouvaient réaliser, sans trop de lenteurs, un projet de cette nature. Manchester, endormie au sein de la prospérité, ne cherchant que des défauts à la production de l'Hindoustan, la payait à vil prix et presque à regret. Combien, depuis un an, tout est changé! Nous avons vu, par la guerre civile des États-Unis, les cotons de cette contrée interdits à l'Angleterre, et cette puissance, avant la déclaration du blocus effectif, ne pouvoir qu'à grand'peine enlever les produits de la récolte précédente. Cependant, le commerce vit avant tout de sécurité; c'est le saper par sa base que de déclarer soudainement, arbitrairement, saisissable sa plus précieuse alimentation. Que la guerre civile américaine continue ou qu'elle soit pour un temps étouffée, *la terreur du manufacturier anglais ne peut plus s'apaiser*. Il fera les plus grands efforts pour que l'approvisionnement de ses ateliers cesse d'être à la merci d'un pouvoir rival qui ne cède, un seul jour en cinquante ans, qu'afin de n'avoir pas à supporter *deux guerres à la fois!* Voilà pourquoi les Anglais tournent plus que jamais leurs regards vers l'Inde; voilà pourquoi tous leurs efforts, tous leurs sacrifices, et d'argent et d'intelligence, vont abonder dans cette voie. Les populations de la grande contrée orientale changent de rôle aux yeux de leurs maîtres. Naguère, la seule pensée que le monde entier offrirait ses blés au consommateur britannique a fait faire aux Anglais bon marché de leurs propres cultivateurs. Ici, le cas est tout autre; car le grand et presque l'unique vendeur de l'aliment industriel, l'Américain yankie l'interdit absolument à l'Angleterre. Par là, chose merveilleuse! le cultivateur, le ryot des bords du Gange et de la Nerbudda ne prend pas rang simplement à côté, mais en quelque sorte au-dessus des paysans de l'Angleterre et de l'Écosse; car ce qu'il peut produire aujourd'hui pour les classes industrielles de la nation britannique, en réalité c'est du pain, du pain qui cesse d'être fourni par des mains étrangères. Afin de récolter le précieux produit végétal, le coton, il faut donner une impulsion nouvelle et fortunée à l'agriculture de cent quatre-vingt-sept millions d'Orientaux. Et quelle heureuse circonstance! la guerre civile américaine ayant doublé le prix du coton intercepté, c'est un encouragement immense offert aux cultivateurs de l'Hindoustan; on peut se confier à leur intelligence, aiguillonnée par les besoins des Anglais, pour en tirer un parti grand et rapide.

En même temps, il faut ouvrir à ces récoltes les

voies de communication les plus sûres, les plus commodes et les plus accélérées, depuis les plaines qui vont se couvrir de cotonniers jusqu'aux grands ports de Calcutta, de Madras, de Bombay, et de Kourrachie à l'embouchure de l'Indus.

Aujourd'hui ce n'est plus l'Inde qu'on épuise, sous toutes les formes possibles, afin de gorger d'or les dominateurs occidentaux. Il faut résoudre autrement les deux problèmes de la richesse et de la conquête. Depuis ces derniers temps, plus de deux cents millions de francs sont tirés chaque année des capitaux de la métropole et dépensés dans l'Hindoustan pour construire un grand réseau de chemins de fer. Le système ainsi conçu ne sera véritablement réalisé qu'en complétant près de deux milliards de francs empruntés à la même source.

Voilà l'ensemble de travaux dont je veux expliquer le magnifique système. Il précédera dignement l'exposé des progrès d'un commerce extérieur accru si rapidement depuis l'origine du siècle, et qui touche à des progrès futurs plus rapides et plus vastes encore.

INTRODUCTION.

FORCE PRODUCTIVE DES NATIONS CONCURRENTES,

DE 1800 A 1851.

CINQUIÈME PARTIE.

L'INDO-CHINE ET L'INDE.

I. — INDO-CHINE.

Nous devons expliquer pourquoi nous allons être si concis en parlant de l'Indo-Chine, nous qui venons de traiter avec tant d'étendue la Chine proprement dite.

Il nous fallait présenter d'amples développements pour faire connaître ce que renfermait d'imparfaitement ou de faussement apprécié chez les Européens l'empire le plus peuplé de la terre; celui de tous qui, depuis le plus grand nombre de générations, a su le mieux conserver sa nationalité, ses lois, sa philosophie, ses mœurs et ses arts. Les leçons s'offraient de toutes parts à consulter par l'Occident et même par l'Orient. Il suffisait de dégager la vérité pour qu'on aperçût un spectacle sans exemple dans l'histoire : depuis deux siècles, un peuple immense, tiré de l'anarchie par la conquête, relevé, régénéré, replacé dans la voie de ses ancêtres par les mains de l'étranger; l'étranger, réputé barbare, qui répudie sa propre civilisation pour se mettre à la tête de celle qu'il adopte, qui donne aux vaincus de grands hommes pour souverains; enfin ces grands hommes, qui favorisent les lettres, les arts, l'agriculture, et qui font prendre au bien-être, à la fécondité de la famille, à la victoire au dehors, à la paix au dedans, un essor si rapide, qu'en deux siècles seulement ils peuplent au delà de toute croyance *deux centièmes* de la terre, en y faisant vivre et prospérer *deux cinquièmes* du genre humain.

Après une semblable étude, il faut éviter de nous répéter sur une foule de points, en parcourant des États secondaires, arriérés, faibles, et qui comptent peu d'habitants. Nous n'aurons qu'un tableau restreint à présenter sur l'Indo-Chine : de plus médiocres Chinois que les Chinois du Céleste Empire; point d'ancêtres immortels, point de contemporains illustres, point de sciences, point de lettres, et des arts inférieurs, peu de commerce au dehors, desservi par un pauvre cabotage. Nous signalerons la profusion des eaux intérieures, l'immensité des côtes et le voisinage des mers les plus fréquentées qu'offre l'Orient. Tous ces présents sont presque perdus pour trois États que la nature appelait à profiter de si grands bienfaits.

Une chaîne de montagnes qui part de la Chine va d'orient en occident jusqu'à l'extrémité orientale des Himâlayas. Cette chaîne intermédiaire est le sommet de l'Indo-Chine, de même que les monts Himâlayas sont le sommet de l'Inde. Dans les deux régions, les principales eaux descendent à la mer en coulant du nord au midi.

Trois États composent l'Indo-Chine. L'empire d'Annam est le premier, lorsqu'on part de l'empire du Milieu pour avancer vers l'occident; il touche à la province de Canton. Le second est le royaume de Siam. Le troisième, l'empire des Birmans, est le plus avancé vers l'occident; il touche à l'Inde, aujourd'hui presque toute britannique. Pour parler plus exactement, l'Inde anglaise le pénètre au cœur vers le septentrion et l'envahit par degrés rapides à partir du midi.

EMPIRE D'ANNAM OU COCHINCHINE.

Cet empire comprend au nord le Tonquin, au midi la Cochinchine et la province dont Camboge est la capitale. Il a pour frontières septentrionales les deux provinces chinoises de l'Yun-nan et du Kouang-si.

Cet État ne sait pas même à peu près ce qu'il possède d'hommes et de territoire : ignorance qui déjà nous donne l'idée de son peuple et de son gouvernement. Nos missionnaires, il y a quarante ans, ont évalué sa population à six millions d'âmes; quelques personnes l'ont évaluée à douze millions et d'autres à quinze. La moyenne des trois évaluations est de onze millions, et nous nous contenterons de cette imparfaite approximation. A l'égard du territoire, on peut l'évaluer à soixante millions d'hectares.

Population et territoire.

Population................	11,000,000	d'habitants.
Superficie................	60,000,000	d'hectares.
Population par 1,000 hectares.	183	habitants.
Superficie par 1,000 habitants.	5,455	hectares.

La France, moins étendue que la Cochinchine, a plus que le triple d'habitants.

Ce simple aperçu fait voir combien l'espèce humaine est peu multipliée dans un pays admirablement favorisé par ses rivières, dans un pays dont la terre est fertile et qu'un soleil de la zone torride est si propre à féconder.

Un grand nombre des cours d'eau qui traversent la province du Tonquin prennent leur source dans les montagnes de la province chinoise appelée l'Yun-nan. La majeure partie de ces eaux se réunit à quelques lieues au-dessus de la ville de *Ketcho*, laquelle est elle-même à vingt-cinq lieues du *golfe du Tonquin*. La pêche de ce golfe et des rivières est la grande industrie des habitants; leur culture principale est celle du riz.

COCHINCHINE PROPREMENT DITE.

La Cochinchine, au midi du golfe du Tonquin, présente une côte de grande longueur; elle est de forme convexe et borde la mer de la Chine, du côté de l'occident.

Suivant la même forme que la côte, une chaîne de montagnes, qui borde au nord le royaume de Siam, sépare au midi la Cochinchine et la province de Camboge.

Entre la mer et cette chaîne, le territoire a la forme d'un croissant. Les eaux descendent par pentes rapides des hauteurs à la mer. Sur l'une des rivières ainsi dirigées s'élève, du côté du nord, la ville de *Hué;* elle contient, dit-on, cinquante mille habitants. C'est un port de mer que l'art a fortifié.

Nous allons trouver une position beaucoup plus intéressante pour nous à l'extrémité du croissant que nous avons défini, au point où finit la chaîne des montagnes.

Baie de Touranne. — Récente expédition des Français et des Espagnols.

Au milieu de l'immense plaine du Camboge descend du royaume de Siam un des grands fleuves de l'Asie : c'est le May-kaoung, dont la source se trouve à quatre cent soixante et dix lieues de l'embouchure, en mesurant cette distance à vol d'oiseau.

Vers l'embouchure de ce fleuve est la *baie de Touranne.* Il y a soixante à soixante et dix ans, un vénérable prélat français avait porté dans la Cochinchine ses bienfaits apostoliques; il avait rendu de si grands services au souverain, que celui-ci, par reconnaissance, lui fit un don vraiment digne de la France, don que l'homme de Dieu n'accepta que pour l'offrir à sa patrie : c'était la magnifique baie de Touranne, avec un territoire circonvoisin pour y fonder un établissement.

Pendant longtemps, les révolutions et les guerres maritimes ne permirent pas aux Français de mettre à profit ce beau présent.

Quand notre force navale eut achevé sa première et glorieuse lutte avec la Chine, elle offrait en disponibilité une flotte peu nombreuse, mais excellente, et des soldats qui compensaient aussi leur petit nombre par l'expérience et la valeur. On résolut de mettre à profit un amiral victorieux, qui s'était montré digne de commander sur mer et sur terre à Sébastopol, à Canton et dans le nord de l'océan Pacifique.

On voulut châtier des cruautés exercées sur nos missionnaires et sur ceux des Espagnols, en profitant de l'occurrence pour réclamer notre droit de colonisation. L'expédition, combinée avec des forces amies envoyées de Manille, réussit au gré de nos souhaits. La baie de Touranne et son littoral furent militairement occupés. Non-seulement on s'empara des défenses de l'ennemi; on bâtit des forts, on érigea des batteries; on fut promptement à l'abri de toute insulte. Des forces hostiles très-supérieures en nombre, ayant pris l'offensive, furent battues et dispersées.

Ce n'était point assez pour triompher des obstinations du gouvernement indigène. On savait que l'importante cité de *Saïgon* s'élevait à quelque distance, en remontant le grand fleuve May-kaoung. On résolut de prendre cette ville et d'y transporter l'établissement de Touranne; la nouvelle expédition eut un succès non moins heureux que la première. Alors on abandonna, on détruisit les forts de Touranne, que des fièvres pernicieuses rendaient un séjour trop malsain. Les fortifications de Saïgon furent améliorées, et nos communications avec la mer parfaitement assurées.

Jusqu'à Saïgon peuvent remonter en tout temps des navires du plus grand tirant d'eau. Avec la paix et le progrès des arts, dans un bassin spacieux et fertile, la France peut faire de cette conquête un des ports les plus commerçants de l'Orient.

Il aurait été désirable que, de bonne heure, des forces supplémentaires eussent remplacé les pertes causées par les combats et le climat; elles auraient permis qu'un corps expéditionnaire remontât le grand fleuve jusqu'à la capitale du Camboge. Alors on aurait contraint le souverain d'Annam à recevoir avec empressement nos conditions de paix.

A force d'attendre des secours indispensables, le chef de l'expédition, épuisé par des efforts incessants, par des services qui, depuis Sébastopol, dépassaient les forces de l'homme et les ardeurs de l'héroïsme, M. le vice-amiral Rigault de Genouilly se vit obligé de revenir en France et de laisser sa conquête incomplète : à son retour, de justes honneurs ont été le prix de ses services.

Aujourd'hui qu'est terminée notre seconde guerre contre la Chine, espérons qu'on fera servir les forces françaises à châtier les Annamites, qui maintenant redoublent d'efforts contre Saïgon. Cette place est défendue par une garnison intrépide qui ne permet pas qu'on craigne sur son sort, mais trop peu nombreuse pour commander au loin la terreur qu'elle inspire autour des remparts de la cité.

Commerce à développer en Cochinchine.

Nous ne pouvons pas présenter les résultats du commerce de l'Europe avec la Cochinchine : ce commerce est si peu considérable, que nos états financiers n'en font pas de mention distincte. Rien non plus, dans les états financiers de la Grande-Bretagne, n'indique la valeur des importations ni des exportations *directes* entre cette puissance et l'empire d'Annam. C'est par Singapore que l'Angleterre et l'Inde prennent part au commerce de cet empire.

Lorsque des relations pacifiques seront rouvertes et les Français convenablement établis dans la Cochinchine, ils pourront stimuler l'activité des habitants, exporter de nombreux produits tropicaux, et livrer en retour les produits les plus attrayants de notre sol et de notre industrie.

ROYAUME DE SIAM.

Au nord, le royaume de Siam est séparé de la Chine et des hautes montagnes par une pointe du territoire birman avancée vers l'orient jusqu'à toucher le Tonquin. A l'occident, une chaîne de montagnes dirigée du nord au midi forme une frontière naturelle.

Population et territoire.

Population (maxim.)........	3,620,000	habitants.
Superficie.................	76,330,000	hectares.
Population par 1,000 hectares..	47	habitants.
Superficie par 1,000 habitants..	21,084	hectares.

Pour une même étendue de territoire, le royaume de Siam est *quatorze fois* moins peuplé que la France.

Toute faible qu'elle soit, la population que je viens d'indiquer est la plus considérable qu'on ait encore assignée : elle est rapportée par M. Roberts (ambassade à la Cochinchine, à Siam, etc.); M. Craufurd, dans le même ouvrage, n'évalue la population de Siam qu'à 2,790,500 âmes. Cela prouve qu'une grande partie du royaume doit être encore à l'état presque complet de solitude.

La seule ville vraiment importante est *Bangkok*, à l'embouchure du fleuve Meï-nem, au fond du golfe de Siam. On évalue la population de cette capitale de manière à montrer combien l'on manque de notions précises : on varie de 360,000 à 500,000 âmes.

Les trois quarts des habitants sont d'origine chinoise; les autres sont des Malais, des Laos, des Birmans et des Péguens.

Le souverain occupe, avec son palais et ses jardins, une île située au milieu du fleuve et complétement entourée de remparts.

On a calculé que le commerce de la capitale s'élevait, pour les importations, à 3 millions de francs et, pour les exportations, à 4 millions. C'est bien peu de chose dans un port si peuplé, habité par tant d'étrangers, dont chacun doit porter avec soi quelque objet ou du moins quelque besoin d'échange.

Si l'on part de Bangkok en suivant la rive occidentale du golfe de Siam, on côtoie la très-longue péninsule de Malacca, divisée dans toute sa longueur par une chaîne de montagnes. Jusqu'au dixième degré de latitude, le royaume de Siam possède seulement le côté de cette chaîne dont les eaux descendent au golfe; mais, en avançant vers le midi, Siam possède l'un et l'autre versant; celui de l'ouest appartenait en grande partie à l'ancien rajah de Quédah, port de mer situé dans le détroit de Malacca. Nous reviendrons sur la principauté de Quédah, au sujet d'une expédition pleine d'intérêt.

C'est le rajah de Quédah qui vendit aux Anglais, en 1786, l'île de Poulo-Pénang, qui commandera bientôt toute notre attention; les acquéreurs, remarquons-le bien, n'avaient nullement cru nécessaire de faire ratifier l'acte de cession par le roi de Siam, alors à peu près suzerain nominal de ces territoires.

D'autres rajahs, indépendants même aujourd'hui, possèdent l'extrémité de la péninsule, à l'exception du territoire anglais de Malacca.

Ce nom de rajah qui commence à frapper notre oreille suffit pour annoncer l'Inde; nous visitons une race qui n'est plus chinoise, et qui pourtant n'est pas hindoue. Nous sommes encore dans l'Indo-Chine; mais déjà la Grande-Bretagne commence la longue série de ses conquêtes.

PRESQU'ÎLE, VILLE ET DÉTROIT DE MALACCA.

A dix lieues seulement à l'ouest de Singapore, île qui fixera puissamment notre intérêt, se trouve le cap le plus avancé vers le sud de la presqu'île de Malacca.

Ce cap appartient à notre hémisphère, et s'avance à trente-trois lieues de la ligne équinoxiale. En remontant vers le nord et l'occident, le long de la côte, on arrive à l'embouchure de la rivière de Malacca, sur les bords de laquelle, en majeure partie du côté septentrional, s'élève la ville du même nom.

Situation de la ville de Malacca.

Longitude orientale..................	102° 14′ 15″
Latitude septentrionale..............	2° 10′ 3″

Les Portugais, puis les Hollandais, ont possédé cette ville; ses massives constructions offrent encore le caractère d'une colonie batave. Par le traité de 1826, le roi des Pays-Bas en a fait cession à l'Angleterre: En vertu de cet acte, il renonce à rien posséder sur la terre ferme, et les Anglais à rien conserver dans les îles de la Sonde; nous avons dit quel merveilleux parti la Néerlande a depuis lors tiré de ces îles (*3e partie*).

En revanche, Singapore absorbe aujourd'hui tout le commerce que faisait autrefois Malacca, privée maintenant de rapports nationaux avec les îles de Sumatra, de Java, etc.

Nous n'appellerons l'attention du lecteur que sur le *collége anglo-chinois* fondé dans cette ville européenne par le célèbre docteur Morrisson, l'auteur d'un excellent dictionnaire anglo-chinois. Une imprimerie orientale et britannique seconde les travaux littéraires du collége; elle a produit des ouvrages intéressants.

Il existe dans la ville des écoles privées pour l'éducation des Malais, des Hindous et des Chinois habitants de la colonie.

La province anglaise de Malacca s'étend sur la côte occidentale de la presqu'île, dans une longueur de quarante-cinq lieues; elle borde le détroit entre cette presqu'île et l'île de Sumatra.

Singapore aujourd'hui rend ce détroit beaucoup plus fréquenté qu'il ne l'était avant l'année 1825.

On n'évalue qu'à 259,000 hectares le territoire de la colonie. L'agriculture y fait des progrès. Le pays pourrait nourrir un nombre d'habitants beaucoup plus considérable que la population actuelle; on la porte seulement à 58,000 âmes, dont environ 3,000 Européens.

Lorsque les Hollandais possédaient la ville et le port de Malacca, ils commandaient le détroit du même nom. Les Anglais leur ont retiré cet important avantage; ils prennent un soin jaloux d'écarter le plus possible les Hollandais de la côte de Sumatra qui borde le détroit.

C'est la Grande-Bretagne aujourd'hui qui, par ses trois établissements de Poulo-Pénang, de Malacca et de Singapore, commande l'entrée, le milieu et la sortie du détroit le plus précieux pour communiquer entre l'Inde et la Chine.

ILE ET PORT FRANC DE SINGAPORE.

L'île de Singapore présente une position sans pareille au milieu des mers orientales; elle se prêtait admirablement aux progrès accomplis aujourd'hui dans le commerce de ces mers.

Un Anglais, sir Stamford Raffles, avait gouverné très-habilement l'île de Java pendant les temps qui précédèrent la restitution de cette île au royaume des Pays-Bas, restitution opérée par suite des grands événements de 1814 et de 1815.

Ce gouverneur avait appris, pendant son administration, à bien connaître la navigation qui s'opère entre les mers de l'Inde, la mer de la Chine et le magnifique archipel qui faisait retour au royaume des Pays-Bas.

En jetant les yeux sur le détroit de Malacca, qui présentait la route la plus courte pour aller de Ceylan, de Madras et de Calcutta dans les mers de cet archipel et de l'Indo-Chine, il aperçut un modeste îlot, très-voisin de la pointe de Malacca. Il s'assura que cet îlot protégeait un mouillage vaste et sûr : chose que les Anglais recherchent partout. Il proposa d'acquérir ce point imperceptible; on le payerait en sacrifiant quelques livres sterling, que recevrait un petit rajah du voisinage.

Création d'un port franc à Singapore.

On ne prétendait développer dans cette île ni grands ateliers ni grandes cultures. On voulait purement et simplement en faire un port de relâche, qui fût en même temps *un port franc*, et, s'il se pouvait enfin, un grand marché.

On apporterait dans ce marché tous les genres de produits que peuvent offrir les Indes et les trois royaumes britanniques; les Malais et les Célèbes, les Indo-Chinois et les Chinois, seraient appelés à venir dans un même port échanger contre les marchandises que nous venons de mentionner les productions de leurs pays respectifs.

Cette conception était à la fois simple, juste et profonde; elle obtint un succès qui dépassa toutes les espérances.

A Singapore, point de droits d'entrée ni de sortie, point de taxes de navigation, ni sur les bâtiments britanniques ni sur les bâtiments étrangers. Les pirates mêmes, présents ou futurs, pourvu qu'ils n'aient pas sur leur compte de forfaits trop évidents, peuvent venir, dans le plus libre des marchés maritimes, pour armer ou désarmer et pour vendre un butin qu'on ne scrute guère.

Suivant les vues que nous venons de présenter, en 1818, la ville de Singapore fut fondée par sir Stamford Raffles, auprès d'un misérable hameau de pêcheurs malais.

Un tiers de siècle a suffi pour ériger et peupler une riche cité sur une plage auparavant déserte. C'est en même temps une ville cosmopolite, où des marchands, des artisans et des financiers de toutes les nations se confondent; ils y vivent en paix à l'ombre d'un gouvernement fort et respecté.

Population de l'île de Singapore en 1851.

Européens	336
Hindous-Bretons	280
Arméniens	65
Arabes	260
Hindous	550
Natifs de lieux divers de l'Océanie	6,619
Chinois	32,960
Malais	10,033
Javanais	1,331
Cafres	12
Militaires condamnés, passagers, etc.	5,074
TOTAL	57,520

Singapore, en définitive, est un entrepôt, un caravansérail maritime, où l'on trouve des habitants de toutes les nations *et même quelques Anglais :* tout au plus UN sur cent cinquante habitants.

C'est une étape incomparable pour la navigation et le commerce de l'Océanie et de la Chine.

Description de la ville de Singapore.

La ville s'étend sur la côte méridionale de l'île, au fond d'une anse dans laquelle débouchent deux ruisseaux. La partie centrale s'élève entre ces ruisseaux. Une large plage est réservée pour les opérations d'embarquement et de débarquement, et pour la circulation des voitures de luxe quand vient l'heure délicieuse de la fraîcheur et du plaisir. Les Européens, avec leurs maisons de brique et leurs vastes magasins, habitent plus en arrière. Dans cette partie centrale on a construit les édifices publics, la banque, les hôtels, les cafés, une belle église anglicane, et les Américains du Nord n'ont pas manqué d'y joindre une chapelle de leur culte. En dehors, sur une colline heureusement située, le gouverneur a son palais et ses jardins.

Au delà du ruisseau de l'ouest on trouve les grands magasins britanniques et la colonie chinoise; elle est riche, active, infatigable; elle a bâti ses petites demeures et ses boutiques, ouvertes sur la rue, dans le même style que si l'on était dans un port du Céleste Empire. Les Chinois ont construit une grande pagode qui domine un temple bouddhique.

Au delà du ruisseau de l'est, on trouve le quartier des Malais, des Arabes, des Javanais et de tous les autres insulaires. Un grand nombre de leurs demeures sont perchées sur des pilotis. Là vivent les marins malais qui font le service des embarcations du port et de la rade.

Ce n'est pas seulement le gouverneur qui réside hors de la ville, loin des odeurs infectes et d'une plage brûlante; les riches marchands ont dans la campagne circonvoisine des habitations imitées de l'Inde et qu'on nomme des *bangalos*, comme aux bords du Gange. Elles ont des portiques et des balcons dont le toit protège contre la lumière intense et contre la chaleur; ces abris sont soutenus par d'élégants et légers piliers. Autour de ces demeures, où tout se réunit pour les rendre confortables, d'épais ombrages, une verdure et des fleurs perpétuelles répandent leur fraîcheur et leurs parfums.

Dans une ville où toutes les nations sont représentées, chaque peuple montre ses mœurs et ses habitudes. Les Chinois sont infatigables; ils exercent tous les états, et la plupart en plein air : ils sont maçons, charpentiers, menuisiers; ils confectionnent des cercueils *pour le peuple des ancêtres* et pour les barbares; ils sont forgerons, argentiers, orfèvres; ils fabriquent des armes, des outils et des instruments aratoires; ils sont bouchers et boulangers; ils mondent, ils perlent le sagou, pour le rendre conservable et l'envoyer jusqu'en Europe; ils ont des changes de monnaie dans la rue, sur des tables pareilles à celles de nos charlatans; ils sont barbiers et traiteurs en plein vent. Enfin ce peuple, toujours remuant et travaillant, charme les fatigues par sa gaieté nationale : heureuse disposition conservée par lui même loin de sa patrie, qu'il n'oublie jamais.

La rade et le commerce maritime.

Au sud-est de la ville se déploie la vaste rade, où des navires sans nombre, abrités par des îlots, trouvent un ancrage profond, sûr et commode. C'est là qu'a lieu ce que j'appellerai *la foire maritime et perpétuelle de Singapore;* on y voit flotter tous les pavillons de l'Orient et de l'Occident.

. . . .

Je vais présenter pour l'année de l'Exposition universelle, de mai 1851 à mai 1852, la valeur officielle des marchandises échangées.

TABLEAU DU COMMERCE DE SINGAPORE, DE 1851 À 1852.

NATIONS.	IMPORTATIONS.	EXPORTATIONS.
	fr.	fr.
Les Trois Royaumes britanniques	15,820,250	7,182,575
France	696,000	1,580,125
États-Unis	479,300	1,814,300
Villes anséatiques	2,284,175	1,170,600
Australie	503,575	1,026,625
Chine	8,660,400	15,922,050
Cochinchine	1,412,425	1,052,400
Siam	242,600	2,284,425
Bornéo	3,559,975	3,448,525
Péninsule malaise	3,004,575	3,130,350
Manille	602,650	551,450
Iles Celèbes	2,458,650	2,446,650
Java, etc.	5,639,425	4,420,325
Sumatra	247,600	2,286,800
Malacca et Poulo-Pénang	6,630,300	6,055,225
Inde britannique	18,150,523	11,573,960
Diverses nations	4,477,075	2,592,025
TOTAL GÉNÉRAL	74,869,498	68,544,410

Ce tableau mérite de fixer l'attention du lecteur; il fait voir suivant quelles proportions les principales contrées prennent part aux échanges sur ce marché universel. Dans un quart de siècle, la valeur totale de ces échanges s'est élevée jusqu'à 153 millions sur une côte auparavant dénuée de commerce.

POULO-PÉNANG.

Le nom de Poulo-Pénang signifie *l'île Areca*, ainsi nommée pour le grand nombre d'arbres arecas qu'elle produit naturellement. Elle est située près de la côte occidentale de la presqu'île de Malacca.

Longitude orientale	109° 25′ 1″
Latitude septentrionale	5° 〃 25″

Cette île est à très-peu près sur le cercle parallèle qui passe par la pointe de Galle.

Le cap de cette île le plus avancé vers la côte de Malacca n'en est éloigné que de 3 kilomètres; au milieu de ce détroit la profondeur d'eau est de $21^{m},60$.

Population et territoire de Poulo-Pénang.

Population en 1851	43,143 habitants.
Superficie	41,350 hectares.
Population pour 1,000 hectares	1,045 habitants.

Il est intéressant de comparer les diverses nations dont est composée la population qu'on vient d'indiquer :

	Habitants.	Proportions.
Race britannique	347	8
Malais	16,670	386
Chinois	15,457	358
Indiens du Malabar	7,849	182
Origines diverses	2,820	66
	43,143	1,000

Les Anglais et leurs descendants ne présentent à Poulo-Pénang que huit habitants sur mille.

Nous ferons remarquer que les Chinois ont à Poulo-Pénang près de quatre hommes pour une femme. Ainsi le quart seulement de cette population s'établit à demeure dans l'île; les trois autres quarts n'y débarquent qu'avec une pensée de retour à la mère patrie.

Le riz, le maïs, le plantain et les bananes sont la nourriture ordinaire des habitants.

L'île est très-favorable à la production des épices : muscade, girofle, piment et gingembre; on estime surtout les muscades et les girofles.

En 1786, lorsqu'elle fut acquise à la Compagnie britannique des Indes orientales, les Anglais n'avaient pas même l'idée qu'il existait un îlot de Singapore. Poulo-Pénang avait alors une véritable importance pour l'intercourse de l'Inde avec la Chine. Ce commerce augmentant toujours, la Compagnie, dès 1805, érigea l'administration de cette île en *présidence;* mais, en 1830, on réunit tous les établissements du détroit de Malacca, qui furent dirigés par un gouverneur particulier, sous l'autorité du gouverneur général, qui siége à Calcutta.

Au point où l'île est le plus rapprochée de la côte de Malacca, les Anglais ont bâti la ville qu'ils ont nommée George, *George-Town*, par hommage à leur roi Georges III.

Au nord de cette ville on trouve un beau mouillage pour les navires de commerce. Afin de rendre le port plus sûr et plus commode, on l'a protégé par deux môles ou jetées.

George-Town, ainsi que Singapore, fait un commerce actif avec les îles de la Sonde.

Les exportations consistent particulièrement en produits de l'Inde et de la Grande-Bretagne. Les importations sont des produits de la zone torride; il faut citer surtout les épices, destinées en majeure partie pour l'Angleterre.

A Poulo-Pénang, George-Town possède trois églises : une anglicane, une catholique, *une arménienne*. Remarquons celle-ci, construite par des marchands arméniens venus très-probablement de Calcutta. L'église catholique est destinée à la race métisse portugaise, à des Irlandais et à quelques Français.

PROVINCE DE WELLESLEY.

En face de Poulo-Pénang se trouve un petit établissement qui porte le titre fastueux de province de Wellesley et qui contient seulement 36,260 hectares de terre : vingt-deux lieues carrées.

Dans l'état statistique le plus récent adressé par la Compagnie des Indes à la Chambre des communes, j'ai trouvé les données qui suivent.

Sous l'influence britannique, on ne peut pas douter que dans un prochain avenir la population ne devienne moins disproportionnée avec l'étendue de ces territoires; les Chinois surtout accroîtront le nombre des habitants.

Établissements des détroits orientaux.

	Superficie.	Population.
Singapore	171,222^{h}	57,421
Malacca	255,550	54,021
Province de Wellesley	36,260	91,098
Poulo-Pénang	41,350	
	504,382	202,540

Les marins malais au XIXe siècle.

Un capitaine de vaisseau, distingué d'abord parmi les marins anglais qui déployèrent tant d'habileté, de constance et de courage quand ils allèrent à la recherche du navigateur Franklin dans les mers du nord, M. Shérard Osborne, a rendu compte d'une expédition remplie dès sa tendre jeunesse vers les parages qui sont l'objet de notre étude. J'ai puisé des faits remarquables dans ce compte rendu, plein d'attrait et d'instruction; il montre déjà le mérite de l'auteur, son heureux caractère, et son art d'étudier les hommes en même temps que les mers et les rivages[1].

En 1838, Osborne a dix-sept ans; il est élève (*midshipman*) sur la corvette *l'Hyacinthe*, en station à Singapore. On annonce qu'une flottille de cinquante praos, portant au moins deux mille guerriers, s'est montrée au nord du détroit de Malacca; l'armement s'est fait en secret dans les criques et les jongles de Sumatra, d'où l'expédition est sortie pour s'emparer du port de Quédah, dans la presqu'île de Malacca. La flottille appartenait à l'ancien rajah du territoire dont ce port était la capitale. Ainsi que déjà nous l'avons fait remarquer, en 1786 la grande Compagnie des Indes britanniques avait jugé ce rajah possesseur légitime de son gouvernement, puisqu'elle avait acquis de lui Poulo-Pénang, sans admettre le besoin d'obtenir l'assentiment du roi de Siam, le suzerain nominal. Mais lorsque la Compagnie fit la guerre aux Birmans, ce roi lui parut dangereux; elle fut heureuse de se l'atta-

[1] C'est lui qui plus tard conduisit sur une frégate lord Elgin, en remontant le grand fleuve Yang-tzé-kiang : voyage qui nous a fourni le sujet de graves observations (*Troisième partie : forces productives de la Chine*).

cher par une alliance offensive et défensive. Aussitôt le Siamois étend ses barbaries sur la province de Quédah; il en expulse le rajah et ses fidèles adhérents, qui se sauvent en Sumatra. Pendant nombre d'années, la piraterie avait été la ressource des proscrits. Quand ils armèrent pour recouvrer leur patrie, qu'ils soulevèrent, le gouverneur anglais qui, dans la présidence de Malacca, représentait la Compagnie des Indes ordonna qu'on les traiterait en ennemis; il décida que la marine britannique bloquerait la côte, dans le même temps que le roi de Siam avec son armée envahirait le territoire contesté.

Le commandant de *l'Hyacinthe* fait voile jusqu'au port de Quédah pour sommer le rajah de l'évacuer; celui-ci refuse en termes pleins de noblesse et de fierté. *L'Hyacinthe* remet en mer et découvre enfin l'endroit où s'étaient réfugiés les praos malais. Le capitaine quitte sa corvette; à bord d'un simple canot, il s'aventure au milieu des jongles et des bas-fonds pour arriver au centre de la redoutable flottille. Il ne court d'ailleurs aucun risque : la renommée de l'Angleterre est sa force. L'amiral des insurgés, Mohammed-Saïd, s'empresse d'envoyer une garde d'honneur pour recevoir celui qu'il qualifie de *Rajah de la mer* : l'instinct des Malais imagine ce nom pour caractériser la puissance navale de l'Angleterre. Quoique sa tête, à raison de ses précédentes expéditions, eût été mise à prix par la Compagnie et le fût encore, il n'en respecte pas moins un ennemi qu'il pouvait aisément immoler, et son accueil est plein de courtoisie. Néanmoins l'amiral malais, rejetant l'amnistie qu'il obtiendrait s'il voulait se soumettre, accepta sans hésiter les chances de la guerre. Quant au Rajah de la mer, ne pouvant forcer une position inexpugnable, il rejoint sa frégate et retourne à Singapore.

Aussitôt une flottille est équipée, qui va repartir avec *l'Hyacinthe;* elle comprendra les deux principales chaloupes de ce bâtiment et trois modestes canonnières, chacune armée de deux bouches à feu. Actuellement notre jeune ami Shérard Osborne va paraître : il commandera la canonnière numéro *trois* (*numero tega*); elle est montée par vingt-cinq Malais, marins dont l'apprentissage est *piratesque* autant que naval.

C'est ici qu'il faut voir les deux races en présence : la race occidentale et blanche représentée par un adolescent qui pour la première fois a des hommes sous ses ordres. Ces derniers sont tirés d'une race orientale, fière, barbare au besoin, et le besoin renaît souvent chez un peuple musulman, plein de préjugés et d'ignorance; ce peuple est, d'ailleurs, sensible au point d'honneur, précieux sentiment inconnu des Chinois et des Hindous.

Jadic, le contre-maître de la canonnière, est professeur émérite dans la manœuvre des praos et dans le maniement du *kriss*, ce terrible poignard à lame serpentée et trop souvent imprégnée du poison le plus redoutable. Avec sa force athlétique, sa bravoure à toute épreuve et ses traits audacieux, qui rappelaient le flibustier, le Malais Jadic était plein de générosité, et sous sa rude écorce il se montrait susceptible d'attentions délicates. Un soin touchant qu'il prend du jeune officier endormi gagne le cœur de celui-ci. « Depuis ce moment, dit Osborne quinze ans plus tard, j'ai ressenti pour toi, pauvre Jadic, une affection qui jamais ne s'effacera de mon cœur. »

Le personnage ensuite le plus en évidence était l'*interprète* : intermédiaire indispensable entre le chef adolescent, qui ne savait pas un mot de malais, et l'équipage entier, qui ne savait pas plus d'anglais. Il était né d'une mère indienne et d'un officier *anglais*, disait-il fièrement; mais les races pures d'Orient l'appelaient *le Portugais*, et le méprisaient. Son portrait nous dépeint toute une espèce *métis* : il avait le teint olivâtre, les traits agréables et réguliers, la taille souple et gracieuse; ses pieds et ses mains, dit Osborne, auraient pu servir de modèle à Phidias. On le trouvait intelligent; mais il était faible, nerveux à l'excès, et docile comme un enfant; ses manières craintives et rampantes faisaient peine à voir.

Revenons à Jadic, *le marin malais,* dont l'étude est pour nous d'un tout autre intérêt. Captif dès son jeune âge; avancé pour sa bravoure *au rang de guerrier,* comme en Europe au moyen âge on était promu chevalier, puis officier du rajah de Johore; tour à tour enrichi et ruiné, puis reprenant la mer afin de recouvrer l'aisance, jamais il n'avait hésité quand on le rappelait au combat, aux aventures. Osborne cite avec complaisance les jugements de Jadic, qui sont ceux de toute sa race. Il comptait pour peu d'être attaqué par les Hollandais; souvent il avait vu fuir devant lui les Espagnols; il ne craignait que les Anglais, nommés par les Malais, dans tout l'archipel, les *orang-pretihs*, les orang blancs. Enfin Jadic, fatigué de tous ses métiers, avait racheté sa liberté en décapitant très-volontiers un Chinois condamné à mort; puis il avait pris service dans la marine de la Compagnie des Indes. Son intelligence et sa bravoure l'avaient bientôt fait distinguer; c'est à cette distinction qu'il devait l'honneur d'être le second de Shérard Osborne.

A l'égard des matelots dont nous venons de peindre le contre-maître, « mes gens, dit le commandant, avaient toujours l'attention d'éviter entre eux ces plaisanteries grossières ou blessantes qui sont habituelles à nos marins; j'attribuai leur politesse à la promptitude avec laquelle ils se servent de leur poignard, de leur *kriss*, dès le moment qu'ils se croient insultés.»

Tel était l'équipage de la canonnière, qui concourait à bloquer l'entrée de la rivière au bord de laquelle s'élevait Quédah, forteresse que les Portugais avaient bâtie quand ils régnaient sur les mers de l'Orient. Le n° 3, *l'Émeraude* d'Osborne, et deux autres canonnières en surveillaient les abords avec une admirable vigilance.

Les assiégés, sur des barques très-légères et dans les nuits les plus sombres, bravaient le blocus; ils rapportaient bravement de Poulo-Pénang des vivres, des armes et de la poudre, suivant l'usage du commerce, qui vend des moyens de destruction aux ennemis comme aux amis, pourvu qu'il bénéficie. De là résultaient des chasses infatigables, où les Malais de *l'Émeraude* émerveillaient leur jeune capitaine, à force d'ardeur et d'intrépidité.

Après une course forcée, ils capturent un grand prao, excellent voilier, que montait un personnage important. Son turban vert annonçait un pèlerin visiteur de la Mecque : sainte mission qui, dans sa pensée, n'était pas incompatible avec un fructueux assaut tenté sur les navires d'autrui. Il était de haute stature et sa démarche avait de la dignité; sa figure était grave et d'une beauté sombre qui commandait plutôt l'effroi que l'admiration. Chez lui, comme chez tous les Malais de haut lignage, on distinguait des indices de sang arabe. En un moment, l'équipage oriental du *numéro tega* fut saisi de respect à la vue de ce forban sanctifié. Pour toute faveur, le jeune chef européen lui permettait, lorsque la poupe était tournée du côté de la Mecque, de venir prier sur le gaillard d'arrière. Le dévot pèlerin s'avançait avec gravité, déployait son petit tapis, s'agenouillait dessus et se prosternait; il semblait plongé dans son oraison avec tant de ferveur que les arbitres de son sort, qui l'entouraient sur le gaillard d'arrière, semblaient ne plus exister pour lui. Ses dévotions accomplies, il regagnait sa place à l'avant, puis s'asseyait avec la dignité d'un rajah, au milieu des regards d'admiration de l'équipage. Jamais il ne faisait le moindre effort pour gagner la bienveillance du capitaine anglais. « Évidemment, dit celui-ci, j'étais à ses yeux un giaour, un infidèle, et mes matelots, par cela seul qu'ils servaient avec moi, lui paraissaient des renégats. Je dus enfin l'avertir qu'il irait à Poulo-Pénang, pour être jugé, au sujet de ses pirateries, par le tribunal du gouverneur. A cette nouvelle, il croisa ses mains avec résignation, me salua poliment, et me dit qu'il espérait que Dieu serait avec moi. »

Dans toute la partie de l'Orient qui nous reste à parcourir, nous allons retrouver le même caractère imprimé par l'islamisme à des millions d'êtres humains. Ce culte laisse dans leurs cœurs bien des vices et des crimes; mais il leur inspire la dignité, la constance et la fortitude, accompagnées d'un insolent mépris pour le reste du genre humain.

Comment l'islamisme des Malais détourne les vents obstinés.

Chez les Malais mahométans, l'ignorance et les préjugés dégradent cette mâle dignité. Rien n'est plus plaisant que le moyen pratiqué par *le superstitieux* Jadic pour conjurer à la mer un vent contraire et par trop obstiné. Ce grand secret *de tuer le vent,* qui pourrait en contester la certitude? Il le tenait du rajah de Johore! et voici dans quel cas. . . La flottille de ce rajah se trouvait poursuivie par les Hollandais, *qui jamais ne font de quartier.* Un Curtius malais propose de se laisser aborder pour donner à la flotte le temps nécessaire à la fuite. Son kriss aura raison de tous les marins de Batavia qui seront assez audacieux pour sauter à son bord; quant au résultat final, Allah réglera le destin du fataliste. Ce n'est pas assez que d'accepter cette offre intrépide; il faut braver un grand coup de vent favorable à l'ennemi. On fuit. Mais les praos sont criblés de boulets et de mitraille; sans cesse il faut rejeter par-dessus le bord l'eau qui pénètre et le sang qui coule. A la fin, dit Jadic, nous préférons être noyés plutôt que de travailler davantage, et jetant de côté nos seaux: « Allah! crions-nous, Allah kérim! (Dieu est grand!) » Alors le rajah de Johore veut ranimer les courages. Les matelots lui montrent avec épouvante une épaisse nuée grosse de tempête. « Est-ce là, dit-il avec dédain, est-ce là ce que vous craignez? » Aussitôt il descend sous le pont, saisit l'énorme cuiller qui sert à préparer le riz de l'équipage, et qu'il sait propre à produire le grand charme. Il la pose sur le gaillard, droit en face du vent contraire, puis récite avec un singulier recueillement certains versets du Koran. Aussitôt la tempête s'éloigne; une heure après vient le calme plat; les rames triomphent, et la flottille est sauvée. « Capitaine! ajoute Jadic en vrai croyant, il n'y a de Dieu que Dieu, et Mahomet est son prophète » : aussi, pour étouffer le vent, il n'est pas de charme aussi puissant que celui du rajah de Johore!

Supériorité de l'officier britannique.

Ce qui fait le plus d'honneur à la race anglaise et montre le mieux sa prépondérance, c'est de voir le midshipman de dix-sept ans établir à lui seul une inflexible discipline au milieu de ses fiers Malais; c'est de le voir pousser l'exercice de l'autorité jusqu'à les façonner au châtiment des coups de corde appliqués sur leur peau nue; c'est de le voir attachant avec solennité le récalcitrant sur une pièce de canon, en imprimant à ce spectacle l'appareil d'un jugement et le sang-froid de la justice; c'est enfin de le voir frapper de ses propres mains sans que les vingt-cinq kriss de son équipage le percent de part en part.

Quoiqu'ils fussent adroits, actifs même, les matelots malais détestaient tout travail régulier. Osborne parvient à vaincre leur répugnance; il les oblige à nettoyer, à fourbir complétement et périodiquement le cuivre apparent de son doublage. À peine a-t-il imprimé chez ses matelots le sentiment du respect, de l'obéissance et de la ponctualité, le jeune Européen fait pressentir son génie de commandement. Il oublie la fierté superbe et glaciale de sa race; il se fait affable; on le craignait, on l'adore, et désormais son équipage se ferait massacrer pour lui. Le seul récit de cette conduite nous fait aimer le jeune Shérard Osborne et deviner sa belle carrière.

Triste marine de Siam. Barbaries siamoises.

Le roi de Siam ajoute à la flottille anglaise un brigantin monté par ses sujets. Suivant l'usage des peuples chinois, le navire avait deux capitaines : l'un, Siamois, dirigeait la navigation; l'autre, métis, présidait au service de guerre. Quand on leur parlait de combattre, ils ne répondaient que deux mots, *Teda bagouse, teda bagouse* (pas bon! pas bon!); cela fit donner à leur navire, par les joyeux Anglo-Malais, le nom peu flatteur de Teda-Bagouse.

Les assiégés de Quédah résistaient toujours. « Nous ne pouvions, dit Osborne, nous empêcher d'admirer l'énergie des Malais qu'avaient tour à tour chassés de leur pays les Portugais, les Bataves et les Siamois. Contraints de se réfugier sur leurs praos, sans autre ressource que la piraterie, dont les Hollandais et les Espagnols leur avaient donné les premiers exemples, ils étaient maintenant poursuivis impitoyablement et punis de mort, sans qu'on leur accordât le temps ni les moyens d'abandonner les pratiques coupables que les peuples occidentaux leur avaient primitivement enseignées. »

Nous arrivons à la dernière partie de nos observations. L'armée siamoise, l'alliée barbare de la Compagnie, accomplissait sa triste part de l'entreprise. Elle avançait dans la province de Quédah, brûlant les villages, massacrant les natifs qui défendaient leur indépendance, exterminant ou conduisant en servitude les femmes avec les enfants et bloquant par terre la forteresse insurgée, que les Anglais bloquaient par mer. Les assiégés implorèrent de ces derniers la grâce de laisser fuir la partie sans défense de leurs familles, pour la sauver de la faim et bientôt, hélas! de l'esclavage ou des supplices. Leur envoyé motivait cette confiance en disant : « Il n'est pas un Malais qui ne sache que les Orang-Pretihs (les Anglais) combattent bravement les hommes, mais que jamais ils ne font la guerre contre des enfants et des femmes. »

Les proscrits sauvés.

Cent vingt embarcations sortirent du port, emportant plus de trois mille de ces victimes échappées à la destruction. Au milieu du convoi se trouvait une grande jonque chinoise qui contenait la femme et les enfants de l'amiral Mohammed-Saïd. Ordre fut donné de recevoir cette famille sur *l'Émeraude*, pour la conduire à Poulo-Pénang avec les cent vingt barques chargées de têtes moins précieuses. La femme du prince des pirates n'avait rien de rébarbatif;

sa physionomie s'embellissait d'une singulière expression de douceur et d'amabilité, troublée seulement par les traces d'un profond chagrin. Auprès d'elle se tenaient deux garçons en bas âge et sa fille Rajah-Mira (Mira la reine); elle était, comme sa mère, vêtue d'un tissu de cachemire gracieusement drapé.

Osborne, ce précoce observateur, avait reconnu le sang arabe au seul aspect d'un Malais de haute race; qu'on juge s'il dut reconnaître ces mêmes traces de pur sang chez la fille de Mohammed-Saïd, que le Prophète avait sans doute envoyée de son paradis pour embellir le terrestre Orient. Elle comptait douze printemps, et c'est à cet âge que la femme des tropiques est dans la fleur d'une beauté si brillante et si passagère sous le soleil de cette zone torride.

Pour affaiblir tout contraste de races, le jeune Anglais, au lieu de rester flegmatique, s'enflamme d'un regard comme s'il était né sous l'équateur; il sauve la vie de la jeune princesse, qui, troublée sans doute par le malheur des siens, s'était échappée dans son sommeil et courait se jeter à la mer. Voici maintenant ce qui condamne à jamais le midshipman occidental : la noble famille à peine conduite au port de Poulo-Pénang, la croisière finit; notre futur capitaine, quittant la station des détroits de Malacca, fait voile à la pointe de Galle; il aperçoit dans l'île de Ceylan la perle des beautés hindoues, et sa constance de dix-sept ans, vaincue par on ne sait quel charme de Wishnou, oublie pour une douce fille de Bramah la fière houri de Mahomet.

LES CÔTES OCCIDENTALES DE L'INDO-CHINE.

Il faut quitter la partie la plus intéressante qu'offre la presqu'île de Malacca, la partie peuplée par cette race malaise qui, malgré ses pirateries et sa violence, est bien digne, à mon gré, d'un si puissant intérêt. Sortons du détroit par le nord, et côtoyons le littoral qui regarde l'occident.

Nous franchissons alors plus de cent lieues d'une côte désolée, soumise à ce joug de Siam que nous avons appris à connaître; nous n'apercevons pas un port fréquenté, pas une modeste ville, tant le territoire a peu d'habitants. Nous nous tenons à distance du littoral, afin d'éviter une multitude d'îlots qui bordent la côte.

Quand nous arrivons au 10ᵉ degré de latitude, nous voyons de nouveau flotter sur le littoral le pavillon de l'Angleterre. Ce pavillon, nous allons le retrouver partout au midi de la grande Asie, depuis le 97ᵉ degré de longitude orientale jusqu'au 64ᵉ; depuis le golfe du Bengale jusqu'au fond du golfe d'Oman, qui conduit au fond du golfe Persique. Cette domination merveilleuse est l'œuvre d'une Compagnie qui fut dans l'origine uniquement mercantile, puis marchande et militaire, puis uniquement administrative et politique. A peine arrivée au sommet de la plus riche domination et de la plus populeuse que les Européens aient conquise depuis quatre siècles dans aucune partie du monde, nous la verrons congédiée sans recevoir la moindre excuse; nous verrons tous ses États *annexés* à la bureaucratie d'un ministère, comme elle avait depuis cent ans annexé tant de principautés et de royautés à ses magasins, rue de la Halle au Plomb (Leadenhall Street). Le Parlement y met aussi peu de façons que le marchand de la Cité qui chasse un apprenti de sa boutique, près de la Banque ou de la Bourse.

PROVINCES DE TÉNASSÉRIM.

Les pays de Ténassérim appartenaient primitivement au royaume de Siam, qui les perdit vers le milieu du siècle dernier.

Ils furent conquis par Alompra, fondateur de la dynastie actuelle de l'empire Birman.

Lorsque la présomption des Birmans leur eut fait chercher la guerre avec les Anglais, ceux-ci convoitèrent des provinces qui bordent deux cents lieues de côtes dans le golfe du Bengale, golfe qu'ils considèrent aujourd'hui comme leur empire naturel et *nécessaire*. Ils se sont fait céder ce beau pays par le traité de 1826.

Population..................	115,431 habitants.
Superficie	7,554,050 hectares.
Population par 1,000 hectares...	15 habitants.

La seule indication de ces données statistiques suffit pour montrer au lecteur combien les provinces de Ténassérim sont faiblement peuplées, et par conséquent dans quel état d'enfance et de misère elles se trouvent encore.

Pour peupler un peu, les Anglais ont eu la pensée d'employer certaines parties du territoire comme colonies pénales; ils ont expatrié 2,000 individus appartenant aux familles de ces assassins appelés les Thugs. On assure que l'expérience a réussi, et que cette population de malfaiteurs, trouvant des moyens faciles d'existence, est devenue respectable par ses mœurs.

Le fleuve de Ténassérim débouche dans le golfe du Bengale. Il se divise en deux branches, dont la principale atteint la mer par la latitude de 12°.

La longueur du fleuve de Ténassérim approche de

quatre-vingts lieues. Il a deux grands avantages : il traverse une plaine extrêmement féconde, et près de ses bords on a trouvé des charbons de terre. Un jour viendra que l'industrie britannique en saura faire un heureux usage.

La ville de Ténassérim s'élève au point où le fleuve se sépare en deux bras; elle était bien peu de chose avant que les Anglais s'en fussent rendus maîtres.

Topographie et ressources du pays.

Déjà nous avons signalé la grande chaîne de montagnes qui divise dans toute sa longueur la presqu'île de Malacca.

Les provinces de Ténassérim s'étendent sur le versant occidental. On les distingue sous les noms d'*Amherst*, *Tavoy*, *Ye* et *Mergui*.

On construit des barques marines dans les ports de Moulmeïn, de Mergui et de Tavoy; les natifs s'en servent pour un cabotage assez actif avec le royaume d'Achem, Poulo-Pénang, les îles Nicobar, Rangoun, Chittagong et Dacca.

En avant de la côte s'élève un très-grand nombre de petites îles, dont l'ensemble compose l'*archipel de Mergui*.

Ce beau pays a deux cents lieues de longueur sur une largeur moyenne qui varie de seize à trente-deux lieues.

La chaîne de montagnes qui la borde à l'orient est couverte de forêts magnifiques; elles couvrent aussi la plus grande partie des plaines.

Je suis convaincu que, dans un petit nombre d'années, les Anglais feront des efforts considérables pour exploiter et ces forêts et toutes les richesses naturelles d'un pays heureusement doué par la nature.

Les provinces abondent en mines de fer, dont la qualité est fort estimée : le minerai donne jusqu'à 86 p. 100 de métal. On y trouve aussi des mines d'étain.

A l'orient du fleuve Ténassérim on trouve des rubis, des grenats et des turquoises.

C'est l'agriculture surtout qui peut offrir aux Européens les plus abondantes ressources; jusqu'à présent elles ont été peu mises à profit par une population dont l'agriculture approche de la barbarie.

Dans les plaines qui bordent le fleuve Ténassérim, les Anglais ont commencé de donner une impulsion énergique à la culture du riz. Cette production peut procurer un supplément inestimable, quand les années de sécheresse extrême amèneront ces disettes si redoutables dans le bassin très-peuplé du Gange.

La province entière appartient à la zone torride; par conséquent, il est possible d'y cultiver tous les produits coloniaux, qui deviendront une abondante source de richesses.

Mais pendant longtemps le plus grand obstacle sera la rareté de la population. C'est là qu'il serait avantageux d'attirer des émigrants chinois; ils sauraient promptement faire prendre une face nouvelle à l'agriculture. Des habitants du Fo-kien, qui sont habiles mineurs, exploiteraient avec avantage les mines de fer et d'étain.

Déjà les Chinois venus de Bangkok ont introduit quelques tissages de soieries, quelques fabrications de poteries communes et de vaisselle en fonte de fer.

PÉGU.

Le Pégu formait un royaume indépendant et longtemps prospère avant d'avoir été conquis par les Birmans; les Anglais s'en sont emparés en 1852 : dans l'année suivante, la plus belle contrée de ce royaume est devenue partie intégrante des possessions britanniques.

EMPIRE BIRMAN OU ROYAUME D'AVA.

Jamais les voyageurs n'ont exploré dans son entier l'empire Birman, qui prenait autrefois le nom d'Ava, sa capitale primitive.

Avant les pertes qu'a subies cet empire, il surpassait la France en grandeur territoriale. Il s'étendait du 10e au 15e degré de latitude, touchait du côté du nord au Tibet, du côté de l'est à la Chine, enfin du côté de l'ouest aux grandes Indes, et bordait la mer dans une étendue supérieure à quatre cents lieues, depuis le détroit de Malacca jusqu'au fond de l'immense golfe du Bengale.

Deux vastes fleuves arrosaient cet empire : le premier, appelé l'Irawaddy, prend sa source au voisinage de la Chine et débouche, par un delta plus grand que celui du Nil, dans le golfe de Martaban.

Le second fleuve de l'empire était le Brahmapoutra, le fleuve du Brahma bouddhique. Il est de beaucoup supérieur au premier pour son volume et sa longueur. Il prend sa source au nord des monts Hymâlaïa et reçoit du Tibet, par les versants du midi, toutes les eaux de cet État que la Chine n'attire pas vers l'orient pour former son fleuve Bleu, le gigantesque Fils aîné de la mer. Le Brahmapoutra traverse la chaîne des montagnes qui dominent l'Indo-Chine; il s'avance d'abord vers l'occident, puis vers le midi, dans une immense plaine, à peine séparée par quelques montuosités de la plaine du Gange inférieur. Ces deux fleuves hymâlaïens, pour arriver à la mer, se rapprochent de plus en plus, descendent droit au sud, et vont d'un cours parallèle verser le volume énorme de leurs eaux dans le golfe du Bengale.

Braves, mais présomptueux et fort ignorants dans les

arts de la guerre, les Birmans ont à plusieurs reprises affronté les forces britanniques. Dans ces conflits, les Anglais leur ont pris les provinces les plus précieuses, tout le bassin méridional du Brahmapoutra et tout le littoral maritime, depuis l'embouchure de ce fleuve jusqu'à la péninsule de Malacca. Donnons maintenant quelques détails sur les débris actuels de l'empire Birman.

Territoire et population.

Population.	4,230,558	habitants.
Superficie'.	47,756,000	hectares.
Population par 1,000 hectares. .	89	habitants.
Superficie par 1,000 habitants. .	11,290	hectares.

L'enfance de l'agriculture est annoncée par la situation d'une terre où douze hectares nourrissent à peine un individu; de sorte que, dans l'ensemble du pays, une trentaine de familles seulement occupent une lieue carrée.

Ava, bâtie sur les bords de l'Irawaddy, fut jadis la capitale de l'empire; mais en 1834 cette cité fut détruite par un tremblement de terre. Alors Montchobo, plus éloigné de la mer, devint le siége du gouvernement.

La ville de *Montchobo* est située sur le Kien-douen, grand affluent de l'Irawaddy.

Si les Chinois possédaient un bassin aussi spacieux que celui de l'Irawaddy, avec autant de facilités pour l'irrigation, ils finiraient par le peupler de 50 millions d'habitants, tandis que les Birmans ne comptent guère plus de 4 millions d'âmes. La richesse de l'État croîtrait avec la population; alors les bouches du fleuve qu'on vient de citer seraient la voie d'un vaste commerce maritime. Ce commerce passerait par les mains de l'Angleterre.

On a peine à croire qu'aujourd'hui le trafic direct des trois royaumes britanniques avec l'empire des Birmans se réduise aux termes qui suivent :

Commerce direct des Birmans avec les trois royaumes Britanniques.

Importation dans l'empire Birman (1855)....	38,125f
Exportation pour les trois royaumes (1854)...	326,750

Depuis les deux années que nous signalons ici, les états financiers de la Grande-Bretagne ne donnent plus aucun chiffre; les valeurs paraissent probablement trop misérables pour être exprimées explicitement.

Les autres États maritimes font encore un moindre négoce avec les Birmans.

Nous ne devons point passer sous silence la circulation qui s'opère à l'intérieur avec la Chine occidentale.

L'entrepôt du commerce par terre entre les Birmans et les Chinois est la ville de *Bhamo*, située sur l'Irawaddy, près de son confluent avec une rivière qui pénètre dans l'empire du Milieu par la province d'Yun-nan. Le total des importations et des exportations obtenues en suivant cette voie varie de 10 à 17 millions de francs par année.

On a proposé récemment de suivre une route parallèle pour faire un commerce continental entre la Chine et l'Inde anglaise. La distance, à coup sûr, serait beaucoup moins considérable que le vaste circuit qu'on doit parcourir en passant par Singapore. Mais la navigation a des avantages infinis au point de vue de l'économie; elle est sans péril pour les Anglais. Au contraire, pour ceux-ci, les transports par terre seraient à la fois lents, pénibles, coûteux et sujets à de grands dangers.

EMPIRE BRITANNIQUE DES INDES ORIENTALES.

Parmi les créations commerciales des peuples modernes il n'en est pas qui présente un aussi grand spectacle que l'empire britannique des Indes orientales. Les Romains n'ont jamais soumis à leur domination un aussi grand nombre de sujets qu'une société de marchands formée dans un recoin de Londres; ils ont employé neuf siècles à s'emparer de l'ancien monde, et la Compagnie un siècle seulement à parfaire ses acquisitions. Il faut expliquer l'organisation d'où sont sortis de pareils prodiges.

Commencements de la Compagnie des Indes britanniques.

Les Anglais sont arrivés dans les mers orientales après les Portugais et les Hollandais, qui leur donnaient de grands exemples : les premiers, de valeur, d'extravagance et de fautes fatales; les seconds, de valeur, de prudence et d'un grand art de commercer.

Le dernier jour du XVIe siècle, Élisabeth d'Angleterre signait la charte qui donnait pour quinze ans une existence légale et politique à la première Compagnie des Indes orientales. Cette Compagnie n'avait pas conquis encore un hectare de terre, et déjà le plus grand génie de cette époque, François Bacon, encourageait par sa souscription cette entreprise, dont seul peut-être il jugeait l'avenir. Treize ans à peine s'étaient écoulés depuis la défaite de la grande Armada sur les côtes d'Angleterre, et déjà l'immortel chancelier transformait en don naturel le fait acquis de la victoire. Il osait dire :

« L'empire de la mer est une espèce de *monarchie universelle*, que la nature semble avoir donnée *en dot* à la

Grande-Bretagne. Lorsqu'un peuple a pour partage la domination des mers, il est toujours libre de faire la guerre ou de se replier; ses armes soutiennent son commerce, et son commerce nourrit ses forces. *Il aura tôt ou tard tous les trésors de l'Inde à sa disposition.* » (BACON, *Philosophie*, Ire partie, ch. XX : *De l'agrandissement des États.*)

Les premières associations formées en Angleterre pour commercer avec l'Orient ne ressemblaient pas à l'organisation régulière et savante dont nous expliquerons bientôt les ressorts et le système. Dans le principe, on appelait avec honneur *aventuriers* les capitalistes, les armateurs, les marchands et les marins qui, mettant en commun leurs ressources et leur courage, allaient tenter une ou plusieurs expéditions particulières à cinq mille, à six mille lieues des ports d'Europe. Ils allaient en des pays aussi peu connus que l'étaient alors les mers à traverser. On se réunissait pour défrayer, pour risquer ce qu'on appelait *une aventure*, laquelle récompensait ou ruinait ceux qui l'entreprenaient, sans jamais décourager de nouveaux aventuriers. Ceux-ci croissaient en nombre, ainsi qu'en moyens, avec la fortune de leur patrie.

Au milieu des mers, on rencontrait des rivaux européens. On se battait avec eux pendant les traversées; on se battait en Asie pour les ventes et les achats. Malgré la suspension des luttes sanglantes, les perfidies et les déceptions de facteurs à facteurs et de navigateurs à navigateurs faisaient partie des aventures mercantiles et maritimes.

Par degrés les hommes doués d'une intelligence supérieure, après plusieurs aventures isolées, concevaient l'idée de mettre à profit leur expérience. On voulait conserver pour plusieurs expéditions consécutives, d'un côté, les mêmes marchands et les mêmes armateurs en Angleterre, de l'autre côté, les mêmes facteurs, les mêmes commandants et les mêmes marins, pour les envoyer en Orient : cette idée conduisait au projet d'une association permanente. Le succès d'une première organisation en faisait naître de pareilles. Dès cet instant, la rivalité n'existait plus seulement de nation à nation; elle s'enflammait, ardente et funeste, entre les citoyens et les compagnies du même pays, et la discorde menaçait d'anéantir ce commerce britannique.

Cela conduisit le Gouvernement à revêtir d'un privilége exclusif une seule compagnie, en l'armant de pouvoirs formidables : seul moyen d'écarter tout commerce interlope ou de contrebande, au milieu des mers orientales.

Après la révolution qui renversa les Stuarts, le roi Guillaume III se montra peu favorable à la Compagnie, qui jouissait auparavant d'un privilége exclusif. Il avait besoin d'argent; il s'en fit donner pour autoriser la coexistence d'une seconde compagnie. On mit à l'enchère leur protection alternative, jusqu'au moment où les deux rivales, fatiguées de se combattre et de se ruiner mutuellement, se rapprochèrent pour former l'association réunie, *United Company*.

Organisation définitive de la Compagnie réunie des Indes orientales.

La grande organisation de la Compagnie des Indes a duré cent cinquante ans. Sa constitution définitive, et qu'on pourrait appeler normale, est postérieure de vingt ans à la constitution réformée de l'Angleterre, œuvre qui remonte à l'époque à jamais célèbre de 1688.

En 1708, un Acte du Parlement déclare la Compagnie un corps constitué, *a corporated body*. En vertu de cet

Acte, elle est investie du privilége exclusif de commercer avec l'Orient; privilége qui s'étendra soit en Asie, soit en Afrique, depuis l'île Sainte-Hélène, au sein de l'Atlantique, jusqu'à l'empire de la Chine.

Elle pourra posséder des territoires, afin d'y construire ses comptoirs et ses magasins, et les défendre par des forts; elle aura ses soldats, sa flotte et son pavillon.

La richesse commerciale de la Compagnie consistera dans un capital primitif dont la valeur fondamentale, fixée par la charte, grandira comme l'établiront des Actes postérieurs du Parlement.

Ce capital est divisé par actions égales entre elles; leurs possesseurs, appelés *propriétaires*, sont les membres et, si je puis parler ainsi, les *citoyens* de la Compagnie.

Ces membres, réunis en assemblée générale, constituent *la Cour des propriétaires.* Ils sont l'Assemblée souveraine; ils font des lois, sans autre limite que leur charte fondamentale.

Pour avoir le droit de siéger et de voter dans cette Assemblée, il suffit de posséder en actions 500 livres sterling. Une somme aussi faible, dans un pays aussi riche que l'Angleterre, assure au très-grand nombre des actionnaires la participation au pouvoir législatif de la Compagnie. Non-seulement l'Assemblée vote des mesures générales, mais elle peut prendre par elle-même toutes les mesures d'exécution qui lui semblent nécessaires suivant les temps et les circonstances.

On pourrait donc définir l'Assemblée générale des propriétaires, *un peuple qui fait ses lois sans représentants :* comme autrefois les hommes libres d'Athènes, *ἄνδρες ἀθηναῖοι,* réunis dans l'Agora. Elle aura par conséquent les agitations, la turbulence et les passions d'une assemblée *démocratique* et *sociale*, comme on disait en 1848.

....

Il fallait des archontes au peuple de l'Attique; il en faut aussi pour la république commerciale, et ces archontes mercantiles doivent être avant tout administrateurs.

Ne fût-il question que de commerce, si l'on veut diriger avec méthode et succès des affaires grandes et compliquées, et les suivre incessamment jusqu'aux extrémités du monde, il faut un pouvoir exécutif composé d'un nombre limité de membres, qui soient compétents et qui se partagent les opérations.

Afin de tenir ces directeurs dans la dépendance la plus absolue, ils ne sont d'abord nommés *que pour une année;* tout ce que leur accorde l'Assemblée générale, c'est qu'ils peuvent être réélus par elle. Les élections s'opèrent *au scrutin secret* pour être plus indépendantes.

Un président, un vice-président, élus aussi pour un an, complètent le gouvernement de cette république commerciale : une des plus démagogiques dont les peuples marchands aient jamais conçu l'organisation.

Elle a fait l'envie des extrêmes réformateurs qui se sont efforcés de modifier et, s'il se pouvait, de détruire la constitution politique de l'Angleterre. Au lieu de colléges électoraux, faible minorité du peuple, ils auraient voulu le suffrage à peu près universel; au lieu d'un parlement qui dure sept années, ils ont demandé des parlements d'abord triennaux et finalement annuels; au lieu d'élections à vote public, ils ont demandé des élections par voie de scrutin secret. Heureusement pour l'empire britannique, ils ont échoué dans tous leurs efforts.

En suivant une marche contraire, la démagogie de la Compagnie des Indes est devenue par degrés moins excessive; ses excès ne pouvaient rester sans remèdes. La rude voix de l'expérience a fait entendre ses leçons pour limiter les pouvoirs d'une assemblée irréfléchie et turbulente. Son aristocratie, si l'on peut appeler ainsi la Cour de ses Directeurs, au lieu de n'exercer que des pouvoirs annuels, est devenue quatriennale, le quart des membres seulement, à partir de 1773, étant réélu chaque année.

Nous signalerons les effets de ces modifications en même temps que les causes qui les ont amenées.

On expliquera facilement les deux tendances contraires que nous venons de distinguer : d'un côté, pour les affaires de l'État; de l'autre côté, pour celles de la Compagnie. Dans le gouvernement d'un pays monarchique, ce que désirent en secret, ce que désireront toujours les réformateurs excessifs, ceux qu'en Angleterre on a nommé *les chartistes* et *les radicaux*, c'est d'arriver, pour bonheur suprême, à l'absolue démocratie. Tel était à peu près l'état politique des Provinces-Unies, au temps des Grands Pensionnaires, lorsque les Bataves donnaient à leur Compagnie des Indes orientales une organisation marquée du sceau de leur constitution républicaine : constitution qui bientôt était devenue un peu moins démagogique en arrivant, pour son salut, au Stathoudérat des princes d'Orange.

La Compagnie britannique, éblouie par la prospérité de l'institution rivale, n'imagina rien de plus favorable que d'adopter l'organisation mercantile des républicains ses devanciers et ses modèles en Orient.

Plus tard, l'expérience a fait connaître aux Anglais qu'il fallait donner plus de puissance et de permanence au pouvoir exécutif, ne fût-ce que pour commercer; c'est ainsi que par degrés ils ont amélioré l'organisation de leur grande Compagnie des Indes orientales.

Il importe d'étudier cette organisation : en premier lieu, dans le sein de la métropole; en second lieu, dans les Indes.

Première partie : Gouvernement de la Compagnie dans la métropole.

Le gouvernement central de la Compagnie est subdivisé par ministères collectifs réunissant un certain nombre de directeurs. Le conseil exécutif de ce gouvernement se compose de *vingt-quatre Directeurs.*

En Angleterre, les lords de la Trésorerie, les lords de l'Amirauté, les membres du Conseil de commerce, *Board of trade,* offrent l'image de ces ministères à direction collective. Seulement, afin de n'avoir pas un Cabinet des ministres qui soit trop nombreux, dans chacun de ces conseils particuliers, le président est seul vraiment ministre et siége au Conseil suprême exécutif.

Nous allons offrir l'énumération rapide des dix comités spéciaux qui, dans la Cour des Directeurs, représentaient, dès 1708, les différents ministères d'un grand et complet gouvernement. Nous les indiquerons suivant l'ordre de leur institution.

1° *Le Comité de correspondance.* Toutes les lettres, tous les comptes, tous les actes émanés des factoreries et des Présidences extérieures arrivaient à ce comité, qui préparait toutes les réponses pour être arrêtées en Conseil des Directeurs. Telle serait en France la secrétairerie d'État, si l'on pouvait y réunir la secrétairerie de tous les ministères.

2° *Le Comité du contentieux,* qui ne jugeait pas, mais délibérait sur toutes les affaires litigieuses. Ses membres étaient pour la Compagnie ce que sont les conseillers légaux pour la Couronne en Angleterre.

3° *Le Comité de la trésorerie.* Il pourvoyait au payement des dividendes, à la négociation des emprunts ainsi qu'au payement des intérêts, à l'achat de l'argent et de l'or nécessaires au commerce de la Compagnie, à la délivrance des diamants et des espèces, à la vérification de la balance et des caisses, etc.

4° *Le Comité des magasins* ou du trésor en matières et produits provenant des importations. Dans ses attributions on avait placé : la désignation des achats à faire en Orient; l'indication des moyens de transport; le débarquement et l'emmagasinage; l'ordre et l'époque des ventes. Il avait pour attributions plus élevées la recherche des moyens qui pouvaient améliorer et développer le commerce de la Compagnie.

5° *Le Comité des comptes.* C'était, à proprement parler, *l'Échiquier* ou le ministère d'inspection des finances; il contrôlait tous les comptes, les lettres de change, les états de dépense, les approvisionnements et l'avoir en caisse, les transferts de valeurs, etc.

6° *Le Comité des achats* propres à l'exportation; il dirigeait les commandes à l'intérieur, puis la réception et la garde des objets acquis, jusqu'à l'embarquement pour les grandes Indes.

7° *Le Comité du palais* : j'appelle ainsi *la maison* de la Compagnie. En considérant cette institution comme une souveraine, c'était, à proprement parler, *le ministère de la Maison de la Reine mercantile.* Le palais qu'on appelait bourgeoisement la maison des Indes orientales, *East India House,* ce vaste édifice était suffisant pour loger non-seulement les bureaux d'affaires d'un immense commerce, mais *les ministères de cent cinquante millions d'hommes, devenus par degrés sujets ou vassaux de la Compagnie.*

J'ai visité cet édifice dans les temps les plus prospères du vaste gouvernement qu'il abritait. Les bureaux étaient dirigés par des administrateurs consommés, dont plusieurs ont publié des ouvrages d'un rare mérite. On y pouvait admirer, pour l'ordre parfait et la richesse de l'ensemble, les archives, la bibliothèque et le musée. Les collections se composaient en très-grande partie des trophées ou des confiscations obtenus par la Compagnie dans ses victoires, ses envahissements et ses annexions.

C'est au sein de ce palais qu'on tenait les Assemblées générales de propriétaires; c'est là qu'on faisait périodiquement les ventes à l'enchère, source la plus honnête et la plus sûre des revenus appelés *dividendes*.

8° *Le Comité naval*. Il était chargé de l'achat ou de la location de tout le matériel d'exportations non commerciales : armes, munitions, vivres, etc. Il frétait les navires dont la Compagnie empruntait le secours; il dirigeait le personnel naviguant et s'assurait de la capacité des officiers; il dirigeait la construction et le radoub des vaisseaux marchands et des paquebots que la Compagnie possédait en propre; il réglait la part de tonnage privé qu'on réservait pour l'état-major des navires de la Compagnie.

Dans l'origine, elle construisait elle-même ses bâtiments de mer. On les remarquait pour la grandeur des dimensions, la solidité de la charpente et la bonté du gréement. On leur donnait une artillerie respectable, qui leur permettait de se défendre en cas de guerre imprévue et de braver en tout temps les plus redoutables corsaires.

Lorsque les armateurs de Londres furent devenus riches, ils formèrent une Compagnie navale des Indes orientales; ils eurent au bord de la Tamise un dock et des magasins magnifiques dont j'ai donné la description[1]. La Compagnie des Indes a sagement abandonné la construction et

[1] Voir d'abord VOYAGES DANS LA GRANDE-BRETAGNE, *Force commerciale*, t. II: ensuite le premier volume de cette Introduction.

l'armement des navires, pour consacrer tous ses capitaux au commerce proprement dit.

9° *Le Comité du commerce privé.* Il réglait toutes les affaires et les comptes des transports opérés sur les navires de la Compagnie pour la portion de commerce oriental permis à des particuliers; il examinait les capitaines, afin de savoir si les règlements étaient exécutés.

10° Enfin, *le Comité préventif de l'accroissement du commerce privé.* Il s'assurait de tous les cas où les limites imposées par la charte de la Compagnie étaient outrepassées et poursuivait l'application des peines établies par la loi. Ce comité se confondait souvent avec le précédent par la nature même de ses attributions. Leur coexistence était la preuve de la profonde attention que prenaient les Directeurs pour que son précieux privilége ne devînt pas illusoire par les envahissements des entreprises privées. Nous verrons, dans l'Inde, les effets de cette âpre jalousie des privilégiés contre l'avidité non moins violente des contrebandiers interlopeurs.

Le président et le vice-président de la Compagnie étaient de droit membres de tous les comités que nous venons d'énumérer; le président seul était chargé des rapports de la Compagnie avec le Gouvernement de la nation.

Idée du commerce de la Compagnie, à partir de sa constitution générale (année moyenne, de 1708 à 1728).

Quand nous terminerons notre tableau des forces de l'Inde, nous étudierons les progrès du commerce général jusqu'à l'époque présente. Il nous suffit maintenant de montrer quel fut le point de départ, il y a cent cinquante ans.

Importations	18,201,050f en marchandises.
Exportations	2,307,200f en marchandises.
	11,658,750 en espèces.
	13,965,950

Valeur du capital en 1708 . . . . 79,080,000 francs.

Objets du commerce qu'on effectuait à l'époque de 1708.

Les lainages et le plomb formaient les principaux objets de l'exportation, laquelle n'était pas considérable. L'importation avait beaucoup plus de richesse et de variété; elle comprenait les objets du commerce oriental les plus goûtés à cette époque : c'étaient les tissus de soie et de coton, la soie brute ou grége, les diamants et les pierres gemmes, le thé, les épices et les substances médicinales, l'indigo, la porcelaine, le salpêtre, etc.

L'énumération de tant d'articles précieux nous conduit naturellement à l'organisation lointaine qui pouvait suffire à leur achat, à leur échange avec les produits d'Europe.

SECONDE PARTIE : *Organisation de la Compagnie dans l'Inde.*

Dès 1708, le commerce de la Compagnie dans l'Inde était fait sous la direction de trois Présidents et de trois Conseils. Il existait ainsi trois centres d'action, qui conservèrent leur indépendance pendant près de trois quarts de siècle. On distinguait :

1° *La Présidence de Madras:* c'était alors la plus importante;

2° *La Présidence de Bombay;*

3° *La Présidence de Calcutta*, créée seulement depuis 1707 et détachée de Madras à cette époque. Nous verrons qu'elle finira par ranger sous ses lois les deux autres centres commerciaux et politiques.

Les membres d'un Conseil de Présidence variaient de neuf à douze, suivant l'importance et la complication des affaires. Propres à chaque Présidence, ils étaient choisis parmi les employés civils les plus anciens, *senior servants* : c'était réellement *le sénat* du commerce.

Toutes les affaires étaient décidées par le Conseil, à la majorité des voix; de sorte qu'en réalité, pour conduire les opérations commerciales de Calcutta, de Madras ou de Bombay, le Conseil exerçait la puissance directrice.

Le Président titulaire avait pour moyen de faire prévaloir ses opinions les emplois lucratifs dont il possédait la distribution, les faveurs dont il était l'arbitre, les missions disgracieuses qu'il avait droit d'imposer; enfin les situations pénibles où se plaçaient les personnes qui se permettaient une opposition plus ou moins systématique.

Presque tous les membres du Conseil exerçaient en outre une fonction spéciale et considérable dans les affaires de la Compagnie. Un certain nombre dirigeait les principales factoreries et les plus lucratives; par conséquent, ils se trouvaient rarement tous réunis au chef-lieu de la Présidence. C'était un grave inconvénient, qui tendait à faire regarder comme un intérêt secondaire les délibérations du Conseil et la direction commerciale du gouvernement.

Hiérarchie des serviteurs de la Compagnie dans l'Inde.

La hiérarchie des employés ou serviteurs de la Compagnie présentait les degrés suivants :

1° Les écrivains, *writers;* c'étaient les employés chargés, au début, des plus simples fonctions de commis pour les écritures : ils suivaient les détails du négoce. A ces occupations on ajouta plus tard les fonctions tout à fait inférieures du gouvernement, lorsque la Compagnie eut des peuples à gouverner. Cet apprentissage, au premier degré, durait cinq années.

2° Au bout de ce temps, les écrivains devenaient *facteurs* et conduisaient en sous-ordre des opérations commerciales. Ils remplissaient des missions détachées dans lesquelles alors ils agissaient en chef.

3° Lorsqu'ils avaient assez longtemps rempli les fonctions de facteurs, les serviteurs de la Compagnie passaient dans la haute catégorie des *commerçants :* ils prenaient d'abord leur rang dans la classe des plus jeunes, *junior merchants;* quelques années après, ils étaient élevés au rang des plus anciens, *senior merchants.*

C'est dans la classe supérieure, celle des *senior merchants*, qu'on choisissait les chefs des factoreries importantes, les titulaires des hautes fonctions financières, les membres du Conseil et parfois les Présidents. Mais souvent, à Londres, on nommait Présidents des personnages considérables envoyés d'Angleterre; la plupart n'avaient pas suivi la gradation qui vient d'être énumérée.

Un esprit étroit avait réglé sur un taux misérable les appointements des serviteurs de la Compagnie. On pouvait dire, à la lettre, qu'ils commençaient par la misère à leur début de simples commis. Le traitement des grades plus élevés resta longtemps inférieur à l'importance des affaires qu'ils dirigeaient, et les désordres les plus graves en furent les conséquences.

Pour compenser une pareille insuffisance de salaires, on permettait que les serviteurs de tous les rangs fissent pour leur compte certains commerces privés. Ainsi leur temps, leurs aptitudes et leur intérêt n'appartenaient plus en entier aux affaires de la Compagnie; elle n'avait plus droit de leur demander compte d'une richèsse acquise en dehors de tout contrôle. Le lecteur verra bientôt quels graves inconvénients faisait naître ce système inspiré par une aveugle parcimonie.

Lorsque, après avoir fait fortune, n'importe par quels moyens, les *senior servants*, les vétérans du service, revenaient au sein de la mère patrie, ils acquéraient une influence naturelle sur l'Assemblée générale des propriétaires. Les plus puissants devenaient Directeurs, et quelques autres apportaient leur précieuse expérience dans les bureaux de l'administration métropolitaine.

Distinction des deux services covenantés et non covenantés.

Les serviteurs de la Compagnie employés dans l'Inde, classés, avancés comme nous venons de l'expliquer, formaient une corporation régulière, hiérarchique, aussi fortement organisée que l'état-major d'une armée permanente.

Pour toute la durée de leur service, ils contractaient des engagements, appelés *covenants*, qui leur assuraient des priviléges. Leur administration collective prenait le nom de *service covenanté*, covenanted service. Quand le besoin des affaires exigeait l'emploi temporaire de serviteurs non covenantés, ils restaient étrangers au grand corps permanent, et ne pouvaient en obtenir les emplois principaux.

Pourvu que les serviteurs covenantés eussent de l'ordre et de la conduite, non-seulement leur état était assuré comme si la loi l'eût garanti, mais ils étaient certains de parvenir aux rangs élevés. Les mêmes qualités, le même esprit qui les rendaient propres à bien servir les intérêts de la Compagnie, les rendaient propres à faire leur fortune dans le commerce privé, qu'on leur permettait aussi de poursuivre. Le comble de la disgrâce et de la ruine était d'être renvoyé pour une faute absolument extraordinaire; ils perdaient alors tout espoir de parvenir à la richesse, à l'importance, à la considération.

Tant de motifs se réunissaient pour donner à l'ensemble des serviteurs de la Compagnie un formidable esprit de corps. Nous verrons quels bons et quels mauvais effets un pareil esprit a produits sur les destins de la Compagnie et sur le sort des peuples de l'Orient.

Après avoir expliqué l'organisation du personnel, montrons comment s'accomplissaient les opérations du commerce. Elles avaient deux parties essentiellement indépendantes.

Opérations de la Compagnie pour les importations et les exportations.

Dans les premiers temps, rien n'était plus simple que le négoce des produits métropolitains destinés pour l'Inde. Ils étaient, nous l'avons déjà dit, de nature peu variée; leurs achats se faisaient avec concurrence et publicité. Des inspecteurs réguliers procédaient aux réceptions; ensuite on n'avait plus qu'à les embarquer, sous la direction supérieure et l'inspection du Comité spécial des exportations.

Quand ces produits arrivaient dans l'Inde, comme le moyen le moins sujet aux abus, à la fraude, et le plus facile à mettre en pratique, on avait fini par adopter la vente publique aux enchères dans les magasins de chaque factorerie. La vente finie, chaque acheteur payait, emportait son lot, et tout était fini.

Il fallait beaucoup plus de peines et de soins pour les produits qu'on achetait dans l'Inde afin de les envoyer en Angleterre.

Un des objets les plus délicats et les plus minutieux était la commande et l'acquisition des tissus, pour lesquels depuis des siècles cette contrée avait acquis une juste célébrité.

Les tissus, quelle que fût leur beauté, n'enrichissaient ni les fileurs ni les tisserands. Les tisserands, presque nus et logés dans des huttes misérables, ne possédaient aucun capital; ils ne pouvaient travailler sans recevoir par anticipation les matières premières nécessaires à leur ouvrage ou l'argent indispensable pour les acheter; il fallait leur faire d'autres avances, qui les aidaient à se nourrir pendant la durée de la commande. Afin de pourvoir à cette commande, ainsi qu'à la surveillance, il y avait en chef un employé de la Compagnie que j'appellerai *le facteur*. Suivant l'usage universel dans cette partie de l'Orient, un nombre incroyable de serviteurs, de tous les étages, était chargé de transmettre les ordres et de les faire exécuter; nous allons en donner l'effrayante indication. Le facteur comptait :

1° Son secrétaire indigène, appelé le *banyan;* c'est lui qui dirigeait en sous-ordre toutes les opérations.

2° Une espèce de courtier que le banyan louait à tant par mois, et qu'on appelait le *gomastah*. D'après l'ordre transmis par le banyan, le courtier se rendait dans la ville ou dans le village centre de fabrications, qui devenait son foyer d'affaires; c'est ce qu'il appelait sa *cutchery*.

3° Le courtier était secondé par un certain nombre de serviteurs, auxquels les Portugais ont donné le nom de *péons;* ils étaient armés.

4° Le courtier était encore secondé par un certain nombre de messagers, *hircaras*, qui portaient les lettres.

....

Le courtier envoyait ses péons et ses hircaras pour appeler auprès de lui les tisserands et deux espèces de brocanteurs. Les voici :

5° et 6° Les *dallâhs*, un peu plus relevés; puis les *pycârs*, lesquels étaient au dernier degré. Ces deux classes traitaient personnellement avec les tisserands.

Tel était le système très-imparfait, très-dispendieux et très-compliqué qui plaçait entre l'ordonnateur anglais et l'ouvrier indigène une nuée d'intermédiaires. On y comptait six étages différents où chacun pouvait chercher sa part de bénéfices frauduleux, aux dépens du pauvre ouvrier.

Il fallait encore compter, à côté du secrétaire ou banyan, un commis indigène ainsi qu'un caissier.

C'est par tant de mains que passaient les avances d'argent et de matières. Lorsque le tisserand avait terminé son ouvrage, il l'apportait au magasin de réception, appelé *katah*. Chaque pièce était estampillée, puis examinée par le gomastah, le chef de tous les courtiers, celui qui fixait à son gré la valeur du produit. C'est alors que l'ouvrier était trop souvent obligé de se contenter d'un prix de 15, de 20 et parfois de 30 ou 40 pour cent inférieur au prix qu'il eût obtenu sur un libre marché. Tel était l'abus, disons mieux, le vol que les gouvernements indigènes ont bien des fois essayé d'empêcher, et bien des fois essayé sans y réussir.

Pouvoirs souverains délégués dans l'Inde à la Compagnie.

Le Parlement déléguait des pouvoirs considérables à la Compagnie, afin qu'elle gouvernât ses établissements. Elle exerçait sur le militaire, soldé pour défendre ses comptoirs et ses forts, toute l'autorité coercitive que peut donner la loi martiale. Elle exerçait, suivant les lois de l'Angleterre, une juridiction civile et criminelle sur les

Européens et les indigènes habitants des capitales des trois Présidences et de leurs banlieues. Ces trois cités ont chacune *un lord-maire et des aldermen*, qui peuvent juger, comme à Londres, des causes civiles et correctionnelles très-étendues.

Par une faveur plus grande, le Conseil de chaque Présidence avait l'autorité d'une cour d'appel pour les procès de première instance relatifs aux trois capitales.

La Compagnie avait l'autorité d'un *zémindar*, d'un fermier public, sur le territoire qui formait sa banlieue; elle en possédait la ferme ou la tenure à titre de *zémindarie*. Elle avait des tribunaux indigènes, conformes aux institutions de l'Inde, pour juger les natifs suivant leurs lois hindoues ou musulmanes.

Commerce personnel des agents de la Compagnie.

Les facteurs et les agents avaient la permission d'exécuter pour eux-mêmes un commerce local, indépendant du commerce d'importation et d'exportation qu'ils dirigeaient pour la grande association.

La Compagnie, après beaucoup d'efforts, avait obtenu des gouvernements indigènes que ses facteurs auraient la faculté de transporter les objets achetés dans l'Inde pour son propre commerce sans subir ni retards ni visites vexatoires et sans payer aucun droit de transit. Il suffisait que ses agents présentassent un certificat de passe, un *dustuck*, signé par le Président.

Les employés anglais eurent la prétention de faire servir ces passe-ports non-seulement aux objets destinés pour la Grande-Bretagne au compte de la Compagnie, mais encore aux objets achetés par les facteurs ou commis pour leur compte personnel, *même quand ces objets ne devaient pas sortir de l'Inde.* C'était entrer en concurrence directe avec les plus grands comme avec les moindres marchands indiens pour les objets du pays destinés aux consommateurs d'un pays déjà fort appauvri.

Au Bengale, un vice-roi, Jaffier-khan, fut frappé de cet abus, qui confisquait, pour ainsi dire, aux dépens des indigènes leur commerce intérieur, et cela sans utilité pour la Compagnie même. Il déclara qu'il y mettrait obstacle, et les employés anglais n'osèrent pas résister; ajoutons qu'en peu de temps Jaffier-khan fut détrôné.

En désespoir de cause, tout ce que purent imaginer les avides agents de la Compagnie fut de faire sortir du Bengale les produits achetés pour leur propre compte; ils les envoyaient, par mer, soit en des parties de l'Hindoustan non dépendantes du Bengale, soit en des contrées maritimes situées hors de la péninsule.

Ce commerce maritime fut conduit par les Anglais avec la supériorité qui les caractérise. Tous les marchands établis dans l'Inde, musulmans, hindous ou arméniens, apprécièrent l'avantage de confier leurs exportations à des agents britanniques devenus armateurs en même temps que marchands pour leur propre compte. Dans un laps de temps assez restreint, ce genre nouveau de négociants augmenta beaucoup le tonnage des navires enregistrés à Calcutta pour le compte privé des agents anglais.

Privilége de la Compagnie renouvelé.

En 1733, moyennant quelques sacrifices pécuniaires, le privilége exclusif de la Compagnie fut renouvelé par Acte du Parlement jusqu'à l'année 1766; plus tard on le prorogea, sans charte nouvelle, jusqu'en 1773.

Revenus de la Compagnie.

Quoiqu'en 1717 les Anglais eussent obtenu que leur commerce serait exempt de tout droit au Bengale, les bénéfices de la Compagnie ne s'étaient pas augmentés. Ils ne s'étaient guère élevés qu'à 8 pour cent, lorsque ceux de la Compagnie des Indes hollandaises avaient présenté des dividendes de 15, de 20 et de 25 pour cent. Mais le Gouvernement britannique, peu jaloux de favoriser de si grands profits, considérait avant tout l'intérêt du trésor et prélevait en moyenne un droit d'entrée de 30 pour cent : il s'appropriait ainsi les bénéfices auxquels auraient dû prendre part la Compagnie britannique, les Indiens et leurs gouvernements.

Révolution commerciale et gouvernementale.

Après avoir expliqué l'organisation du commerce de la Compagnie, il faut expliquer une grande révolution qui commença dans la Présidence de Madras et qui se transporta bientôt au Bengale, pour réagir de là sur le reste de l'Hindoustan. Je dois, avant toutes choses, parler des écrivains chez lesquels j'ai puisé des lumières.

Des écrivains historiques relatifs à l'Inde moderne.

Depuis un siècle, l'histoire de l'Inde a pris un immense intérêt aux yeux des Européens. Une compagnie de marchands a profité de l'anarchie dans laquelle est tombé l'empire du grand Mogol. Ses agents, sans la consulter, l'ont rendue successivement fermière, vice-reine et reine au Bengale, et de proche en proche dans tout l'Hindoustan.

Des écrivains nombreux et très-divers ont présenté le récit des révolutions modernes de l'Inde. Ils ont saisi plus ou moins habilement les rapports nouveaux créés entre le commerce et la politique dans cette partie du monde.

Quelques-uns, comme Elphinstone, Munro, Malcolm, Wellesley, Charles Napier, ont eu le précieux avantage de parler des événements auxquels ils avaient pris une part puissante.

Quelques autres ont écrit, comme nous, sans avoir vu l'Orient : désavantage infini.

L'historien James Mill.

Parmi ces derniers, nous plaçons au premier rang James Mill, que je crois pouvoir appeler l'écrivain le plus laborieux et le plus honnête des trois royaumes britanniques. Son ouvrage, en six volumes, est une vaste composition, qui suppose des recherches infinies. L'auteur ne se montre pas uniquement inspiré par l'amour de son pays et de sa gloire. Son premier amour est pour la vérité; il a le courage de la dire même quand elle diminue de quelque chose l'admiration obtenue par ses concitoyens. Il n'a pas seulement l'amour des vainqueurs; il a la sympathie noble et touchante qui s'attache aux vaincus, aux faibles, aux malheureux, aux victimes. Selon quelques juges difficiles, il ne cherche point assez à plaire. Qu'il en soit ainsi pour des lecteurs superficiels et sans entrailles, cela se peut; mais, aux yeux des amis sérieux du genre humain, son livre sera toujours d'un puissant intérêt et d'un profond enseignement.

Ai-je besoin d'ajouter que James Mill est un des auteurs que j'ai le plus médités, et sur lesquels je me suis appuyé avec le plus de confiance.

Travaux historiques de Macaulay.

Un écrivain des plus récents et des plus brillants s'est efforcé de réformer les jugements de l'histoire indienne moderne sur des événements et des hommes importants. Il ne s'est pas occupé des temps pendant lesquels il a résidé dans l'Hindoustan; mais, bien qu'il ait vu l'Orient à des époques postérieures aux faits qu'il a jugés, il n'en a pas moins tiré le parti le plus heureux de son voyage. Il l'a mis à profit pour thésauriser des couleurs aussi brillantes que la lumière d'Orient, pour peindre les natifs et leurs mœurs contrastées avec les mœurs des Européens qui les ont tour à tour conquis, opprimés, exploités et méprisés.

C'est entre cet écrivain, plein de séductions, et ses devanciers qu'il a fallu me prononcer; je ne l'ai fait qu'après une étude approfondie, dont j'ai voulu que le lecteur devînt juge.

Dans un livre qui doit traiter du sort de l'Inde moderne, M. Macaulay, devenu vers la fin de sa vie lord Macaulay, ne saurait certes être passé sous silence. Au sein du Parlement, il a pris part à des débats importants sur la grande conquête des Anglais en Orient. Envoyé dans le Bengale pour siéger au Conseil suprême de gouvernement et de législation, il est auteur d'un projet de Code criminel en faveur de populations qu'il est si difficile aux Européens de bien connaître, de bien administrer, et surtout de bien juger au sein d'un tribunal.

Sous le voile de l'anonyme, dans la *Revue d'Édimbourg*, il a fait paraître deux essais considérables sur l'histoire de l'Inde britannique pendant le demi-siècle écoulé depuis la première arrivée de Robert Clive jusqu'à la fin du long procès de Warren Hastings. Ces deux productions ont été pour moi l'objet d'une étude très-approfondie; j'en ai beaucoup profité, et je déclare ici les emprunts que je n'ai pas craint d'y faire, afin de compléter le tableau *des forces de l'Inde* sous le régime britannique.

Au lieu de me borner au plaisir infini, disons mieux, à la séduction d'un écrivain merveilleux d'habileté, j'ai comparé la peinture qu'il fait des hommes et des choses avec des écrits moins éblouissants, mais recommandables pour leurs études sérieuses et leur impartialité. Il m'a paru qu'en un grand nombre de points il fallait rectifier Macaulay, rétablir des faits essentiels involontairement ou volontairement mis à l'écart, et réformer des jugements qu'il prépare et qu'il motive avec une habileté consommée.

Appréciations générales relatives aux jugements de lord Macaulay[1].

Pour me donner à moi-même la mesure de l'infaillibilité ou de la faillibilité d'un tel historien, j'ai soumis mes recherches à mes célèbres confrères composant l'Académie des sciences morales et politiques, qui compta Macaulay parmi ses membres associés. J'ai voulu consulter le plus imposant tribunal et le plus compétent sur des questions d'histoire, de gouvernement des états et de morale appliquée au bonheur du genre humain. Ce sont des leçons que j'ai demandées, avec le désir sincère de corriger mes appréciations, si je me suis trompé dans une étude peut-être supérieure à mes forces.

Macaulay, pendant un tiers de siècle, a fixé sur lui l'attention, ce n'est point dire assez, l'admiration de ses concitoyens; et sa renommée littéraire s'est étendue dans les deux mondes. A dix-huit ans il était avocat au barreau de Londres. A vingt ans il prenait rang au milieu des penseurs et des écrivains politiques par une analyse habile et très-développée de l'*Histoire constitutionnelle d'Angleterre*, œuvre de ce profond Henry Hallam que l'Académie des sciences

[1] J'ai lu la dissertation qui va suivre à l'Académie des sciences morales et politiques, dans la séance du 28 décembre 1860.

morales et politiques s'honore aussi d'avoir compté parmi ses associés étrangers.

En 1830, un grand événement change les destinées de la France, ébranle les esprits d'un bout à l'autre de l'Europe et précipite un combat décisif entre les partis de l'Angleterre. Le parti whig a besoin de renforts; il accueille Macaulay, qu'il fait admettre à la Chambre des communes. Dans le même esprit, lord Grey, qui terminera sa noble carrière par une réforme qu'il a poursuivie cinquante ans, ouvre la voie des affaires au sujet qui donnait de si grandes espérances : il le nomme secrétaire politique du *Bureau de contrôle pour le gouvernement de l'Inde*. Pendant deux années, Macaulay ne se borne pas à remplir les devoirs de cette fonction considérable : il prend une part éloquente aux discussions sur la réforme de la Chambre des communes; il contribue au triomphe de cette mesure, le plus grand changement que la Constitution britannique ait subi depuis la révolution de 1688.

Deux ans plus tard, ses amis lui veulent donner un moyen honorable d'acquérir une indépendance de fortune sans laquelle on n'est point ministre en Angleterre; le Gouvernement l'appelle au Conseil supérieur des Grandes Indes, à Calcutta. Il y siége comme président du comité de législation. Il rédige un projet de loi qui devait soumettre à la même juridiction provinciale les affaires civiles des indigènes et celles des Anglais : mesure qui prend une extrême importance au moment où la métropole vient d'ouvrir sans réserve aux colons britanniques la résidence de l'Inde, le droit d'y posséder des biens, d'y pratiquer des industries et d'y féconder un commerce retiré pour jamais à la grande Compagnie dominatrice. Après un séjour de cinq ans à Calcutta, Macaulay revient dans le Royaume-Uni. Il retrouve au pouvoir les whigs ses amis, non plus présidés par lord Grey, mais par lord Melbourne, qui l'associe au cabinet comme *ministre de la guerre*. En même temps Édimbourg l'envoie à la Chambre des communes pour représenter l'Écosse, dont il est un des plus illustres enfants. Aux élections suivantes, une question de misérable fanatisme lui fait perdre ce mandat. Deux cents ans après les puritains du Covenant, les puritains de la moderne Édimbourg expulsent un mandataire qui s'est permis, lui, protestant écossais, de défendre la dotation du séminaire catholique de Maynhouth en Irlande. Pour venger cet affront, en 1848, dans la même Édimbourg, l'Université qu'ont illustrée les Reid et les Dugald Stewart, les Playfair et les Leslie, et Robertson précurseur de Hume, cette

Université choisit pour recteur le réprouvé de l'intolérance. Macaulay répond à ce noble suffrage en donnant à l'Écosse le troisième de ses grands historiens. A peu de mois de distance, paraissent les deux premiers volumes de son *Histoire d'Angleterre depuis l'avénement de Jacques II*. Dans ses narrations historiques, il transporte la peinture animée de la vie humaine, de ses usages publics et même domestiques, de ses mœurs, et, si j'ose employer ce mot vulgaire, de tout son *matériel;* il embellit ses tableaux par un style enchanteur, plein de mouvement et d'images.

Il laisse écouler sept années avant de publier deux nouveaux volumes, et cet intervalle ne semble pas trop long pour la perfection d'une telle œuvre. Les trois royaumes font éclater le même enthousiasme en l'honneur d'un historien qui l'emporte à la fois sur Fox et sur Mackintosh, en redisant après eux des événements que ces deux hommes célèbres avaient pourtant marqués chacun avec le cachet d'une supériorité qui leur était propre : l'un comme orateur, l'autre comme écrivain et le plus aimable des sages.

Il manquait un dernier hommage aux travaux de Macaulay. Homme d'État du parti whig, et des plus exaltés, sa gloire est à tel point identifiée à l'Angleterre que les torys prétendent s'honorer eux-mêmes en lui décernant la plus haute des récompenses. Leurs rivaux avaient fait baronnet Walter Scott, écrivain du parti contraire; ils nomment Macaulay pair et baron d'Angleterre : honneur qu'Addison, littérateur du premier ordre et sous-secrétaire d'État, n'avait pas obtenu. Deux ans plus tard, lord Macaulay recevait un dernier et grand hommage : l'élite des personnages politiques et des gens de lettres le portait à l'abbaye de Westminster, auprès des hommes de génie dont les tombes si rapprochées attestent la gloire intellectuelle de la nation britannique.

Je demanderai maintenant à l'Académie la permission de faire apprécier quelques-uns des jugements de Macaulay; jugements qui me paraissent contestables, et qui sont aggravés encore par sa qualité d'historien.

En 1825, la renommée de cet écrivain avait commencé, dans la *Revue d'Édimbourg*, par un article sur Milton, qui rajeunissait un sujet épuisé depuis deux siècles. Était-ce un poëte qui jugeait de si haut le poëte le plus sublime de l'Angleterre et peut-être des temps modernes? Était-ce un homme d'État qui jugeait d'un ton si ferme et si fier la lutte immortelle de la tyrannie et des libertés civiles et religieuses? Non-seulement il se fait l'apologiste, presque sans réserve, d'Olivier Cromwell, et l'admirateur des puritains, sans pourtant excuser leurs excès ni cacher leurs ridicules; il se fait, pour ainsi dire, l'ennemi personnel de Charles Ier. Selon lui, la mort de ce monarque était méritée. Il va plus loin; il prétend prouver qu'elle était juste et légitime. Écoutez-le! La révolution de 1688 a pu, sans blâme, soustraire la couronne au front qui la portait en n'ayant nul égard à l'inviolabilité; donc la révolution de 1648 a pu, sans blâme aussi, jeter bas d'un même coup la couronne et la tête du plus malheureux des Stuarts. Décapiter n'était pas un crime; c'était seulement une faute! C'était une faute, parce que la grande masse du peuple se montrait assez déraisonnable pour déplorer ce supplice et pour en être indignée. Mais quoique l'acte, envisagé sous ce point de vue, parût blâmable, Milton a bien fait, selon Macaulay, d'en publier l'apologie. Il voulait changer l'opinion du peuple et transformer en approbation le blâme des citoyens : métamorphose utile à la république[1].

Il est juste de dire qu'un quart de siècle plus tard, en réimprimant ses Essais fournis à la *Revue d'Édimbourg*, l'auteur demande grâce pour cette première production; mais il reproduit sans rétractation les jugements qu'on vient de rapporter, et qui sont ceux de l'école puritaine.

Ces opinions si dures, osons dire plus, si cruelles, au sujet d'un supplice à jamais déplorable, nous en retrouvons le sombre génie dans l'essai sur l'*Histoire constitutionnelle* de Hallam : c'est au sujet du procès de Thomas Wentworth, comte de Strafford. Hallam, toujours impassible et modéré, déclare que le Parlement aurait dû se borner à la dégradation, jointe au bannissement, de ce ministre. Macaulay plaide pour la mort; son style même est féroce et fait entendre un mot qu'il n'aurait dû jamais écrire :

« A peine, dit-il dans une phrase longue et pénible, à peine pouvons-nous concevoir un homme si dangereux et si pervers, que le cours entier des lois doive être troublé pour qu'on puisse l'atteindre; d'un homme cependant qui ne soit pas pervers au point de mériter la plus sévère sentence, et qui ne soit pas si dangereux

[1] The great body of the people, also, contemplated that proceeding (*le régicide*) with feelings which, however *unreasonable*, no government could venture to outrage..... For the sake of public liberty, we wish that the thing (the regicide) had not been done, WHILE the people disapproved of it; but for the sake of public liberty, we should have wished the people to approve it when it was done.

qu'il réclame et qu'il exige *la dernière* et *la plus sûre prison*, LA TOMBE[1] ! » Quelques lignes plus bas, pour rendre sa pensée moins tortueuse et plus claire, il ajoute[2] : « A l'égard de la dégradation (appliquée à lord Strafford), ce n'était pas le noble comte, c'était le général et l'homme d'État que le peuple devait craindre; et souvent, dans les guerres civiles, le Parlement eut raison de se réjouir qu'une barrière infranchissable (*irreversible*), LE TOMBEAU, l'ait protégé contre la vaillance et la capacité de Wentworth (lord Strafford). » Vous le voyez, on aurait pu sans peur se réjouir d'épargner sa vie, s'il avait été moins capable dans les conseils et moins héroïque au milieu des combats. Ce n'est pas sa belle maison d'Albe qui le fait proscrire, c'est sa vaillance et son génie.

Si j'ai rappelé de si tristes passages, c'est afin de montrer combien il est dangereux, pour des écrivains honnêtes et qui veulent écrire l'histoire, d'épouser absolument un parti; tandis qu'il faudrait avoir la force d'âme qui fait tenir d'une main impassible les balances de la justice et de la vérité, sans oublier jamais l'humanité.

Il est d'heureuses contrées où les rois jurent de ne pas régner seulement avec justice, mais avec merci; les rois de l'histoire devraient, avant d'écrire, faire le même serment.

Nous allons signaler quelques erreurs de jugement dans l'Essai sur Machiavel, qui parut deux ans après l'Essai sur Milton. Avec tous les moralistes, Macaulay réprouve en termes énergiques le célèbre et malheureux *Traité du Prince;* mais, contraire ensuite à l'opinion universellement adoptée, il veut envelopper dans la même réprobation les généreux et profonds discours du Secrétaire florentin sur les dix premiers livres composés par le grand historien de la république romaine.

Il traite Tite-Live avec une dérision qui passe les justes bornes. « La Première décade, dit M. Macaulay, à laquelle s'est borné Machiavel, *mérite à peine* un plus grand crédit que la chronique de

[1] We can scarcely conceive a man so wicked and so dangerous that the whole course of law might be disturbed in order to reach him, yet not so wicked as to deserve the severest sentence, nor so dangerous as to require *the last and surest custody...... that of the grave.*

[2] As to the degradation, it was not the earl but the general and the statesman whom the people had to fear... And often during the civil wars, the parliament *had reason to rejoice* that an *irreversible* law and *impassable* barrier protected them from the valour and capacity of Wentworth.

nos rois avant l'invasion des Romains. Mais le commentateur ne doit guère à Tite-Live que des textes peu nombreux; et ces textes, il aurait pu les tirer aussi facilement de la Vulgate ou du Décaméron[1]. »

Commençons par faire observer qu'on peut tirer de la Vulgate, destinée ou non destinée pour le vulgaire, des textes qui seront toujours la grande leçon de l'univers, et que ni protestants ni catholiques ne mettront jamais à côté du Décaméron et des vils récits de Joconde. J'ai regret à voir de pareils rapprochements inspirés par le désir de déprécier la Première décade de Tite-Live.

On a beaucoup disputé sur les origines de Rome, reléguées au rang des légendes. On a pris en pitié des fables superstitieuses que Tite-Live accepta comme les acceptaient les grands hommes d'État de sa patrie, comme les respectaient le gouvernement et le peuple romain : *Senatus populusque*. Eh bien! si l'on retranchait toutes les fables, à bon droit aujourd'hui tournées en dérision, si l'on déniait tous les faits mis en question par le très-savant Niebuhr, esprit à la fois érudit et circonscrit, on n'ôterait pas à la Première décade un livre sur dix. Dans ce livre même, combien de parties que le scepticisme le plus intraitable ne pourrait pas récuser! L'institution d'un sénat où les nations croiront voir une assemblée de rois, quand les rois auront quitté Rome; la création du patriciat et les rapports des patrons avec les clients, rapports qui comblaient des abîmes dans les luttes de la cité; les lois et les rites conservés sans altération par un Numa, quel qu'il soit; l'organisation militaire datée d'un Tullus Hostilius, quel qu'il soit aussi; la légion, qui sera perfectionnée par les consuls, et bientôt prête à vaincre la phalange sous un successeur d'Alexandre; le peuple divisé tour à tour par tribus et par centuries, et les classes rendues un des secrets de sa stabilité, de sa grandeur : tout cela date des deux premiers siècles et fait partie d'un seul livre de Tite-Live.

Demandons à Cicéron, dans son chef-d'œuvre de la République, s'il apportait le moindre doute sur l'antiquité, sur l'origine et l'authenticité de ces institutions? Les travaux, la puissance et la chute

[1] The first Decade to which Machiavelli has confined himself is scarcely entitled to more credit than our chronicle of british kings who reigned before the roman invasion. But the commentator is indebted to Livy little more than a few texts which he might as easely have extracted from the Vulgate or the Decameron. (P. 97.)

des Tarquins sont également certains; et la *Cloaca maxima,* échappée sous terre aux révolutions, s'offre encore à l'admiration de la postérité, comme un monument de la ville éternelle.

Le scepticisme le plus systématique, le plus excessif, enlevât-il à l'histoire des Romains tout le temps des rois, ce qui resterait dans la Première décade de Tite-Live suffirait pour révéler les préceptes du peuple qui s'apprêtait à devenir maître de l'univers. Cette décade immortelle, c'est le développement graduel et complet des libertés romaines, depuis le poignard de Lucrèce jusqu'au poignard de Virginius; c'est l'histoire des luttes vertueuses de la place publique, pendant les siècles où le peuple, dans ses emportements les plus passionnés, n'a pas encore versé le sang d'un seul de ses grands hommes, ni dans le Forum, ni dans le Sénat, ni par voie de proscription ou d'assassinat à domicile; c'est le récit de toutes les conquêtes plébéiennes sur les priviléges du patriciat; c'est la loi des douze tables empruntée au pays de Solon et de Platon, premier monument de ce grand droit romain qui devait survivre à l'Empire par la force immortelle de la logique et du génie de la justice. Cette décade dédaignée, c'est la peinture vivante des mœurs qui fondaient sur le respect des dieux la foi du serment, le mépris de l'or et l'amour de la patrie, la conquête de l'Italie : conquête deux fois plus longue et plus difficile que celle du monde antique; c'est la vertu peinte vivante, sous les traits d'un Camille, d'un Cincinnatus et d'un Fabius Maximus : le Fabius que la nation honora de ce titre, qui n'avait encore appartenu qu'au Dieu des dieux, et qu'on lui décerna non pour ses consulats, ses dictatures, ses victoires et ses triomphes, mais pour avoir, lui censeur, relégué les rebuts du suffrage universel dans quelques tribus urbaines, impuissantes à commander l'anarchie. Voilà les quatre cent cinquante-neuf ans qu'embrasse la première décade, les quatre siècles et demi de travaux et de leçons pendant lesquels s'accomplit

Le long enfantement de la grandeur romaine.

Sans doute le génie politique de Machiavel ajoute immensément à Tite-Live. Les leçons incomparables qu'il y trouve, il les féconde; il leur fait produire des conséquences d'une merveilleuse étendue. Mais à chaque instant il fait ressortir le grand sens, la sagesse et le patriotisme antique de l'écrivain qui, précepteur d'un fils adoptif d'Auguste, immortalisait les plus purs souvenirs de la République, en ajoutant à leur grandeur par l'équité courageuse de ses jugements et de son éloquence. Ajoutons, pour justifier la haute raison et la vertu de Tite-Live, qu'il a, par-dessus tous les autres historiens, mérité d'être déclaré, *de sa nature*, le plus candide appréciateur de tous les génies supérieurs. « Erat natura candidissimus omnium magnorum ingeniorum æstimator, Titus Livius[1]. » Quintilien, juge si parfait à tous égards, Quintilien, le froid didactique, s'élève presque aux accents de la poésie lorsqu'il montre à la jeunesse qui l'écoute l'Hérodote latin, comme atteignant dans ses discours les bornes possibles de l'éloquence historique; il loue ses narrations, qui sont d'un charme merveilleux, ses narrations, qui brillent de la candeur la plus resplendissante : *clarissimi candoris*[2]. C'est pour lui seul qu'on a créé cette alliance de mots.

En même temps qu'il déprécie Tite-Live, Macaulay me semble calomnier, si j'ose employer ce mot, le plus noble, le plus pur ouvrage de Machiavel. « L'immoralité particulière, dit-il, qui a rendu le *Traité du Prince* impopulaire, est presque également apercevable (*discernible*) dans les *Discours sur Tite-Live*. *Le Prince* explique le progrès d'un homme ambitieux, les *Discours* expliquent le progrès d'un peuple ambitieux. » L'historien de Rome et celui de Florence montrent, au contraire, à quels principes de vertu la ville éternelle a dû ses progrès et sa grandeur. Partout, dans ses *Discours*, Machiavel explique et loue cette vertu féconde; il en démontre les conséquences nécessaires.

Après avoir maltraité Machiavel, Macaulay lui réserve un piédestal dégradé, qu'il élève sur les débris de la statue de Montesquieu. Je vais traduire mot à mot son jugement motivé contre un de nos plus grands hommes :

« Il est amusant[3] de comparer *le Prince* et les *Discours* de Machiavel avec l'*Esprit des Lois*. Montesquieu jouit peut-être d'une

[1] Senec. *Suasor.*

[2] Quintiliani liber X, cap. I. « . . . . Nec indignetur sibi Herodotus « æquari T. Livium, cum in narrando miræ jucunditatis, *clarissimique can*« *doris*, tum in concionibus, supra quam enarrari potest, eloquentem : ita, « quæ dicuntur omnia, cum rebus, tum personis, accommodata sunt. Affectus « quidem, præcipue eos, qui sunt dulciores, ut parcissime dicam, nemo his« toricorum commendavit magis. »

[3] It is amusing to compare *the Prince* and *the Discourses* with *the Spirit of Laws*. Montesquieu enjoys, perhaps, a wider celebrity than any political writer of modern Europe. Something he doubtless owes to his merit, but much more to his fortune. He had the good luck to be a Valentine. He

célébrité plus étendue qu'aucun autre écrivain politique, dans notre Europe moderne. Sans doute il doit quelque chose (*something*) à son mérite, mais beaucoup plus à son bonheur. Il eut la bonne fortune d'apparaître comme un Valentin au premier matin du mois de mai. Il captiva la vue des Français, lorsqu'ils s'éveillaient d'un long sommeil politique et superstitieux; en conséquence, il devint leur favori. Les Anglais, alors, regardaient un Français qui parlait de garanties constitutionnelles et de lois fondamentales comme on regarde un prodige non moins surprenant que le cochon lettré (*the learned pig*) ou le bambin musicien. Montesquieu, spécieux, mais superficiel, visant à l'effet, indifférent pour la vérité, ardent à bâtir un système, ne montre nul soin de recueillir les matériaux avec lesquels seuls un puissant et durable système peut être bâti. Le sémillant président construisait une théorie aussi rapidement, aussi légèrement qu'un château de cartes; une théorie pas plutôt projetée qu'elle était achevée, pas plutôt achevée qu'elle était renversée, pas plutôt renversée qu'elle était oubliée. »

L'auteur d'une telle satire ignorait sans doute qu'après vingt ans d'études solitaires et de travaux opiniâtres, le moins empressé des hommes ne livrait à ses concitoyens son profond ouvrage qu'au moment d'atteindre sa cinquante-neuvième année.

Depuis ce moment, plus d'un siècle a passé sur la France. Elle a subi presque tous les gouvernements énumérés dans l'*Esprit des Lois :* tous ont confirmé les principes et les caractères qu'il leur assigne; tous ont révélé leur raison d'être, et les causes de leur perte, si profondément assignées par le magistrat publiciste.

Macaulay n'est pas satisfait d'avoir ainsi traité de prime abord l'auteur de l'*Esprit des Lois*. Il revient à la charge et complète ses attaques dans les termes suivants :

caught the eye of the french nation at the moment when it were awaking from the long sleep of political and religious bigotry; and in consequence he became a favourite. The English, at that time, considered a Frenchman who talked about constitutional checks and fundamental laws a prodigy not less astonishing that *the learned pig* or the musical infant. Specious but shallow, studious of effect, indifferent of truth, eager to build a system, but careless of collecting those materials out of which alone a sound and durable system can be built, the lively president constructed theories as rapidly and slighty as card houses, no sooner projected than completed, no sooner completed than blown away, no sooner blown away than forgotten.

« Le style de Montesquieu montre à chaque page un esprit vif, ingénieux; mais un esprit malsain (*unsound*). Tout jeu de mots, toute charlatanerie d'expression, depuis la concision mystérieuse d'un oracle jusqu'au babil d'un *coxcomb*, d'un badaud parisien, sont employés pour déguiser la fausseté de quelques propositions et la vulgarité des autres. Des absurdités sont illustrées par des épigrammes, et des niaiseries (*truisms*) sont voilées sous forme d'énigmes. C'est avec difficulté que l'œil le plus puissant peut soutenir l'éclat dont certaines parties sont illuminées, ou pénétrer les ténèbres dans lesquelles d'autres parties sont cachées[1]. »

Parmi les écrivains supérieurs, les hommes d'État, les historiens et les publicistes qui sont l'honneur de cette Académie, il n'en est pas un qui ne pût à l'instant faire justice de cette incroyable légèreté d'appréciation par laquelle on ne craint pas d'outrager un des beaux génies qui sont l'honneur des temps modernes. Si l'on voulait, de son œuvre monumentale, retrancher quelques traits d'esprit, quelques expressions peut-être trop hardies, il ne faudrait pas supprimer la contenance de dix pages. L'ensemble subsisterait, sans avoir rien perdu des mérites qui le font compter parmi les productions les plus réfléchies, les plus glorieuses et les plus utiles au genre humain.

On me pardonnera d'avoir insisté sur des appréciations erronées qui déparent des beautés si nombreuses dans les écrits de feu lord Macaulay, dont nous déplorons la perte récente et prématurée.

J'ai retrouvé dans ses travaux sur l'Inde d'autres jugements dont je crois avoir reconnu l'inexactitude. J'ai craint de m'être trompé lorsque j'ai différé d'opinion avec un talent si distingué; j'ai relu ses écrits, pour voir si le brillant historien n'était pas infaillible sur tout autre sujet que celui qui m'occupait. Je viens soumettre à l'Académie quelques résultats de cette recherche.

Je crois avoir démontré que M. Macaulay peut se tromper gravement sur l'appréciation des hommes et des choses. J'aurai malheureusement à présenter les mêmes démonstrations dans le coup d'œil

[1] The style of Montesquieu indicates in every page a lively and ingenious, but *an unsound mind*. Every trick of expression, from the mysterious conciseness of an oracle to the flippancy of *a Parisian coxcomb* is employed to disguise the fallacy of some positions, and the triteness of others. Absurdities are brightened into epigrams, truisms are darkened into enigmas. It is with difficulty that the strongest eye can sustain the glare with which some parts are illuminated, or penetrate the shade in which others are concealed.

que je dois jeter sur l'histoire de l'Inde, aux époques de lord Clive et de Warren Hastings.

Les commencements de Robert Clive.

Près de Market-Drayton, dans le Shropshire, l'ancienne famille des Clive possédait un bien de peu d'étendue. Là naquit Robert Clive, le 29 septembre 1725. Dès son enfance on le renvoie d'école en école, tant on le trouve indocile, paresseux et turbulent; ses parents se croient trop heureux de l'embarquer, à dix-huit ans, pour être commis de la Compagnie des Indes, à Madras.

A cette époque la Compagnie, étroitement marchande, traitait avec parcimonie ses employés. Son jeune commis commença par éprouver la pénurie; misérablement payé, mal logé, sous un ciel incandescent, il vécut d'abord de privations et de souffrances. Il était sans amis, sans consolateurs, et son imagination déréglée l'entraînait vers le désespoir; deux fois il tenta de mettre fin à ses jours.

Quelque temps après, Labourdonnais, gouverneur illustre de l'île de France, attaqua Madras et la prit. Tous les agents de la Compagnie qui s'y trouvaient employés furent faits prisonniers et conduits à Pondichéry. Clive, un des captifs, empruntant le costume d'un musulman, s'échappe de cette ville et se réfugie dans le petit comptoir anglais que défendait le fort David[1]. Ces scènes de guerre lui révèlent sa vocation pour les combats et pour les aventures; il obtient un brevet d'enseigne dans l'infanterie, et ses premières actions le signalent parmi les officiers les plus entreprenants. Mais la paix survient; la Compagnie recouvre Madras, et Clive retourne à son comptoir.

[1] A 26 kilomètres de Pondichéry.

L'Inde alors était le théâtre d'une immense révolution. Depuis l'année 1707, l'anarchie avait suivi la mort du grand Mogol Aureng-Zeb, le fastueux contemporain de Louis XIV. Les principaux feudataires, obéissants sous cet Empereur, disputaient à ses héritiers les lambeaux de ses États. De sauvages montagnards, les Mahrattes, étendaient leurs déprédations de l'une à l'autre mer. En traversant la Péninsule, ils finirent par attaquer Madras. Calcutta ne se défendit contre eux qu'en s'abritant, d'un côté, derrière le Gange et, de l'autre côté, derrière la vaste tranchée dont les Anglais s'entourèrent; on la nomme même encore aujourd'hui le *Fossé Mahratte :* abréviation qui signifie le fossé creusé pour se défendre des Mahrattes.

Au milieu de ces bouleversements, l'administrateur français Dupleix avait vu, par un éclair de génie, que de simples marchands européens pouvaient fonder une domination toute-puissante au centre de l'Hindoustan. Il avait découvert le but, il avait conçu les moyens; et ces moyens sont sa gloire. Aux quelques soldats français qui gardaient nos comptoirs il imagina d'ajouter des Hindous, que nos officiers instruiraient à l'européenne et conduiraient à la victoire : *il inventa les cipayes de l'Asie.* Cent ans plus tard, les *zouaves de l'Afrique* n'en ont été qu'une imitation, mais à jamais glorieuse.

En 1748 vint à vaquer le trône d'un des plus puissants usurpateurs de l'Inde centrale, le nizam ou vice-roi du Deccan. Le Carnatic était la plus belle et la plus riche partie de cette vice-royauté; deux successeurs s'en disputaient le gouvernement. Dupleix se jette à travers la querelle; son corps d'armée, peu nombreux mais irrésistible par la discipline et l'instruction, décide la victoire. Bientôt le Deccan tout entier est acquis à Mirzapha-Jung, qu'appuient les armes françaises. La reconnaissance du nouveau souverain décerne à Dupleix une autorité sans partage sur l'Hindoustan méridional, depuis le cap Comorin jusqu'à la rivière de Krishna. On attribuait à ce grand territoire trente millions d'habitants[1].

En 1750, Robert Clive avait obtenu des fonctions intermédiaires entre celles du commerce et des armes : il était commissaire des guerres. Les Hindous et les Français assiégeaient Trichinopoli, seule place forte qui restât au prétendant vaincu. Clive aperçoit qu'il faut par quelque diversion sauver cette place, ou Madras finira par devenir une autre fois la proie des Français. On lui confie deux cents Européens et trois cents cipayes *organisés à l'imitation de Dupleix*. Cela lui suffit pour surprendre le fort qui défendait Arcot, capitale du Carnatic; à son tour il est bientôt attaqué par dix mille hommes. Après cinquante jours de siége, les cipayes de Clive font voir quel dévouement on peut obtenir des natifs de l'Inde lorsqu'un chef sait gagner leurs cœurs. La rareté des vivres est extrême : ils lui demandent que tout le grain soit réservé pour les Européens, auxquels il faut une nourriture plus substantielle; pour eux cipayes, un peu de gruau suffira. De pareils hommes étaient dignes d'être invaincus et le furent. Clive avec leur secours repoussa l'assaut le plus formidable, et ses ennemis découragés levèrent le siége.

Le capitaine improvisé multiplie ses succès, prend des forteresses et gagne des combats. Un major d'infanterie arrive d'Europe et devient le chef militaire. Clive, en sous-ordre, obéissant et modeste, se montre aussi zélé qu'au premier rang. Il devient l'ami de son chef, qu'il éclipse, et qui pourtant a le rare mérite de ne pas se montrer jaloux.

[1] Plus de cent ans après cette époque, en consultant les documents officiels plus récents, j'ai calculé que le territoire dont Dupleix obtint le gouvernement ne contient aujourd'hui que 15,771,454 habitants.

Clive est brave, à coup sûr; mais il n'a pas eu la prévoyance d'un vrai capitaine. Dans une affaire imprudente, où ses soldats sont par lui compromis, le major Laurence, moins brillant mais plus sage, lui sauve la vie.

La santé du jeune guerrier ne résiste pas à des fatigues accablantes sous le climat de la zone torride; il revient en Angleterre. Le peuple le reçoit comme un héros dont les actions, belles en elles-mêmes, avaient encore été grandies par l'éloignement. Il a l'instinct d'un autre genre de combats, qu'il soutiendra plus tard pour sauver son honneur : il dispute une élection parlementaire à lord *Sandwich*, le grand seigneur qui plus tard présida l'Amirauté, se montra l'ami, le protecteur de Cook, et dut au grand navigateur de donner son nom au groupe des îles Hawaï [1].

Par une menée de parti, et peut-être bien aussi pour châtier une brigue trop ardente, le premier ministre fait annuler la nomination de Clive. Les dépenses excessives d'une élection contestée, jointes à d'autres prodigalités, absorbent les parts de prise que la victoire avait données à l'aventureux militaire. Heureusement des bruits avant-coureurs de guerre le rappellent dans l'Inde, aux sources de sa fortune et de sa renommée. Avec le rang de lieutenant-colonel, il part en 1755 et va gouverner le modeste fort David; mais bientôt des événements étranges vont l'attirer sur un théâtre d'une tout autre importance.

Campagne de Clive au Bengale.

En 1756 meurt le nabab ou soubahdar du Bengale, un vice-roi du grand Mogol, aussi peu dépendant, malgré ce titre, que le fut au XIXe siècle Méhémet-Ali, quand

[1] Voyez la troisième partie, au sujet des *îles Sandwich*.

ce dernier gouvernait l'Égypte au nom du sultan, son seigneur nominal. Mais, tandis que l'Égypte compte à peine trois millions d'habitants, le Bengale avec ses dépendances, Bahar, Orissa, comptait alors plus de vingt millions d'âmes. Le jeune et nouveau vice-roi, Sourajah-Dowla, détestait les Anglais, trop redoutables déjà pour n'être que ses locataires ou ses fermiers à Calcutta. Il leur impute à crime d'avoir accru les fortifications de ce comptoir, mesure qu'ils avaient prise pour se précautionner contre les Français, dont une agression prochaine était redoutée. Avec une armée nombreuse il envahit Calcutta et pénètre dans le fort William.

Le cachot noir ou black-hole.

Pour s'assurer des Anglais notables capturés dans la ville, les Hindous les mènent au fort. La nuit arrivée, ils les enferment dans un endroit appelé le *cachot noir;* ils les entassent au nombre de cent quarante-six dans un réduit de six mètres en carré. Le lendemain, trente-trois seulement conservaient un souffle de vie.

Dès le moment où des Anglais emprisonnés par les Hindous périssaient asphyxiés dans un cachot noir, cette prison devait acquérir une horrible célébrité; les étrangers de toutes les nations répètent encore avec exécration le nom de *black-hole.*

Si l'on veut lire avec admiration l'une des pages les plus éloquentes qu'aient écrites les historiens anglais, il faut s'arrêter au magnifique passage où M. Macaulay, le biographe de Clive, commence par ces mots : « Rien dans l'histoire ou la fiction, même le récit d'Ugolin rapporté par le Dante, etc. »

Le lecteur est saisi d'indignation contre une atrocité

des Hindous qui semble préméditée et sans autre objet qu'un amour inexplicable du mal. Mais si l'on veut connaître la simple vérité des événements, il faut la puiser dans une source moins éblouissante et plus sûre.

Ce que peu d'étrangers ont appris, c'est que ce terrible *black-hole* se trouvait être la prison même où l'administration britannique de Calcutta reléguait ses prisonniers civils, sans éprouver pour eux la moindre pitié. Écoutons l'historien James Mill, qui justifie le souverain bengalais contre le reproche d'avoir en cette occasion prémédité la cruauté :

« Calcutta pris, quand vint le soir, il fut question de s'assurer des prisonniers pendant la nuit. On chercha pour trouver un appartement convenable; on n'en trouva pas. Alors on apprit qu'il existait un lieu que les Anglais mêmes avaient employé pour prison; on y fit entrer les captifs. » Vient ensuite l'histoire des malheurs de l'horrible nuit passée dans le cachot noir.

« Quel besoin, dit James Mill, noble ami de l'humanité, quel besoin les Anglais avaient-ils d'un cachot noir, d'un *black-hole*, au fort William? S'il n'avait pas existé, et nul cachot de cette espèce ne devrait nulle part exister, au Bengale surtout, dans un climat humide, insalubre et torride, les Anglais qui périrent dans la prison de Calcutta auraient éprouvé un autre sort. »

Le comité d'enquête institué sur les affaires de l'Inde un quart de siècle plus tard, en 1782, décrit la prison de Calcutta comme un lieu misérable et pestilentiel. Un premier témoin dépose devant ce comité : « La prison, dit-il, est vieille; elle a peu d'ouvertures et très-petites. J'ai demandé au geôlier combien de prisonniers s'y trouvaient enfermés. Cent soixante et dix, répondit-il, blancs et noirs, jetés là pêle-mêle, sans vivres fournis par la prison; aussi beaucoup sont morts de besoin » ; c'était la geôle la plus horrible que le déposant eût jamais visitée. Un second témoin ajoute : « La prison, si mal éclairée, si basse d'étage et si mal aérée, était d'une odeur effrayante et la plus malsaine qu'on eût jamais vue. Il était impossible qu'*un Européen* y vécût longtemps. Là, les criminels et les débiteurs n'étaient pas séparés, non plus que les Hindous, les mahométans et les Européens. » (Appendix du 1er rapport, n° XI.)

Pour compléter ses observations impartiales, James Mill cite le *Leer Mutakaren*, livre hindou qui décrit la prise de Calcutta. « Le traducteur anglais, dans sa préface, explique le silence de l'auteur sur l'événement du cachot noir; événement inconnu, dit-il, à la presque totalité des quatre cent mille habitants de Calcutta. La vérité, poursuit le traducteur, est que les Hindous ont placé leurs prisonniers dans ce qu'on leur a dit être la prison du fort, sans avoir l'idée de l'espace qu'elle offrait, et les Anglais mêmes ne s'en doutaient pas... Si nous devions accuser de cruauté les Hindous pour cette action irréfléchie (*thoughtless*) nous devrions en accuser aussi les Anglais qui, voulant embarquer quatre cents cipayes destinés pour Madras, les mirent dans des bateaux sans vivres, et finalement les laissèrent engloutir par les ressacs de la mer de Madras (*the bore*); tous sont morts, et morts après être restés trois jours sans rien manger. » (James Mill, *Histoire de l'Inde*, t. III, p. 150.)

Succès de Clive au Bengale.

A peine s'est accomplie l'horrible scène qui vient de fixer notre attention, Clive, monté sur l'escadrille de l'amiral Watson, conduit à l'embouchure du Gange un bataillon d'Européens et trois bataillons de cipayes.

Il s'avance vers un fort construit en aval de Calcutta, fort que les Bengalais occupaient; il veut dresser une embuscade afin de capturer la garnison, qu'on supposait devoir s'enfuir. Il accorde à ses troupes fatiguées la permission de quitter leurs armes pour s'abandonner au repos. Il ne pose pas même des sentinelles avancées, indispensables lorsqu'on est si près de l'ennemi; celui-ci fond sur les Anglais engourdis par le sommeil. Il faut à la fois la lâcheté des assaillants et l'intrépidité de Clive pour que sa troupe ne soit pas exterminée. Louons sa bravoure, mais en avouant sa faute. Macaulay ne parle pas de cette impéritie, de même qu'il a tu son imprudence et le massacre des siens quand le major Laurence l'a sauvé. Ces faits nuiraient à la supériorité du futur général, qu'il finira par élever au niveau des plus grands hommes de guerre.

La flotte et l'armée arrivent devant Calcutta. La garnison bengalaise, quoique à l'abri dans le fort William, ne soutient pas pendant deux heures le feu des Anglais; elle se sauve à travers champs.

Neuf lieues plus haut, sur le même bras du Gange, se trouve la grande place d'Hougley, bras qu'elle a doté de son nom. Clive remonte le fleuve; il arrive au pied des remparts, et le même jour il ouvre la brèche. A peine les Anglais s'y présentent, la garnison lâche pied et disparaît. La capture de Hougley, riche cité commerçante, fut effectuée, suivant James Mill (t. III, p. 157), uniquement dans un dessein de pillage.

Vers cette époque, dit le même historien, la puissance du soubahdar présentait à Clive un aspect effrayant; aussitôt qu'il apprit que l'irritation de ce prince était moins grande, il renouvela ses propositions de paix. Le soubahdar les reçut sans déplaisir, mais continua d'avancer; le 3 février 1757, il campa devant Calcutta, qu'il investit. Clive résolut de le surprendre et de l'attaquer avant la fin de la nuit suivante. Par malheur l'exécution ne répondit pas à l'audace du plan, lequel était mal combiné. Néanmoins l'entreprise effraya le soubahdar, qui consentit à traiter.

On fit la paix le 9 février 1757, et cette paix était honorable pour les Anglais. Le vice-roi consentait à restituer leurs factoreries, à maintenir leurs priviléges, à rembourser les pertes éprouvées par la Compagnie et par tous les marchands de Calcutta.

Deux jours après, le vice-roi propose une alliance offensive et défensive; Clive l'accepte et rédige lui-même avec empressement le traité qui la consacre.

L'heureux vainqueur avait pour instructions d'être de retour à Madras avant la fin de mars 1756; le motif en était qu'au printemps prochain cette place importante attendait une attaque des Français. Mais il voit dans le Bengale la perspective d'exploits plus éclatants et plus profitables; il met de côté toute autre considération, viole son mandat et ne part pas.

Jusqu'ici Clive aurait pu prendre la devise du guerrier qui n'avait ni connu la peur ni mérité le reproche. Après la victoire, son caractère se dégrada, ou simplement se révéla. Il n'eut pas plutôt reconnu le génie des Indiens pour l'intrigue, qu'il leur emprunta cette arme. « Alors, dit Macaulay, qui devient ici justement sévère, alors il descendit sans scrupule à la fausseté, aux caresses hypocrites, à la substitution des documents, aux signatures contrefaites, et contrefaites de sa propre main. »

Il venait de conclure un traité solennel avec Sourajah-Dowla, le soubahdar du Bengale; il entre sans délai dans une conjuration pour le renverser. L'amiral Watson repousse l'idée de cette perfidie. L'honnête marin déclare que le projet de détrôner le prince avec lequel on vient si récemment de conclure un traité solennel lui paraît une mesure *extraordinaire* : le terme était doux.

Le conspirateur, agent de Clive, qui concourt à renverser le vice-roi, c'est un véritable ambassadeur; c'est le *résident*, accrédité sous la foi diplomatique auprès du prince ignorant du complot. Cet odieux service paraîtra si grand à Meer-Jaffier, le successeur du prince qu'on va détrôner, qu'il récompensera le conspirateur Watt, résident de la Compagnie, par une somme équivalente à 2,925,000 francs : monceau d'or moins monstrueux que la trahison.

Je traduis ici mot à mot l'historien James Mill, parlant du traité de conspiration avec le traître Meer-Jaffier; il s'exprime en termes qui montrent son mépris pour ce complot. *En manufacturant* (in manufacturing) les termes de la conjuration, le grand intérêt des Anglais paraît avoir été l'argent! l'argent que le comité gouvernemental de Calcutta supposait inépuisable dans le trésor du vice-roi.

Le Conseil suprême de cette Présidence, par un acte simoniaque, stipule en secret avec l'usurpateur désigné : 1° pour payer les indemnités, déjà fixées, relatives aux pertes des agents de la Compagnie et des commerçants de Calcutta; 2° pour donner de larges gratifications à la marine, à l'armée, *qui devront prêter main forte à la conspiration;* 3° pour assurer *le juste* et large prix de la trahison à ses auteurs. Sur ce dernier point, le Conseil suprême décide à l'unanimité que ses membres seront encore mieux traités que l'armée et la marine. Cet honnête Conseil réserve pour sa proie, j'ai sous les yeux l'état officiellement reproduit, 16,526,875 francs : somme à répartir entre peu de preneurs et suivant un calcul minuté d'avance.

. . . .

A tous les débats secrets de ces vils marchands, où chacun fixe son dividende, Clive prend une part prédominante; il sera gorgé d'or à tous les titres concevables, et pour sa position dans l'armée, et pour sa position dans le Conseil. A lui seul, il touchera 5,850,000 francs : sans compter l'immense don territorial qu'il se fera concéder plus tard, en dehors de toutes les conventions.

Au moment où les hauts fonctionnaires de la Compagnie se faisaient ainsi leur part, un incident imprévu les transporte d'indignation.

Tout allait bien, dit M. Macaulay; le complot était presque mûr, lorsque Clive apprend que l'Indien Omichund, l'associé conspirateur du *résident* Watt, semblait jouer un faux jeu. L'ambitieux Bengalais avait déjà la promesse d'une somme considérable[1] *qu'on lui devait* pour ses pertes éprouvées à Calcutta. Il demande que 300,000 livres sterling soient le prix de son concours dans la conjuration; il exige cette somme sous peine de tout révéler. Le comité de Calcutta, ce comité qui voudrait tout dévorer et qui se décerne à lui seul 16 millions de dépouilles, il est enflammé de fureur contre une imitation qu'il qualifie de trahison! Il pâlit devant le danger d'avoir moins à dilapider. Mais Clive égalait Omichund en artifice et le surpassait en audace. « Le misérable! s'écrie-t-il; tout moyen pour déjouer sa vile friponnerie devient justifiable. Promettons-lui ce qu'il demande; il sera bientôt à notre discrétion. Vous pourrez alors le punir en lui retirant non-seulement la *bribe* qu'il exige, mais même l'indemnité de ses propres pertes à Calcutta[2]. » Cet avis plut.

[1] Le payement de cette indemnité était stipulé comme celui de toutes les autres pertes dans le traité solennel de Calcutta : c'était une dette sacrée.

[2] Après avoir rapporté cette version de lord Macaulay, je crois devoir présenter celle de deux historiens qu'il a consultés, en traduisant un récit

Mais comment tromper cet Hindou soupçonneux et perspicace? Il voulait qu'un article, stipulant sa quote-part de la curée, fût inséré dans le traité de conjuration que les Anglais allaient conclure avec le prétendant Meer-Jaffier. Les conspirateurs peuvent se rassurer; Clive possède un expédient tout prêt. Deux traités vont être écrits, l'un sur papier blanc, l'autre sur papier rouge, afin d'éviter qu'on les confonde : le premier *réel;* il ne contiendra rien pour Omichund; le second *fictif;* il sera préparé pour le montrer à ce complice, et contiendra la stipulation mensongère faite en sa faveur. L'amiral Watson, refusant de signer le faux traité, Clive n'hésite pas un seul moment; il contrefait la signature du vertueux amiral, afin qu'Omichund n'en soupçonne pas l'absence sur le vrai traité, qu'il ne devait pas voir [1].

dont l'instant d'après il cite une phrase, et qui, par conséquent, était présente à sa pensée lorsqu'il composait sa narration.

[1] Il importe de rétablir la vérité des faits même à l'égard du conspirateur Omichund, dont M. Macaulay fait le bouc émissaire de la conspiration. Il faut consulter l'Histoire générale de M. Orme, qui n'avait aucun intérêt à blanchir les conjurés et qui n'écrivait pas une simple biographie :

« Parmi les marchands hindous établis à Calcutta se trouvait Omichund, homme de rare sagacité et d'intelligence, qui avait fait un vaste commerce et, par ce commerce, une grande fortune. Sa maison, divisée par départements comme un ministère, le nombre de ses employés de toute nature, les hommes armés et toujours à sa solde, semblaient plutôt l'état d'un prince que celui d'un marchand. Il étendait son négoce à toutes les parties du Bengale et du Bahar. Par des présents et de bons offices, il avait acquis tant d'influence parmi les grands officiers de la vice-royauté, que la Compagnie, dans les circonstances difficiles, *employait sa médiation près du vice-roi.* (Orme, 1-2-50.) Lorsque les alarmes excitées par les desseins hostiles de Sourajah-Dowla consternèrent la Compagnie de Calcutta, parmi les lâches pensées qui leur survinrent fut celle de s'assurer de la personne d'Omichund, de peur que, par aventure (*per adventure*), il n'agît de concert avec leurs ennemis. On l'emprisonne. Les gardes de sa maison, croyant qu'après la violence le déshonneur allait tomber sur elle, y mettent le feu; puis, à la manière des Hindous, ils massacrent les femmes de son harem. Malgré cela,

Bataille de Plassy; chute de Sourajah-Dowla.

La trahison, même des traîtres, si savamment assurée par Clive, il se prépare à gagner sa plus fructueuse victoire.

Il n'a sous ses ordres que neuf cents Européens, deux mille deux cents cipayes et quelque artillerie; il marche à l'ennemi, qui compte cinquante mille fantassins, dix-huit mille cavaliers et cinquante canons. Franchira-t-il une rivière qui ne permettra plus de retraite en cas de revers, et livrera-t-il le combat contre des forces si supérieures en nombre? Il convoque un conseil de guerre, dont les votes négatifs, y compris le sien, sont unanimes. Cependant, resté seul, la réflexion vient à son aide. Jamais, dans aucun

quand les Anglais voulurent faire la paix avec le vice-roi, ils employèrent l'intercession d'Omichund. Lors de la capture, quoique sa personne fût délivrée, on trouva dix millions d'argent dans ses caisses. Quand un ordre du vice-roi fit connaître que les Anglais échappés du cachot noir pourraient rejoindre leurs foyers, Omichund leur fournit des provisions, et probablement assura leur voyage. Après la ruine de Calcutta, Omichund suit le vice-roi, et bientôt il acquiert sa haute confiance. Quand les Anglais eurent repris cette cité, il devint un des principaux négociateurs de la paix. Le Conseil de Calcutta le choisit afin d'agir avec M. Watt, le résident, auprès du vice-roi. On l'employa comme un instrument principal dans toutes les intrigues avec Jaffier, *et jamais on n'a nié que ses services étaient de la plus haute importance.* Quand le montant des compensations pour les pertes subies lors de la prise de Calcutta fut négocié entre M. Watt et Meer-Jaffier, on inscrivit 7,500,000 francs pour Omichund. Si l'on songe à ce qu'avait été la grande fortune de cet Hindou, et qu'il possédait la plupart des meilleures maisons détruites dans Calcutta, l'on conclura que cette somme ne semblait pas au-dessus de ses pertes. Omichund, portant ses regards sur les rémunérations que Jaffier ne manquerait pas d'accorder aux Anglais qui l'allaient élever au pouvoir, évaluant aussi l'importance de ses propres services, les dangers de sa fortune et les périls qu'il courait personnellement, crut devoir mettre en avant son droit à la récompense; alors, suivant l'usage de ses compatriotes, il eut soin de ne pas se nuire combat, même derrière des remparts, même du haut d'une brèche imparfaite, jamais les Bengalais n'ont osé tenir devant ses soldats; en rase campagne, après les moindres efforts, ils ont toujours pris la fuite, quelle qu'ait été leur supériorité numérique. Il serait insensé de ne pas les combattre, et l'événement en sera la preuve.

Clive trouve l'ennemi réfugié derrière une position défensive. La première partie de la bataille est une vaine canonnade. Les soldats anglais sont abrités par un pli de terrain; ceux du vice-roi, terrifiés, se montrent à peine en dehors de leurs retranchements. Égaré par des conseils que dicte la trahison, Sourajah-Dowla donne à ses troupes l'ordre de s'apprêter à la retraite, avant qu'elles aient reçu le choc de l'ennemi; cependant on voit le conspirateur Meer-Jaffier, au lieu d'obéir à cet ordre, marcher en avant pour

à lui-même par la modestie de sa demande. Il demanda 5 p. o/o de l'argent qui serait payé par le trésor du nabab et le quart des joyaux; mais, vu les objections de M. Watt, ils convinrent de soumettre ses réclamations au Comité. Lorsque les comptes furent envoyés à Calcutta, les sommes payables même pour les pertes d'Omichund semblèrent un grief énorme à des hommes qui brûlaient d'en recevoir davantage pour eux-mêmes. A des individus dont l'esprit était dans un pareil état, les grandes demandes d'Omichund parurent, tu vas rire, ô lecteur! elles parurent, à la lettre, *des crimes!* Ils les votèrent criminelles, et si criminelles, qu'elles méritaient d'être châtiées; d'être châtiées non-seulement par la privation de toute indemnité personnelle, quand des indemnités étaient stipulées pour tous les perdants. Il fut décidé qu'Omichund n'aurait rien. Cependant ils étaient en son pouvoir, et, par conséquent, il ne fallait pas l'irriter. Clive, chez qui la déception, quand elle allait à son but, ne coûta jamais un soupir, proposa que deux traités avec Meer-Jaffier seraient rédigés et signés : l'un contenant ce qui devait satisfaire Omichund, et qui lui serait communiqué; l'autre, celui qui serait réellement exécuté, dans lequel cet Hindou ne serait pas même nommé. L'amiral Watson, que cela soit dit à son honneur, refusa de participer à cette perfidie. Il ne voulut pas signer un faux traité, et le comité falsifia son nom. Lorsqu'Omichund, à la conclusion de l'affaire, apprit qu'il était trompé, il perdit à l'instant la raison. « Pas un Anglais, ajoute noblement M. James Mill, pas un, même l'historien Orme, n'a fait entendre à ce sujet un mot de compassion ni de regret. »

se joindre à Clive[1]. Celui-ci s'avance alors sans combinaison stratégique. Au lieu de l'attendre au centre de sa grande armée, le vice-roi monte sur un chameau rapide et se sauve avec deux mille de ses gardes. Aucune résistance n'est plus opposée; tout fuit. Les vainqueurs pénètrent dans le camp ennemi. Grâce à la lâcheté d'un prince indigne de lutter, les Anglais deviennent les arbitres d'un grand royaume et tiennent dans leurs mains le sort de trente millions d'âmes, sans avoir éprouvé d'autre perte, le croira-t-on? que vingt-six Européens et cinquante-deux cipayes, tant tués que blessés[2].

Tels sont les faits de la bataille de Plassy[3], d'après un des plus graves et des plus honnêtes historiens britanniques, celui dont Macaulay reconnaît et ne suit pas toujours la grande, la rare et constante probité; il lui reproche seulement de n'être pas assez animé, pas assez pittoresque, pour attirer ceux qui lisent par le seul amour du plaisir. Quant à moi, qui lis afin de m'instruire, j'ai lu, j'ai relu J. Mill avec un profond intérêt, avec une estime toujours plus sentie pour sa haute raison et le respect le plus mérité pour son noble caractère. Si l'on trouvait que déjà je l'ai cité trop souvent, on me reprocherait d'avoir voulu trop souvent faire triompher la vérité.

Dans la campagne que nous venons de relater, les troupes reçurent des sommes si considérables à titre de valeur des prises, elles s'abandonnèrent à de tels excès d'intempérance, qu'un grand nombre de soldats moururent de débauche; la victoire capitale obtenue, l'armée

[1] Clive was then convinced of his intention to join him. (J. Mill.)

[2] D'après les proportions ordinaires, cela suppose au plus 6 Européens tués et 20 blessés.

[3] Livrée le 23 juin 1757.

fut cinq mois avant d'être capable de faire aucun mouvement militaire : tant l'indiscipline, s'ajoutant à tous les désordres, l'avait privée de son efficacité.

Une année après la bataille de Plassy, on reçoit au Bengale une organisation nouvelle pour la Présidence de Calcutta : Présidence qui venait, par cette victoire, d'acquérir une importance aussi grande, aussi peu prévue, qu'elle était mal appréciée dans la métropole.

La Cour des Directeurs, en proie à des dissensions violentes, fait preuve d'une incapacité politique incroyable. Afin de régir son nouvel état du Bengale, elle imagine un Conseil gouvernemental de dix membres; quatre d'entre eux, nominalement désignés, devront présider par trimestre et gouverner pendant trois mois à tour de rôle. Chose incroyable! Clive, le vainqueur éminent, celui qui seul pouvait maintenir une domination jusqu'à ce jour trop chancelante, Clive n'avait pas la plus humble place au milieu d'un pouvoir si partagé! L'effroi saisit tout le monde, et plus que les autres, les quatre présidents trimestriels; chacun conjure l'homme indispensable de conserver le gouvernement, et celui-ci, sans hésiter un seul moment, garde en ses mains l'autorité.

Malgré cette position précaire, il reprend les armes; il rend au nabab Meer-Jaffier de si grands services, que celui-ci donne au gouverneur, qui n'exerce le pouvoir qu'en foulant aux pieds les ordres de la Cour des Directeurs, le revenu même que la Compagnie payait au viceroi du Bengale, à titre de zémindar, pour le territoire qu'elle possède autour de Calcutta. Il devient seigneur féodal de ce territoire; tous les habitants, quels qu'ils soient, seront vis-à-vis de lui comme des vassaux. Cette immense concession représentait un revenu de 750,000 fr. par année!...

Dans le même temps, les guerres que les Anglais avaient dû soutenir aux bords du Gange, les prodigalités et les pillages de toute nature, avaient réduit si bas les revenus du Bengale, qu'au lieu de la richesse rêvée par la Compagnie, le déficit levait sa tête menaçante, et l'on était obligé de recourir à des emprunts.

Dans ce déplorable état des finances, Clive se résout à quitter le Bengale. Pour mieux marquer son mépris d'une autorité qu'il avait servie si mal, il ne remit pas même le pouvoir à l'un des quatre gouverneurs trimestriels nommés par la Compagnie, et pas même à l'un des six autres conseillers de Calcutta : il appela de Madras M. Vansittard pour lui confier les rênes du pouvoir.

Outrages de Clive et de ses conseillers envers la Cour des Directeurs.

La Compagnie n'avait pas pu se dispenser de faire à Clive des reproches mérités sur son administration brillante, mais désordonnée et ruineuse. A l'instant même où celui-ci va résigner ses fonctions, il adresse à la Cour des Directeurs une réponse outrageuse, souscrite aussi par trois membres du Conseil de Calcutta. « Sous quelque point de vue qu'on l'examine, écrivent-ils, le style de votre lettre est extrêmement indigne de nous-mêmes et de vous, soit qu'on l'apprécie dans les rapports de maîtres à subordonnés ou dans les rapports de gentilshommes à gentilshommes. Des renseignements faux ont reçu de vous un accueil, un encouragement, propres à refroidir le zèle le plus ardent de vos serviteurs. Cela fait douter si le souffle du scandale, joint à quelques dépits personnels, peut en un moment anéantir les mérites des plus dignes mandataires, les priver de leur rang, et leur ôter une récompense, juste stimulant de leur zèle et de leur intégrité. Il n'est pas un gentleman qui puisse rester sous vos ordres plus longtemps, ni s'évertuer à bien faire au delà du terme impérieusement marqué par la nécessité. Tel étant l'état actuel de votre service, il devient de notre devoir strict de vous le représenter sous le jour le plus énergique; autrement nous souscririons cette lettre avec très-peu de vérité, et moins encore de convenance.

« De Vos Honneurs les très-fidèles serviteurs,

« Robert Clive, etc. »

Triste résultat des conquêtes pour la Compagnie des Indes.

Arrêtons-nous ici pour remarquer ce qu'en définitive ont gagné les marchands de la plus grande Compagnie qu'aient jamais formée les nations commerçantes. Ils sont devenus les seigneurs nominaux de trente millions d'âmes; ils humilient, ils dépouillent un grand empire de l'Inde, mais pour être à leur tour humiliés, outragés par leurs subordonnés, et par un ci-devant serviteur que la victoire et la désobéissance ont fait gouverneur. Ils ont espéré des richesses infinies qu'ils tireraient des peuples asservis et pressurés, pour ne trouver à la fin que le déficit et la dette. Leurs commis, leurs traitants, deviennent trop fiers pour s'occuper obscurément et paisiblement d'achats et de ventes. Chaque facteur veut devenir administrateur, ambassadeur ou du moins magistrat. Tous rêvent de gouvernements, de conquêtes et de spoliations; et quand on les rappelle à leurs devoirs, ils répondent par l'insulte à la Cour des Directeurs. Voilà comment la vengeance de la fortune châtie l'orgueil et la cupidité d'une institution qui méconnaît sa nature et les conditions de sa prospérité.

Second retour de Clive en Angleterre.

Clive avait terminé sa mission par un succès remarquable. Les Hollandais sont appelés en secret par Meer-Jaffier, qui désirait trouver en eux quelque contre-poids à sa servitude. Ils remontent l'Hougley; Clive, quoique ayant des forces inférieures, que cette fois il ne conduit pas en personne, fait détruire par le colonel Forde l'expédition batave.

Après cet exploit, obtenu sous son gouvernement, il quitte Calcutta, passe à Madras, y reçoit la main de la belle Maskelyne, la sœur de l'illustre astronome; aussitôt après il retourne dans sa patrie.

Le gouvernement royal, qui compte pour rien l'honneur et l'autorité de la Compagnie, ne témoigne pas le moindre déplaisir au sujet d'une insubordination qui s'était jointe à l'outrage; il ne songe qu'à récompenser le vainqueur de Plassy.

L'orgueil aristocratique ne pouvait accorder que des honneurs limités au bourgeois du Shropshire, encore simple colonel. Clive était *Anglais :* on le nomme pair *irlandais.*

Aux élections générales de 1761, Clive, qui possédait *plus d'un million de revenu*, force une seconde fois l'entrée de la Chambre des Communes et s'y prépare un grand patronage; défendu qu'il est par sa richesse, on n'essaye pas maintenant d'annuler son élection en recourant à l'intrigue. C'est lui qui, dans la métropole, va bientôt nous étonner par sa turbulence et par l'audace de ses brigues.

Maux excessifs de la centralisation du pouvoir, pour administrer trente millions d'âmes, à cinq mille lieues de distance.

Il est temps d'étudier par quels moyens, dans la capitale de l'empire, étaient gouvernés les nouveaux territoires acquis à la Compagnie des Indes orientales.

De grands États européens se sont plaints de la centralisation d'un pouvoir qui s'exerce d'un point unique à 400, à 300 lieues, et même à 200 lieues de distance; ici la distance est de 5,000 lieues. Aussi les inconvénients sont-ils beaucoup plus graves, et doivent-ils attirer toute notre attention.

Vices de l'organisation métropolitaine de la Compagnie des Indes orientales, au milieu du XVIIIe siècle.

Le gouvernement royal n'exerçait encore aucun contrôle sur les actes de la Compagnie. Les directeurs de la Compagnie étaient de simples marchands, étrangers à la science du gouvernement des États; ils ne connaissaient rien aux lois, aux mœurs, à l'administration des peuples qu'ils venaient d'acquérir presque à leur insu. L'Assemblée des propriétaires, encore plus ignorante, voulait toujours dicter des lois à la Cour des Directeurs; ses votants étaient très-nombreux, et leurs séances étaient passionnées, orageuses, désordonnées. Toute la turbulence et la corruption des plus mauvaises élections parlementaires déshonoraient les actes d'une assemblée qui décidait des questions de la plus haute importance. On fabriquait *des votes fictifs* dans une proportion gigantesque; Clive même employa 2,400,000 francs pour acheter des actions de la Compagnie et les répartir entre les mains de propriétaires nominaux : cela suffisait pour donner droit délibératif à cent quatre-vingt-dix séides lancés au milieu de l'Assemblée des propriétaires pour crier, tempêter, effrayer, au gré du prophète agitateur, afin d'imposer ses volontés lors de chaque discussion et de chaque scrutin. D'autres essayaient de l'imiter, mais non pas avec cette audace et dans cette mesure excessive.

Tentations infinies et démoralisation, dans la métropole, au sujet des Indes orientales.

De 1760 à 1770 on ne rapportait pas de l'Orient une richesse totale aussi grande que de nos jours ; mais partagée entre beaucoup moins d'individus, le jeu de la fortune frappait les regards d'exemples beaucoup plus faits pour captiver les imaginations. On voyait souvent des sommes fabuleuses accumulées dans un court laps de temps par un seul personnage. Tout Anglais, quel que fût son âge, pouvait espérer d'être un élu de la Compagnie. Le premier venu qui faisait un discours entraînant au sein de l'Assemblée des propriétaires, ou qui publiait un pamphlet utile à la Cour des Directeurs et surtout au Président, celui-là, choisi pour administrer dans l'Inde, pouvait retourner, après trois ou quatre ans, presque aussi riche qu'un Robert Clive. Dès le moment qu'on eut appris qu'il existait une partie du monde dans laquelle un lieutenant-colonel avait reçu pour présent un domaine aussi vaste que celui d'un grand seigneur d'Angleterre, et où il semblait qu'une largesse, *une bribe*, de 250 à 500 mille francs pouvait être obtenue par tout fonctionnaire britannique, pour peu qu'il daignât la demander à cet Orient dont les trésors paraissaient inépuisables, une excitation fiévreuse enflamma les imaginations. Du fond des cœurs surgit une impatience irrésistible d'être riche, et le mépris le plus complet pour des bénéfices lents, sûrs, honnêtes et modérés.

Excès du mal au Bengale.

En continuant à présenter un tableau si désolant, j'ai besoin de rappeler que j'emprunte ici les couleurs et même les expressions du panégyriste anglais de Robert Clive. Si l'état des mœurs en Angleterre était tel qu'on vient de le dépeindre, il était encore plus effrayant au fond de l'Asie. Vers 1763[1] le mauvais gouvernement intérieur du Bengale avait atteint un degré qui ne pouvait pas être plus lamentable. Qu'attendre, en effet, d'un corps de fonctionnaires agissant à cinq mille lieues de toute surveillance et soumis à des tentations desquelles Clive avait pu dire, en songeant à lui-même : *le sang et la chair ne pouvaient pas y résister!* Qu'attendre du corps administratif, armé d'un pouvoir devant lequel tout cédait, et responsable pour la forme vis-à-vis d'une Compagnie mal instruite, inconséquente, désordonnée et corrompue? Elle était trop loin pour bien voir, et toujours informée si tard que le temps ordinaire entre l'envoi d'une dépêche et l'arrivée de la réponse excédait dix-huit mois! Aussi, pendant les cinq ans écoulés depuis que Clive était parti du Bengale, la mauvaise administration des Anglais serviteurs de la Compagnie *avait atteint un degré qui semble à peine compatible avec l'existence même d'une société :* c'est toujours Macaulay qui parle. Le proconsul romain qui dans une ou deux années extorquait d'une province les moyens d'ériger dans Rome des palais de marbre et de bâtir des bains sur le littoral de la Cam-

[1] A cette époque, la Cour des Directeurs était renommée tous les ans, source d'intrigues incessantes.

panie, de boire dans les beaux vases d'ambre et de festoyer au chant des oiseaux rares, de prodiguer au peuple des troupeaux de girafes et des armées de gladiateurs; le vice-roi espagnol qui, laissant derrière lui les malédictions de Mexico ou de Lima, entrait dans Madrid suivi d'une longue file de carrosses dorés et de chevaux de main ayant des fers et des housses d'argent, tous ces personnages étaient surpassés dans leur faste. Sans doute, au Bengale, la cruauté ne comptait point parmi les vices des satrapes européens; mais la cruauté même aurait pu difficilement produire des maux plus grands que les maux enfantés par l'empressement et la fureur de s'enrichir. Les serviteurs de la Compagnie jetèrent à bas Meer-Jaffier dès qu'il n'eut plus rien à donner; ils le remplacèrent par Meer-Cossim, autre nabab enchaîné. Celui-ci, fort disposé sans doute à fouler lui-même ses sujets, ne put souffrir de les voir écrasés et réduits en poussière par une oppression sans profit pour lui-même. C'est pourquoi bientôt les mêmes dictateurs de Calcutta jetèrent Meer-Cossim à bas et remirent à sa place Meer-Jaffier. Meer-Cossim, après s'être vengé par un massacre surpassant en atrocité les horreurs du black-hole, de la prison noire, s'était réfugié dans les États du nabab d'Oude.

A chacun de ces changements, le prince nouveau partageait entre ses maîtres étrangers tout ce qu'il pouvait balayer, gratter, râper, *scrape*, dans le trésor de son prédécesseur. L'immense population de ses États était jetée comme une proie à ceux qui le faisaient souverain, et qui l'instant d'après pouvaient aussi le défaire. Les serviteurs de la Compagnie obtenaient, non pour leurs maîtres de Londres, mais pour eux-mêmes, le monopole de presque tout le trafic intérieur. Dans ce trafic, ils contraignaient les Indiens à payer plus cher dans les achats et moins cher dans les ventes que n'eût fait un libre commerce. Ils insultaient avec impunité les tribunaux, la police et les autorités financières du pays ; ils couvraient de leur protection une horde de natifs, dépendants d'eux, qui parcouraient les provinces et répandaient en chaque lieu la terreur sur leur passage. Le serviteur d'un facteur anglais était armé de tout le pouvoir de son maître, comme son maître était armé de tout le pouvoir de la Compagnie. D'énormes fortunes étaient de la sorte rapidement accumulées dans Calcutta, tandis que trente millions d'êtres humains se voyaient réduits à l'extrême misère. Ces peuples avaient, de longue main, pris l'habitude de vivre courbés sous l'oppression d'un seul, mais non pas sous un despotisme aux mille mains rapaces, comme celui-ci. Au temps de leurs anciens dominateurs, ils avaient du moins une ressource : quand le fléau devenait intolérable, le peuple à bout d'oppression se levait et jetait à bas le tyran. Mais nul n'avait l'espoir de jeter à bas la tyrannie britannique.

On eût certes dit plutôt un gouvernement de mauvais démons qu'un gouvernement d'oppresseurs nés chez des humains. Le désespoir même ne pouvait pas inspirer au doux Bengalais le courage d'affronter ces Anglais de naissance que le biographe de Clive ne rougit pas de proclamer, en présence de tels forfaits, *la noblesse héréditaire du genre humain*, ces Anglais dont le talent militaire avait si souvent triomphé de forces orientales dix fois plus nombreuses. L'infortunée race native n'a jamais essayé de résister : tantôt elle s'est soumise, dans sa misère agenouillée; tantôt elle a fui devant l'Européen, comme ses pères fuyaient devant le Mahratte spoliateur. Souvent aussi le visiteur, l'*exacteur* britannique, au temps dont nous parlons, était porté, dans son palanquin, à travers des villages silencieux; la seule annonce de son arrivée les rendait déserts.

Les étrangers maîtres du Bengale étaient naturellement des objets d'exécration pour les pouvoirs circonvoisins; à chacun de ceux-ci la race hautaine présentait son front indomptable. Partout inférieure en nombre, partout elle restait victorieuse.

Un historien mahométan, qui racontait les excès des vainqueurs, s'écriait avec désespoir : « S'ils ajoutaient à leur habileté guerrière les arts du gouvernement, si, pour soulager le peuple de Dieu, ils développaient autant de génie et de sollicitude qu'ils en déploient dans les arts de la destruction, aucune race sur la terre ne leur serait préférable et ne serait plus digne de commander. Mais en tous lieux, courbé sous leur joug, le peuple gémit; partout il est dans la détresse et dans la pauvreté. O puissant Allah! viens au secours de tes serviteurs désolés, et délivre-les des oppressions qui les accablent. » Allah ne les écoutait pas.

Les vices monstrueux de l'ordre civil envahissaient le militaire. La rapacité, la luxure, l'insubordination, passaient du service administratif aux officiers, aux soldats. L'anarchie croissait à tel point que chaque table régimentaire devenait un centre de cabale et de conspiration; les cipayes mêmes ne pouvaient être maintenus dans l'ordre et la discipline *que par des exécutions en masse.*

A la longue, l'état du Bengale inquiéta la métropole. On voyait un enchaînement de révolutions; une administration désorganisée; les natifs au pillage, et sans que la Compagnie en devînt plus riche : hélas! c'était là sa douleur inconsolable. Chaque flotte amenait au retour maint aventurier comblé des faveurs de la fortune, en état d'acheter des palais splendides, et transmettant pour nouvelles des rapports effrayants sur l'avenir du gouvernement de l'Inde: la guerre aux frontières; la désaffection dans l'armée et le caractère national déshonoré par des excès pareils à ceux de quelque Verrès ou de quelque Pizarre. Un tel spectacle consternait les métropolitains qui prenaient intérêt aux affaires de l'Inde. Leur voix unanime s'élevait en faveur de Clive, qui savait si bien proclamer ses succès et dire au bon moment que lui seul avait tout fait. Chacun, en conséquence, répétait que lui seul pouvait sauver un empire qu'il avait conquis pour la Compagnie, rendre des mœurs à l'administration et rétablir, par-dessus tout, la prospérité des dividendes.

Tel est, en abrégé, le grand et sombre tableau tracé par le biographe du héros de la Compagnie des Indes. S'il n'était pas buriné par une main britannique, jalouse avant tout de l'honneur national, les Anglais pourraient le croire non-seulement exagéré, mais dicté par quelque malveillance.

Troisième mission de Clive.

Clive partit en promettant de surpasser toutes les espérances. Cependant il ne faut pas se figurer que ce réformateur allait, comme un pieux Numa succédant aux déprédations de Romulus, rétablir chez tout un peuple les pratiques de la vertu, sous l'ombre de la paix et par amour de la religion. D'autres sentiments, dès le début, animaient son âme; des titres d'un ordre moins élevé le rendaient propre à remplir moins saintement la mission de rétablir l'ordre et la probité. Sa fortune était faite, et faite aux dépens des Indiens pressurés. Le choix de sa personne était rassurant pour les guerriers et les *civiliens*, enrichis n'importe par quelles routes faciles et larges. Il allait jeter un voile rassurant sur leur passé; il avait droit de dire à ses anciens compagnons d'administration et de prospérité comme le serviteur de Le Sage en s'alliant à la suivante digne d'un tel époux : « M. Turcaret est ruiné; nous voilà riches, et nous allons faire souche d'honnêtes gens. » Il voulait plus; il venait en même temps rétablir les affaires du plus grand Turcaret du monde, qui s'appelait la Compagnie des Indes orientales. Ce qu'il allait demander au Bengale, je le répète, c'était la probité future et le bon ordre à venir. Avec son esprit de ressource et la vigueur de sa volonté, nul n'était plus propre à remplir cette tâche, qui réhabiliterait sa vie.

La Compagnie décida qu'un changement complet serait opéré sur la question des présents obtenus jusqu'ici des nababs par ses propres serviteurs; elle ordonna que de nouveaux engagements, *covenants*, signés par tous ses employés, civils ou militaires, les obligeraient de lui remettre les présents de toute nature qu'ils recevraient des natifs, lorsque ces présents surpasseraient 10,000 francs. On leur permettait par faveur de recevoir en cadeau jusqu'à 25,000 francs, mais avec la permission du gouverneur délibérant en Conseil.

En même temps un pouvoir sans bornes était conservé d'extorquer les biens des nababs, pourvu que ce fût en faveur de la Compagnie. La chose était moins périlleuse pour les princes et pour les peuples : attendu, dit avec philosophie un prudent historien, attendu que les serviteurs de la Compagnie ne couraient pas le danger d'être aussi rapaces pour leurs maîtres que pour eux-mêmes; c'est pourquoi les effets de cette mesure devaient naturellement être bons. (J. Mill, t. III, liv. IV, ch. 5.)

Au point de vue de la politique générale, qu'on croyait être dans une situation alarmante aux bords du

Gange, on envoyait Clive afin de rétablir la bonne harmonie avec les princes et l'empereur. En arrivant à Madras, le 10 avril 1765, il apprend que toutes les alarmes de guerre, premier motif de son voyage, étaient dissipées; que le grand Mogol lui-même s'était placé sous la protection des Anglais; que le nabab Meer-Jaffier était mort; que son successeur Meer-Cossim était chassé du Bengale et que ses partisans étaient soumis.

A l'instant, Clive entrevoit l'opportunité d'un renversement universel des trônes de l'Inde. Son imagination lui peint l'Angleterre élevée sur tous les débris, et sa fortune à lui, le grand régénérateur, assurée comme celle de ses commettants.

Dès le 17 avril, quand il est encore à Madras, il écrit à son confident de Londres, un certain M. Rous, une lettre *en chiffres mystérieux;* l'ambition la plus passionnée la rend vraiment éloquente. « Enfin nous sommes arrivés à la période décisive, *que j'ai depuis longtemps prévue;* elle nous prescrit de décider *si nous prendrons ou si nous ne prendrons pas tout pour nous-mêmes.* Jaffier-Ali-khan est mort, et son fils naturel est mineur; Sourajah-Dowla est expulsé de ses États, *que nous tenons!* C'est à peine une hyperbole de dire : Demain, tout l'empire mogol est en notre pouvoir. Par une longue expérience, les habitants, nous le savons, ne s'attachent à rien; leurs forces ne sont ni commandées, ni disciplinées, ni payées comme les nôtres. Peut-on douter qu'une forte armée européenne ne nous maintienne maîtres absolus? Elle nous conserverait la toute-puissance, non-seulement par la peur inspirée à tout prince du pays, mais en nous rendant à tel point formidables que ni Français, ni Danois, ni nul autre ennemi n'auraient la présomption de nous inquiéter. Après l'espace que nous avons déjà parcouru, vous penserez avec moi que les souverains de l'Hindoustan doivent croire infinis nos désirs; nous leur avons signalé notre ambition par de tels exemples, qu'ils ne peuvent plus nous croire capables de modération. Les nababs mêmes que nous aurions à soutenir seraient ou désireux de nos possessions ou jaloux de notre pouvoir; la soif de régner, la peur, l'avarice, épieraient à chaque instant pour nous détruire. Une victoire ne serait qu'un secours passager. Si nous détrônions un premier nabab, il faudrait en introniser un autre à sa place; et celui-ci, dès que son trésor lui permettrait de tenir une armée sur pied, marcherait précisément sur les pas de son prédécesseur. Il faut, en vérité, devenir nous-mêmes des nababs, *de vrais nababs*, non par le nom, mais par le fait. Peut-être devrons-nous le devenir complétement et sans dissimulation? Mais, sur ce point, je ne puis acquérir de certitude avant que j'arrive au Bengale. »

Clive n'hésite pas quant au principe de la révolution qu'il révèle d'un ton si fier. Son avidité court au-devant des conséquences lucratives; il les étend à Londres même, où son imagination le transporte. Il rêve l'effet de ce grand changement qui doit, avec la fortune politique de la Compagnie, faire hausser immensément les actions des propriétaires. Au milieu des flots de fortune dont il veut lâcher les écluses, il n'a garde de s'oublier! Sans retard il mande à son homme d'affaires : « J'ai prié M. Rous de vous donner copie de la lettre que j'écris pour lui. Il vous remettra la clef de mon chiffre, afin que vous puissiez me comprendre; *le contenu de cette missive est d'une si grande importance, que je ne veux en laisser rien transpirer.* Quelle que soit la somme que j'aie dans les fonds ou partout ailleurs, *et tout l'argent qu'il sera possible d'emprunter sous mon nom*, sans perdre un instant, PLACEZ TOUT dans les actions de la Compagnie des Indes orientales. Vous

vous concerterez avec mes *attorneys* (ses procureurs). Apprenez-leur mon ardent désir que mes fonds soient ainsi placés; pressez-les de hâter l'affaire par tous les moyens en leur pouvoir. »

On peut juger par là si lord Clive, dans ce troisième voyage, n'arrivait au Bengale que pour y faire triompher le désintéressement séraphique des fonctionnaires employés par la Compagnie, à commencer par lui-même[1]?

M. Macaulay, qui présente la troisième mission de lord Clive comme l'apostolat de la vertu personnifiée, ne dit pas un mot de ces lettres si graves, publiées dans une enquête parlementaire, enquête qu'il a pourtant mise à contribution. Plus consciencieux, J. Mill les a publiées, et bien comprises (t. III, p. 325, liv. IV, chap. v).

Voyons à présent par quels actes publics lord Clive accomplira ses propres desseins avant ceux de la Compagnie. Il s'est fait donner d'immenses pouvoirs. Afin d'éviter à Londres tout fâcheux contrôle, il n'a voulu partir qu'après avoir obtenu dans l'Assemblée des propriétaires, qu'il savait si bien agiter, la destitution du président de ses juges naturels : le président de la Cour des Directeurs.

Pour faire face aux circonstances extraordinaires, Clive avait obtenu la création d'un Conseil privé, qui devait être l'instrument de sa pensée secrète. Comme ressource extrême, on lui permettait de gouverner avec ce Conseil, et d'agir en dehors des lois dans le cas où surviendraient des événements graves ou des troubles imminents. C'était en quelque sorte un régime d'état de siége, réservé pour les temps où le dictateur serait tenu d'empêcher que la

[1] En 1765, Clive se fait donner par la begum, veuve de Meer-Jaffier, 58,333 liv. sterling, ou 1,458,325 francs.

chose publique éprouvât quelque grand détriment : *Ne quid respablica detrimenti capiat.*

Trois jours après son arrivée [1], sans attendre que la majorité de son Conseil privé soit réunie, avec deux membres seulement, il se précipite sur la dictature, comme s'il était sous le feu d'une insurrection.

Dans le langage officiel, on citera toujours ce Conseil sous le titre modeste de Comité choisi, *the select Committee,* gouvernant en nom collectif. Rappelons, une fois pour toutes, que le Comité dictatorial c'était Clive; ses deux premiers séides n'eurent jamais d'autre volonté que celle du gouverneur qui les avait désignés.

Les membres du Comité veulent justifier, à Londres, une dictature qui va durer autant que le gouvernement de lord Clive. Ils allèguent la grande corruption qui, disent-ils, prévaut dans l'administration du Bengale et noircissent au delà de toute mesure la conduite des serviteurs de la Compagnie. Le tableau qu'ils font des actes de cette corruption présente, comme preuve, les traits les plus hideux et les plus dégoûtants. Le sage Mill, toujours modéré dans ses jugements, croit que les accusateurs, intéressés à justifier leur usurpation de pouvoirs, ont éprouvé par là quelque influence (*some influence*) dans l'exagération de cette peinture. Quoi qu'il en soit, nous reconnaissons ici la confiance audacieuse de Clive; il se présente comme un autre Hercule, aux mains divines et pures. Aussi, dix ans plus tard, il ne craindra pas de dire en plein Comité d'enquête parlementaire : « Le bien de la Compagnie requérait un puissant effort, et je pris la résolution de nettoyer les étables d'Augias. »

Il écrit à la Cour des Directeurs : « A mon arrivée, je

[1] Le 6 mai 1755.

suis affligé de le dire, j'ai trouvé vos affaires dans un état si désespéré, qu'il aurait épouvanté tous les fonctionnaires chez qui le sentiment de l'honneur et celui du devoir envers leurs commettants n'auraient pas été pervertis par la poursuite trop ardente de leurs propres avantages. La soudaine, et chez beaucoup d'entre eux l'injustifiable passion de la richesse, avait introduit le luxe sous toutes les formes et dans ses excès les plus pernicieux. Deux vices énormes, le pillage et la profusion, marchaient en se donnant la main dans toute la Présidence, infestant la plupart des membres qui composent chaque département administratif. Le moindre serviteur ne semblait se cramponner à la richesse, *to grasp at wealth*, qu'afin d'assouvir la passion de prodiguer : prodiguer plus, prodiguer moins, était désormais la seule différence entre l'inférieur et le supérieur. Toute distinction disparaissait, et les rangs, abaissés à l'envi, devenaient une sorte d'égalité. Ce n'était pas là le dernier terme du mal; une émulation de si triste nature, parmi vos serviteurs, détruisait nécessairement toute proportion entre leurs besoins et les moyens d'y satisfaire. Dans un pays où l'argent abonde, *où l'intimidation est le principe du gouvernement,* où vos armes toujours ont été victorieuses, il n'est pas surprenant que la soif des richesses ait promptement saisi les moyens qui la pouvaient assouvir; il ne l'est pas davantage que les organes de votre pouvoir aient mis à profit leur autorité, et qu'ils l'aient poussée jusqu'à l'extorsion, dans les cas où la simple corruption ne suffisait plus à leur rapacité. De pareils exemples donnés par les supérieurs ne pouvaient manquer d'être imités par les inférieurs, suivant leur degré d'action et d'autorité. Le mal était contagieux; il se propageait dans le civil et dans le militaire; il descendait jusqu'au simple commis, au sous-lieutenant; il atteignait le marchand privé. »

. . . .

La Cour des Directeurs accepte, sans affaiblissement, ces sombres dénonciations. Elle approuve la dictature usurpée; elle écrit au Comité qui s'en est saisi : « Votre lettre exprime nos sentiments *sur ce qu'on s'est procuré par voie de donations*[1]. A cela nous devons ajouter que les vastes fortunes acquises dans le commerce intérieur l'ont été par les actions les plus tyranniques et les plus oppressives qu'on ait jamais pu commettre dans aucune époque et dans aucun pays. » La Cour des Directeurs achevait par là le tableau si tristement commencé par Clive.

Voyons maintenant de quelle manière le Comité régénérateur accomplira sa grave mission.

L'ordre était de faire signer sans exception, sans délai, un engagement que prendrait chaque serviteur de ne plus s'approprier ni donations ni présents. Un membre du Conseil privé, le général Carnac, fait signer cet engagement à tous les officiers sous ses ordres; mais lui-même diffère de signer le sien pendant plusieurs semaines. Il diffère afin de pouvoir, dans l'intervalle, s'attribuer sans forfaiture et sans pudeur 500,000 francs arrachés au malheur, à la pauvreté d'un descendant d'Aureng-Zeb[2]; et Clive l'a souffert. Voilà l'exemple de vertu qu'offrait le Comité dictatorial.

Révolution introduite dans le gouvernement des vice-rois du Bengale.

Au milieu de ces vils apprêts pour gouverner, prétendait-on, par l'intégrité, chacun doit se demander ce que

[1] Cela s'adressait aux conseillers privés jadis présidés par Clive qui, seul, avait retiré par voies de donations forcées cinq à sept millions d'argent et quinze à vingt millions de tenure féodale : sans être pour cela, sans doute, plus corrompu que les autres.

[2] James Mill, t. III, p. 356, liv. IV, chap. VII.

devenaient les grands projets du gouverneur, ces projets qui devaient changer le sort de l'Inde tout entière! Il n'en réalise que la dernière pensée, qu'il exprimait à son correspondant mystérieux, en lui disant : « Il faut nous faire nous-mêmes des nababs. »

Je suis frappé des qualités et de certains défauts que Clive possédait en commun avec un Romain dont il n'imita jamais les attentats contre sa patrie. « Il était d'une grande force et d'âme et de corps, mais d'un esprit sans rectitude et dépravé par la fortune. Il pouvait souffrir les intempéries, la faim, les veilles, au delà de toute croyance. Audacieux, changeant, trompeur, il savait au besoin tout dissimuler et tout simuler; avide de trésors, prodigue de son bien, enflammé de désirs passionnés; éloquent, mais peu raisonnable, son esprit vaste aspirait sans cesse à des projets immodérés, incroyables et de trop haute portée. »

D'après le plan que lord Clive met en exécution, le vice-roi du Bengale aura ses affaires administrées par trois indigènes dont il se réserve la nomination. Un Anglais continuera d'être *Résident*, c'est-à-dire maître secret près du soubahdar; ses instructions seront de maintenir, soumis à la même volonté, les trois administrateurs indigènes.

Ce n'est pas tout : Clive exige du vice-roi qu'il abandonne à la Compagnie des Indes tous les revenus de ses populeux et riches États et la conduite des affaires, avec les grands bénéfices qui peuvent en découler.

Pour indemniser ce prince, en réalité détrôné et dépossédé par de telles mesures, on lui payera 12,500,000 fr. de pension annuelle. Tel est le misérable prix d'un royaume aussi grand que la France.

En même temps lord Clive posait cette limite qu'il fit sanctionner par la Compagnie, mais qui devait être violée tant de fois plus tard : « Ma conviction profonde est qu'il faut nous contenter du Bengale, de Bahar et d'Orissa. Aller plus loin serait, à mon avis, le projet d'une ambition *si déraisonnable et si pleine d'absurdité*, qu'aucun gouverneur, aucun Conseil de gouvernement, ne pourraient jamais l'adopter; il faudrait pour cela que le système entier des intérêts de la Compagnie fût établi sur un nouveau modèle. »

On le voit, en quelques mois lord Clive relègue au rang des rêves insensés le projet sans bornes qui, vu de Madras, s'offrait à lui sous l'aspect de la raison et du génie.

Après avoir transformé le gouvernement du Bengale, il veut imposer des conditions au vizir d'Oude. Il croit pouvoir lui demander que les Anglais commercent avec son peuple en franchise de droits; il invente pour eux le libre échange; il veut qu'on laisse établir sans obstacle des factoreries britanniques dans cette riche contrée. Le vizir, épouvanté, représente si vivement les méfaits que, *sous le nom de commerce*, les serviteurs de la Compagnie et leurs agents avaient *perpétrés* (perpetrated) dans les provinces du Bengale, de Bahar et d'Orissa; il exprime en termes si véhéments sa crainte de voir naître des disputes inévitables; il insiste à tel point sur l'impossibilité que ces querelles opposeraient au maintien de la paix, que Clive consent à ne pas même inscrire dans le traité les noms de factoreries et de commerce[1].

Ayant terminé tous ses arrangements avec le vizir d'Oude, lord Clive revient à Calcutta le 7 septembre 1765 pour exécuter enfin les ordres si pressants de la Compagnie.

[1] James Mill.

Du commerce des consommations intérieures pratiqué par des serviteurs de la Compagnie.

Par sa lettre du 8 février 1764, la Cour des Directeurs avait prescrit aux administrateurs du Bengale de mettre fin, sans exception, au trafic intérieur pratiqué si cruellement par les serviteurs de la Compagnie; la réception de cet ordre avait devancé l'arrivée de Clive. Le Conseil ordinaire de la Présidence s'était permis de décider, le 17 octobre de la même année, que toutes les branches de ce commerce assez lucratives pour être cultivées *seraient maintenues inébranlablement* (steadfastly), malgré l'ordre formel de la Compagnie, mais que les branches sans valeur seraient abandonnées, à raison du grand respect affecté pour les ordres de cette autorité suprême.

Les articles principaux du commerce intérieur, dans le Bengale, étaient le sel, le bétel et le tabac. Ce dernier objet offrait un si faible profit, que très-peu de serviteurs de la Compagnie daignaient s'en occuper; on n'y tint pas, mais on conserva les deux autres.

On crut néanmoins devoir ordonner que, désormais, les serviteurs de la Compagnie n'imposeraient plus despotiquement aux natifs les prix d'achat et de vente, au gré de leur bon plaisir.

Tandis qu'on exécutait avec si peu de ponctualité les ordres métropolitains, il se produisait à Londres une étrange métamorphose. Les amis, les parents, les co-intéressés des nombreux serviteurs employés au Bengale, se révoltaient contre des restrictions et des interdictions qu'ils accusaient d'ingratitude. A les entendre, c'était presque un manque de foi commis à l'égard de ces intéressants serviteurs, qui seuls, en définitive, alimentaient le grand commerce maritime et ménageaient à la Compagnie le premier des biens, le dividende. Ils s'apitoyaient sur la richesse interdite à ces précieux, à ces indispensables intermédiaires, à qui l'on avait promis, remarquons la promesse, qu'ils feraient aussi dans l'Inde leur propre fortune. Ces déclamations véhémentes avaient soulevé les passions dans l'Assemblée générale des propriétaires; et, par un vote impardonnable, elles avaient fait rétracter l'interdiction d'un commerce spoliateur : celui des objets indiens réservés aux consommations pour l'intérieur de l'Inde.

La Cour des Directeurs, dominée, mais à regret, par cette aberration qui ne pouvait durer, prit alors un terme moyen. Elle se contenta de prescrire qu'on reviserait, pour les mitiger, les règlements relatifs au commerce intérieur et qu'on s'efforcerait de ne pas nuire aux intérêts des indigènes. Au reçu de cet ordre à Calcutta, l'on avait résolu d'attendre lord Clive, en conservant le *statu quo*, c'est-à-dire le vaste ensemble des abus.

Voici maintenant un autre scandale. Clive, avec son Comité dictatorial, avait formé, dans le mois même de son arrivée, une société mercantile en participation, *a partnership*, pour acheter d'énormes quantités de sel. Tous les achats étaient terminés avant la fin du mois suivant; dix mois après, les dictateurs partenaires auront réalisé, sur leur mise de fonds, *quarante-cinq pour cent* de bénéfices.

Je dois dire qu'en rapportant cette honteuse affaire, l'historien James Mill l'atténue à l'égard de Clive. Celui-ci, dit-il, voulait avec sa part faire la fortune de trois amis : son médecin, son secrétaire et M. Maskelyne, le frère ou l'oncle de sa belle épouse.

Un peu plus tard, au mois d'août 1766, les ventes faites et parfaites pour le Comité dictatorial, il est décidé avec solennité que le commerce intérieur du sel, du tabac et du bétel sera désormais exclusivement exercé pour le bénéfice des serviteurs de la Compagnie appartenant à l'ordre le plus élevé : *superior servants.*

On rédige des tableaux de répartition entre les hauts fonctionnaires. La pensée morale, affirme-t-on, c'est qu'en assurant aux grands employés ce moyen officiel d'arriver à la fortune, ils cesseront d'y parvenir en suivant des voies illégales. La conception était juste; mais, réalisée si tardivement, elle ne pouvait pas produire les bons effets immédiats et radicaux que l'auteur de la mesure prétendait avec orgueil être son ouvrage.

Cependant la Cour des Directeurs avait fini par revenir à sa première détermination, et par défendre de nouveau, d'une manière absolue, aux agents de la Compagnie tout commerce relatif aux consommations intérieures. Mais, sans doute, elle donnait cet ordre avant d'avoir reçu le règlement et les tableaux qu'on vient de signaler.

Si prompte avait été la spoliation de la richesse au Bengale, qu'en peu de temps les principaux serviteurs britanniques, gorgés et satisfaits, étaient partis pour l'Angleterre, emportant leur rapide et vaste fortune. Il ne restait plus qu'un très-petit nombre de chefs expérimentés, et les affaires commerciales en souffraient beaucoup. Afin de porter remède à ce mal, le Comité dictatorial, ce qui toujours signifie *le Dictateur,* décida qu'on ne remplacerait pas les hauts serviteurs, repus et disparus, par ceux de la Présidence arrivant à leur rang de mérite ou d'ancienneté. On fit venir à Calcutta, de Madras et de Bombay, d'autres serviteurs auxquels on donna les positions les plus élevées. Cette mesure enflamma de colère et d'insubordination tout le corps des jeunes employés dans la Présidence du Bengale : une main de fer les maintint sous le joug.

Les traitements de l'armée et les réformes militaires.

Vint enfin le tour de l'armée. Après la défaite du vice-roi du Bengale à Plassy, Clive avait exigé du nouveau nabab qu'il donnerait à l'armée anglaise, comme supplément, une paye égale à celle dont les troupes jouissaient déjà. La Compagnie, n'ayant rien à payer de plus, n'avait pas daigné jeter un regard sur l'énorme charge imposée au trésor indien. Mais quand les revenus territoriaux du Bengale devinrent ceux de la Compagnie, elle fut révoltée de voir qu'en temps de paix on doublât sans aucun motif les soldes militaires; elle voulut qu'on discontinuât cette dépense exorbitante. A leur tour, les officiers exaspérés firent entendre des plaintes amères; ils commencèrent à conspirer entre eux dès le mois de décembre.

Le gouverneur n'en avait pas le moindre indice, lorsqu'à la fin d'avril 1766 il est informé d'une conspiration des plus effrayantes; elle comprend à peu près sans exception tous les officiers de l'armée anglaise; et bientôt elle doit éclater. A jour fixe, tous les conjurés donneront leur démission, et l'armée restera sans chefs au milieu de peuples exaspérés. C'est ici que lord Clive montre avec éclat l'esprit militaire et le caractère vigoureux qu'il a reçus de la nature. Il n'est pas intimidé par une armée de Mahrattes qui, sur les bords du Gange supérieur, réunit des bateaux et fait craindre une invasion. Il s'assure avant tout que les cipayes, dont il est l'idole, ne lui seront pas infidèles. Heureusement les officiers anglais n'ont pas poussé la rébellion jusqu'à corrompre leurs propres soldats. Dans une seule station, à Monghir, la troupe britannique ayant donné quelques signes de soulèvement, on met en ligne les cipayes pour l'attaquer s'il le faut : elle rentre dans l'ordre.

Afin de montrer aux officiers en voie de conspiration qu'ils ne sont pas indispensables, lord Clive leur cherche partout des remplaçants. Il s'en procure à Calcutta, dans Madras, et sur les navires du commerce; il s'adresse même aux jeunes employés civils qu'il appelle à débuter, comme il l'a fait, dans la carrière des armes.

A la vue de cette active résistance, un grand nombre d'officiers s'intimident et rentrent dans le devoir. On pardonne aux plus jeunes; les autres sont jugés et cassés. Un colonel, quoique actif à réprimer la rébellion, en avait favorisé la naissance; Clive le fait pareillement juger, condamner et renvoyer pour toujours de l'armée. Voilà, suivant moi, la grande et belle partie des services d'un véritable homme de guerre, dans sa troisième et dernière mission.

Il ne termine pas mieux qu'il ne l'a commencée la partie commerciale. Un ordre de la métropole, plus absolu que jamais, interdit aux serviteurs de la Compagnie toute participation au commerce du sel, du bétel et du tabac. Cet ordre est reçu par Clive avec dédain, et le monopole est renouvelé : « attendu, mande-t-il à la Cour des Directeurs, qu'elle ne peut pas se former *la moindre idée* du changement opéré dans le Bengale depuis que l'intérêt du nabab en est détaché. »

En faisant connaître cette insubordination, l'historien James Mill la range au nombre de celles qui montrent l'inconvénient de confier le gouvernement de l'Inde à des Directeurs qui sont séparés de leurs mandataires par un chemin plus long que la moitié du tour de la terre. Il blâme avec raison le gouverneur indocile. « A l'égard de la désobéissance des serviteurs, dit-il, envers ceux qui les emploient, lorsqu'ils allèguent l'éloignement et le défaut d'information du pouvoir central, ce n'est nullement une justification suffisante. En effet, si l'on étendait autant que l'on pourrait l'imaginer cette raison de ne pas obéir, elle donnerait aux serviteurs de la Compagnie une indépendance absolue et les rendrait maîtres de l'Inde. »

Les Directeurs métropolitains persistant à réprouver le commerce intérieur opéré par les serviteurs du Bengale, il fallut que la *Société Clive et compagnie*, formée pour exploiter le monopole du sel, prononçât officiellement sa dissolution définitive; mais, en alléguant des contrats antérieurs, elle prolongea son existence et ses profits jusqu'en septembre 1768.

Après vingt mois de séjour au Bengale, le 16 janvier 1767, lord Clive quittait l'Hindoustan, qu'il ne devait jamais revoir. Ainsi qu'à l'époque de son précédent départ, les règlements qu'il laissait après lui, calculés pour l'approbation du moment plutôt que pour des avantages durables, produisirent un brillant aspect de prospérités immédiates; mais ils étaient pleins d'éléments de difficultés imminentes, qui devaient bientôt conduire à la détresse. Un double gouvernement, imparfait et compliqué, fictivement dirigé par le nabab du Bengale, mais en réalité par la Compagnie : telle était la politique chérie de lord Clive. Un certain degré d'artifice, une combinaison de moyens tortueux, s'offraient à son génie sous le jour d'une habile et profonde politique. On touchait toujours les revenus comme si c'était pour le trésor du nabab; la justice était rendue en son nom par les officiers publics, et les affaires étrangères se traitaient sous le masque de son autorité, avec de faux prétextes qui n'imposaient à personne[1]. En définitive, on introduisait au Bengale l'ère des rois fainéants, et la Compagnie des Indes était le maire du palais.

[1] James Mill, liv. IV, chap. VII.

Quelques erreurs de l'historien Macaulay sur l'administration ét les exploits de lord Clive.

Lorsque Clive, pour la troisième fois, arrive dans l'Inde, et cette fois à titre de réformateur, son apologiste produit une lettre bien différente de celle que j'ai traduite et que Macbecth n'eût pas dédaigné de signer. Elle est postérieure de quelques jours; elle est écrite aussitôt après son débarquement; elle s'adresse de même à l'un de ses amis intimes. Cette lettre, dit Macaulay, est exprimée dans un langage qui, provenant d'un homme si hardi, si déterminé, si peu familier avec l'étalage théâtral du sentiment, nous paraît touchante au plus haut degré. « Hélas! écrit-il, comment le nom anglais est-il tombé? Je n'ai pas pu refuser le tribut de mes larmes à la bonne renommée, partie, disparue, de la nation britannique, et, je le crains, perdue pour jamais. Cependant, je le déclare, par le grand Être qui cherche dans tous les cœurs, par l'Être à qui nous devrons rendre compte, s'il existe un quelque chose après nous (*if there be a here-after*), j'arrive avec un esprit supérieur à toute corruption; je suis déterminé à détruire tous ces grands et brillants dangers, ou je périrai dans la tentative. »

Préparée pour le public, cette lettre-là n'est pas écrite en chiffres, sous le sceau d'un secret imposé par la rapacité, et pour rester ensevelie dans un mystère d'agio. Les pleurs qu'elle étale étaient-ils essuyés des yeux du tendre Clive lorsqu'il permettait à l'un de ses codictateurs d'extorquer, sans en rien rendre, 500,000 francs arrachés au malheureux descendant d'Aureng-Zeb? Étaient-ils essuyés lorsque, dans le mois même de son débarquement à Calcutta, il inventait l'audacieuse association qui spéculera sur l'accaparement du sel, en violation de son propre mandat, et lorsqu'il s'emparait d'un monopole qui lui fera gagner, avec deux partenaires, *quarante-cinq pour cent* réalisés en dix mois sur une immense et scandaleuse affaire?

Comment! entre son dernier départ et sa récente arrivée, il trouve anéantie la bonne renommée de l'Angleterre en Orient..... Restituons ici la vérité des faits. Un Comité d'enquête de la Chambre des Communes a publié l'état des sommes extorquées au vice-roi du Bengale, année par année, extorsionnaire par extorsionnaire. Clive figure au premier rang de la première époque :

1re époque : Clive coopérateur : totalité des extorsions, en 1757	30,526,875f
2e époque : Clive absent, de 1760 à 1764..	17,510,850

Les 17 millions de rapines auxquelles n'a point participé lord Clive sont pour lui l'infamie versée sur l'Angleterre; et les 30 millions, sur lesquels il a fait sa part de six millions, ceux-là marquent la sainte et belle époque où la virginité morale de l'intégrité britannique n'avait pas reçu la moindre atteinte qui pût faire verser des larmes!

Je prierai de remarquer que les sommes rapportées officiellement sont consignées très en détail dans l'Histoire de James Mill, consultée et citée par lord Macaulay; elles sont extraites des documents officiels publiés par la Chambre des Communes.

Passons maintenant aux réformes intérieures. « Lord Clive ne resta guère dans l'Inde qu'un an et demi; mais, prétend son panégyriste, dans ce court laps de temps il opéra l'une des réformes les plus étendues, les plus difficiles et les plus salutaires *que jamais aucun homme d'État ait accomplies* : c'était la partie de sa carrière vers laquelle il jetait ses regards avec le plus d'orgueil. » Cette réforme, comment peut-on la démontrer pour en faire un titre de sa gloire?

Il avait l'ordre exprès de faire cesser tout commerce d'objets destinés à ne pas sortir de l'Inde; l'eût-il exécuté complétement, il n'aurait accompli que le plus simple et le plus strict devoir. Dans toute sa mission régénératrice, condamne-t-il un seul des *junior* ou des *senior servants* à restituer le moindre de ses vols? Non. Poursuit-il les voleurs devant les tribunaux? Non. Que fait-il donc? Parmi les innombrables objets de trafic intérieur que la Compagnie avait prescrit d'abandonner, trois seulement avaient de l'importance : il les conserve tous trois. Parmi les trois un surtout était oppressif pour le peuple du Bengale, c'était le sel : il s'en empare. Il s'en empare deux fois; et la première fois, c'est pour en partager le bénéfice usuraire avec deux codictateurs, lui troisième, ou plutôt lui premier en titre.

Aussi longtemps qu'il remplira sa prétendue mission régénératrice, et même après son départ, ce commerce oppresseur à l'égard du peuple indien continuera; il continuera sur une échelle si vaste, que trois années devront s'écouler avant que les exactions cessent de s'opérer au bénéfice des serviteurs de la Compagnie : de ceux que Clive avait stigmatisés en reparaissant au Bengale.

Macaulay poursuit : « Le commerce privé des serviteurs de la Compagnie fut jeté bas (*put down*). » Ils ne furent pas privés de tout négoce personnel. On leur défendit, en particulier, de mêler leur trafic à celui de la Compagnie; de prendre, par exemple, l'argent de celle-ci pour acquérir à leur bénéfice des denrées qu'ils achetaient au prix imposé par eux, et pour les revendre au prix qu'ils imposaient aussi selon leur bon plaisir.

Allons plus loin. Faisons toujours remarquer que, pendant sa dernière administration, Clive a réservé pour les serviteurs de la Compagnie un commerce intérieur qu'il stigmatise en général; ce commerce restreint, il est vrai, mais restreint seulement aux trois articles qui ne fussent pas insignifiants : le sel, le tabac et le bétel.

En 1848, les frères et amis français détestaient surtout les impôts qui frappaient leurs consommations les plus chéries. Qu'auraient-ils répondu si quelque ministre républicain leur avait dit : « Citoyens bien-aimés, pour vous plaire, je vais supprimer tous les droits indirects, excepté ceux qui frappent le sel, le tabac et les boissons, que je vais renchérir? » Ils l'auraient destitué.

Lord Clive trouvait trop faibles les appointements des employés de la Compagnie; il voulait y porter remède et leur affectait, mais tardivement, le triple monopole que je viens de citer. En quoi donc par là soulageait-il le pauvre peuple du Bengale? Faisons remarquer que, pendant les deux tiers du temps qu'a duré son dernier gouvernement, il avait pris pour lui seul et deux de ses associés le produit à beaucoup près le plus important : celui du sel, le plus accablant pour les populations. Il n'aurait donc commencé de rappeler à la vertu ce négoce important de la Compagnie que pendant le dernier tiers de son séjour dans l'Hindoustan. Mais cette réforme elle-même est illusoire, puisque la Compagnie des Indes reprend à son bénéfice le produit des trois denrées, sel, tabac et bétel, appropriées *a posteriori* par lord Clive aux principaux fonctionnaires.

Lord Macaulay peint les serviteurs de la Compagnie comme en révolte contre le gouverneur, l'obligeant de se procurer à Madras, à Bombay, des chefs supérieurs pour administrer le Bengale. Telle n'est pas l'exacte vérité, et c'est dans James Mill que nous la trouvons exprimée.

Les principaux fonctionnaires, ceux qui de 1757 à 1765 firent les plus grandes et les plus frauduleuses fortunes, à mesure que leur rapacité se trouvait assouvie, avaient tous déserté l'Inde. Ils s'étaient empressés de revenir en Angleterre goûter paisiblement la volupté de leur fortune mal acquise. Leurs emplois étaient vacants, et c'est pour les remplir que lord Clive allait demander des remplaçants aux deux autres Présidences : je l'ai déjà dit.

Il agissait ainsi, parce qu'il existait une haine implacable entre le Conseil officiel de la Compagnie à Calcutta et le Comité dictatorial, qui pendant dix-huit mois mit à néant l'autorité du Conseil réglementaire. Il allait loin du Bengale chercher des *senior servants*, qui lui devraient une position plus grande, et les choisissait dans la pensée qu'ils seraient tous ses partisans.

La conduite arbitraire et violente de lord Clive a cependant produit, mais plus tard, un bon résultat. Ses représentations, ses tentatives pour donner aux serviteurs de la Compagnie des appointements réguliers, proportionnés à l'importance des affaires, ont fini par devenir une persuasion publique. Aussi, lorsqu'en 1773 fut renouvelée la charte de la Compagnie, le Parlement prit-il à cet égard des dispositions salutaires; nous aurons soin de les faire connaître.

Pour la réforme de la troupe et son rappel aux lois de la discipline, on ne peut trop louer le réformateur; il s'est montré juste, énergique et capable. A cet égard, il faut lui rendre complète justice, et nous l'avons fait.

Jeu des actions de la Compagnie, savamment préparé par Clive.

C'est en 1765 que lord Clive arrivait pour la seconde fois sur les bords du Gange. Il s'empressait d'enlever au nabab du Bengale la souveraineté réelle de ses États, pour se faire lui-même, suivant sa lettre chiffrée, *un vrai nabab*. Il faisait effort afin de ramener au trésor de la Compagnie les revenus détournés par des agents infidèles. Il tâchait d'obtenir un surplus d'impôts, toutes charges payées; ce surplus qui, dans les beaux temps des princes musulmans, avait produit les trésors merveilleux de Dehly, de Bénarès, de Luknow et de Moorshed-abad. Jusqu'en 1766 le courant des richesses asiatiques, tardivement ramené vers le fisc anglais, n'avait pas encore eu le temps d'opérer sur les revenus de la Compagnie les bons effets désirés. Depuis dix ans, malgré tant de victoires et de conquêtes, les dividendes n'avaient pas dépassé le produit modeste de six pour cent. Mais, enfin, les fruits du changement brusque opéré par Clive allaient se faire sentir; un autre produit que celui du commerce entrait dans l'échiquier de la Compagnie. Je copie cette simple phrase dans les *Annales du commerce* de David Macpherson, année 1766 : « La Compagnie des Indes orientales « se crut suffisamment autorisée, d'après les splendides « acquisitions faites pour elle par lord Clive, à porter « son dividende, au lieu de trois, à six pour cent dans un « semestre. » Au printemps de l'an 1767, le dividende fut encore augmenté. Tels étaient les revenus que les propriétaires se votaient eux-mêmes dans leurs Assemblées générales.

En ce moment, on voyait à l'œuvre la horde des agioteurs à la Bourse, à la Banque, à l'Hôtel de la Compagnie et dans les moindres comptoirs de la Cité de Londres. Toute la gent monétaire était poussée, chauffée, par les attorneys et les joueurs ayant en main les fonds de Clive. Ils agissaient comme actionnaires fictifs, au milieu des vrais actionnaires de la Compagnie des Indes, enflammant les cupidités, flattant l'orgueil, excitant l'espérance, ivre d'elle-même, et soulevant les plus viles passions dans les Assemblées générales des propriétaires; faisant voter à l'unanimité des bénéfices qui passaient douze pour cent par année dès le printemps de 1767 et promettant, pour l'avenir le plus prochain, *cinquante pour cent d'intérêt annuel!* Afin d'accroître leurs succès, ayant incessamment à la bouche le nom magique de lord Clive, depuis le départ de l'enchanteur ils étaient parvenus à faire monter les actions dans la proportion exorbitante de *cent à deux cent quatre-vingt-trois;* ils annonçaient, ils affirmaient la hausse prochaine à *mille pour cent!* En attendant, chaque million placé dans les fonds de la Compagnie par le merveilleux prestidigitateur lui représentait, en dix-huit mois d'achats secrets, 2,830,000 francs : heureux résultat de ses ordres mystérieux.

Cette fortune soudaine, que partageaient au prorata de leurs placements tous les actionnaires de la Compagnie, enflammait les imaginations du peuple entier des trafiquants et des financiers; elle attirait la foule des aventuriers avides de prendre part à cette affluence de revenu, dont le flux montait à vue d'œil et s'annonçait comme allant inonder la Cité sous des flots d'or. Les spéculations les plus audacieuses, les projets les plus insensés, se multipliaient, au point de rappeler les grandes illusions des *affaires de la mer du Sud,* contemporaines des illusions et des ruines produites en France par les *actions du Mississipi.* On voyait renaître l'année 1720, où des projets si vite gonflés de vent crevaient si vite à la moindre piqûre, comme ces bulles de savon soufflées par le chalumeau des enfants; année misérable et ridicule, que le désappointement et la dérision avaient tristement fait nommer *l'année des bulles de savon*, THE BUBBLE YEAR.

Première intervention du Parlement.

En présence des spéculations les plus désordonnées, le Parlement intervint à propos; il prit des mesures pour empêcher des ruines imminentes.

Au sujet de la Compagnie des Indes orientales, il établit qu'aucun dividende ne pourrait excéder dix pour cent par année. Il décida que le taux du revenu, voté dans l'Assemblée générale, le serait par voie de scrutin secret. Il prescrivit des règles minutieuses pour empêcher l'effet de machinations soudaines et pour laisser toujours à la grande majorité des actionnaires le temps d'apporter leurs suffrages indépendants.

« Les scrutins secrets ne pourront pas commencer après « minuit, ni se clore avant six heures du soir. On ne pourra « passer au scrutin qu'après au moins huit heures écoulées, « à partir du moment où la question sur laquelle le vote « doit porter sera décidée. »

Grâce à la sage intervention du pouvoir législatif, la valeur exagérée des actions de la Compagnie disparut; bientôt après, l'enthousiasme des hommes d'argent pour lord Clive fit place à l'exécration chez les spéculateurs désabusés : on eût dit Law maudit chez les Français.

L'indication de ces faits va nous permettre d'apprécier sans illusions la manière dont est jugée cette partie de la carrière du ci-devant gouverneur.

Retour de lord Clive en Angleterre.

Au retour de lord Clive, s'il faut en croire son célèbre biographe, la volée tout entière des pillards et des oppresseurs dont il avait délivré le Bengale le persécute avec l'implacable rancune de ces abjectes natures. Non; ce n'est pas immédiatement après son retour qu'il a réuni contre lui tous les hommes d'argent, lesquels, au contraire, le regardaient comme le créateur des récentes fortunes procurées à l'universalité des actionnaires : l'exécration est arrivée *avec la chute des actions*, qu'il avait tout fait pour élever à des valeurs extravagantes.

Lord Macaulay ne peut pas concevoir que l'animadversion publique ait poursuivi l'ex-gouverneur après ce qu'il appelle son retour à la vertu, qu'on pourrait simplement nommer son retour au génie de l'agiotage; il trouve presque inexplicable que la nuée des ennemis du réformateur se soit accrue au moment où ses services pouvaient être loués, dit-il, *sans mélange de censure*. L'écrivain qui préparait avec tant d'éclat son rang d'historien ne songeait donc pas à l'ex-gouverneur Salluste? Les principes de vertu qu'étala dans ses écrits le précurseur de Tite-Live, principes austères, postérieurs à son plantureux proconsulat, ne firent qu'exciter contre son arrogance et les honnêtes gens que ses biens mal acquis avaient révoltés et les pervers dont il osait flétrir les crimes. Supposons que Salluste ait été pour la seconde fois envoyé dans la province africaine afin de rappeler à la probité les publicains percepteurs du vectigal, et que, sans négliger ses intérêts, il eût essayé de jouer ce double rôle. Figurons-nous, à son retour, de quelle exécration l'aurait accablé ce corps des chevaliers dont il faisait partie, et dont il eût affaibli les immenses profits! Tel fut l'accueil non surprenant, mais naturel, que finit par éprouver lord Clive, quand il revint pour la dernière fois à Londres.

Ce qu'étaient au XVIIIe siècle les nababs de la Compagnie des Indes.

Nous allons présenter le tableau de mœurs instructif et curieux que le biographe de Clive a tracé de ces millionnaires, chevaliers ou publicains de la Compagnie des Indes, qu'on a nommés les *nababs*. Addison, dans les meilleurs morceaux du *Spectateur*, n'est pas un peintre plus fidèle et plus attrayant; il est seulement un peu plus sobre de détails.

Les grands événements qui s'étaient accomplis dans l'Inde avaient produit une nouvelle classe de richards anglais, à qui leurs concitoyens donnèrent le nom de *nababs*. Ils descendaient, en général, de familles qui n'étaient recommandées ni par l'ancienneté ni par l'opulence; presque tous étaient partis jeunes pour l'Orient. Ces hommes avaient acquis en Asie de grandes fortunes et les avaient rapportées dans leur pays natal. Il était naturel de supposer que, n'ayant pas eu beaucoup d'occasions de se mêler avec la meilleure société, ils montreraient à leur retour quelque gaucherie et qu'ils étaleraient un faste de parvenus. Il était naturel aussi qu'ils eussent acquis pendant leur séjour en Asie quelques habitudes et quelques goûts pour le moins étranges, si ce n'est dégoûtants, au jugement des personnes qui n'avaient pas quitté l'Europe. Il était naturel encore qu'après avoir joui d'une grande considération en Orient, ils ne fussent pas disposés à tomber dans l'obscurité quand ils revenaient au sein de leur patrie. Enfin, comme ils avaient beaucoup d'argent, peu de naissance et nulles connexions distinguées, il était naturel qu'on leur vît déployer sous des formes un peu blessantes le seul avantage qu'ils possédassent. En quelque lieu qu'ils vinssent habiter, ils passaient à l'antagonisme contre l'antique noblesse et la bourgeoisie supérieure; on eût dit la rivalité qui fit fureur en France entre les marquis et les fermiers généraux. Cette animosité contre l'aristocratie a longtemps distingué les serviteurs de la Compagnie. Un quart de siècle après l'époque dont nous parlons, Burke déclarait que parmi les révolutionnaires ou Jacobins anglais il fallait compter les enrichis revenus de l'Inde, sans, pour ainsi dire, en excepter un seul. Ceux-ci ne pouvaient souffrir que leur importance au sein de la société ne s'élevât pas au niveau de leurs richesses, et le renversement de cette société leur paraissait désirable.

Bientôt, de toutes les classes aisées, les nababs devinrent la plus impopulaire. Plusieurs d'entre eux avaient déployé dans l'Orient des talents distingués et rendu d'importants services à l'État; mais, dans la mère patrie, leur mérite manquait d'occasions pour briller avec avantage, et leurs services d'Asie étaient peu connus en Europe. Qu'ils fussent sortis de l'obscurité, qu'ils eussent acquis une grande richesse, pour l'étaler avec insolence et la dépenser avec extravagance; qu'ils fissent élever le prix de toutes choses dans leur voisinage, *depuis les œufs frais jusqu'aux bourgs pourris;* que leur livrée éclipsât la livrée des ducs, et que leur carrosse eût plus de splendeur même que celui de mylord Maire; que les exemples de leurs maisons mal gouvernées, où l'on prodiguait l'or, corrompissent la moitié des serviteurs du pays; et qu'en dépit de leur magnificence, beaucoup d'entre eux ne pussent pas s'élever au ton distingué de la société supérieure, tout cela se conçoit. Malgré leurs chevaux de course et leurs innombrables domestiques, malgré leur argenterie d'Angleterre et leur porcelaine de Saxe, malgré leur venaison et leur bourgogne, ils restaient toujours des hommes d'un bas niveau.

Tant d'étalage excitait, chez les classes dont ils sortaient et chez la classe au sein de laquelle ils voulaient pénétrer par force, cette poignante aversion qui résulte de l'envie jointe au mépris. Aussi, quand s'éleva la rumeur que cette fortune dont le possesseur orgueilleux pouvait, sur le champ de courses, éclipser le lord lieutenant de la province ou, dans les élections du comté, l'emporter sur le chef d'une famille aussi ancienne que le *Domesday Book*, ce vieux terrier de Guillaume le Conquérant; quand, de plus, on murmura que cette fortune avait été ramassée en violant la foi publique, en dépossédant des princes légitimes, en réduisant des provinces entières à la mendicité.... au même instant toutes les meilleures aussi bien que les plus mauvaises parties de la nature humaine se soulevèrent à l'envi contre le misérable (*the wretch*) qui par le crime et le déshonneur avait obtenu les richesses que maintenant il dépensait avec une prodigalité entachée d'arrogance et, qui pis est, sans élégance.

A partir de ce moment, l'infortuné nabab parut être un composé de ces faiblesses contre lesquelles la comédie se plaît à diriger son ridicule impitoyable et de ces crimes qui répandent les plus sombres couleurs sur la tragédie; mélange abject de Turcaret et de Néron, de M. Jourdain et de Richard III. Une tempête de dérision et d'exécration, qui ne peut être comparée qu'avec le déchaînement contre les puritains au temps de la Restauration[1], cette tempête éclata contre les serviteurs émérites de la Compagnie des Indes. L'ami de l'humanité fut frappé d'horreur par la manière dont ils avaient acquis leur argent; le parcimonieux fut révolté par la manière dont ils le prodiguaient; le virtuose les accabla de ridicule au

[1] En 1660.

sujet de leur mauvais goût; les boules noires les repoussèrent des clubs élégants, comme des candidats *vulgaires:* mot qui dit tout en Angleterre. Les écrivains les plus dissemblables par le style et les sentiments, les méthodistes et les libertins, les bouffons et les philosophes, étaient rangés pour une fois d'un même côté. Il est à peine trop hardi de le dire, mais, pendant à peu près trente années, toute la littérature légère d'Angleterre a reflété les sentiments que nous venons de signaler. Foote introduit sur la scène un Anglo-Indien, grand fonctionnaire revenu de l'Inde, être sans générosité, dissolu, tyrannique, honteux des humbles amis de sa jeunesse; détestant l'aristocratie, et néanmoins puérilement avide d'être admis dans les relations du plus grand monde; jetant sa richesse à des flatteurs, à des parasites; fraudant quelques deniers à des porteurs et prodiguant les fleurs les plus dispendieuses; étourdissant les ignorants avec son jargon sur les roupies, sur les laks de monnaie et sur les Jaghires, ces grands feudes militaires des états musulmans. Mackensie, avec un comique plus délicat, peint une famille commune que les acquisitions indiennes de l'un de ses membres ont élevée tout d'un coup à l'opulence, et qui fait naître la dérision par une gauche imitation des manières admirées chez les grands. Le poëte Cowper, dans sa grande peinture où resplendit le véritable génie des chantres d'Israël, Cowper a placé l'oppression de l'Inde au premier rang parmi les crimes nationaux pour lesquels un Dieu vengeur flagelle l'Angleterre et la condamne à subir des années de guerre désastreuse, à la défaite sur ses propres mers, à la perte de son empire vers l'occident de l'Atlantique. Si dans les recoins poudreux de nos bibliothèques on prend la peine de chercher quelque roman qui date de quatre-vingts ans (1776), on trouvera probablement que le vilain ou le sous-vilain de l'intrigue est quelque sauvage et vieux nabab, caractérisé par une immense fortune, une peau bistrée, un foie mauvais, un plus mauvais cœur.

Entre tous ces nababs, Clive était le plus habile, le plus renommé, le plus élevé par son rang et par sa fortune. Sa richesse était étalée d'une manière qui ne pouvait manquer d'exciter l'envie. Il vivait magnifiquement à Londres; il habitait la place Berkeley, que le beau monde embellissait alors. Dans le Shropshire, il remplaçait par un palais l'humble manoir de ses ancêtres; il en érigeait un autre à Claremont. En même temps, son influence parlementaire pouvait lutter avec celle des plus grandes familles. Mais, dans cette splendeur et cette puissance, l'envie trouvait partout des sujets de dénigrement. Chez quelques-uns de ses parents, la richesse et la dignité s'alliaient aussi gauchement que chez Mascarille et M. Jourdain. Lui-même, malgré ses grandes qualités, n'était pas affranchi des faiblesses que les satiriques de l'époque assignaient comme caractères à toute sa classe. Sur le champ de bataille, ses habitudes avaient été d'une exemplaire sévérité; toujours à cheval, toujours en uniforme, jamais il n'avait porté de soie, jamais il n'était entré dans un palanquin. Mais n'était-il plus à la tête des troupes, aussitôt il mettait de côté sa simplicité de Spartiate, afin d'y substituer le luxe fastueux d'un Sybarite. Quoique sa personne fût disgracieuse, quoique les traits durs de son visage fussent rachetés d'une laideur vulgaire par une sombre, indomptable et dominante expression, il était amoureux d'un vêtement riche et voyant; il remplissait sa garde-robe avec une absurde profusion: il achetait par exemple à la fois, fantaisie d'un jour, deux cents chemises superfines. C'étaient là les moindres misères. De sombres histoires, dont la plupart étaient de noires inventions, se répandaient sur sa conduite en Orient. Il avait à supporter la haine non-seulement pour des méfaits auxquels il s'était *une ou deux fois* abaissé, mais pour tous les méfaits commis par les Anglais dans l'Inde; pour des méfaits commis pendant son absence, oui, des méfaits auxquels il avait courageusement mis un terme et qu'il avait punis sévèrement. Les abus mêmes auxquels il avait fait une guerre honnête et résolue étaient portés sur son compte. Il était, en fait, regardé comme la personnification de tous les vices et de toutes les faiblesses que le public, avec ou sans raison, attribuait aux Anglais aventuriers dans le fond de l'Asie. Nous-même, nous avons entendu des vieillards, qui ne savaient rien de son histoire, mais qui conservaient toujours le préjugé conçu dans leur jeunesse, parler de lui comme d'un démon incarné. Le docteur Johnson tint toujours ce langage. L'artiste Brown, que Clive employa pour dessiner ses jardins, s'était émerveillé d'avoir vu dans la maison de son noble employeur un grand coffre-fort qu'on avait une fois rempli de l'or extorqué du trésor de Moorshed-abad; il ne pouvait pas comprendre comment la conscience du fameux criminel pouvait le laisser dormir, ayant un tel objet si près de sa chambre à coucher. Les paysans du comté de Surrey regardaient avec une horreur mystérieuse le palais princier que le magnifique nabab construisait à Claremont; ils murmuraient tout bas que si le *grand mauvais lord* avait commandé des murs d'une épaisseur inconcevable, c'était pour empêcher d'entrer le Diable en personne, le Diable! qui viendra pour sûr, un jour ou l'autre, emporter son corps.

L'Inde après le départ de Clive.

On est obligé d'avouer qu'après son départ du Bengale

l'impulsion que le conquérant avait donnée à l'administration de ce pays s'affaiblissait de plus en plus. On oubliait sa politique, et les abus qu'il s'enorgueillissait d'avoir supprimés commençaient à revivre.

Disons, pour être vrai, que s'il n'avait pas tout conduit par un Conseil privé dictatorial, s'il avait permis au simple Conseil ordinaire de fonctionner suivant les préceptes de la Compagnie et dans l'esprit réformateur qu'elle voulait faire triompher, cette autorité régulière aurait enraciné des traditions qui n'eussent pas été promptement oubliées après le départ du gouverneur.

En 1770, une famine effrayante affligea le Bengale. Les récits qu'on en fit à Londres furent aigris par les causes exagérées, et peut-être mensongères, qu'on assignait à cette calamité; on disait que les serviteurs de la Compagnie avaient créé la famine en accaparant tout le riz pour le revendre *huit, dix et douze fois le prix d'achat.* On citait un de ces trafiquants qui, l'année précédente, ne possédait pas mille guinées (26,000 francs) et qui, pendant la saison de la misère, avait fait passer à Londres *un million cinq cent mille francs !*

On affecte de ne pas croire que des serviteurs de la Compagnie avaient pu se faire accapareurs du riz. On ajoute qu'en Europe tout grand amas de grains est impossible en présence d'une vraie disette : sans doute. Mais, en Europe, l'accapareur tremble devant le peuple affamé; au Bengale, c'est le peuple qui tremblait devant l'Européen détenteur de subsistances. Il faut bien que le Parlement n'ait pas cru ce méfait impossible; car, deux ans après les ravages de la famine au Bengale, je trouve qu'il défend aux serviteurs de la Compagnie le commerce intérieur *du riz :* il fait de cette défense un des préceptes de la charte renouvelée.

Lord Clive, à coup sûr, n'était pas coupable des accaparements de grains opérés en 1770; car depuis trois années il avait quitté l'Hindoustan. Mais ne s'était-il pas vanté, ne se vantait-il pas que, seul, il avait régénéré l'Inde? qu'avant sa mission tout était mal, et que depuis tout était bien? Par une conséquence nécessaire, toutes les corruptions, tous les malheurs subséquents, retombaient sur lui, injustement cela peut être, mais inévitablement. Si quelque chose ici nous surprend, c'est la surprise même éprouvée par un historien habile à sonder les profondeurs et les replis du cœur humain.

« Aucun de ses actes, dit-il, n'avait la moindre tendance à produire une calamité telle que la famine de 1770. Si les serviteurs de la Compagnie l'avaient aggravée, c'était en contravention directe avec la règle qu'il avait posée et, quand il était au pouvoir, rendue rigoureusement obligatoire. » Mais, aux yeux de ses concitoyens, il était, nous l'avons dit, l'Anglo-Indien, le nabab, personnifié; et tandis qu'il se délectait à bâtir son palais, à planter ses jardins à Claremont, on le tenait pour responsable des effets, non pas d'une sécheresse au Bengale, disons mieux, du parti qu'en avaient tiré les serviteurs transformés par lui. En 1772, toute la tempête assemblée depuis longtemps se précipite sur sa tête. Rien n'égalait son malheur. Il était haï d'un bout à l'autre du pays, haï dans l'hôtel de la Compagnie des Indes, haï surtout par ces riches et puissants serviteurs dont il avait combattu la rapacité et la tyrannie. Il avait à supporter la double animadversion qui naissait de ses bonnes et de ses mauvaises actions et de tout abus indien et de toute réforme indienne.

Il n'était encore question que de renouveler la charte de la Compagnie. Comme travail préparatoire, un Comité spécial avait été choisi par la voie du sort; il répandit un triste jour sur les événements qui renversèrent Sourajah-Dowla et le remplacèrent par Meer-Jaffier. Clive s'indignait que lui, le vainqueur de Plassy, M. le baron de Plassy! eût été devant ce Comité d'enquête interrogé, disait-il, comme un voleur de moutons. Lui! voleur de millions, s'en trouvait humilié. Audacieux, arrogant, il ne rougit pas d'avouer les artifices qu'il avait employés pour tromper le pauvre Omichund. Il déclara sans pudeur qu'il n'en était pas honteux, et qu'au milieu des mêmes circonstances il agirait encore de même : est-ce à savoir que lui, général, gouverneur d'un empire, et représentant de la vertu britannique, il contreferait encore la signature d'un honnête amiral pour tromper et perdre un Indien qu'il rencontrait sur son passage?

En vérité, peut-on dire en présence de tels aveux: « la candeur de ses réponses aurait seule suffi pour montrer combien étaient *étrangères à sa nature* les fraudes auxquelles, dans le cours de ses négociations orientales, il descendit quelquefois? »

Clive va plus loin dans ses confessions; laissons-le parler par la voix de son panégyriste : « Devant le Comité d'enquête, Clive décrivit en langage animé la situation où l'avait placé la victoire : de grands princes dépendants de son bon plaisir; une riche cité qui s'effrayait de subir le pillage; d'opulents banquiers renchérissant les uns sur les autres pour gagner ses sourires; des caves, remplies d'or empilé et de joyaux accumulés, ouvertes pour lui seul. « Au nom de Dieu! monsieur le président, s'écrie lord Clive, comme s'il était encore en présence de la tentation, au nom de Dieu! dans ce moment, je m'étonne que j'aie été si modéré..... »

Si, pour excuser des méfaits, il suffit d'en être fier et

de les avouer avec audace, n'invoquons plus la justice des nations.

Réduisons au vrai l'incroyable aveu de lord Clive. Ne dirait-on pas que son innocence est attaquée par surprise? qu'elle est conjurée par le vaincu d'accepter quelque chose au milieu d'un trésor sans bornes? et qu'il rend grâce à Dieu de n'avoir pas pris davantage? cinq à six millions tout au plus!

La vérité pure est qu'il avait fixé d'avance et de loin sa part avec celle des autres *partageux*. Ils avaient à ce point dépassé les bornes du trésor à dilapider, qu'il fallut, même en l'épuisant, se contenter d'un *simple à-compte*. On fut réduit à prendre des termes, afin qu'on extorquât un peu plus tard le déficit au malheureux peuple du Bengale.

Pendant que l'enquête ouverte sur les actes de lord Clive se poursuivait au Parlement, la Cour déployait un éclat extraordinaire pour le recevoir chevalier de l'ordre du Bain dans la chapelle de Henri VIII, à Westminster.

L'enquête finie, lord Clive fut accusé formellement de concussion par le président Burgoyne, au nom du Comité d'enquête qui l'avait interrogé. Sur le résumé des motifs d'accusation, la Chambre des Communes décida :

1° Que toute acquisition faite en employant les armes de l'État n'appartient qu'à l'État, et qu'il est illégal aux serviteurs du pays de s'approprier de telles acquisitions;

2° Que cette règle salutaire avait été violée systématiquement par les fonctionnaires anglais au Bengale;

3° Que Clive, en exerçant son pouvoir comme commandant des forces britanniques, avait obtenu de *grandes sommes* du nabab Meer-Jaffier[1];

[1] Celui pour qui Clive avait conspiré les armes à la main.

4° La question finale étant posée : « Lord Clive a-t-il abusé de ses pouvoirs et donné le mauvais exemple aux serviteurs de l'État? » la Chambre vota la question préalable, pour se dispenser d'être logique.

Ainsi disparut la dernière conséquence de l'accusation portée par le Comité d'enquête. Les Communes constatèrent les fautes qu'elles avaient prescrit d'exposer au grand jour; puis elles s'arrêtèrent à la simple déclaration que l'accusé avait rendu de grands services à son pays.

« Les Communes d'Angleterre, dit lord Macaulay après avoir cité ces résolutions, traitèrent leur Capitaine avec cette justice distributive qu'on ne montre guère qu'à l'égard des morts. Elles posèrent des principes salutaires et généraux; elles marquèrent *délicatement* (*delicately*) en quel point il avait dévié de ces principes; ensuite elles tempérèrent la *gentille* censure par un éloge libéral. »

Cette morbidesse corruptrice qui donne aux lâchetés, aux iniquités, des noms pleins de grâce, et qui répand un vernis charmant sur des actes coupables, notre commode et joyeux Brantôme, en son *Histoire des grands Capitaines français*, l'avait empruntée aux plus mauvais temps de l'Italie. La phrase que je vais citer n'est pas indigne d'être mise à côté de celle qui vient d'être rapportée : « Entre plusieurs *bons tours* des dissimulations, feintes, finesses et *galanteries* que fit *ce bon* roi (Louis XI), ce fut celui lorsque, par *gentille* industrie, il fit mourir son frère le duc de Guyenne, etc. »

L'opinion générale, moins indulgente pour le nabab anglais que ne l'avait été la Chambre des Communes, tombait dans l'excès contraire; sa sévérité perce à travers les phrases qui suivent :

« Lord Clive, délivré des angoisses d'une accusation parlementaire, tomba tout à coup dans l'inaction, l'ennui et la mélancolie. La malignité de ses ennemis; *l'indignité* du traitement qu'il avait subi dans le Comité d'enquête; la censure même, si douce qu'elle ait été, prononcée sur lui par la Chambre des Communes; la pensée qu'il était regardé *par une grande partie de ses concitoyens* comme un tyran cruel et perfide : tout l'irritait, tout l'abattait. Il devait à son séjour dans l'Inde des infirmités et des souffrances cruelles; pour en suspendre la souffrance, il eut recours *à l'opium*, et par degrés il devint *l'esclave* de ce dangereux consolateur. Son esprit vigoureux s'affaiblit avec rapidité; enfin, le 22 novembre 1774, il mourut, âgé seulement de quarante-neuf ans. » Le biographe ne dit pas, mais James Mill affirme, que sa mort fut un suicide : le troisième qu'il ait tenté.

Pour couronner tous ses jugements à l'égard de Clive, son panégyriste lui trouve plusieurs avantages en le comparant avec Alexandre, avec Condé, avec Charles XII. « Le seul homme, dit-il, aussi loin qu'il nous souvienne, qui dans le même jeune âge ait donné *mêmes preuves de talent pour la guerre* fut Napoléon Bonaparte[1]. »

A vingt-huit ans, Bonaparte ne comptait plus d'égaux dans l'Europe militaire; il avait, comme Annibal, forcé les Alpes et détruit quatre armées. A vingt-huit ans, Clive n'avait pas encore gagné sa facile victoire de Plassy, et n'était encore qu'un colonel éminent. Égaler en génie ces deux renommées doit sembler de l'extrême indulgence pour le vainqueur d'Austerlitz chez le juge qui rapproche, dans ses étranges parallèles, un *coxcomb* et Montesquieu!

Enfin le célèbre *essayiste*, pour combler la mesure, ne craint pas de ranger Clive parmi les martyrs de la vertu. « Son nom, s'écrie-t-il, si haut placé sur la liste des con-

[1] The only man, as far as we recollect, who at an equal early age gave equal proof of talents for war, was Napoleon Bonaparte.

quérants, est écrit sur une liste meilleure; il est écrit sur la liste de ceux qui ont *beaucoup fait et beaucoup souffert pour le bonheur du genre humain*[1]. »

Je ne voudrais pas qu'on pût croire qu'aucun esprit de partialité nationale me rend trop peu favorable à l'idolâtrie de l'historien pour un homme public dont je suis loin de méconnaître les brillants côtés. J'aime mieux remplacer le jugement final que je pourrais exprimer par celui d'un écrivain britannique digne d'une juste estime.

Opinion de M. Malcolm Ludlow sur lord Clive et lord Macaulay.

Écoutons M. Malcolm Ludlow, jurisconsulte, professant au milieu du Collége de Londres et tirant de ses leçons un livre excellent sur *les races de l'Inde.* « Parmi les influences qui, je le crois, ont puissamment contribué, dans ces dernières années, à démoraliser le sentiment anglais au sujet de l'Inde, il faut compter le grand succès de ces curieux essais de passe-passe en morale (*experiments in moral leger-demain*), les *Essais biographiques* de lord Macaulay sur lord Clive et sur Warren Hastings. Leur nouveauté consiste à combiner la condamnation du crime avec l'acquittement du criminel; à manœuvrer de telle manière que toute une artillerie de réprobation vertueuse ayant été déchargée contre le coupable, il sorte de là tel que la muscade échappe au gobelet du charlatan, sans la moindre meurtrissure et grand comme un héros. L'invention se trouve adaptée si dextrement à la basse moralité de notre temps, que le faussaire tortionneur (*tortionneer*) a fini par être réellement révéré et canonisé comme un saint

[1] His name stands high on the roll of the conquerors. But it is found in a better list, in the list of those who have done and suffered much for the happiness of mankind.

d'Angleterre. Nos hommes publics répètent les deux noms que nous venons de citer comme les noms des deux héros de l'histoire anglaise aux grandes Indes. La facile journée de Plassy est la seule victoire anglo-indienne dont ils semblent se souvenir. Cependant, à part toutes les questions morales, sous quel point de vue ces deux hommes sont-ils supérieurs à lord Wellesley, à lord Moira, à lord W. Bentinck, en qualité d'administrateurs? Quel est, comme général, le talent d'un Robert Clive en présence de celui de l'héroïque Ochterlony? Qu'est l'affaire de Plassy à côté des trois immortelles actions d'une seule guerre, Kirkie, Sitabouldie et Korigaom : sans parler d'autres victoires obtenues en affrontant de vrais dangers contre des ennemis aguerris autant qu'intrépides? »

Il est temps de passer à l'administration du continuateur de lord Clive au Bengale.

GOUVERNEMENT DE WARREN HASTINGS.

Warren Hastings naquit en décembre 1732, sept ans après Clive, qu'il suivra dans l'Inde à sept ans de distance. Mais Clive était parti sans avoir acquis d'instruction, même secondaire; à dix-sept ans, Warren Hastings avait complété ses humanités avec un grand éclat et promettait à l'Angleterre un littérateur éminent. Dès sa tendre jeunesse, il avait perdu son père, sa mère, et bientôt après un oncle, son premier tuteur. Le remplaçant de ce tuteur n'eut aucun égard aux dispositions d'un tel pupille; sans écouter l'instituteur généreux par qui le brillant élève était initié dans l'étude des lettres et qui voulait l'envoyer, à ses frais, se perfectionner par les hautes études d'Oxford, le nouveau tuteur, illettré mentor, l'embarque pour être commis à Calcutta : c'était en 1750.

Warren Hastings, au lieu de prendre en mépris le vrai métier des agents de la Compagnie des Indes, s'applique à bien connaître, à bien pratiquer *les achats*, qui sont la partie la plus difficile du grand commerce de l'Orient. Ce fut l'origine honnête et facile de son rapide avancement.

Après deux ans d'apprentissage à Calcutta, la Compagnie l'envoie pour diriger la factorerie de Cossimbazar, le marché de Cossim : c'était le faubourg commercial de l'importante cité de Moorshed-abad, la capitale musulmane du Bengale.

Le comptoir de Cossimbazar florissait surtout par la vente des belles soieries que fabriquait la contrée circonvoisine et par les produits précieux que le Gange apportait des provinces supérieures les plus renommées pour leur industrie.

Ce paisible trafic fut troublé quand le vice-roi Sourajah-Dowla, mécontent des Anglais, prit Calcutta et s'empara du fort William, où cent vingt-trois Anglais périrent dans le funeste cachot noir.

Dès le moment où commença la guerre, Warren Hastings fut retenu prisonnier dans Moorshed-abad ; mais par les bons offices des Danois, dont le comptoir était voisin, il ne souffrit pas dans sa personne et fut laissé prisonnier sur parole. Il devint l'agent sans titre des Anglais qui, fuyant Calcutta, s'étaient sauvés sur la petite île inhabitée de Fulda, vers l'embouchure du Gange. Son habileté, sa pénétration et sa vigueur de caractère marquaient sa vocation pour des fonctions supérieures à la triture du commerce. Il se trouvait par sa position l'agent diplomatique, officieux et nécessaire, dans la capitale du vice-roi. Il ne tarda pas à pénétrer les desseins que formaient déjà les conspirateurs indigènes qui devaient plus tard détrôner ce prince; il aimait l'intrigue, il s'introduisit dans leurs conciliabules. Ce rôle coupable mit bientôt sa vie en péril; il se sauva, et rejoignit à Fulda les autres serviteurs de la Compagnie qui s'étaient enfuis de Calcutta.

Cependant Clive, parti de Madras avec son petit corps d'armée, remonte le Gange; Hastings, à l'exemple de cet heureux chef, quitte le rôle d'écrivain, de *writer,* et prend les armes. L'œil perçant de Clive aperçoit bientôt dans le jeune volontaire d'autres mérites que ceux d'un soldat. Après la victoire de Plassy et le détrônement du vice-roi Sourajah-Dowla, il envoie Hastings comme agent politique auprès du nouveau nabab. Le jeune diplomate conserve pendant quatre années ce poste considérable. En 1761, ses services le font nommer membre du Conseil dirigeant la Présidence de Calcutta. C'était le temps de l'administration la plus dissolue et des fortunes les plus scandaleuses; néanmoins les ennemis de Hastings ne lui font aucun reproche qui remonte à cette époque.

Dans cette position, M. Macaulay fait ainsi son éloge : « Il n'avait pas une extrême délicatesse au sujet des affaires d'argent; mais il n'était ni rapace ni sordide : son esprit était trop éclairé pour regarder un grand empire du même œil qu'un boucanier regarde un galion chargé de piastres. Son cœur eût-il été bien plus mauvais qu'il ne l'était, son intelligence l'aurait préservé d'un pareil excès de bassesse. C'était un homme d'État sans scrupules et *peut-être* sans principes; mais, enfin, c'était un homme d'État et non pas un flibustier. »

Il semble que la fortune le destinait à ne jamais exercer de hautes fonctions dans l'Inde en présence de Clive; toujours l'un partait quand l'autre arrivait. Lorsqu'il siégeait au Conseil de Calcutta, Clive était en Angleterre; et lorsqu'en 1764 Hastings revint pour la première fois dans la métropole, pour la dernière fois celui-ci retournait vers les bords du Gange.

On assure qu'après quatorze ans de séjour dans l'Eldorado de la Compagnie sa fortune n'était pas immodérée : chose rare et méritoire alors, vu les hautes positions qu'il avait occupées. Au milieu des délices de la métropole, il eut bientôt dissipé les économies qu'il rapportait avec lui. A l'égard des sommes qu'il laissait dans l'Inde entre les mains des usuriers, il en voulait retirer d'énormes intérêts, incompatibles avec une complète sécurité. Des banqueroutes, qu'il aurait dû croire possibles et même probables, punirent cette avidité.

Tandis qu'il dissipait ainsi sa première fortune, il revenait à son goût pour les belles-lettres. Pendant sa résidence à la Cour mahométane de Moorshed-abad, il avait apprécié l'importance de la langue persane, qui, sous les beaux règnes des plus grands empereurs mogols, était la langue de la Cour; c'est ainsi qu'autrefois, des bords du Nil aux rives de l'Euphrate, la langue grecque était parlée dans les Cours des héritiers d'Alexandre. Hastings aurait voulu que l'université d'Oxford devînt le siége d'une école où la langue persane aurait été professée en vue de l'Inde britannique; il échoua dans ce projet.

Les ressources de Hastings épuisées, comme l'avaient été quatorze ans plus tôt celles de Clive, il tourna comme celui-ci ses regards vers l'Orient, vers ce beau pays créateur et réparateur de tant de fortunes.

A Londres, ses aptitudes commerciales avaient laissé les meilleurs souvenirs; on accueillit ses vœux. On le nomma conseiller supérieur de présidence à Madras. Là, comme au Bengale, l'amour de la politique et des succès guerriers avait fait négliger les modestes affaires du commerce; l'incurie et le désordre avaient remplacé la vigilance et l'économie, sources des meilleurs profits. C'est de ce côté que l'habile conseiller s'applique à réformer les abus. Il fait servir son expérience mercantile pour appliquer de nouveau l'intelligence, le calcul et le zèle à faire fructifier les fonds de la Compagnie par des achats bien dirigés, ce grand secret des beaux dividendes.

Recommandé par de tels services, lorsqu'en 1772 il fallut remplacer au Bengale un insignifiant successeur de lord Clive, c'est Warren Hastings que désigna l'instinct financier de la Cour des Directeurs.

Cependant, au Bengale, les premiers soins du nouveau gouverneur durent se porter sur la politique et non sur le commerce; il lui fallait marcher péniblement dans le cercle fictif tracé par le génie tortueux de son célèbre devancier. Aux yeux des peuples, le vice-roi gouvernait toujours le Bengale; mais il était en réalité l'humble subordonné de la Compagnie, tandis qu'elle-même était censée le fermier, le *zémindar* d'un lieutenant du grand Mogol.

Les peuples jusqu'alors n'avaient payé volontiers les impôts qu'au prince représentant l'empereur de Dehly. Les titres de ce souverain figuraient en tête des actes publics émanés de Calcutta; la monnaie même, frappée dans cette ville par les mains de la Présidence, portait les attributs impériaux. Tels étaient les signes extérieurs.

Pour gouverner au nom du fantôme appelé le Soubahdar ou vice-roi, les Anglais faisaient choix d'un indigène qui dirigeait l'administration, les finances, la police et la justice du Bengale, de Bahar et d'Orissa. Ses appointements, qui s'élevaient à *deux millions de francs,* montrent bien quelle était l'importance de ses fonctions, auxquelles s'ajoutait l'administration des revenus du nabab; ce maire du palais servait ainsi de ministre à la maison du prince.

. . . .

On ne parle pas ici des départements de la guerre et des affaires étrangères, car la Présidence de Calcutta les tenait dans sa main et ne les déléguait à personne.

Le premier ministre de la cour de Moorshed-abad était alors le personnage le plus important de l'Inde; il en gouvernait complétement la vice-royauté la plus populeuse et la plus riche. Entre deux candidats puissants, le musulman Mohammed-Riza-khan et le brahmine Nuncomar, qui portait le titre de Maha-rajah, de grand rajah, Clive avait choisi le premier, comparativement le plus honnête.

Si je voulais caractériser le talent de Macaulay pour une des parties essentielles de l'histoire, je citerais le portrait suivant de Nuncomar. L'auteur ne vise pas aux traits grands, profonds et concis de Salluste, de Thucydide ou de Bossuet; il rappelle plutôt les ornements multipliés et les grâces étudiées d'Isocrate. S'il quitte le burin pour le pinceau, il s'adonne à la miniature, en multipliant les nuances avec une finesse incomparable : on dirait Meissonnier peignant à la loupe, pour un étroit appartement, l'assassinat du plus brillant des Guises.

« Nuncomar avait pris une part importante à toutes les révolutions qui, depuis le vice-roi détrôné par Clive, avaient agité le Bengale. Il était le plus éminent, et pour ainsi dire le grand prêtre, des brahmines. A la considération, qui dans l'Inde appartient aux castes élevées et pures il ajoutait le poids qu'apportent la richesse, les talents et l'expérience. Il serait difficile de faire connaître son caractère moral aux personnes familières seulement avec l'humaine nature, telle qu'elle apparaît dans notre île britannique. Ce que l'Italien est à l'Anglais, ce que l'Hindou est à l'Italien, Nuncomar l'était aux autres Bengalais. Le Bengalais a des organes débiles jusqu'à l'efféminationt; ses occupations sont sédentaires, ses membres délicats, ses mouvements langoureux. Pendant bien des âges, on a vu des hommes de races plus fortes et plus hardies le fouler sous leurs pieds. Le courage, l'indépendance et la véracité sont des qualités également peu favorisées par sa constitution, son tempérament et sa position servile. Son esprit et son corps ont une analogie singulière. Son corps est faible jusqu'à faire désespérer d'une mâle résistance; mais sa souplesse et son tact excitent chez les habitants de plus rudes climats une admiration qui pourtant n'est pas sans mélange de mépris. Tous les artifices, défense naturelle du faible, sont plus familiers à cette race flexible qu'ils ne l'étaient aux Grecs d'Ionie à l'époque de Juvénal, aux Juifs dispersés à l'époque du moyen âge. Ce que les cornes sont pour le buffle et les griffes pour le tigre, l'aiguillon pour l'abeille et la beauté pour la femme, au dire gracieux de la chanson d'Athènes, l'art de tromper l'est pour le Bengalais. Promesses sans borne et séduisantes excuses, tissu parfait de faussetés savamment ordonnées dans leurs circonstances, ressources de la chicane et du faux au besoin, telles sont les armes de défense et d'attaque chez le peuple du Gange inférieur. Ses millions d'habitants ne fournissent pas un cipaye à la Compagnie; mais, comme usuriers, comme changeurs, comme procureurs ou bêtes de proie en arrêt derrière la loi, aucune race humaine ne peut leur être comparée. Avec sa douceur infinie, le Bengalais n'en est pas moins inflexible et sans pitié pour son ennemi. Sa tenace persévérance à poursuivre ses projets ne le cède qu'à la peur d'un péril imminent. Il ne manque pas même de cette espèce de courage qui souvent manque à ses maîtres. On le voit parfois opposer au danger inévitable la fortitude passive que les stoïciens exigeaient de leur sage, plus fort que l'humanité. Un guerrier européen qui se précipite, aux cris de hourra! sur une batterie frémira parfois sous le scalpel du chirurgien, et tombera dans l'agonie du désespoir en écoutant son arrêt de mort. Le Bengalais, qui verrait son pays saccagé, sa maison réduite en cendres, ses enfants massacrés ou déshonorés, sans avoir le courage de frapper un coup vengeur, le Bengalais fait voir au besoin qu'il peut souffrir la torture avec la fermeté de Mutius et monter sur l'échafaud avec le pas intrépide et le pouls tranquille d'Algernon Sydney. Nuncomar possédait, en les exagérant, ces défauts et ces qualités. Souvent les Anglais l'avaient surpris en des menées criminelles; il avait montré combien il savait tromper et trahir au besoin les Anglais, qui, pour le punir, le tinrent longtemps en prison. Ses talents et son influence l'avaient tiré du péril et lui donnaient une étrange considération, même parmi les gouvernants britanniques. Tel était le serpent civilisé qui depuis sept ans voyait son rival Mohammed-Riza-khan préféré dans le viziriat du Bengale. Un enfant occupait le trône, et sa tutelle était confiée au ministre musulman. »

La contrée qui fixe nos regards était alors pour la Compagnie des Indes le sujet d'un triste désappointement. Ce pays que Clive avait faussement représenté comme la terre promise des trésors, ce pays où le nabab, assurait-on, possédait des palais souterrains tout remplis d'or, de diamants et de perles, et de tant de joyaux, que le vainqueur de Plassy rendait grâce à Dieu de n'en avoir pas pris, léger tribut, pour plus de six à sept millions! le croira-t-on? ce Bengale ne pouvait pas suffire à payer ses dépenses élargies sur une échelle britannique; et jusqu'aux dividendes de la Compagnie finissaient par être compromis, si des emprunts ne venaient pas au secours de cette étrange conquérante.

Lorsqu'on vit à Londres qu'un royaume trop célébré pour son opulence enrichissait si peu ses nouveaux maîtres, au lieu de s'avouer les ressources limitées du pays, on aima mieux accuser la mauvaise administration du ministre Mohammed-Riza-khan; en même temps, des bords du Gange les calomnies du brahmine, son rival, poursuivaient le musulman jusqu'aux bords de la Tamise : tant s'étendait au loin l'artifice de Nuncomar.

Les Directeurs écrivirent afin que Warren Hastings destituât Mohammed et s'aidât de Nuncomar; mais entre ce dernier et le gouverneur existait une haine invétérée.

Le ministre fut destitué, sans être remplacé. Warren Hastings saisit la conjoncture pour accomplir au Bengale une autre révolution. Le mensonge politique de gouverner à l'ombre d'un nabab esclave disparut; il fit place à l'autorité patente de la Compagnie. On établit un système boiteux, imparfait mais hardi, pour la finance et la justice, administrées désormais sous le contrôle déclaré de la Compagnie.

On laissait au nabab son titre, sa dignité, son rang d'Altesse et sa liste civile princière. Il était enfant; sa garde fut confiée à la *Begum,* veuve de son père. Son trésorier fut un fils de ce Nuncomar que Warren Hastings voulait d'autant moins paraître oublier qu'il avait employé sa rare habileté pour consommer d'aussi grands changements. L'artifice avait été de laisser croire à cet Hindou qu'il travaillait pour lui-même; mais à la fin le brahmine, flatté, trompé, mystifié, ne reçut rien et ne fut rien. Hastings ne prévoyait pas quels tourments il se préparait en se faisant à plaisir un mortel ennemi.....

Ces changements rendaient l'administration plus dispendieuse et ne la rendaient pas plus productive; ils ne faisaient pas droit aux réclamations pressantes de la Cour des Directeurs, qui demandait à grands cris de quoi payer ses actionnaires.

Il faut voir avec quelle hypocrisie toutes ces demandes ardentes étaient formulées. « Gouvernez avec douceur nos sujets, mais envoyez-nous plus d'argent; traitez avec respect et justice les États circonvoisins, mais envoyez-nous de l'argent, et toujours plus d'argent. »

Ici paraît encore le redoutable inconvénient de gouverner des nations à cinq mille lieues de distance : la moitié du tour de la terre. Au gouverneur du Bengale on commandait de faire passer à Londres sans délai douze millions, lorsque sa caisse était vide et que sa troupe était sans solde. Hastings vit bien qu'il fallait, dit son spirituel biographe, désobéir en quelque chose aux Directeurs; il préféra la désobéissance qu'ils pardonneraient le plus aisément. Sa perspicacité lui révéla que la conduite la plus sûre était d'oublier les sermons et de trouver les millions.

Foulant aux pieds le traité solennel qui fixait la liste civile du ci-devant vice-roi, il en confisqua la moitié. Par un autre traité la Compagnie était tenue de payer chaque année sept millions et demi au grand Mogol, à titre de suzerain, en lui laissant les apanages de Corah et d'Allahabad; Hastings reprit et millions et territoires, sous le prétexte que l'empereur n'avait plus d'indépendance. Les deux villes et leurs districts, il les vendit au prince d'Oude, de ce beau pays qui vient d'étonner les deux mondes, de ce royaume sur lequel ont pesé tant d'iniquités, qu'elles ont à la fin causé la grande et récente rébellion qui fit trembler l'Angleterre sur ses plus vastes conquêtes. Le prince d'Oude, par une dérision insolente, se nomma lui-même vizir de cet empire mogol dont Warren Hastings et lui foulaient aux pieds tous les droits. Avec de tels moyens le gouverneur trouvera bien plus que les douze millions de francs réclamés de Londres avec tant d'ardeur.

En voie d'injustice, Hastings ne veut pas s'arrêter pour si peu. Quand les princes mogols, arrivant du septentrion, passèrent les monts pour conquérir l'Inde, ils encouragèrent l'immigration d'un peuple belliqueux, originaire des pays situés au nord-ouest de l'Indus; on leur donna, comme un grand feude militaire, la contrée fertile qu'arrose la Ramgunga et qui s'étend depuis les monts neigeux de Kumaon jusqu'au Gange. Leurs tribus guerrières étaient aussi belles que vaillantes, et n'excellaient pas moins aux arts de la paix qu'à l'art des combats. Ils se gouvernaient eux-mêmes et se faisaient respecter, quand l'anarchie désolait le reste de l'Inde. On les appelait les Rohillas et leur pays était le Rohilconde.

L'avide Soujah-Dowla, vizir d'Oude, convoitait leur territoire, qu'il ne pouvait pas conquérir avec ses seules forces; il achète et Rohilconde et Rohillas à Warren Hastings, qui n'avait aucun droit de les vendre. De nouveaux millions, toujours pour Londres, soldent l'infâme marché. En livrant ce peuple heureux et libre à la féroce tyrannie de Soujah-Dowla, Hastings ne stipula pas la plus légère garantie. Le sang des troupes anglaises fut répandu pour conquérir cet esclavage; la mort des princes et des plus vaillants Rohillas ne suffit pas à repousser la servitude. Le vizir d'Oude, étranger aux victoires remportées pour lui, les déshonora par l'incendie et le massacre. Afin d'échapper à cette extermination, plus de cent mille Rohillas de tout sexe et de tout âge s'enfuirent au fond des jongles empestés; ils préféraient la fièvre, la famine et la dent du tigre aux persécutions du tyran que leur imposait l'indifférent Hastings. Pour achever un infâme tableau, disons que ce gouverneur sans entrailles, comme il était sans conscience, quand il apprit tant d'horreurs, n'adressa pas au vizir la plus légère remontrance; et pourtant de sa part la moindre menace aurait fait reculer la cruauté de ce tyran pusillanime.

La Providence réservait dans sa justice, pour le châtiment de Hastings, les stigmates ineffaçables que devaient imprimer sur son nom Burke, Fox et Sheridan: les trois plus redoutables orateurs de l'Angleterre, au XVIIIe siècle.

Par le funeste emploi des armes britanniques, la seule population qui dans l'Inde surpassât toutes les autres en bravoure fut courbée sous le joug d'un tyran avide, lâche et sanguinaire. La misère et la dépopulation furent le fruit de la conquête; cependant les restes de la vaillante nation subsistent encore. « Jusqu'à ce jour, disait en 1842 M. Macaulay, qui dans cette première partie, j'aime à le dire, est d'une vérité parfaite, la valeur et le respect de soi-même, un esprit chevaleresque si rare en Asie, et l'amer souvenir du grand crime britannique, distinguent ces rejetons de la noble race afghane; ils sont encore aujourd'hui regardés comme les cipayes les plus redoutables dans les combats à l'arme blanche. Enfin, les seuls natifs de l'Inde auxquels le mot de *gentleman* pût s'appliquer dans la noble acception des sentiments d'un gentilhomme, ces natifs se trouvaient parmi les Rohillas. »

Pour atténuer, s'il se pouvait, des actes si criminels, disons que Warren Hastings a mérité beaucoup mieux de la Compagnie par l'ordre nouveau qu'il introduisait au Bengale, en finissant par obtenir de ce pays quatre millions de revenu net : sans compter les vingt-cinq millions de francs d'argent comptant et les six millions par année pour dépenses militaires imposées au vizir d'Oude, afin de solder sa troupe anglaise.

La charte de la Compagnie, renouvelée en 1773.

Pendant que se passaient les événements qui viennent d'être relatés, le Parlement votait pour vingt ans la charte renouvelée de la Compagnie, sous le titre de *Regulation Act*, Acte organique.

Les dispositions de cette charte doivent être l'objet d'une attention particulière. A l'égard du commerce fait en Asie, elle renouvelle purement et simplement les priviléges garantis par les chartes précédentes.

Elle fixe à la somme de 9,520,925 francs la valeur des marchandises de la métropole que la Compagnie sera tenue d'envoyer chaque année en Orient. D'après les derniers comptes officiels, la valeur des produits britanniques envoyés à la même destination s'élève à 757,058,075 fr. dans cette partie de l'univers, pour l'année 1858.

Ainsi, dans l'espace de quatre-vingt-cinq ans, le commerce des produits britanniques en Orient s'est accru dans le rapport *de un à soixante et dix-neuf*. Nous aurons soin de rechercher et d'expliquer les causes et les circonstances d'un progrès si merveilleux.

Quelques dispositions avaient pour objet d'empêcher les commerces abusifs qui pouvaient être faits par les agents de la Compagnie. L'article le plus remarquable était le suivant :

« Aux officiers du fisc et de la justice, il est interdit de faire le trafic du sel, du bétel, du tabac *et du riz* [1], si ce n'est pour le compte de la Compagnie : sous peine de payer, à titre d'amende, *trois fois* la valeur des marchandises achetées. »

[1] La Compagnie achetait ces produits pour les exporter, et non pas pour faire concurrence aux indigènes sur les marchés du pays.

Salutaires mesures adoptées à l'égard de la Compagnie.

A côté des dispositions commerciales on trouve des mesures dont l'objet est de procurer plus de sagesse aux opérations de la Compagnie. Pour constituer une Cour des Directeurs dont les membres aient plus d'expérience et dont l'esprit ne soit pas sujet à changer d'une année à l'autre, au lieu que ces membres soient tous les ans soumis à des élections nouvelles, ils ne seront plus renouvelés que par quart chaque année.

Le Gouvernement prend aussi des précautions pour prévenir les abus dans l'Assemblée générale des actionnaires. Il veut empêcher qu'on transfère à des complaisants, à des séides, les nombreuses actions qu'un riche propriétaire employait trop souvent pour disposer à son gré d'une multitude de voix. En conséquence, lorsque des transferts de complaisance ou des ventes fictives seront opérés pour déléguer un droit de vote, la loi déclare nulle toute contre-lettre assurant à l'ambitieux possesseur le retour des actions ainsi transférées. Autrefois 12,500 francs donnaient droit de vote aux actionnaires; à partir de 1773, cette somme ne donne que le droit de discuter dans l'Assemblée générale : il faut désormais le double pour voter.

En définitive, le nombre des votes dont pourra disposer un même propriétaire est réglé comme il suit :

Valeur d'actions possédées :	25,000 francs,	1	votes.
	75,000	2	
	150,000	3	
	250,000 et plus,	4	

Avant ces dispositions, un actionnaire tel que lord Clive, avec 1,250,000 francs d'actions, pouvait donner droit de voter à cent personnes. Mais, à partir de 1773, le propriétaire le plus turbulent et le plus dominant n'a plus compté que quatre votes à sa disposition.

Création d'un gouverneur général; composition de son Conseil.

L'importance acquise par la Présidence de Calcutta est devenue si considérable, que le chef qui la dirige obtient le titre de Gouverneur général, ayant sous sa direction suprême toutes les autres Présidences.

On donne au gouverneur général la présidence d'un Conseil composé de quatre membres et du président.

Par une imprévoyance incroyable, on conserve à la majorité de ce Conseil la décision de tous les actes de gouvernement et d'administration supérieure, soit qu'ils portent sur des intérêts purement commerciaux ou sur des intérêts politiques. Le législateur, dépourvu d'expérience et de lumières, n'a pas su prévoir les passions et l'esprit de parti qui devaient s'attacher au gouvernement lointain d'un pays immense et de populations si diverses d'origines, de mœurs et d'intérêts. Nous verrons bientôt les difficultés les plus graves naître de cette imprévoyance.

Ici le danger résulte d'une organisation dont les formes et les principes auraient dû changer avec la nature et la grandeur du pays à gouverner.

Création d'une Cour suprême de justice au Bengale.

Une autre mesure, complétement innovée, présentera des embarras et des périls plus sérieux encore.

Au lieu d'imiter la sagesse des Romains dans leurs conquêtes, au lieu de laisser aux vaincus l'ensemble de leurs lois et de leurs coutumes, le législateur porte la main sur l'ordre judiciaire, qui touche de si près aux intérêts, à l'honneur, à la vie, soit des vainqueurs, soit des vaincus.

Le roi, dit l'Acte de 1773, le roi peut par une charte établir à Calcutta une Cour suprême de justice; elle sera composée d'un lord chef de justice et de trois autres juges étendant leur juridiction sur les provinces du Bengale, de Bahar et d'Orissa. Elle décidera des plaintes portées sur des crimes contre les sujets du roi et pourra diriger des poursuites contre les employés de la Compagnie; seront pourtant exceptés le gouverneur et ses conseillers, à moins que ce ne soit pour trahison ou félonie.

La charte donne une grande prérogative à la Cour suprême. Les *régulations* délibérées en conseil, qui doivent être *les lois du peuple indien*, n'auront force exécutive qu'après leur entérinement dans les registres de cette Cour : privilége comparable à celui qu'avait le Parlement de Paris sous l'ancienne monarchie française.

Malheureusement ce pouvoir judiciaire, dont l'indépendance était si bien établie, ne reçut pas des limites précises quant à l'étendue de sa juridiction. Le législateur ne parut pas même soupçonner qu'un jour la Cour suprême pourrait empiéter sur des causes auparavant décidées par les juges indigènes, non pas suivant les lois anglaises, mais suivant la loi du Koran pour les musulmans et suivant le code de Manou pour les Hindous. On n'imaginait pas qu'elle adopterait des formes de procédure en horreur aux Orientaux.

On crut avoir prodigué tous les bienfaits, d'une part, en donnant au pouvoir judiciaire une pleine indépendance; de l'autre, en assurant au gouverneur général, à ses conseillers, ainsi qu'aux juges, des traitements si généreux, qu'ils permettraient à ces hauts fonctionnaires de conserver une intégrité parfaite, sans avoir besoin de penser à leurs intérêts pécuniaires.

Énormes traitements fixés par l'Acte du Parlement.

Le gouverneur général	625,000 fr.
Chaque conseiller	250,000
Le lord chef de justice	200,000
Chaque autre juge	150,000

A tous ces hauts fonctionnaires, ainsi qu'à leurs subordonnés, il est interdit de recevoir aucun présent, sans le restituer à la Compagnie.

Intervention du Gouvernement dans les affaires et dans les revenus de la Compagnie.

Pour la première fois, dans une charte de la Compagnie, l'ordre est donné de communiquer au Gouvernement la correspondance de la Cour des Directeurs avec l'Inde. Voici la teneur de l'article :

« Des copies de toutes les lettres et des ordres envoyés par la Compagnie seront adressées : à la trésorerie, s'il s'agit des revenus; au principal secrétaire d'État, s'il s'agit d'affaires civiles et militaires. La communication sera faite quatorze jours avant l'expédition pour l'Inde. »

Voilà le premier germe de l'invasion gouvernementale dans les affaires de la Compagnie. Nous aurons soin de faire apprécier les progrès et les conséquences de cette action ministérielle; après une lutte de soixante et quinze ans, elle a fini par l'abolition complète des pouvoirs de la grande association commerciale.

L'acte de 1773 contient des dispositions fiscales pour obliger la Compagnie à payer au trésor public des sommes assez importantes, prélevées sur les revenus territoriaux. Aujourd'hui, la grande difficulté du Gouvernement sera de ne pas payer avec les fonds métropolitains une partie des dettes de l'Inde et le déficit annuel.

Pour son propre malheur, Hastings, entraîné par le souvenir d'une amitié d'enfance, avait fait choisir comme lord chef de la justice le vil et cruel Elijah Empey : le *Laubardemont* et le *Jeffreys* de l'Asie britannique.

Désordres produits dans l'Inde par l'impéritie parlementaire.

Une disposition désastreuse, empruntée aux chartes précédentes, disposition qui n'avait pas produit de mauvais effets lorsqu'il ne s'agissait que d'intérêts commerciaux, allait conduire à des résultats funestes dans un gouvernement politique et lointain où s'agitaient à la fois les passions des deux mondes.

Ainsi que nous l'avons annoncé, le pouvoir gouvernemental était collectif entre un gouverneur général et quatre conseillers. Les décisions devaient être prises à la majorité des voix; on donnait seulement voix prépondérante au président, en cas de partage.

On croit qu'un des conseillers, M. Francis, était l'auteur anonyme et célèbre à jamais des *Lettres de Junius*, publiées avant son départ pour l'Inde. Au Parlement, à Calcutta, il fit éclater l'animosité fébrile et l'âpreté du formidable anonyme. Par la résistance inflexible qu'il manifesta pendant plusieurs années, le gouvernement de l'Inde fut dans un état perpétuel de convulsion.

Une majorité qui comptait Francis et deux autres conseillers hostiles à Warren Hastings décidait à son gré des affaires importantes; et le gouverneur général, obligé d'obéir, n'avait que l'ombre du pouvoir.

. . . .

A ce spectacle, Nuncomar croit voir se lever pour lui le jour de la vengeance et de la grandeur; il accuse de simonie le gouverneur devant le Conseil de la Présidence. A ce Conseil, qui veut connaître de la plainte, Warren Hastings dénie le droit d'informer contre lui. Encouragés par l'exemple d'un premier délateur, une foule de Bengalais considérables multiplient les dénonciations contre celui qu'ils croient alors sur le bord de l'abîme, et devant lequel ils cessent de trembler.

Au milieu de ces menées, un étonnement général saisit les Européens et stupéfie les indigènes lorsqu'on apprend que Nuncomar lui-même, dénoncé par un natif inconnu, est jeté dans les fers. Il est accusé d'avoir, il y a six ans, pour une obligation monétaire contrefaite, commis un délit que les Indiens regardaient comme à peine correctionnel. On forme un jury, composé seulement d'Anglais, pour prononcer qu'il est coupable. Aussitôt le chef de la justice, Empey, déclare qu'il inflige à l'accusé la peine anglaise, la peine de mort; et cette peine, il l'aggrave encore par un supplice infamant : il applique à ce brahmine une loi d'Occident, inconnue des Hindous, en prononçant un châtiment étranger à leurs mœurs et contraire à leur code sacré. En un cas si grave, il fallait au moins en référer au souverain, suprême arbitre des grâces; mais, dans l'intérêt mal compris de Hastings et de sa vengeance, Elijah Empey voulait la mort sans appel et sans merci. Le gouverneur général seul aurait pu prononcer un sursis; il s'abstint de le prononcer.

On allait exécuter le grand prêtre des brahmines, avilir en lui la caste suprême, porter la main des profanes sur un des ministres les plus fidèles à la religion des Hindous; on allait, par un supplice ignominieux, fouler aux pieds l'inviolabilité des représentants sacrés de Brahma.

Victime de la vengeance, Nuncomar sut mourir avec calme et dignité, tandis que le peuple entier du Bengale frémissait d'horreur et vouait à l'exécration la tyrannie qu'on osait appeler justice britannique.

En se prononçant contre ce meurtre judiciaire, M. Macaulay ne découvre aucune excuse pour Empey; mais il en découvre pour Hastings, le promoteur d'une condamnation et l'approbateur d'un supplice qui s'accomplissaient à son bénéfice. Après l'exécution du brahmine des brahmines, la voix de mille délateurs se tut à l'instant; le gouverneur général a trouvé plus tard bien des obstacles sur sa route, mais il n'a plus trouvé d'accusateurs indiens : voilà la justification. Rendons à la vérité son empire; l'efficacité d'un supplice et la terreur qu'il fait naître n'en constituent ni la légalité ni la justice.

L'éminent biographe reste toujours équitable lorsqu'il ne s'agit pas d'un gouverneur; sa probité blâme la Compagnie, qui se couvrait d'un vernis de moralité en condamnant, par exemple, l'extermination des Rohillas. « Ils condamnèrent, dit-il en termes énergiques, l'injustice d'entreprendre des guerres offensives sous le seul prétexte d'avantages pécuniaires; ils oubliaient complétement que Hastings avait cherché ces avantages non pas pour lui, mais pour satisfaire à leurs demandes. Prescrire l'honnêteté, tandis qu'on insiste afin d'obtenir ce qui ne peut être honnêtement obtenu, telle était alors la pratique invariable de la Compagnie. Aussi pouvait-on dire d'elle ce que lady Macbeth disait de son époux : « Il ne voudrait pas jouer en trompant, et veut gagner injustement. »

On vit bien qu'au fond les déprédations opérées pour gorger d'or les actionnaires justifiaient à leurs yeux le gouverneur général, qu'ils censuraient en apparence. Lorsque les actes criminels de Warren Hastings eurent soulevé contre lui l'opinion publique en Angleterre, le ministère désira que l'Assemblée générale des propriétaires votât une adresse au Gouvernement pour demander le rappel du grand coupable; parce que cette adresse, d'après les dispositions de l'acte organique de 1773, aurait autorisé le ministère à destituer Hastings. On convoque la Cour des propriétaires. Les lords de la trésorerie réclament l'assiduité de tous les actionnaires dévoués au cabinet; Pairs et Conseillers privés, au nombre de cinquante, obéissent à cet appel. Néanmoins un si puissant concours ne suffit pas pour procurer la majorité : tant était protégé celui de tous les gouverneurs qui possédait au plus haut degré l'art de trouver les dividendes, *per fas et nefas*.

Le prudent Hastings avait fait parvenir en secret à son représentant de Londres sa démission, pour la donner lorsqu'il faudrait absolument céder à l'orage. Au milieu des scènes violentes que nous venons d'indiquer, l'agent crut devoir adresser cette démission à la Cour des Directeurs, qui nomma sur-le-champ M. Wheler pour gouverneur général. Lorsque ce remplaçant arriva dans l'Inde, Hastings désavoua sa propre démission et trouva le secret de rester gouverneur; il fit mieux, il s'adjoignit l'humble Wheler comme simple conseiller.

Anarchie de la nouvelle justice introduite dans l'Inde.

Nous avons signalé le vice le plus périlleux de la Charte renouvelée en 1773 : c'était d'établir dans une complète indépendance le pouvoir politique et le pouvoir judiciaire, sans daigner fixer leurs limites et leurs rapports. A Calcutta les juges, profitant de cette omission, prétendirent s'attribuer l'autorité suprême; leurs envahissements s'étendirent non-seulement au sein de la capitale, mais jusqu'au fond des provinces. Partout les magistrats anglais procédèrent au jugement des natifs suivant la loi si souvent mal définie de l'Angleterre, sans rien épargner des complications, des lenteurs et des énormes dépenses qui la rendaient dans l'Inde beaucoup plus calamiteuse que dans la Grande-Bretagne. Plus encore que le fond, les formes révoltaient les esprits et blessaient les mœurs des populations orientales. M. Macaulay, l'auteur d'un code qui, soixante ans plus tard, fut préparé pour l'Hindoustan, était plus que tout autre capable de signaler les inconvénients extrêmes que nous venons d'indiquer. Écoutons-le : « Les sentiments les plus puissants de notre nature, l'honneur au sein de la famille, la religion, la modestie féminine, se soulevaient contre une telle innovation. L'arrestation d'une des parties était le premier pas d'un grand nombre de procès civils; or, pour un natif, l'emprisonnement n'était pas seulement la perte de la plus précieuse liberté, c'était la souillure d'un outrage personnel. On exigeait le serment à chaque degré d'une procédure, et la répulsion du *quakre* à l'égard du serment est à peine plus prononcée que celle d'un Indien respectable et respecté. Dans l'Orient, forcer par des recors l'entrée des appartements d'une dame de qualité et la contraindre à subir les regards d'un étranger sont d'intolérables outrages, plus redoutés que la mort et qu'on ne peut expier qu'en versant du sang. Eh bien! à ces outrages, les familles les plus éminentes d'Orissa, de Bahar et du Bengale étaient désormais exposées. Imaginez en quel état serait jetée notre Angleterre si tout à coup on y pratiquait une jurisprudence qui serait pour nous ce que la nôtre était devenue pour nos sujets asiatiques; imaginez ce qu'il adviendrait s'il était ordonné que le premier venu, par le simple serment qu'il est créancier, acquerrait le droit de braver, d'insulter les personnages les plus respectables et les plus révérés, de cravacher un général, de mettre aux fers un évêque, d'insulter les femmes de la plus austère délicatesse et d'outrager les plus grandes dames, en un mot d'agir de manière à justifier même l'insurrection d'un Wat Tyler, cet Hampden du moyen âge! Tel était l'effet produit par les invasions de la Cour suprême afin d'appesantir sa juridiction dans tout le territoire soumis à la Compagnie.

« Alors commença dans l'Inde un règne de terreur, de terreur accrue par le mystère. Ce qu'on endurait d'intolérable semblait moins horrible que les conséquences qu'on appréhendait. Nul ne savait ce qu'on pouvait attendre de cet étrange et formidable tribunal; il venait d'au delà des *ondes noires!* c'est ainsi que les Hindous, avec une horreur fanatique, appellent la mer : la mer, par où viennent les oppresseurs. Parmi les hommes qui composaient la nouvelle magistrature, pas un n'était familier avec les usages des millions de natifs sur lesquels s'appesantissait son autorité sans bornes. De cette magistrature, les registres, les actes, étaient écrits en caractères inconnus aux natifs, et les sentences prononcées en termes incompris. Elle rassemblait autour d'elle une armée d'agents empruntés à la pire espèce de la population. C'étaient autant de délateurs, de faux témoins, d'instigateurs de procès, de suppôts de chicane, et par-dessus tout une bande de recors auprès de qui les soutiens de nos plus mauvais lieux, dans nos temps les plus dépravés, pouvaient être considérés comme des gens d'un cœur compatissant et vertueux. Beaucoup de natifs hautement considérés par leurs concitoyens étaient appréhendés au corps, entraînés à Calcutta, jetés dans la prison commune à tous les malfaiteurs, non pas comme accusés de quelque crime ou de quelque dette certifiée, mais seulement par simple précaution, jusqu'au moment où viendrait le tour de leur cause. On citait des cas où des hommes de la dignité la plus vénérable, persécutés sans motifs par des *extorsionneurs*, étaient morts de honte et d'indignation sous les serres des vils alguazils du chef de justice Elijah Empey. Les harems des nobles mahométans, ces sanctuaires de la vertu domestique, révérés dans toute l'Asie par les gouvernements qui ne respectent rien au monde, ces asiles de la pudeur étaient ouverts avec effraction par des hordes de sbires. Les musulmans, plus valeureux et moins faits au servage que les Hindous, quelquefois osaient se défendre; il était des cas où ces hommes hardis versaient leur sang à leur porte, dans l'espoir de sauvegarder, le cimeterre à la main, les appartements sacrés de leurs femmes et de leurs filles. Il semblait même que les faibles Bengalais, qui s'étaient prosternés aux pieds du soubahdar Sourajah-Dowla, qui s'étaient tenus muets en subissant la violence outrageuse des suppôts d'un shérif, oseraient enfin résister avec l'épée. Sachons le dire, jamais invasion des Mahrattes ne répandit aux bords du Gange un effroi comparable à l'invasion des *jugeurs* d'Angleterre. Il n'était pas d'iniquité des premiers oppresseurs, accourus d'Europe ou d'Asie, qui n'eût été reçue comme un bienfait quand on la comparait avec la justice innovée par la Cour suprême.

« Toutes les classes d'habitants, Anglais ou natifs, excepté les faméliques procureurs de bas étage, qu'engraissaient la misère et la terreur d'une immense société, toutes élevaient la voix contre cette effrayante oppression; mais les juges, inviolables, restaient impassibles dans leur usurpation. Si quelque sergent, quelque huissier éprouvait de la résistance, on requérait la force armée. Si quelque serviteur de la Compagnie, d'après les ordres du gouverneur, s'opposait aux misérables agents qui, portant le mandat d'Empey, dépassaient en insolence, en rapacité, les bandes de voleurs armés, *les Dacoïts*, il était jeté dans un cachot pour mépris de la justice. Depuis cette époque, éloignée déjà de trois quarts de siècle, c'est en vain que beaucoup d'éminents magistrats, pleins de modération, de sagesse et de vertu, ont honoré la justice de la Cour suprême, rentrée dans ses bornes légitimes; ils n'ont pas encore effacé dans l'esprit des peuples du Bengale le souvenir de ces détestables jours. Cette fois, du moins, les membres du Gouvernement, oubliant leurs discords, furent unis comme un seul homme. Pour servir sa vengeance, Hastings avait courtisé les juges; en eux, il avait trouvé d'obséquieux et d'utiles instruments; mais d'eux il ne voulait faire ni les maîtres de l'Inde ni ses maîtres à lui-même. Son esprit avait de l'étendue et sa connaissance du caractère des natifs était profonde. Il aperçut à quel point le système suivi par la Cour suprême dégradait le Gouvernement et ruinait le peuple; il résolut d'y résister et il le fit avec énergie. Aussitôt l'amitié, si pareil sentiment pouvait exprimer sa liaison jadis existante avec Empey, cette amitié fut brisée. Le gouverneur se plaça d'un cœur ferme entre le peuple et le tribunal despotique. Alors le chef de la justice eut recours aux excès les plus sauvages. Le gouverneur général et tous les membres du Conseil reçurent mandat de comparaître devant les juges du roi et d'avoir à répondre sur leurs actes publics : c'en était trop. Hastings, avec un juste mépris, refusa d'obéir à la sommation; il mit en liberté les personnes injustement détenues par la Cour usurpatrice. Il inventerait avec facilité les mesures nécessaires pour résister indéfiniment; mais son génie, fertile en expédients, lui suggère de préférence un moyen de tout apaiser en pactisant avec le vice : il emploie l'argent, la *bribe*, afin de paralyser la tyrannie judiciaire.

« Il fait appel à la corruption de cette justice anglaise, si célébrée pour son incorruptibilité fondée *sur la grandeur des appointements*. L'indépendance du lord chef de la justice administrée au nom du roi était assurée, croyait-on, par un traitement annuel de 200,000 francs : c'était trop peu. Hastings propose à l'insatiable Empey de le nommer aussi grand juge d'un tribunal financier de la Compagnie, et de lui donner, à ce titre, 200,000 autres francs. Séduit par cette garantie nouvelle offerte à sa vertu, il accepte. Il convient avec le gouverneur général d'abandonner les prétentions exorbitantes de sa juridiction européenne ; s'il osait les renouveler, il perdrait à l'instant sa riche pâture additionnelle. Le marché conclu, le Bengale sauvé, l'appel aux armes évité, le chef de la justice se trouve à la fois apaisé, opulent et surtout infâme. » Infâme ! il l'était moins par ce marché qu'en suppliciant Nuncomar afin d'obliger son ami d'enfance, Warren Hastings, premier auteur de sa fortune.

Lutte de Hastings contre Hyder-Ali.

Vers l'année 1750, Hyder-Ali commençait. C'était un soldat de fortune qui jamais n'apprit à lire et dut tout à lui-même ; de très-basse origine, il s'élève par sa vaillance et son génie. Dès qu'il conduit quelques soldats, tous surpassés par son audace, on reconnaît qu'il a reçu de la nature le double don de commander et de conquérir. Il monte en grade ; il dépasse en capacité les chefs qui se partageaient les commandements et les gouvernements. A peine est-il devenu général, il se fait souverain. Il emploie des prodiges de prudence et d'artifice à composer, à grossir son État avec les débris des gouvernements que l'anarchie morcelait de toutes parts. Il a compris qu'après la valeur des armes, c'est la prospérité de ses sujets qui fera durer sa puissance, et qu'au milieu de son inexorable despotisme lui seul doit disposer en despote et des bras et des biens de son peuple. Ainsi fut fondé le royaume de Mysore, avec un instinct de haine musulmane contre l'usurpation anglaise. Cette usurpation, le génie d'Hyder-Ali la prévoit; il la défie.

Tout d'un coup, avec un armement de cent canons que traînent avec eux quatre-vingt-dix mille soldats, disciplinés et dirigés par beaucoup d'officiers français, il descend des montagnes du sud-ouest; il soumet à son pouvoir les plaines du Carnatic, et déjà, par l'incendie des villages, il annonce aux Européens son approche de Madras. Les élégantes villas que le commerce a bâties autour de cette capitale sont abandonnées par leurs riches propriétaires, et tous se réfugient dans le fort Saint-Georges. Baillie et Munro commandaient deux corps d'armée : l'un est détruit, l'autre défait. Hastings, apprenant ces lugubres nouvelles, agit vraiment en gouverneur général; il destitue le gouverneur de la Présidence de Madras, et remet une force imposante à sir Eyre Coote afin de combattre Hyder-Ali. Les Anglais, à Porto-Novo, remportent, sous les ordres de ce capitaine éminent, leur premier avantage.

Les grands besoins d'argent après les grandes conquêtes.

En ce moment, une extrême pénurie d'argent pèse sur Hastings. Il faut défrayer le gouvernement du Bengale, faire face aux frais de la guerre et, par-dessus tout, envoyer à Londres les remises qui doivent payer la dette sacrée des larges dividendes.

Ces conquêtes si célébrées, qui devaient, au dire de Clive, assurer à la Compagnie des revenus intarissables, leurs ressources sont épuisées, le trésor est vide et le peuple appauvri; c'est au dehors qu'il faut chercher des richesses nouvelles. Ici vont commencer les crimes les plus odieux, dont la source remonte à Londres.

Usurpation et spoliation de Bénarès.

Bénarès, l'antique, la sainte, la populeuse et riche Bénarès, s'offre au gouverneur général comme un moyen de salut, s'il peut la piller. Le maha-rajah, le grand rajah de Bénarès, était voisin du vizir d'Oude; il avait eu les Anglais en premier lieu pour protecteurs et bientôt après pour suzerains. Chaque année, Sheit-Sing, le rajah de cette ville, envoyait avec ponctualité son tribut à Calcutta.

Quand, au sujet de l'Amérique, la guerre éclatait entre la France et l'Angleterre, Hastings extorquait à Sheit-Sing un tribut annuel extraordinaire de 1,250,000 francs pendant 1778, 1779 et 1780. En cette dernière année, le rajah, pour s'exonérer, croit gagner Hastings avec un présent secret de 500,000 francs, présent dont celui-ci ne tiendra qu'un compte tardif à la Compagnie. En attendant, l'Anglais le force à payer la rançon annuelle et de plus le quart d'un million, pour le punir du délai qu'avait racheté le présent, la *bribe* d'un demi-million. Nous arrivons à la conjoncture des besoins d'argent qui viennent d'être signalés.

Voilà le moment d'une querelle implacable à susciter au prince de Bénarès. On lui prescrit d'entretenir pour l'Angleterre un corps dispendieux de cavalerie. Il hésite à faire un tel sacrifice; il temporise, et son retard est taxé de crime. «Je résolus, dit Hastings, de trouver dans cette faute un moyen de sortir la Compagnie de sa détresse, en obligeant le maha-rajah de Bénarès à payer largement pour obtenir *son pardon :* sinon je tirerais de ses fautes passées une implacable vengeance. » On allait lui demander tributs sur tributs, exigés, réexigés jusqu'au moment où, ne pouvant payer davantage, il oserait récriminer. Alors on châtierait sa plainte par la confiscation effrontée de ses États et de ses biens personnels.

Pour exproprier *de visu*, Hastings vole à Bénarès; il repousse les humbles soumissions de son vassal; il lui demande au delà du possible à solder sur-le-champ, et, dès le premier mot d'objection, il l'emprisonne en son propre palais, sous la garde des cipayes britanniques.

Bénarès alors jouissait des bienfaits d'un gouvernement paternel. Son peuple, d'une race athlétique et d'un caractère belliqueux, s'assemble en masse autour du palais où le bon prince est indignement détenu; les esprits s'échauffent et l'émeute s'enflamme; en peu de moments les cipayes et leurs officiers anglais sont tous massacrés.

A son tour, Hastings est obligé de se renfermer dans une maison fortement bâtie et défendue seulement par cinquante des siens. Heureusement arrivent bientôt les forces de la Compagnie; elles dispersent les troupes de natifs improvisées pour défendre le rajah Sheit-Sing; celui-ci, vaincu, s'enfuit pour jamais. Hastings alors, voulant punir la victime de ses propres excès, *annexe* la principauté de Bénarès aux États de la Compagnie. Quatre-vingts ans plus tard, le noble lord[1] qui, tenant en main la torche des annexions, mit en feu la moitié de l'Hindoustan, ne parvint pas à commettre des actes plus déplorables.

[1] Lord Dalhousie.

La renommée, qui grossit en Orient le trésor de tous les princes, faisait monter à 25 millions celui du maha-rajah dépossédé. L'armée qui conquiert Bénarès s'en empare, à titre de prise et d'indemnité; hélas, sa douleur cupide ne trouve à piller que le quart de cette somme! Dans tous les cas, un trésor épuisé par des soldats ne tirait pas la Compagnie de sa détresse monétaire.

Les spoliations du vizirat d'Oude.

Hastings, dit son biographe, *désappointé* dans son espérance première, tourne son âpre violence contre la vice-royauté d'Oude: ce pays dont les vicissitudes se rattachent si tristement, depuis près d'un siècle, aux ambitions, aux avidités, au châtiment des Occidentaux dans l'Inde.

Grâce à la politique de l'Angleterre, le vizir d'Oude était descendu par degrés du rang d'un prince indépendant à celui d'un vassal de la Compagnie. Le fils de Soujah-Dowla, pusillanime, efféminé et détesté, ne restait sur son trône que grâce à l'appui d'une brigade anglaise, qui le protégeait contre ses voisins et contre ses sujets. Cette brigade, qu'on le forçait à soudoyer, il prétendait que ses finances épuisées ne pouvaient y suffire. Il voulait être soulagé, quand le gouverneur général cherchait en tous lieux des fardeaux à faire porter aux natifs et des motifs à de nouvelles exactions; comment concilier deux prétentions si contraires?

Pour avoir de l'or, le parti que prirent alors Hastings et le vizir aux abois fut de dépouiller l'aïeule et la mère de ce lâche tyran. Le domaine des deux bégums était considérable, et leur palais de Fizabad abritait un trésor que leur avait légué le dernier vizir. La renommée, dans sa folle exagération, portait ce trésor à *soixante et quinze millions de nos francs*, et les spoliateurs brûlaient de croire ce faux bruit. Si l'on pouvait s'emparer d'un si riche dépôt, quelle curée à faire pour gorger la Compagnie!...

Il était déjà beaucoup diminué; car, précédemment, le fils ingrat avait extorqué des sommes énormes aux deux princesses. Celles-ci, craignant l'avenir, s'étaient rangées sous la protection britannique; en conséquence, le gouvernement de Calcutta, par un acte formel, avait garanti les conventions que le prince avide avait passées avec sa mère et son aïeule. Le croira-t-on? Le gouverneur général, défenseur obligé des deux veuves et par devoir et par honneur, se résout à les ruiner pour procurer des fonds à la Cour des Directeurs. Il ne rougit pas d'accuser ces faibles femmes, renfermées dans leur zénana, d'avoir fomenté le soulèvement de Bénarès. Il ne les entend pas, il ne les juge pas : frapper suffira. Il décide en secret que leurs trésors et leurs domaines passeront, en définitive, à l'autorité britannique; cette dépouille offrira le moyen de satisfaire aux réclamations avides que Hastings élevait, non pas contre elles, mais contre leur fils. Seulement, pour sauver les apparences et couvrir l'honneur de la Compagnie, le prince dénaturé dépouillera sa mère et son aïeule; puis les Anglais s'approprieront la spoliation.

Rien n'était plus aisé que de saisir les domaines; l'or convoité semble moins facile à ravir. Pour les troupes de la Compagnie, c'est un jeu de forcer les portes extérieures du palais de Fizabad, réceptacle du trésor. Cependant on n'ose pas pousser l'effraction jusqu'aux clôtures intérieures de la *zénana :* l'asile sacré des princesses.

Quelque temps avant sa mort, le vizir Soujah-Dowla avait confié la personne et la fortune des bégums à deux eunuques, âgés et fidèles : seuls liens humains qui restassent entre le monde et les deux veuves. On savait quelle reconnaissance affectueuse elles portaient à ces derniers représentants du souverain décédé. On mit les deux vieillards aux fers; on leur fit subir longuement les horreurs de la faim, pour arracher à la pitié des bégums désolées, épouvantées, le trésor que Hastings exigeait à tout prix. Irrité des retards que nécessitait ce moyen, il fait infliger *la torture* aux deux vieillards inoffensifs, enfermés par son ordre dans un donjon de Luknow.

A leur tour, les princesses vont être graduellement affamées, par leur fils et leur petit-fils, comme l'avaient été les deux eunuques; les femmes qui formaient leur cour étaient encore plus menacées de périr d'inanition.

Le supplice, habilement ménagé, dura plusieurs mois et triompha. On finit par extorquer aux deux bégums trente millions en toutes espèces de valeurs. Hastings ayant acquis la conviction qu'aucun tourment ne pourrait procurer davantage, les tortures à Luknow, la famine à Fizabad, furent enfin contremandées.

Cependant le récit de ces infâmes cruautés passe les mers, et l'opinion publique, à juste titre soulevée, réagit sur le Parlement d'Angleterre. Dès 1783, deux comités des Communes sont chargés d'une enquête sur les affaires d'Orient : l'un, dirigé par le vertueux Edmond Burke; l'autre, par l'ambitieux Henry Dundas, que Pitt adoptera pour son plus flexible instrument et qui sera bientôt *le ministre surveillant les affaires de l'Inde.* Sur la proposition de Dundas, il est décidé que la Compagnie sera sommée de rappeler un gouverneur général *coupable* d'avoir fait éprouver aux Indiens d'immenses calamités *et d'avoir déshonoré le nom britannique.*

Pour réhabiliter le gouvernement du Bengale, on annula le marché scandaleux de Hastings avec sir Elijah Empey; on régla les rapports entre la Compagnie et la Cour suprême de justice. Une adresse des Communes demanda que le roi rappelât le juge inique, afin qu'on lui fît rendre compte de sa corruption et de ses forfaits. Il fut en effet rappelé ; il paya d'effronterie, gagna du temps, fut impuni et presque honoré. Un peu plus tard, l'illustre Burke, le plus éminent des hommes d'État, Burke ayant flétri les crimes du magistrat simoniaque et sanguinaire sous des formes trop peu respectueuses, il fut censuré par la Chambre des Communes.

De leur côté, les actionnaires de la Compagnie, pour qui Warren Hastings avait vendu son âme et dont tous les crimes étaient, à leurs yeux, innocentés par le salut des dividendes, ces ignobles bailleurs de fonds, retranchés derrière la lettre de leur charte, refusèrent de rappeler le bienfaiteur de leurs capitaux. Leur idole ne quitta l'Inde que deux ans après sa première flétrissure parlementaire, en 1785.

Les meilleurs côtés du gouvernement de Hastings.

Lord Macaulay fait un grand éloge de l'administration imaginée par Hastings dans le Bengale et la déclare digne d'être admirée. « Il est pourtant vrai, dit-il, qu'elle a besoin, même à présent, de nombreux perfectionnements, *et qu'elle était alors beaucoup plus défectueuse qu'aujourd'hui.* » Cependant on pourra juger de l'œuvre primitive à travers ce singulier rapprochement conçu par le panégyriste : « Comparer avec Hastings les ministres les plus célèbres de l'Europe ne semblerait pas moins injuste que si l'on voulait comparer le meilleur boulanger de Londres avec Robinson Crusoë, qui, pour arriver à cuire son premier pain, avait dû confectionner sa charrue et sa herse, sa faucille et son fléau, son moulin et son four. » Cependant nous verrons l'historien qui parle ainsi non-seulement élever ce Crusoë politique à la hauteur, mais au-dessus du plus grand génie des ministres français.

Hastings, versé dans la littérature arabe et persane, encouragea les premiers commencements de la *Société asiatique*. Cette institution, très-honorable pour l'érudition britannique, a rendu des services dignes d'éloges en donnant aux peuples de l'Occident l'intelligence du sanscrit et des livres consacrés au culte de Bramah.

Warren Hastings, aidé par les circonstances et par son aménité, s'était fait aimer aux bords du Gange. Les serviteurs de la Compagnie étaient fiers de voir un des leurs, simple commis au début, élevé par son mérite, et resté douze années gouverneur général de l'empire dont ils étaient l'aristocratie administrative. L'armée, qu'il soldait ponctuellement et dont il augmentait les cadres, le chérissait, quoiqu'il ne fût pas général. Les natifs étaient charmés qu'il parlât avec plaisir et facilité leur moderne idiome et qu'il ne fût pas étranger à leur langue sacrée. Ajoutons qu'en général il évitait de froisser leurs croyances; il les avait sauvés de la tyrannie judiciaire et des formes abhorrées de la procédure anglaise : excepté pourtant lors de la mort de Nuncomar! Tant d'habileté le rendait aussi populaire auprès des vaincus que pouvait l'être un dominateur étranger à leur nation, à leur religion, à leurs coutumes. Enfin, pour plus grande recommandation aux yeux des Orientaux, investi le premier du titre imposant de gouverneur général, il avait entouré sa personne d'un faste qui présentait l'appareil d'une cour de satrape, dans son palais de Calcutta. Lorsqu'il visitait les provinces, on eût dit la marche d'un roi d'Asie. Avec ses coursiers richement caparaçonnés, avec ses éléphants couverts d'un drap d'or ou de pourpre, et l'un d'eux portant sur sa large croupe un trône abrité sous un dais, il s'avançait au milieu d'une armée d'officiers, de courtisans, de soldats et de serviteurs. L'interminable colonne des somptueux *impedimenta* venait ensuite. Des chariots transportaient le mobilier d'un palais, transporté lui-même, et renfermant le luxe de deux mondes : les glaces, les cristaux, les lustres empruntés à l'Occident; les tapis, à la Perse; les portières, à Cachemire, et les vases, à la Chine. Quand le gouverneur s'arrêtait quelque part, on déployait comme par magie ses tentes d'or et de soie, d'une grandeur étonnante et d'une richesse incomparable; chaque soir elles s'élevaient meublées, parées, illuminées, pour recevoir une Cour et le potentat temporaire qui commandait à trente millions d'humains, dans le plus beau pays de l'Orient.

A Calcutta la ville des palais, les Orientaux, esclaves avant tout de l'imagination, pardonnaient au joug de Hastings en faveur de sa somptuosité. Ils admiraient la beauté qui siégeait, comme sur un trône, dans la zénana sans mystères du vizir venu d'Occident : c'était la gracieuse Européenne qu'il avait tirée à prix d'or d'un lit étranger, sans plus de conscience et de pudeur que s'il eût été nabab ou rajah. Cette femme rivalisait de luxe, d'élégance et d'attractions avec les favorites, à jamais célèbres, des Jéhanghire et des Chah Jéhan. Aussi peu scrupuleuse qu'une souveraine d'Asie, elle acceptait des présents de reine, comme un tribut de ses sujets, quoiqu'il fût interdit au gouverneur de rien recevoir pour lui-même. Sa présence répandait un éclat, un charme infinis sur des fêtes empruntées à l'enchantement des Mille et une Nuits. Un semblable spectacle éblouissait les indigènes, ravis de prendre part à des plaisirs que leur jalousie orientale interdisait à leurs propres épouses, cachées derrière le rempart infranchissable des zénanas et des harems.

Un gouverneur général de l'Inde jugé par le Parlement d'Angleterre.

Au mois de juin 1785, Hastings revenait pour la dernière fois en Angleterre. Lorsqu'il songeait à ses hautes fonctions, à ses grandes richesses, il espérait jouir enfin du repos en y joignant la dignité, qu'il entrevoyait déjà rehaussée par des honneurs incomparables.

Quelques jours après le débarquement du glorieux nabab britannique, Edmond Burke annonçait à la Chambre des Communes qu'il se proposait de faire une motion grave sur un gentleman depuis peu revenu de l'Orient.

Lorsque Fox était au ministère, et qu'il avait présenté son célèbre bill sur le gouvernement de l'Inde, son parti, qui voulait justifier le patronage à transférer de la Compagnie au Gouvernement, n'avait pas manqué d'alléguer la facilité, l'impunité des crimes de Hastings. Afin d'arriver à leur but, les whigs avaient insisté sur la nécessité de prévenir par une loi nouvelle d'énormes excès d'autorité commis par un pouvoir exécutif sans contrôle, et jusqu'alors sans frein légal du côté de la couronne. Fox et ses amis étaient conséquents avec eux-mêmes quand ils accusaient l'ex-gouverneur général; mais on pensait que, par esprit d'antagonisme, Pitt et les torys de son parti soutiendraient le grand fonctionnaire attaqué par les whigs.

Parmi les accusateurs de Hastings, deux hommes se présentaient sous des aspects bien différents : l'un était Francis, le *Junius* éloquent, acerbe, implacable, s'imaginant ne servir que la vertu quand il servait avant tout sa haine et sa vengeance; l'autre était Burke, l'un des plus nobles caractères et des plus beaux génies des trois royaumes. Sa vertueuse indignation n'avait pas attendu le retour du coupable pour stigmatiser des crimes inouïs.

Dès 1781, sa voix indignée signalait les actes monstrueux commis par W. Hastings afin d'assouvir la cupidité de la Compagnie des Indes. Chez Edmond Burke, moraliste avant tout, prédominaient la pitié pour les souffrances humaines, la haine de l'iniquité et l'horreur de la tyrannie. C'était alors un spectacle sans exemple, au milieu de l'Angleterre, qu'un grand homme d'État prenant en main le salut des peuples habitants de l'autre hémisphère, et qui ne pouvaient inspirer aux nations de l'Occident aucun intérêt familier de langage, de lignée ni de religion. Quand Cicéron voulut soulever le peuple-roi contre les crimes de Verrès, il n'eut besoin d'aucune étude opiniâtre pour connaître lui-même et faire connaître aux Romains les habitants de la Sicile, au milieu desquels il avait été questeur, et dont ses vertus l'avaient rendu l'ami. Mais il fallait que Burke, par un prodige d'intelligence, de travail et de mémoire, s'identifiât avec l'Hindoustan, son histoire, ses lois, ses mœurs et ses souffrances, pour en offrir des tableaux frappants de vérité comme la nature et la vie. Il avait, pour ainsi dire, transporté les Indiens et leur état social dans sa puissante imagination; il les faisait parler, agir, et prier et maudire comme ils l'eussent fait eux-mêmes au pied de leurs autels, afin d'obtenir vengeance en attestant leurs maux soufferts.

Le premier jour de la session de 1786, en plein Parlement, un apologiste maladroit, choisi pour agent par le ci-devant gouverneur, osait demander à Burke s'il entendait sérieusement porter quelque accusation contre cet illustre homme d'État? La dénonciation suivit de près le défi; dès le mois d'avril, l'exposition des actes imputés à Warren Hastings, rédigée par le grand orateur, fut déposée sur le bureau des Communes.

L'accusé fut averti que, s'il en faisait la demande, on

l'admettrait à la barre pour se défendre lui-même. Au lieu de parler d'abondance, il lut une apologie dont la longueur était interminable; elle ne produisit pas d'autre effet que l'indifférence et l'ennui.

Ici nous voyons un de ces actes d'impudence parlementaire que se permettent parfois des hommes d'État au front d'airain. Comme premier chef d'accusation, et pour éviter toute contradiction décemment présentable, Burke dénonça la guerre impie où la victoire fut suivie du massacre à froid chez le peuple rohilla, vendu deniers comptants au vizir d'Oude. Henry Dundas, devenu ministre et Président du contrôle de l'Inde, lui, le rapporteur qui trois années auparavant avait flétri le nom de Hastings au sujet de cet attentat, cet homme a le honteux courage de combattre sur le même crime l'accusation portée par Burke. Le premier ministre W. Pitt et son subalterne Dundas entraînent une majorité de 99 voix contre une minorité de 67, qui voulait l'accusation. Est-ce donc là cet illustre Parlement, défenseur si renommé de la liberté des nations et des droits de l'humanité? On a contraint des soldats anglais à triompher d'un peuple inoffensif pour le livrer au tyran mercenaire qui se baigne, après le combat, dans le sang des guerriers qu'il n'a pas osé combattre; l'honneur britannique réclame vengeance, et la patrie est dans l'attente. Eh bien! dans cet instant solennel, un tiers à peine de la Chambre des Communes daigne prononcer son verdict; les deux autres tiers n'assistent pas même à la séance, et la justice succombe.....

Le lord chancelier Thurlow voit déjà sa créature, l'auteur du forfait impuni, créé pair d'Angleterre. Le titre de noblesse est choisi pour Hastings; il sera lord Darysford: ce nom chéri lui rappellera le manoir de ses ancêtres.

Une autre scène se prépare au sein du Parlement. Fox,

le plus entraînant des orateurs, a saisi le second groupe d'accusation : c'est Bénarès, la cité sainte, profanée, ensanglantée et vendue au tyran d'Oude, persécuteur et spoliateur de sa mère et de son aïeule au profit de la Compagnie. Dans le sein des Communes, que de pareils crimes laissaient indécises, le premier ministre est resté silencieux, comme le premier jour, sur les méfaits les plus cruels; lui qui sait être au besoin passionné, véhément, terrible, il fait entendre à la fin sa parole élégante, impassible et froide. Il expose avec calme et lucidité ce qu'il affirme être le droit du gouverneur général, de taxer le rajah de Bénarès, tributaire de la Compagnie; il loue la présence d'esprit de Hastings pendant le soulèvement de la cité sainte qui défend son souverain. Il s'anime ensuite, mais pour censurer âprement la conduite de Francis, un des accusateurs; en ce moment les partisans de l'accusé se croient sûrs du triomphe, et leurs opposants sont consternés. Cependant, tout à coup, le premier ministre, avec l'autorité d'un austère chancelier de l'échiquier, déclare que la taxation du rajah, tout considéré, lui paraît exorbitante et lui semble excéder les besoins de la circonstance : « Sur ce point, dit-il, *et sur ce point seulement*, je voterai pour le motif d'accusation dont M. Fox est l'organe. »

Il faut voir avec quelle ardente habileté le brûlant ami des whigs, lord Macaulay, stigmatise cette inconséquence du premier ministre; de ce tory! qui choisit un des actes les moins criminels, un de ceux qui n'atteignaient que la richesse et qui n'offensaient pas l'humanité, tandis qu'il n'a pas même censuré des crimes qui seront à jamais, pour les cœurs honnêtes, un sujet d'exécration.....

Autre motif de surprise : vingt-quatre heures avant la séance, les partisans du ministère avaient reçu l'invitation d'être ponctuels à venir voter contre la motion de Fox, le

Démosthènes de l'opposition. Un grand nombre d'entre eux, croyant au mouvement instantané de Pitt plus qu'à l'avis primitif émané des bureaux de la trésorerie, ces troupes fidèles du pouvoir font volte-face avec lui; quatre-vingt-dix voix sont favorables à la motion de Fox, y compris la voix de *Dundas*, et les partisans de W. Hastings ne réunissent plus qu'une minorité de soixante et onze voix. Notre étonnement s'accroît à la pensée que cette fois les partisans du ministère ont été convoqués à domicile; l'opposition a redoublé d'efforts; et la Chambre des Communes est encore plus désertée au second chef d'accusation qu'elle ne l'était au premier!

Résumons le grand et brusque revirement occasionné par l'évolution imprévue du premier ministre.

Tableau d'une évolution dans la Chambre des Communes.

Motion perdue de Burke.

Pour.....	67	Total.. 166
Contre....	99 y compris Dundas et Pitt.	

Motion gagnée de Fox.

Pour.....	90 y compris Pitt et Dundas	Total.. 161
Contre....	71	

Les figures et les votes des sénateurs de Tibère n'ont pas changé plus promptement lorsque fut entendue cette lettre, immortalisée par Tacite et Juvénal[1], où dans la première partie Séjan était élevé jusqu'aux nues et dans la deuxième descendait au fond de l'abîme. La grande scène britannique avait eu pour spectateur le célèbre et vertueux Wilberforce, que j'ai pu voir, quelques jours

[1] .....Verbosa et grandis epistola venit
A Capreis. Bene habet nil plus interrogo, etc.
(Sat. X.)

avant sa mort, chez Georges Canning, devenu premier ministre. Wilberforce a plus d'une fois dans sa vie fait le récit du coup de théâtre que nous venons de rapporter. Il croyait à la sincérité de Pitt, qui, n'en doutons pas, acceptait l'accusation de Hastings en se fondant sur des méfaits autrement graves que celui qu'il a réprouvé.

D'après les explications données par le sévère biographe, la peur de voir Hastings entrer à la Chambre des Lords, y conquérir une immense influence, diriger bientôt les affaires de l'Inde et peut-être même arriver au timon des affaires, ce motif aurait décidé Pitt et Dundas à le précipiter dans les tourments d'une accusation qui, de bien longtemps, ne pouvait permettre que la Couronne répandît sur le prévenu ses plus hautes faveurs et l'appelât dans aucun cabinet.

Le charme rompu par le premier ministre, l'accusation marche d'elle-même. La Chambre élective, métamorphosée par la baguette du pouvoir, est subitement saisie, pour la justice et la vertu, d'un amour devenu ministériel; elle vote coup sur coup vingt chefs d'accusation. Elle fait plus : Burke, l'honnête, le grand orateur, qu'elle a d'abord réprouvé, c'est lui qu'elle envoie faire aux Lords du royaume cette déclaration solennelle : « Les Communes d'Angleterre traduisent à la Cour suprême de Vos Seigneuries le dernier gouverneur général de l'Inde, comme coupable de grands crimes et de forfaits, *high crimes and misdemeanours*. »

L'accusation est préparée et sera soutenue par un comité spécial choisi dans la Chambre des Communes.

Enfin, le 13 février 1788, commence le plus grand procès politique intenté contre un simple sujet depuis le procès du comte de Strafford.

Lord Macaulay se complaît à peindre, avec ces couleurs brillantes dont il a le secret, tous les aspects de l'auguste auditoire assemblé dans cette immense Halle de Westminster[1] où trente rois ont été couronnés : ce monument qui remontait au temps de Guillaume le Roux, et dont un incendie a détruit de nos jours la voûte majestueuse. L'historien, qui louera l'absolution de Hastings, ne croit pas pouvoir mieux caractériser la salle où sera rendu le jugement le moins pardonnable, et qu'il pardonnera, qu'en rappelant qu'elle a vu *la juste condamnation* de Bacon, l'une des gloires du monde, et *la juste absolution* de Somers, l'idole des whigs.

Les orateurs que la Chambre des Communes avait chargés de soutenir en son nom la justice nationale attiraient plus les regards que tout le faste des lords et les beautés de l'Angleterre. On voyait, illustres déjà, jeunes encore et tout-puissants par la parole : Fox, l'orgueil et la force d'un immense parti; Sheridan, le seul grand orateur que le théâtre ait compté parmi ses plus brillants auteurs comiques; le vertueux et chevaleresque lord Grey, qui fera triompher par la réforme le parti de la liberté, après quarante-quatre années de luttes gigantesques; Francis, le pamphlétaire immortel, trop semblable à son livre; enfin, plus âgé qu'eux tous, plus profond, plus législateur et plus éminemment politique, le Cicéron de l'Angleterre, Edmond Burke, l'âme et l'honneur du procès que la patrie va soutenir par la voix de ses plus illustres enfants.

L'orateur romain dans ses Verrines, *non prononcées* et revues à loisir, semble avoir servi de modèle aux discours d'accusation prononcés par Burke devant des auditeurs qui ne cessèrent point d'être captivés pendant quatre séances de cinq heures; ils se pressaient pour entendre la

[1] *Westminster Hall.*

déduction des faits et l'enchaînement des preuves exposés avec une incomparable grandeur de langage. Lorsque Burke eut terminé cet étonnant plaidoyer, il conclut avec toute l'autorité d'un magistrat délégué par les élus d'une puissante nation, mais avec une emphase qui rappelait quelque chose de l'Irlande et de l'École asiatique : « D'après ces raisons, avec une entière confiance, il est ordonné par les Communes de la Grande-Bretagne que j'accuse Warren Hastings pour ses hauts crimes et pour ses forfaits. Je l'accuse au nom de la Chambre des Communes, dans ce Parlement, dont il a trahi le mandat; je l'accuse au nom du peuple anglais, dont il a souillé l'antique honneur. Je l'accuse au nom des peuples de l'Inde, dont il a foulé les droits sous ses pieds; au nom de leur pays, dont il a fait un désert. Enfin, au nom du genre humain, au nom des deux sexes, au nom de tous les âges et de tous les rangs, j'accuse ici l'oppresseur et l'ennemi de tous. »

Lorsque la scène théâtrale eut été terminée, la procédure commença. Les accusateurs parlementaires demandèrent que l'examen et la discussion des faits fussent d'abord épuisés sur le premier chef d'accusation, puis sur le deuxième, puis sur le troisième, etc. Cette demande, examinée dans le huis-clos de la Cour des Pairs devenue Chambre du conseil, fut repoussée par les partisans de Hastings, et montra dès le premier moment vers quel côté penchait cette Cour partiale : les trois quarts des suffrages furent opposés au juste vœu des Communes.

Il faudra donc s'appesantir à tour de rôle sur des séries interminables d'accusations très-différentes, épuiser la discussion contradictoire des faits, des écrits et des dires pour chaque partie d'une cause immense. Il faudra se perdre au milieu de ce dédale inextricable, avant que les pairs aient à se prononcer sur un seul crime.

Fox remplit les fonctions du ministère public pour l'accusation qui concernait l'oppression et les extorsions éprouvées par l'infortuné rajah de Bénarès, ces méfaits dont le moins révoltant avait suffi pour entraîner les votes de William Pitt et de Dundas, son satellite. Le grand orateur, et, comme disent les Anglais, *le débatteur* incomparable, ne montrait vraiment la puissance de son génie qu'au milieu des tempêtes parlementaires. Il ne fut pas au-dessous de son sujet; mais il n'offrit rien de supérieur et qui soit passé, de l'admiration de ses contemporains, dans les souvenirs de la postérité.

Sheridan remplit les mêmes fonctions au sujet d'un autre chef d'accusation, plus grave encore et plus pathétique : c'étaient les tortures physiques et morales des veuves souveraines d'Oude, de leurs frêles compagnes et de leurs vieux serviteurs. Il obtint alors un succès oratoire qui dépassa l'espérance de ses admirateurs les plus enthousiastes; plus prudent peut-être qu'indifférent à sa gloire, Sheridan n'a jamais osé recomposer à loisir cette improvisation qu'on élevait au-dessus des discours les plus étudiés.

Arrêtons-nous un instant, après les sept grandes séances qui composent simplement l'ouverture du procès de W. Hastings. C'est ici qu'il importe de montrer la différence infinie qui se trouve entre la solennelle inexpérience des trois orateurs anglais transformés sans apprentissage en accusateurs publics et le savoir-faire de l'incomparable Romain, avocat avant tout quand il s'agit d'un procès. Pour absoudre Verrès, Hortensius, autre avocat, sent qu'il suffirait de remplacer Cicéron par un accusateur de complaisance; mais Tullius couvre celui-ci de confusion : il brise cet instrument de corruption et de mensonge. Les moments sont précieux! dans peu de mois les protecteurs de Verrès vont arriver à la préture, au consulat. Au lieu d'apprêter ses paroles et d'en méditer les effets au fond de son cabinet, le grand orateur quitte Rome; en cinquante jours il a parcouru, il a scruté toute la Sicile. Ses preuves recueillies, il repasse la mer et court au pied du tribunal. Il ne songe point à faire briller devant les juges cette éloquence aux larges développements de laquelle César a pu dire qu'*elle ajoutait à la grandeur romaine;* il est aussi puissant, aussi pressant, aussi sobre de mots, qu'il saura bientôt l'être en face de Catilina. Point de préparations, aucun exorde. Il se précipite au milieu des faits; il en accable l'accusé. A ce spectacle, atterré par la grêle de ces coups d'Hercule, l'élégant, le disert Hortensius, que ses amis appelaient encore le roi du barreau, *rex causarum,* ce roi détrôné n'ose pas entreprendre une défense impossible : la première audience a tout épuisé. Verrès lui-même désespère du succès; il se condamne à l'exil afin de fuir un châtiment qui devenait inévitable.

La nation britannique avait admiré la majesté de ces grandes assises où, devant l'élite de ses trois royaumes, les deux Chambres siégeaient en corps et s'imposaient l'une à l'autre la dignité. Mais, dès que l'accusation a seulement des lords pour auditeurs, la plus imposante affaire d'État descend au bas niveau d'une affaire correctionnelle; les rôles sont renversés, et les accusateurs vont devenir des suspects, des bafoués, des accusés même.

Le croira-t-on? pour avoir fortement caractérisé la condamnation et le supplice de Nuncomar, pour avoir flétri l'alliance de Hastings avec le juge méprisé qui reçut de celui-ci 200,000 francs par année afin de ne plus épouvanter l'Inde, Burke, l'irréprochable, le vertueux Burke, traduit à la barre de la Chambre des Communes, reçut les stigmates d'une censure. Il les reçut en grand citoyen; il répondit, avec une douceur pleine de dignité, qu'aucune humiliation ne lui ferait abandonner le plus sacré de tous les devoirs, imposé par les Communes elles-mêmes.

Des praticiens, des procureurs impudents, auxquels Hastings a confié sa défense, enlacent les mandataires de la Chambre élective dans les replis de leurs sophismes, de leurs délais et de leurs fins de non-recevoir. Ils s'arment aussi du sarcasme; ils s'appliquent à traiter les hommes illustres qui remplissent au nom de l'État la plus grande mission comme des attorneys flagellent de faux témoins qu'ils mettent à leur tour en accusation. Ils réussissent à rendre les redites infinies et les débats interminables; heureux qu'ils sont de fatiguer, de révolter la patience des Lords, qui sont à l'avance parfaitement mal disposés. Ils s'appuient en particulier sur le chancelier Thurlow, qui, foulant aux pieds la justice, dont il était le premier organe, avait épousé la cause de Hastings avec une indécente violence (*with indecorous violence*).

La presse des journaux rivalise avec ce chancelier et ces attorneys, sans avouer comme les derniers son salaire professionnel. Pour prix de sa vénalité quotidienne, la presse reçoit, dans la première année du procès, *un demi-million* prodigué par Hastings. A ce prix, elle égare avec bonheur l'opinion nationale et couvre de sa boue périodique les grands orateurs chargés de poursuivre un criminel d'État devant la Chambre des Pairs.

Revenons à la conduite des Lords. Ces grands seigneurs égoïstes détestaient des fonctions que la Constitution les contraignait à remplir dans les moments où leurs châteaux et leurs parcs, leurs meutes et leurs coursiers, les invitaient à des plaisirs qu'ils appelaient leurs vraies affaires. Ils eurent la douleur de *perdre*, suivant l'ordre de leurs idées, trente-cinq séances consacrées à commencer le fastidieux et déjà dérisoire procès de Hastings : c'était en 1788. La session de 1789 fut remplie par des débats d'un tout autre intérêt aux yeux des Pairs; leurs ambitions étaient absorbées par le pouvoir politique à partager entre un régent et les ministres pendant la première absence d'esprit dont Georges III fut affligé.

Montesquieu a prononcé, dans son livre de l'*Esprit des lois*, un magnifique éloge sur le jugement des principaux fonctionnaires, des grands et des princes, par une puissante Cour aristocratique étrangère aux passions de bas étage, aux ressentiments étroits des classes moyennes, aux préjugés, aux vindictes du populaire. Sans doute une pareille Cour est, à ce point de vue, moins favorable aux emportements, aux barbaries de la foule; mais elle est aussi moins favorable à cette autre justice qui ne veut pas que des considérations de caste ou d'orgueil, et d'oubli des droits de l'humanité, brisent le glaive des lois ou le laissent tomber de lassitude et d'ennui aux pieds de Thémis dédaignée.

Macaulay lui-même en convient. « En vérité, s'écrie-t-il, on ne peut nier qu'une accusation pour crime d'État devant les Pairs, bien que ce soit *une admirable cérémonie*, et quoiqu'elle ait pu rendre service au temps du XVIIe siècle, n'offre pas un genre de procédure dont nous puissions attendre aujourd'hui beaucoup de bien. Les Pairs sont trouvés dignes de la plus haute confiance lorsqu'ils jugent en appel un procès civil ordinaire; mais, certainement, pas un Anglais n'accorde la moindre confiance à leur impartialité lorsqu'un fonctionnaire accusé de crimes d'État est traduit à leur barre. Tous sont hommes politiques. A peine en est-il un dont le vote, au sujet de semblables crimes, ne puisse être prédit avant l'examen du premier témoin. Quand même on pourrait compter sur leur équité, ils seraient encore absolument incapables de juger une cause pareille au procès de Hastings. »

Après *sept années* perdues en ajournements, en délais, cette affaire si grave n'était pas encore terminée.

Dans ce procès sans exemple, la chicane avait obtenu qu'on adopterait un genre de procédure qui devait assurer l'impunité. Elle avait décidé les Pairs à suivre, quant aux témoignages, les règles étroites adoptées dans les tribunaux de l'ordre le moins élevé : règles qui font rejeter des circonstances et des faits dignes de porter la conviction dans tout esprit équitable et logique, et qui font absoudre chaque année, dans les assises d'Angleterre, une foule d'accusés que le jury, le peuple et les juges croient certainement criminels. Ces absolutions scandaleuses ont lieu, quoiqu'il s'agisse de méfaits commis la veille et sur les lieux où siége le tribunal. Combien n'est-il pas plus difficile encore, avec une pareille procédure, d'arriver à la conviction matérielle, lorsqu'il s'agit de crimes commis à cinq mille lieues de distance, dix années en arrière, et chez un peuple dont les lois, les mœurs et la vie sont inconnues aux juges d'Occident?

« Nous ne blâmons pas, dit avec raison l'historien, les défenseurs et l'accusé d'avoir tiré parti de tout avantage légal qui pouvait assurer l'acquittement; mais lorsque la grâce est obtenue par de tels moyens devant les Lords, *ce ne peut pas être un acquittement à la barre de l'histoire.* »

En 1795 seulement Hastings fut absous. Pendant sept années, la mort avait fait disparaître en nombre effrayant les Pairs qui siégeaient lors de la première séance du procès. Des 160 membres présents alors, 60 étaient allés justifier aux pieds du juge suprême la partialité de leur justice administrée de grands seigneurs à grands seigneurs; en même temps, la Couronne avait appelé beaucoup d'hommes nouveaux pour remplacer les pairies éteintes et pour élargir les cadres de la Chambre supérieure.

12.

En définitive, au lieu de cent soixante Pairs, auditeurs primitifs de l'accusation, vingt-neuf seulement daignèrent siéger le dernier jour et prononcer, au nom de l'Angleterre, sur les accusations les plus graves et sur des forfaits évidents. Vingt-trois lords eurent l'incroyable courage, en posant la main sur leur conscience, de dire avec une haute et ferme voix : « Sur mon honneur, l'accusé n'est pas coupable. » *Six lords seulement prononcèrent que Hastings était coupable;* six, seulement, comptèrent pour quelque chose des crimes commis contre les peuples de l'Inde, éloignés, impuissants et dédaignés.

M. Macaulay, pour arriver à l'apothéose de Hastings, exprime le regret qu'on n'ait pas enterré son héros dans le Panthéon britannique[1], à côté des hommes les plus honorés et les plus vertueux. *Dans ce temple*, dit-il, *la cendre de l'illustre accusé se serait jointe à la cendre des illustres accusateurs.* L'indulgent panégyriste devait nous dire quelle mesure commune aurait pu ravaler au même niveau les terribles réprobateurs du crime et l'échappé de la justice, et quelle approbation l'équité divine aurait pu donner à la parité d'un hommage suprême entre les défenseurs des victimes et le sacrificateur du peuple Rohilla.

Pour couronner son admiration, l'apologiste immodéré ne craint pas de dire au sujet de Hastings : « Il a conduit le gouvernement et la guerre *avec plus de capacité* que Richelieu; il a protégé les lettres avec la judicieuse *libéralité* de Côme de Médicis. »

Ainsi, pour quelques dépenses mesquines en faveur des lettres orientales, voilà cette magnifique et noble renommée des Médicis ravalée au niveau d'un Hastings. Chose plus étonnante encore : Richelieu se trouve non

[1] Dans l'abbaye de Westminster.

pas égalé, mais surpassé dans la science du gouvernement et dans l'art de mettre en jeu les moyens de la guerre par le satrape européen qui n'a pas laissé dans l'Inde la trace d'une seule institution politique, par un chercheur d'expédients au jour le jour qui n'eut à lutter qu'avec des Asiatiques énervés et sans talent. Voilà ce dernier placé plus haut qu'un des plus grands hommes d'État des temps modernes; plus haut que le politique profond qui prépara la puissance du règne de Louis XIV, que celui qui, sans autre force que son génie et son caractère, gouverna, disons mieux, régna jusqu'à sa mort, malgré le roi, la reine, les princes et les seigneurs; qui dompta la mer, pour arracher une autre Tyr aux protestants révoltés, anéantir leur force de rébellion; et cela fait, lui, cardinal et victorieux, il ne révoqua pas l'Édit de Nantes, l'Édit de pacification! Il montre au dehors que la France, *adoptant d'autres maximes*, attaquera partout le despotisme de l'Autriche, en affranchira l'Occident et créera l'équilibre de l'Europe. Le ministre *national* qui soutenait ces luttes immenses écrasa l'esprit de trahison de nos seigneurs, en y substituant pour vertu moderne *la fidélité constante à la patrie;* pendant la paix, il servit les lettres en créant cette Académie, vraiment Française, où le génie eut mission d'honorer l'égalité des rangs. Tant de résultats immortels sont mis non pas au niveau, mais au-dessous des actes médiocres d'un gouverneur des Hindous, dont le biographe compare les informes essais de gouvernement aux humbles efforts de Robinson Crusoë.

Cet oubli constant *et médité* d'une juste mesure dans le parallèle des hommes et de leurs titres, j'ai regret de m'être si souvent trouvé dans l'obligation de le signaler. J'aurais voulu n'avoir à citer que les beautés d'un auteur incomparable sous tant d'autres rapports.

Sage opinion de M. Malcolm Ludlow sur les jugements de lord Macaulay.

Des moralistes anglais ont protesté plus sévèrement que je ne puis et ne veux le faire contre les jugements de lord Macaulay. Il faut citer, entre autres, M. Malcolm Ludlow, dont le lecteur a déjà vu l'opinion vertueuse au sujet de lord Clive. Il explique et motive ingénument la non-condamnation des deux grands coupables, qu'il met à leur juste place.

« Je rends grâce à Dieu que Clive et Warren Hastings n'aient jamais été condamnés au châtiment qu'ils avaient personnellement mérité. Le plus bas degré de l'hypocrisie, c'est, je le crois, lorsque le coupable est puni, et que le juge profite du crime, au lieu de le réparer; notre caractère national a reculé devant un pareil pharisaïsme. Tel est, je n'en doute pas, quant à l'acquittement de Hastings, la cause vraie, instinctive, intime, *inavouable*. Nous n'étions pas disposés à restituer à l'empereur mogol les provinces dont nous avions envahi la tutelle en son nom, pour les vendre au lieu de les protéger. Nous n'étions pas disposés à rendre au Rohilconde son indépendance; à rendre au vice-roi du Bengale les provinces dont nous l'avions dépouillé par fraude; à rendre au rajah de Bénarès, aux bégums d'Oude, leurs trésors volés. Un grand nombre de malheurs étaient, hélas! irréparables. Qui pouvait restituer la vie à l'héroïque Shitab-Roy, quand notre injustice en avait brisé les ressorts dans son cœur! Voilà pourquoi je suis content, je le répète, que nous n'ayons pas eu l'impudence de faire d'un seul accusé le bouc émissaire de nos propres péchés. Aussi longtemps que la Compagnie des Indes continuait d'être invulnérable, il était nécessaire que Hastings restât impuni.

« A l'égard de ces morceaux éblouissants insérés par lord Macaulay dans ses Biographies de Clive et de Hastings, lorsqu'il parle de l'un comme ayant beaucoup fait et beaucoup souffert *pour le bonheur du genre humain*, puis de l'autre comme étant digne d'obtenir *un monument à Westminster*, vous savez tous à présent ce dont l'un et l'autre étaient dignes! Ce qu'étaient ces deux hommes, à part l'éclat de leurs talents, vous l'apprécierez en les comparant avec leurs contemporains plus obscurs dans l'Inde. Empey, Rumboldt, vous montreront leur rapacité; Coote, Munro, Stuart, leur égoïsme et leur insolent mépris du droit d'autrui. A l'égard de Warren Hastings, en particulier, quelques-uns des coups de pinceau de lord Macaulay deviennent ridicules, dès qu'ils sont comparés avec les faits. Il parle de son honorable pauvreté, lorsqu'il est certain qu'avec 625,000 francs de traitement annuel il a reçu de grands présents, en demandant, il est vrai, la tardive permission de les recevoir. Sa femme acceptait d'autres dons pour elle; et peut-être pour lui! Il parlait de sa pauvreté, comme moyen de justification, quand il corrompait la presse à raison de 500,000 francs par an! Au sujet de son zèle brûlant pour le bien public, voyez sa basse opposition contre lord Macartney, lorsque tout le salut des Anglais dans l'Inde dépendait des succès de celui-ci. De tels faits donnent une mesure suffisante de ce que son zèle pouvait être toutes les fois que l'honneur de servir l'État devait rejaillir sur un autre que sur lui-même.

« Quant aux personnes qui jugent les crimes d'après le succès final[1], elles feraient bien de peser les résultats qui

[1] L'auteur, ou si l'on veut le professeur, prononçait ces paroles au moment du plus grand progrès de la rébellion, en 1857.

suivent. Il y a quatre-vingts ans que le pays inoffensif de Rohilconde fut subjugué par les armes de l'Angleterre, quoiqu'en premier lieu ce fût pour un pouvoir non britannique : ce crime a réussi; et le peuple des Rohillas, opprimé, envahi par nous dans ces dernières années, était signalé comme un argument capital en faveur de nos conquêtes et de nos annexions : que voyons-nous maintenant? le Rohilconde est derechef un pays étranger. A peine avons-nous dans ce pays de quoi poser un de nos pieds, et nous tentons à peine de l'y maintenir. Politiquement, l'œuvre de W. Hastings en cette province est anéantie; mais les résultats immoraux subsistent. Les Rohillas, autrefois nobles et généreux, sont devenus des meurtriers, comparables aux révoltés de cet État d'Oude au profit duquel nous les avions subjugués. Le massacre de Barrilly ne peut être surpassé que par la partie la plus sombre des massacres de Dehly et de Cawnpore. »

Afin que le lecteur pût apprécier sous tous les points de vue l'esprit qu'a porté l'Angleterre dans le jugement des maux éprouvés par l'Inde, nous n'avons pas voulu morceler le grand procès de Hastings, qui nous a conduits jusqu'à l'année 1795. Nous avons cessé de suivre en tout l'ordre du temps et passé sous silence des déterminations de la plus haute importance pour l'avenir de l'Hindoustan et pour le sort de la Compagnie. Revenons à l'année 1784, qui suivit la paix de l'Angleterre avec les colonies d'Amérique désormais indépendantes.

Projets d'intervention directe du gouvernement britannique dans les affaires de l'Inde.

Vers la fin du gouvernement de Warren Hastings, une tentative considérable fut faite pour donner au ministre britannique une suprême influence dans l'administration de l'Inde.

Lorsque Fox et ses alliés eurent contraint Georges III à subir leur étrange ministère de coalition, ils imaginèrent un projet de loi que son insuccès même a rendu célèbre. Ils transféraient réellement à la Chambre des Communes un patronage qui devenait d'une extrême importance : c'était la faculté de choisir dans la métropole tous les sujets appelés à diriger la force publique et l'administration des peuples soumis aux trois Présidences de Calcutta, de Madras et de Bombay.

La Chambre des Communes devait être flattée d'une si grande prérogative offerte à ses membres les plus influents par un ministère qu'elle appuyait de sa majorité; elle vota ce projet.

Aussitôt William Pitt, avec une habileté merveilleuse, exploita les préjugés, les rancunes, les appréhensions et presque les terreurs d'un roi passionné, opiniâtre et peu soucieux de se renfermer dans la nullité d'action que lui prescrivaient les doctrines issues de 1688. Georges III prit ouvertement parti contre le vœu des Communes : il pesa de toute son influence sur la Chambre des Lords; il déclara que son amitié personnelle ou son aversion dépendraient, pour chaque Pair, d'un vote contraire ou favorable au bill de l'Inde. Avec de tels moyens, le projet de loi fut rejeté, et le ministère de Fox immédiatement congédié.

Alors commença le célèbre ministère de W. Pitt, qui devait durer *dix-sept ans*. Les Communes, irritées, ayant voulu continuer la lutte, elles furent dissoutes; le pays consulté prit parti pour le Roi, les Lords et Pitt.

Le ministre triomphant s'efforça de tourner la difficulté devant laquelle son rival, trop peu prudent, venait de succomber. Il chercha le moyen le plus modeste de conquérir, disons mieux, de dérober un grand pouvoir dans l'Inde, en paraissant se borner aux simples fonctions de surveillant et de modérateur. Il semblait que sa candeur aspirât simplement au droit de découvrir le mal afin de le rendre impossible, en laissant à la grande association marchande la gloire d'accomplir le bien pour l'amour du bien !

Création d'un ministère, appelé BUREAU DE CONTRÔLE, *pour surveiller le gouvernement de l'Inde.*

Tous les efforts des gouverneurs sortis du sein de la Compagnie avaient eu pour but d'ajouter, à l'importance obscure du commerce l'importance supérieure et tout l'éclat d'une institution conquérante armée d'un grand pouvoir politique. De semblables efforts devaient avoir des résultats qu'aucune Assemblée des actionnaires, aucune Cour des Directeurs ne sut prévoir dans le principe. Il ne s'agissait plus seulement du choix primitif des employés; il s'agissait de savoir en quelles mains allaient passer l'autorité réelle et la suprématie de l'administration.

Le Gouvernement anglais ne pouvait pas permettre à la Compagnie de *régner,* c'est le mot, de régner sur des populations trois fois plus nombreuses que celles des trois royaumes pris ensemble. Il ne pouvait la laisser acquérir, vendre ou donner des nations, ni faire à son gré tantôt la paix, tantôt la guerre, dans l'immense étendue de l'Orient.

D'un autre côté, le Gouvernement britannique ne possédait aucun moyen d'administrer directement des États encore placés aux yeux des peuples sous l'autorité révérée de l'empereur héritier d'Aureng-Zeb.

William Pitt imagina de créer un ministère politique, sous un titre modeste et rassurant : ce fut le *Bureau de contrôle* pour les affaires de l'Inde.

Les membres délibérants de ce contrôle formaient un conseil, ainsi composé jusque dans les derniers temps :

Le Président, membre du cabinet et véritablement le *ministre des affaires de l'Inde;*

Conseillers : le président du Conseil des ministres et le premier lord de la trésorerie;

Les principaux secrétaires d'État, ce qui comprend l'intérieur, les colonies et les affaires étrangères;

Le chancelier de l'échiquier.

A ces fonctionnaires rétribués comme ministres, en dehors du trésor de la Compagnie, on adjoignit plus tard quelques conseillers que de riches sinécures rétribuaient suffisamment. On constituait ainsi, pour veiller, disait-on, au bonheur de l'Inde, un Conseil en apparence gratuit et désintéressé.

On a fini par attacher à l'institution deux secrétaires, dont au moins un pris dans la Chambre des Communes; celui-ci devait être toujours prêt, comme le fut Macaulay, à répondre au sein du Parlement sur les affaires de l'Inde, considérées dans leurs rapports avec le Gouvernement de la métropole.

On divisa le contrôle en bureaux spéciaux, où l'on revisait les affaires, 1° de la partie politique et secrète; 2° des revenus; 3° des finances ou de l'emploi des fonds; 4° de l'administration proprement dite des pays indiens; 5° de la guerre; 6° de la justice.

De quelle manière pouvait fonctionner l'Institution du contrôle.

Le premier président que choisit W. Pitt fut Henry Dundas, son instrument le plus dévoué, le plus actif et le plus intelligent, mais aussi le plus tortueux, et le plus prêt à tout faire au moindre signe de son chef.

Par degrés, ce président établit que les ordres émanés de la Cour des Directeurs, avant d'être expédiés, seraient tous *soumis* au Bureau de contrôle, et qu'ils ne pourraient devenir exécutoires à moins d'avoir été revêtus d'une approbation expresse émanée de ce Bureau.

Si le ministère désirait des modifications, il les faisait écrire en marge des projets communiqués par la Cour des Directeurs; si la conciliation ne s'opérait pas au moyen d'une rédaction définitive, le projet était rejeté.

Évidemment l'expédition des affaires n'aurait pas été possible pour *gouverner par écrit, en partie double*, un si grand empire, si le contrôle n'avait pas été réellement approbatif sur l'immense majorité des affaires. La dissidence ne pouvait et ne devait naître qu'au sujet de cas importants et peu nombreux.

Par degrés il devait s'établir une espèce de jurisprudence commune; on devait finir par s'entendre sur les principes fondamentaux et sur les règles d'application.

Lorsqu'il y avait divergence dans les vues, il fallait, d'un côté, que les Directeurs exposassent les raisons de leur initiative, et que, de l'autre, le Bureau de contrôle expliquât ses fins de non-recevoir. Quoique le Gouvernement ne fût pas tenu de justifier son veto, s'il n'avait pas transmis ses motifs de réprobation, il n'aurait plus été qu'un insupportable tyran; nous verrons qu'en certains cas il ne reculait pas devant un si triste rôle.

Ajoutons que la Compagnie possédait une administration centrale nombreuse, et composée d'hommes qui réunissaient l'expérience et la pratique des affaires de l'Inde. Parmi les Directeurs se trouvaient d'anciens fonctionnaires, autrefois *Senior Servants*, et possédant une grande connaissance des intérêts orientaux. Il y avait donc en général, du côté de la Compagnie, beaucoup d'avantages en savoir, en lumières, en expérience, pour se défendre contre l'oppression du Bureau de contrôle.

Comment fut violée dès le principe la loi qui constituait le Bureau de contrôle.

On serait dans l'erreur si l'on supposait que le double gouvernement dont le mécanisme vient d'être expliqué fut mis en jeu dès le principe avec une parfaite sincérité.

Le premier ministre qu'on ait chargé d'inaugurer ce système difficile et compliqué, Henry Dundas, n'était pas homme à se renfermer consciencieusement dans le cercle régulier tracé par la loi. Il nous suffira de signaler deux exemples des empiétements les plus déplorables : le premier, relatif à l'autorité des Directeurs sur leurs subordonnés militaires ou civils; le second, relatif aux intérêts financiers.

Empiétements du Bureau de contrôle sur l'autorité de la Compagnie à l'égard de ses subordonnés.

Le ministère du Contrôle montra dès l'origine aussi peu d'égards pour la dignité que pour les intérêts de la grande association qu'il était tenu de protéger.

Un colonel Ross, employé dans l'Inde, avait manqué outrageusement à l'autorité de la Compagnie. La Cour des Directeurs prépara la minute d'une censure sévère au sujet de cette coupable conduite; le Bureau de contrôle désapprouva la censure et la rejeta. Les Directeurs réclamèrent avec raison dans les termes suivants :

« La présente occasion nous paraît si grave, le tort que nous éprouvons est si destructif de tout bon ordre dans l'Inde et de toute discipline, que nous devons prendre la liberté de représenter au très-honorable Bureau de contrôle qu'aucune dépêche ne peut être expédiée, à moins de contenir la décision finale des Directeurs sur le colonel Ross. » Le ministère ne crut pas devoir pousser plus loin le scandale; il autorisa l'envoi de la réprimande si justement méritée. Mais en cédant avec mauvaise grâce, il fit ainsi ses réserves : « Nous avons pourtant la confiance qu'en témoignant ici notre condescendance, il ne sera pas entendu que nous reconnaissons en vous, Messieurs les Directeurs, un pouvoir quelconque d'adresser dans l'Inde ni approbation ni censure relative à la manière dont se conduisent les serviteurs ou civils ou militaires, sans que votre décision soit conforme à notre Contrôle. » Cela signifiait, dit avec raison l'auteur de l'*Histoire de l'Inde*, que les Directeurs ne conserveraient pas la plus légère autorité, si ce n'est comme les agents aveugles et passifs du pouvoir arbitraire qui se plaçait au-dessus de la loi.

Empiétement sur l'action financière de la Compagnie.

En 1788, Pitt et Dundas obtiennent du Parlement un nouvel Acte qui transfère ouvertement au ministère la complète autorité sur les affaires militaires de l'Inde.

En 1784, les créateurs du Bureau de contrôle avaient pourtant déclaré qu'il s'agissait, non pas de ravir le pouvoir à la Cour des Directeurs, mais uniquement d'en surveiller et d'en régulariser l'exercice.

Néanmoins, dès 1788, au sujet des mesures financières, Henry Dundas osait dire en plein Parlement : « L'acte de 1784 a voulu stipuler que le Bureau de con« trôle, si telle est sa volonté, peut appliquer *en totalité* les « revenus de l'Inde à des objets de dépenses militaires,

« sans laisser à la Compagnie *même une seule roupie* (2 fr. « 50 cent.). »

Ainsi, contrairement à l'esprit constitutionnel de l'Angleterre, le pouvoir exécutif, sans vote exprès du Parlement, s'arrogeait le droit de tenir sur pied, dans l'Inde il est vrai, une armée aussi monstrueuse que pourrait le souhaiter l'ambition des ministres et d'envahir tout le patronage que comportait une telle armée. Voilà comment l'abnégation supposée de Pitt eut l'art de s'approprier les fruits de l'ambition tant reprochée au ministère de Fox.

Rapports irréguliers du Bureau de contrôle avec les dettes de l'Inde.

Des difficultés très-graves s'étaient élevées dans l'Inde au sujet des dettes du nabab d'Arcot et du Carnatic, vassal de la Compagnie, dans la Présidence de Madras.

Des serviteurs de cette Présidence, inspirés par un esprit d'intrigue et de malversation, avaient eu l'art de grossir outre mesure les dettes du nabab, et ces dettes présentaient un total effrayant. Dettes fortunées! que le prince avait reconnues envers des agents de la Compagnie, lesquels jamais n'avaient rien déboursé, et lesquels, par reconnaissance, aidaient le nabab en ajoutant à l'énormité de ses propres réclamations sur les revenus de ses sujets.

Pour remédier en apparence à de frauduleux abus, W. Pitt fait voter par les deux Chambres le plus vertueux de tous les bills..... « Attendu que d'énormes valeurs sont réclamées comme étant dues par le nabab d'Arcot à des sujets britanniques, il est prescrit à la Cour des Directeurs qu'elle ait à donner des ordres pour examiner l'origine et le fondement de semblables demandes; cette Cour est tenue d'enjoindre à ses serviteurs dans

....

l'Inde de compléter les investigations. Alors seront établis les fonds nécessaires pour payer les dettes qui satisferont, d'une part, aux justes droits de la Compagnie, de l'autre, aux titres des créanciers ainsi qu'à l'honneur du nabab. »

Pour obéir à cet Acte, les Directeurs de la Compagnie transmettent au Bureau de contrôle leur projet d'instructions; elles prescrivaient de vérifier toutes les dettes avant qu'aucun payement fût ordonnancé.

Au mépris de la loi, le ministère du *Contrôle* se transforme en ministère *d'action et d'initiative;* il divise les dettes en diverses catégories et prescrit des payements immédiats, sans aucune espèce d'enquête.

Impuissante humilité de la Cour des Directeurs.

Il faut voir avec quelle modestie, avec quelle déférence la pauvre Cour des Directeurs réclame un droit plus clair que le jour, et qu'elle tient de la loi.

« Mylords et gentilshommes, dit-elle aux membres hautains du Bureau de contrôle, c'est le cœur plein d'une extrême douleur que nous exprimons une diversité d'opinion avec votre très-honorable Conseil *dans ce récent exercice de votre pouvoir contrôlant.* Lorsqu'il s'agit d'une institution telle que la vôtre, et si nouvelle encore, on peut à peine regarder comme extraordinaire que les limites précises de nos fonctions et de nos devoirs respectifs ne soient pas sur-le-champ posées irrévocablement de l'une et de l'autre part; c'est pourquoi nous espérons que votre justice et votre candeur vous persuaderont que nous n'avons aucun désir de nous soustraire à l'action salutaire de votre contrôle. De notre côté, nous sommes parfaitement convaincus que vous n'avez aucun désir d'empiéter sur les pouvoirs légaux de la Compagnie des Indes. . . Quant à notre droit d'être remboursés des dépenses par lesquelles, en atteignant presque les limites de notre ruine, nous avons empêché que le Carnatic et toutes les propriétés qui s'y rattachent ne devinssent la proie d'un conquérant étranger, certainement un tel droit doit passer avant toute autre nature de dettes; il faut que le remboursement de nos sacrifices demeure établi sur les revenus du pays même dont nous avons assuré le salut. En définitive, jusqu'au moment où notre dû sera remboursé, nous ne pouvons consentir à l'abandon des fonds qui nous sont affectés, pour satisfaire à des créances plus ou moins douteuses et n'ayant aucun caractère public. »

Le ministère du Contrôle refusant de faire justice à la Compagnie, l'affaire fut portée au Parlement. C'est alors qu'Edmond Burke prononça l'un de ses meilleurs discours. Avec une verve, une ironie incomparables, il détruit les sophismes de Henry Dundas; il réclame le droit d'enquête en faveur de la Cour des Directeurs, avant qu'on paye les dettes falsifiées du nabab d'Arcot. Rien n'est plus propre à faire comprendre au milieu de quels abus les provinces de l'Hindoustan étaient alors administrées.

L'orateur répand une vive et triste lumière sur les intentions ténébreuses du Bureau de contrôle, qui repoussait tout moyen de découvrir la vérité. Il montre qu'au fond de cette œuvre inique se cache un hideux besoin du ministère : le besoin d'accroître, par l'argent, *les moyens d'influence parlementaire*. Le pouvoir politique voulait légitimer un capital, applicable à la corruption, qui rapportait d'énormes intérêts dans la Chambre des Communes, et qui se rattachait étrangement aux créanciers, frauduleux ou non, du nabab. Écoutons Burke :

« Paul Benfield est le grand réformateur du Parlement;

quelle partie de l'empire, quelle cité, quel bourg électoral, quel comté, quel tribunal de l'Angleterre ne sont pas pleins de ses travaux[1]? Afin d'organiser une forte phalange, propre à seconder toute réforme future, cet usurier qu'enflamme l'intérêt public, au milieu des soins charitables qu'il prend pour soulager l'Inde, n'a pas oublié la Constitution si brisée, si pauvre et si corrompue de sa contrée natale. Dans ce dessein, il n'a pas dédaigné de s'abaisser jusqu'au métier de tapissier en grand de cette Chambre. Il prétend la meubler, non pas avec des tentures passées, usées et d'un mérite suranné, mais avec les effigies solides et vivantes de la vraie vertu moderne. Paul Benfield, à prix d'or, n'avait pas fait entrer moins de huit députés dans le dernier parlement; quel copieux torrent de sang épuré ne doit-il pas avoir infusé dans les veines de la présente Assemblée!

« Cependant les intérêts de M. Benfield l'ayant appelé dans l'Inde, il devenait impossible au ministère de se concerter avec ce grand citoyen. Que résoudre alors? Avec la sagacité qui jamais, en pareil cas, ne fit défaut au pouvoir, on discerna dans l'homme d'affaires de M. Benfield à Londres une exacte ressemblance, une attraction similaire, en vertu de laquelle la vertu gravite entre les caractères de semblable nature. Un tel sentiment eut bientôt mis notre ministre Dundas en contact avec le procureur, l'attorney de Benfield, c'est-à-dire avec le grand entrepreneur, que je nomme ici pour l'honorer, M. Richard Atkinson. Sa renommée vivra dans votre mémoire aussi longtemps que les archives de la trésorerie britannique, aussi longtemps que la dette monumentale de l'Angleterre

1 .... Quis jam locus, inquit, Achate,
Quæ regio in terris nostri non plena laboris?
(*Æneidos* lib. I.)

n'auront pas cessé d'exister. Chacun de mes auditeurs connaît très-bien l'amitié sacrée et l'attachement mutuel qui subsistent entre cet agent et le ministère d'aujourd'hui, etc. » Ici Burke représente le sieur Atkinson comme l'intermédiaire intéressé dont la volonté dicta le bill de W. Pitt sur l'acquittement des dettes du Carnatic.

« L'alliance intime entre les intrigants ministériels de l'Inde et le ministère de l'intrigue en Angleterre, il fallait la rendre authentique par un déploiement de pouvoir qui démontrât une connexion si précieuse; pour cela, tout acte de confiance, tout signe de distinction, toute marque d'honneur devaient être accumulés sur la même tête. Du personnage subalterne que nous venons de citer on fit à la fois : un directeur dans la Compagnie des Indes, un alderman dans la Cité; et combien peu s'en fallut-il qu'on ne l'appelât à représenter, au Parlement, la capitale de ce grand royaume?... Mais, afin de mieux assurer ses services contre toute sorte de chances et de périls, on le fit élire par un bourg pourri ministériel. Ce digne personnage ouvrit une agence universelle pour le trafic des dernières élections générales; agence dont le grand comptable était l'attorney de Benfield. Faut-il le dire? Cette agence, administrée dans un intérêt indien, le fut conformément aux principes indiens, qui renversent tous nos principes.

« Voilà la coupe dorée des abominations! Voilà le calice des fornications, de la rapine, de l'usure et des oppressions, qu'offre à ses amants l'opulente prostituée de l'Orient! Calice infâme, que tant d'hommes du peuple et tant de seigneurs de notre terre occidentale ont épuisé jusqu'à sa lie électorale. Pensez-vous qu'aucun arrêté de compte ne devait solder si détestable débauche? Supposez-vous qu'aucun payement ne serait réclamé pour cette orgie d'enivrement public et de nationale prostitution? Ici, vous en êtes témoins; ici, sous vos yeux, on veut indemniser le principal agent de la grande élection. Voilà pourquoi les réclamations de Benfield et de sa horde doivent être placées à l'abri de toute enquête. »

Dans l'ouvrage de M. Montgomery Martin, portant pour titre *l'Empire indien*, j'ai trouvé de précieux documents sur cette scandaleuse affaire du Carnatic et sur le personnage mêlé si singulièrement aux intrigues corrélatives de l'Inde, du Parlement et du ministère. L'unique but du nabab du Carnatic[1], vassal de la Compagnie, était d'amasser un énorme trésor, en partie composé d'extorsions, en partie d'emprunts non remboursés. Pour se ménager l'appui des serviteurs de la Compagnie, il avait souscrit avec eux d'énormes engagements, plus ou moins frauduleux, qui faisaient dès lors partie de ses dettes. Enfin, il devait à la Compagnie des sommes considérables, réclamées *avant tout*, et justement réclamées comme dettes gouvernementales : c'est ce privilége équitable que repoussait, en foulant aux pieds le cercle légal de ses attributions, le ministre non de l'action mais *du contrôle*.

Parmi les créanciers du nabab figurait ce Paul Benfield à jamais stigmatisé par l'éloquence de Burke. Quoiqu'il fût un des plus jeunes serviteurs de la Compagnie, son rare talent pour les affaires véreuses avait obtenu du nabab une hypothèque de 4,050,000 francs; le radjah reconnaissait avoir reçu ces millions du petit employé Benfield, dont les appointements étaient de quelques mille francs!

On était en 1776; la Cour des Directeurs, animée par le désir de rétablir l'ordre et la probité dans la province de Madras, y renvoya le trop célèbre enrichi devenu lord Pigot, ex-gouverneur de cette Présidence. Il eut à

[1] On l'appelait le nabab d'Arcot, du nom de sa capitale.

l'instant contre lui tous les dilapidateurs; une conspiration fut ourdie pour l'arracher au pouvoir. Le commandant même des forces, le colonel Stuart, aidé *par le cocher de Benfield*, l'attira dans sa voiture et le conduisit en prison. Warren Hastings, alors gouverneur général, aurait dû sur-le-champ rétablir dans sa Présidence lord Pigot, victime d'une conspiration de malfaiteurs corrompus : il n'en fit rien. Au bout de neuf mois, arriva de la métropole une décision des Directeurs rappelant à Londres et les coupables et le gouverneur jeté dans les fers au mépris de toutes les lois; mais déjà, sous un climat torride, une geôle suffocante et les tortures morales avaient fait mourir l'infortuné lord Pigot. Une amende insignifiante fut toute la peine que subirent les conjurés membres du Conseil de la Présidence. Il y a plus : le commandant des forces, l'auteur personnel du guet-apens et de l'arrestation du gouverneur, jugé par un conseil de guerre, fut insolemment acquitté. De Paul Benfield, alors caché dans un rang subalterne, il ne fut pas même question; bientôt il étendit de Madras à Londres ses intrigues audacieuses. Resté dans l'Inde, nous l'y trouvons, peu d'années après, en plein labeur de corruption hindou-parlementaire : telle que Burke l'a dépeinte sous de si vives couleurs.

Avec le secours des chiffres, qui résument tout en Angleterre, Burke démontre au Parlement que l'agent Benfield va recevoir, comme dette du Carnatic, l'énorme présent d'une annuité de 888,000 francs, qui menacent d'être imputés sur les revenus de l'Inde. Heureusement l'éloquence empêcha cette infamie d'être consommée.

La longue et scandaleuse affaire des dettes du Carnatic ne fut réellement décidée que vingt-cinq ans plus tard. Des commissaires spéciaux ayant apuré les comptes, ils trouvèrent ce résultat définitif, d'après lequel il fut démontré que les dettes véritables n'égalaient pas *la quinzième partie* des créances réclamées avec tant d'impudence :

Total des demandes à titre de dettes. .	509,664,250 fr.
Réclamations mal fondées	476,094,350
Montant des dettes reconnues véritables.	33,669,900

Dans une affaire aussi scandaleuse, il est juste de remarquer que le ministre du Contrôle n'avait voulu s'approprier aucune des sommes réclamées avec autant de rapacité que d'audace. William Pitt n'eût pas souffert que son subalterne immédiat commît un tel acte d'improbité. Mais l'intégrité gouvernementale de W. Pitt lui permettait de fermer les yeux sur d'énormes fraudes, quand elles étaient utiles à son influence parlementaire.

J'ai signalé l'un des attentats les plus révoltants commis par le Ministère du Contrôle. Qui dit contrôle dit seulement la surveillance des mesures accomplies, et non pas l'initiative arbitraire substituée à la surveillance du pouvoir. Dès l'origine, au contraire, le Ministère du Contrôle eut l'intention de se poser comme l'arbitre de toute mesure importante ; prenant pour lui l'initiative réelle, il voulut que toute résolution capitale émanât de sa volonté, qui trop souvent était contraire aux lois et dédaignait les règles du service.

Revenons maintenant aux affaires de l'Inde. Les explications données sur les dettes du Carnatic feront mieux comprendre ce qui va suivre.

Macpherson, le faux Ossian, gouverneur par intérim.

Après le départ de Warren Hastings, un M. Macpherson, à titre de plus ancien membre du conseil de Calcutta, exerça quelque temps les fonctions de gouverneur général. Il était aussi peu scrupuleux que son devancier, mais il n'en avait pas les puissantes facultés. On l'avait chassé du service plusieurs années auparavant, pour s'être fait l'agent secret du nabab du Carnatic; lorsqu'il revint au pouvoir il n'oublia pas cet indigène qu'il avait honteusement servi. C'est en partie par son influence que les dettes supposées du nabab furent portées sans examen au compte de la Compagnie, en restituant à ce prince une autorité financière funeste aux populations de cette grande province. Cela signifiait, suivant M. Malcolm Ludlow, que le Carnatic allait être de nouveau livré, comme une proie, à des harpies hindou-britanniques[1].

Le même Macpherson avait apporté dans les lettres aussi peu de conscience que dans les affaires : c'est lui qui composa les poëmes qu'il ne craignit pas d'attribuer frauduleusement à l'antique barde Ossian. Le succès en fut prodigieux; mais le temps, qui met tout à sa place, et la découverte qu'on fit de la supercherie, permirent à la saine critique de faire perdre tout prestige à l'emphase, au pathos de ces prétendues œuvres immortelles.

Les lords Macartney et Cornwallis.

Enfin, le gouvernement général des Indes britanniques va sortir de la main des anciens commis, guerriers ou non; il va passer à des hommes animés par un sentiment plus élevé de l'honneur et de la probité.

En 1786, le général lord Cornwallis remplace lord Macartney, nommé seulement pour quelques mois. Une de ses premières et meilleures mesures fut de retirer au

[1] Malcolm Ludlow : *Races de l'Inde*, t. I, p. 208.

nabab du Carnatic la perception désastreuse du revenu foncier de ce pays.

Une autre mesure, dictée par un sentiment de modération, fit abaisser à 12,500,000 francs la totalité des dépenses annuelles que devrait désormais solder le Bengale pour le compte de la Compagnie.

Le principal événement militaire accompli sous le gouvernement de lord Cornwallis fut la guerre poursuivie de concert avec deux grands États de l'Hindoustan contre Tippou-Sahib, le sultan de Mysore, héritier et fils du célèbre Hyder-Aly. En 1790, les Anglais prirent la forteresse de Bangalore; mais ils échouèrent devant Seringapatam. Ils furent plus heureux en 1791 et 1792. Lord Cornwallis, qui commandait en personne, attaqua si vigoureusement cette place, que Tippou demanda la paix; il se vit réduit à céder une partie de ses États, qui fut partagée entre la Compagnie et ses alliés.

L'Angleterre, fidèle à son génie qui la pousse toujours du côté de la mer, réserva pour elle un long territoire sur la côte de Malabar.

Le noble Cornwallis, général en chef et victorieux, avait de droit une part considérable dans les prises qui revenaient à ses troupes : il y renonça généreusement pour donner tout à son armée.

La forteresse et la principauté de Courg conquises par lord Cornwallis.

Par le traité de paix qu'avait conclu le gouverneur général, les Anglais obtenaient la forteresse et la principauté de Courg : ils furent surpris de pénétrer dans un pays qui, pour le bel ordre public et la prospérité, surpassait de beaucoup les États administrés par la Compagnie. La ville forte de Courg présentait un aspect d'opulence et de régularité qui signalait un état social avancé et progressif; elle avait pour garnison des cipayes armés comme une troupe européenne et savamment disciplinés. Le pays était en parfaite culture; les habitants, très-nombreux, se faisaient remarquer pour leur industrie : tout révélait d'incessantes améliorations au sein de la principauté conquise et dans ses villes naissantes ou grandissantes. Un tel bien-être rendit plus pesant et plus odieux le joug du vainqueur. Aussi, dès la première occasion qui se présenta, les habitants de la principauté, délivrés du joug européen, revinrent avec enthousiasme à l'autorité native qui leur avait fait ce bonheur.

Gouvernement intérieur de la principale Présidence, amélioré sous lord Cornwallis.

Si nous en croyons lord Macaulay, le gouverneur général Warren Hastings avait laissé l'administration du Bengale organisée avec un rare succès. Cependant, à cet égard, tout était resté fort imparfait; on va le voir.

Dans son ouvrage sur les services rendus par la Compagnie des Indes, M. Kaye, parfaitement muni de documents officiels[1], dit au sujet de lord Cornwallis : « Il rassembla les fragments épars d'administration qu'il trouva dans le Bengale, pour en faire un système coordonné. Il fut obligé d'organiser à nouveau la police; il régularisa la justice criminelle à l'égard des natifs. Il sépara sagement les fonctions judiciaires et la collection des revenus publics opérée par les agents de la Compagnie. Il organisa le système financier. Il soumit à des lois régulièrement promulguées sous le titre de *Régulations* le gouvernement de

[1] M. Kaye : *Administration of the east India Company.*

l'Inde britannique : *gouvernement qui n'avait présenté jusqu'alors qu'une succession de mesures* INCOHÉRENTES, *sans formes stables et légales.* »

Nous allons aborder celle des grandes innovations qui recommande le plus l'administration de lord Cornwallis à l'attention de la postérité : elle est relative au droit de propriété.

M. Malcolm Ludlow, historien et jurisconsulte, pris pour guide sur les droits de propriété dans leurs rapports avec le Gouvernement britannique.

M. Malcolm Ludlow, membre éminent du barreau de Londres, connaît les lois et les faits, ce qui lui permet d'en parler pertinemment. Son esprit est doué de rectitude, ce qui lui permet de parler juste, quand il le veut. Son esprit a non-seulement la science mais la conscience du droit, ce qui l'oblige à vouloir toujours défendre la justice; à le vouloir, même quand il faut tenir la balance entre sa fière nation et les humbles peuples qu'elle tient sous le joug. Pour tout dire en un mot, M. Malcolm Ludlow est pour les lois et le droit ce que James Mill est pour l'histoire; il est l'équité lumineuse et savante.

Voilà le guide que je prends et l'autorité sur laquelle je m'appuie pour montrer les phases par lesquelles est passée la propriété des Indiens, d'après la loi portée sous le gouvernement de lord Cornwallis.

Parallèle des systèmes hindou et musulman sur la propriété.

Le code indien de Manou reconnaît comme évident le droit des personnes à la propriété, quoiqu'il n'en donne pas la définition; il le consacre en réglant la condition des héritages. A l'égard des impôts, les Hindous en payaient de trois espèces : 1° les droits levés sur les marchandises achetées ou vendues, sur les transports et sur les profits du commerce; 2° les droits sur l'argent, l'or et les pierres précieuses tirés de la terre; 3° les droits sur le bétail et sur les moissons : on prélevait du sixième au douzième des grains récoltés. Les impôts, on le voit, étaient nombreux et divers, afin qu'aucun en particulier ne fût excessif.

Quand les musulmans envahirent l'Inde, ils posèrent en principe que, par la conquête, les infidèles avaient perdu leur droit de propriété, et même leur droit d'existence! L'État étant considéré comme le possesseur légal, le paysan cultivateur ne fut plus qu'un colon partiaire, un *métayer*, réduit par tolérance à se contenter *de la moitié* des fruits; l'autre moitié, que nous appellerions *produit net*, revenait de droit au Gouvernement, qui s'était fait propriétaire.

Afin de percevoir ce revenu, les vainqueurs musulmans les affermèrent à des *zémindars*, comparables aux fermiers généraux de l'ancienne France.

Ces fermiers représentants de l'État, possesseur théorique, se rendirent bientôt héréditaires; ils furent par là nantis, sinon d'un droit, au moins d'un pouvoir de propriétaires. Ils traitèrent les paysans cultivateurs comme des vassaux, des tenanciers, que les plus arbitraires d'entre eux chassèrent à leur gré. C'est ainsi que les *landlords irlandais* expulsent leurs pauvres cultivateurs, qui s'en vont peupler les États-Unis.

Introduction du système britannique.

Lorsque les Anglais s'emparèrent de l'administration du Bengale, ils se gardèrent bien de mettre en vigueur ni les principes de la taxation britannique ni les droits primitifs de propriété de la race hindoue. Ils adoptèrent complétement le droit de conquête, de dépossession et de taxation introduit par les mahométans.

Il y a quelque chose de plus monstrueux. Les Anglais, non contents de confirmer le droit musulman pour les districts où ce droit existait avant eux, l'étendirent sans hésiter, au fur et à mesure de leurs conquêtes et de leurs annexions, en des contrées où jamais les mahométans n'avaient eu la force de l'établir; et dans ces districts ils imposèrent l'excessive taxation de la moitié des produits.

Les administrations musulmanes, quoique despotiques, n'ont jamais joui longtemps d'une autorité forte et durable; elles ne parvenaient pas à prélever intégralement la moitié des revenus : on composait. Les employés du fisc, enclins à la corruption, pactisaient avec le producteur; moyennant le dixième ou le vingtième offert par celui-ci comme présent, *bribe*, ils se contentaient de percevoir à peu près *trois dixièmes* pour le trésor.

Mais, dit M. Ludlow, quand les Anglais succédèrent aux musulmans, les natifs eurent affaire à des collecteurs inflexibles, qui voulurent percevoir l'impôt jusqu'à la dernière obole. Partout le fisc perçut les cinquante pour cent du produit brut; et cela s'opérait tandis que les présents illégaux, les bribes, continuaient d'être extorqués *par les agents inférieurs*. Ces derniers étaient indigènes.

D'ordinaire, les gouvernements orientaux recevaient *l'impôt en nature*, ce qui le rendait plus léger. Les Anglais exigèrent qu'on le soldât *en argent comptant;* et la différence était infinie. Les tributs payés aux gouvernements natifs restaient dans l'Inde et faisaient vivre le peuple; sous le gouvernement anglais, une part considérable des contributions traversa les mers. Cela servit à payer les dividendes, et l'intérêt des emprunts de la Compagnie souveraine, et les frais de gouvernement dans la métropole, et les pensions civiles ou militaires; à ces envois s'ajoutait tout l'argent épargné, extorqué ou volé par les employés européens. De là s'ensuivait l'appauvrissement du pays partout où s'établissait l'administration britannique, soit qu'elle exigeât inflexiblement ou n'exigeât pas en entier *le maximum de l'impôt.*

Suivant le témoignage oculaire d'un serviteur de la Compagnie des Indes, invoqué par l'auteur que je prends maintenant pour guide : « Le plus mauvais gouvernement de l'Inde entre les mains des musulmans semble préférable à celui des Anglais. Il en donne pour exemple les États du Nizam, parmi tous les moins bien administrés. Une nuée d'Arabes et d'autres mercenaires, dont la solde est toujours en arrière, obtient de temps à autre la faculté de fondre sur un district et de s'y payer par eux-mêmes. Le meurtre, le rapt, l'incendie, le vol, continuent jusqu'à ce que ces malfaiteurs officiels soient gorgés de dépouilles. Souvent, à leur approche, les villages sont désertés : si l'on est voisin de la frontière, les habitants se sauvent sur le territoire de la Compagnie; *mais ils n'y restent pas :* la tempête passée, ou lorsqu'ils ont traité de loin avec les tortionnaires, ils reviennent à leur toit domestique. Si de temps à autre ils courent des risques d'outrage et de rapine, ils ont du moins la chance de jouir pendant quelques années du bien-être et de l'abondance. Cette chance, sur le territoire de la Compagnie, ils ne l'ont pas. Ils éprouvent un appauvrissement graduel, lent à la vérité mais certain, jusqu'à ce qu'ils descendent à ce bas degré d'où l'on ne peut plus remonter. Ils voient leurs moissons perpétuellement engagées entre les mains de l'usurier du village, et parfois aussi leurs semences : aucune abondance possible qui ne soit balayée (*swept*) par le collecteur. Voilà quelle est de ce côté l'inévitable perspective; ils préfèrent l'autre côté. »

Premiers essais pour améliorer la perception des revenus.

Dès les premiers temps, la Compagnie avait su combien la perception des impôts était oppressive pour le peuple : aussi, dès 1765, elle avait donné des surintendants aux percepteurs indigènes. Il faut entendre leurs rapports : « Les régulateurs des provinces tiraient, par exaction, tout ce qu'ils pouvaient des zémindars, ces grands fermiers des revenus publics, et leur permettaient de piller le reste du peuple. Ils se réservaient pour eux-mêmes la prérogative de spolier à leur tour les zémindars, quand ils jugeaient que ces publicains indigènes s'étaient assez enrichis des dépouilles du pays. »

Trois ans plus tard, sous Warren Hastings, on imagine d'affermer pour cinq ans le revenu des biens territoriaux, à l'enchère, *au plus offrant* : moyen dont l'unique résultat devait être d'aggraver le fardeau sous lequel gémissait le peuple. Ce triste expédient échoue. En effet, au bout des cinq premières années, en 1777, la Cour des Directeurs écrit : « Le pays est épuisé par les fermiers du revenu ou par les officiers du fisc, aucun d'eux n'ayant un intérêt permanent à la prospérité publique. Les zémindars sont mécontents ; beaucoup d'entre eux sont privés de leur terre, accablés de dettes ou conduits à la mendicité. » En fin de compte, l'Administration était réduite à la nécessité d'accorder des remises d'impôt, afin de réparer un peu les maux qu'enfantait sa rapacité.

En 1781, toujours sous l'administration de Warren Hastings, on imagine un bizarre système : on afferme, par taxation annuelle, le revenu public des terres d'après le produit *le plus élevé* des dix années précédentes. Ce fermage annuel échoue, comme avait échoué le système quinquennal. Enfin, un Acte du Parlement prescrit aux Directeurs de la Compagnie de s'enquérir sur les griefs que font valoir les divers tenanciers; les uns se plaignent qu'on les a privés injustement de leur terre, les autres qu'on les a forcés de l'abandonner. L'Acte ordonne de constater les juridictions, les droits et les priviléges, afin d'agir d'après des principes de modération et de justice conformes aux lois ainsi qu'à l'organisation de l'Inde. De là seront déduites les règles permanentes par lesquelles devront s'établir les impôts respectifs, les rentes à payer, les services à satisfaire, pour solder la Compagnie, par les radjahs, les zémindars, les polygars, les taloukdars et tous autres tenanciers territoriaux indigènes, *land holders*. Cet Acte est la preuve que les radjahs et les zémindars ne formaient qu'une des classes de *landlords*, détenteurs de la terre; il démontre ainsi quelle était l'injustice commise en donnant à ces derniers tous les biens fonds.

Opinions et travaux financiers de sir John Shore, lord Teignmouth.

Sir John Shore, le plus habile des administrateurs anglais dans l'Inde au XVIIIe siècle, ainsi que d'autres principaux serviteurs de la Compagnie, était convaincu que les radjahs et les zémindars ne représentaient qu'une partie des landlords ou maîtres de la terre.

Voici ce que sir John Shore constatait pour le Bengale : Dans tous les districts où l'arbitraire des exactions n'avait pas renversé toutes les règles, les rentes exigibles sur la terre étaient établies, disait-il, suivant une certaine proportion. Mais, en même temps, il reconnaissait que la part de revenu laissée aux zémindars n'avait jamais été fixée par une règle gouvernementale uniforme et permanente. Les zémindars, lorsqu'on exigeait d'eux davantage, s'arrogeaient le droit de prendre aux ryots, ou cultivateurs, le surplus qu'on les contraignait de payer. Plus l'honnête et savant administrateur approfondissait cette matière, plus il était convaincu que les principaux personnages de chaque district, en descendant à partir des zémindars, ne pouvaient pas être considérés à d'autre titre que celui de serviteurs salariés pour exercer des fonctions assignées par le Gouvernement. Le système était mauvais; cette sorte de tenance universelle, sans autre limite que le bon plaisir, et pour la terre et pour les emplois, possédée par des hommes ayant peu de conscience, était un obstacle à toute amélioration.

Sir John Shore et les autres habiles financiers de la Compagnie cherchèrent partout s'ils ne trouveraient pas quelque personnage analogue au propriétaire unique de la terre, tel que le reconnaît la loi d'Angleterre : ce propriétaire, ils ne le trouvèrent nulle part. L'individu qui s'en approchait le plus était le zémindar. On regarda comme le premier pas vers un meilleur gouvernement et vers la stabilité, si le zémindar n'était pas un propriétaire complet, de le rendre tel. En conséquence, non pas pour reconnaître une réclamation à laquelle les zémindars n'avaient aucun droit, mais *à titre de grâce* accordée comme étant de bonne politique, on résolut de fixer immuablement le revenu public territorial à payer par les zémindars qu'on allait rendre possesseurs inamovibles.

Régulation célèbre de lord Cornwallis pour immobiliser les propriétés du Bengale à partir de 1793.

Telle est la base de la fixation perpétuelle des biens et du revenu public établie par la Régulation célèbre de lord Cornwallis en date du 22 mars 1793.

En vertu de cette régulation, les terres du Bengale, de Bahar et d'Orissa furent divisées en domaines (*estates*) et réparties entre les zémindars, auxquels on reconnut un droit permanent de possession.

Voilà comment, de fermiers plus ou moins anciens, ils furent transformés en *aristocratie territoriale héréditaire*. On estima qu'en abandonnant des deux cinquièmes à la moitié des produits pour le cultivateur ou ryot, y compris tous les frais, il resterait des trois cinquièmes à la moitié de la récolte pour *la rente nette*. Sur cette rente, le Gouvernement percevrait *dix onzièmes*, et les zémindars posséderaient, à titre incommutable, *le dernier onzième*.

Afin de nous former une juste idée de cette aristocratie territoriale, demandons-nous ce que serait en France le corps entier des propriétaires fonciers si le revenu des biens était réduit purement et simplement *au onzième* des produits nets? Cela ne ferait pas trois cents millions de francs à partager entre dix-huit millions d'hommes, de femmes et d'enfants qui possèdent des terres en France.

Au Bengale, la part des propriétaires est cependant considérable, parce qu'au lieu de compter par millions les zémindars, c'est par un petit nombre de milliers qu'on les dénombre. Le reste de la nation est dépouillé pour jamais du droit de propriété foncière.

Nous apprécierons par ses effets cette mesure célèbre, dont les intentions, plus que les résultats, font honneur à ses auteurs[1].

En fait, elle était fondée à la fois sur une injustice et

[1] Quand nous arriverons au district de Shahabad, nous rappellerons les réclamations énergiques d'un grand nombre de propriétaires primitifs contre le nouvel établissement perpétuel des zémindars. (Voyez, à ce sujet, M. Rickards, *India*, vol. I, p. 366 et 367; voyez aussi M. Ludlow, t. I, p. 221.)

sur une erreur énormes. On n'avait pas rougi d'emprunter aux musulmans leur prétention la plus exorbitante : leur confiscation du territoire, motivée sur le prétendu *droit*, disons mieux, sur *la tyrannie* de la conquête.

On procédait ainsi, tandis qu'il existait depuis des siècles un système hindou soigneusement combiné, système fondé sur le principe de la possession communale ou villageoise.

« L'institution municipale, dit M. Ludlow, nous avons pu l'appliquer, ou plutôt la rétablir, dans quelques-unes de nos plus récentes conquêtes ; on assure qu'il est trop tard pour la rétablir dans nos possessions anciennes.

« Nous nous vantons, dit le même auteur, d'avoir donné quelques notions de lois et d'ordre aux indigènes. Quelles notions d'ordre et de lois croyons-nous donc avoir données aux natifs du Bengale par l'établissement perpétuel des zémindaries, établissement d'où sont résultées les violations les plus révoltantes des droits de propriété? »

L'énormité la plus étrange n'a pas encore été dite. Un objet principal de ce système avait été de faire du zémindar un propriétaire ; eh bien! son premier résultat fut de faire disparaître presque entièrement la classe existante des zémindars. Expliquons ce triste phénomène.

Sous l'autorité musulmane, afin de protéger le cultivateur, le zémindar ne pouvait le contraindre à lui payer un arriéré de revenu que par une procédure régulière, longue et remplie d'obstacles. Mais par le système anglais, dans le dessein d'assurer au Gouvernement son impôt, les arriérés de la rente due à l'État purent être exigés du zémindar *par des procédés sommaires* : l'emprisonnement du retardataire et la vente du bien même. Il est vrai que, dès l'année 1794, on supprima la prison ; mais le moyen purement financier n'en devint que plus coercitif. Le fisc fut tenu de vendre sans formalité, sans délai, toute propriété dont la contribution serait en retard d'un mois seulement. « Imaginez, dit l'avocat du barreau de Londres en donnant cet historique, imaginez dans notre pays la taxe foncière perçue non par semestre, mais par mois, et concevez qu'une maison de la place Belgrave, un domaine du Norfolk, soient vendus à l'enchère, parce que la contribution serait seulement de trente jours en retard!... »

Pendant nombre d'années après l'établissement d'une telle rigueur, chaque numéro du journal officiel de Calcutta était rempli par les annonces de biens fonciers confisqués et mis en vente pour taxes arriérées. Avant que le zémindar eût pu se faire payer son dû par le cultivateur, les terres étaient vendues à des spéculateurs, à des hommes d'argent, afin de payer la contribution non soldée.

En douze à quinze ans, un très-petit nombre des anciens zémindars n'avaient pas cessé d'être propriétaires, et les grandes familles étaient réduites à la mendicité (*to beggary*). Dans beaucoup trop de cas, les officiers des cours de justice devenaient acquéreurs des terres tombées en forfaiture; quelquefois, le croira-t-on? des terres étaient même vendues dans ce dessein tyrannique, lorsque aucun arriéré n'était exigible au nom du Trésor.

Pour qui n'examine pas avant tout les grandes mesures d'administration à leur point de vue moral, l'aspect matériel des choses n'avait rien de changé. Des possesseurs antiques étaient évincés; ils disparaissaient dans l'ombre et la misère... Mais des parvenus plus infatigables les remplaçaient : ceux-ci brillaient à leur tour, et la terre n'en était que plus cultivée; car le besoin de tous obligeait à la féconder, à la défricher de plus en plus.

Il est juste de dire que M. Kaye, l'historien et l'apologiste de la Compagnie, prétend que la ruine des anciens zémindars n'a pas été produite par le nouvel établissement; mais M. Rickards, bien qu'il fût employé civil de la Compagnie, témoin beaucoup plus rapproché des événements, défend les opinions si loyalement et si courageusement adoptées par M. Ludlow.

Avec le même esprit d'équité, ce dernier montre les bons côtés de la mesure. Ce fut un présent inappréciable que la permanence de la taxation et de la possession. La difficulté qu'éprouvaient les zémindars à recouvrer l'arriéré des ryots donnait en revanche quelque permanence à l'occupation de ceux-ci, à leur position de simples cultivateurs. Dans la première année du siècle, sir John Malcolm, auparavant contraire au système Cornwallis, déclare, après une visite faite au Bengale, qu'il doit regarder ce système comme une des mesures les plus prudentes et les plus bienveillantes que le Gouvernement ait conçues pour procurer à ses sujets le confort et la richesse. « Ce qui, dit-il, ajoutait à mon plaisir en contemplant une des contrées les plus belles et les mieux cultivées du globe, était d'entendre chacun des hommes que j'interrogeais m'apprendre combien de jongles ont été déboisés et combien de terres en friche ont été mises en culture. »

M. Kaye, écrivant un demi-siècle plus tard, en 1852, s'efforce de nous faire accroire que tel est encore le cas aujourd'hui; d'après l'affirmation d'un témoin oculaire et récent, il vante l'abondance environnant l'habitation du cultivateur. Ne faut-il pas la distinguer de l'abondance interdite à l'habitation du pauvre auquel est dû ce riche labeur, tant il lui reste peu pour sa famille? En réalité, loin que la contrée ait fleuri dans son ensemble, en 1852 la Cour des Directeurs écrivait : *L'ancienne province du Bengale présente une diminution dans les recettes totales de la terre depuis 1843.* Ajoutons que d'autres témoins oculaires, et publiant leurs pensées à Calcutta même, nous disent que le nom du cultivateur bengalais, le ryot, est le synonyme d'un être ignorant, opprimé et dégradé; que sa condition présente est misérable, et ne paraît exciter aucune compassion, aucune sympathie, parmi les riches natifs dont il est entouré. Selon eux, la dépense mensuelle d'un ryot ne s'élèverait pas à 7 fr. 50 cent. : *vingt-cinq centimes par jour!* Ils ne croient pas qu'il y ait cinq individus sur cent dont le profit annuel excède 250 francs : *soixante-huit centimes par jour!* En travaillant du matin au soir, le ryot serait une créature misérable, abattue par le dénûment, et de hideux aspect; même en saisons ordinaires, avec des circonstances ordinaires aussi, on trouverait souvent des ryots jeûnant des jours et des nuits faute de nourriture... Nous verrons de telles assertions apparaître dans l'Enquête sur l'établissement des revenus au Bengale.

La grande mesure du gouverneur Cornwallis, après soixante ans d'exercice.

Résumons les développements que nous venons de présenter. Les Anglais honnêtes, tels que sir John Shore, occupés du sort des habitants du Bengale, effrayés de l'instabilité qu'ils apercevaient dans la possession des biens, désiraient ajouter la fixité et l'indépendance à la richesse, à la dignité d'une aristocratie territoriale. Aux yeux des Anglais, une telle aristocratie doit être pour le monde entier la meilleure des institutions, puisqu'ils la possèdent et s'en applaudissent. Après quarante ans de domination, le conquérant chrétien semble abjurer ou plutôt restreindre la prétention musulmane d'être le maître absolu, le dispensateur de la terre conquise.

Entre le peuple et l'État, comme intermédiaires officiels, se trouvaient les zémindars, fermiers amovibles du revenu foncier, qu'ils percevaient sur le cultivateur et dont ils faisaient deux parts : la première, plus forte, exigée pour le Gouvernement; la moindre, pour eux, et proportionnée au bon plaisir d'une administration plus ou moins cupide. Sous Warren Hastings, ce grand inventeur d'exactions destinées à gorger la Compagnie, on avait vu la rente annuelle de chaque zémindarie mise à l'enchère et la part du zémindar diminuée d'autant, sauf le contre-coup des exactions praticables sur l'infortuné laboureur : après une seule épreuve, il avait fallu renoncer à cette invention fiscale. Ensuite, pendant dix années, on avait fait retour à des bases moins excessives, qu'on se résolut à prendre pour point de départ. Aux zémindars en exercice on assura la perception permanente des revenus, et pour l'État et pour eux. La proportion moyenne exigée depuis dix ans au bénéfice du Trésor devint immuable et le reste des revenus fut garanti pour jamais aux zémindars en exercice.

Voilà l'établissement perpétuel qui porte le nom révéré de lord Cornwallis. Les zémindars, créés seigneurs à titre héréditaire des biens dont jusqu'alors ils n'avaient été que les fermiers, ou percepteurs temporaires, appellent complaisamment cet Acte LA GRANDE CHARTE DU BENGALE . . . . . Les laboureurs, les ryots, les paysans, n'accepteraient pas une qualification aussi pompeuse.

En arrière de ce bienfait aristocratique, le fisc à son tour veut sa garantie perpétuelle. Il établit enfin cette règle : quatre fois par an, les zémindars lui porteront la part de l'État, invariable, mais incessante. S'ils sont en retard une fois, ne fût-ce que d'une journée, cela suffira : leur propriété, leur feude héréditaire, sera forfait, et pour toujours. Le fisc en fera la vente, par autorité de sa propre justice, *au plus offrant* : ainsi finira la propriété soi-disant perpétuelle.

Pour ajouter au châtiment, le possesseur évincé n'a pas même la faculté d'être *ce plus offrant;* il est exclu du rachat : comme si l'on voulait être plus que certain que sa dépossession *soit irrémissible.*

On serait tenté de croire que ce malheur de l'exproprié, que la chute si soudaine de celui qu'on vient de faire seigneur terrien perpétuel, n'offrait au peuple aborigène d'autre image affligeante que celle de ruines isolées, rares après tout, au milieu d'une classe nombreuse et prospère dans son ensemble.

Cependant quelques historiens nous apprennent qu'en peu d'années les zémindars, qui comprenaient dans leurs rangs de grandes familles hindoues échappées au ravage des siècles, et les familles moins antiques des mahométans, dont la puissance ne remontait qu'aux fils de Tamerlan, aux grands règnes d'Akbar, de Jehanghir, de Chah Jehan ou d'Aureng-Zeb, la plupart de ces familles ont vu tour à tour leurs zémindaries vendues, leurs titres effacés, et la misère assurée en héritage à leurs enfants.

A cette époque, il n'existait pas en Orient une presse libre qui fît retentir la plainte des infortunés et qui fût l'écho de leurs douleurs. En vain l'on eût invoqué la sympathie d'un gouvernement d'étrangers pour arrêter cette chute universelle. Des traitants asiatiques, enrichis tour à tour par le négoce et par l'usure, achetaient à prix plus ou moins avili les zémindaries tombées en forfaiture. Plus calculateurs, plus âpres à l'épargne que ne l'avaient jamais été les antiques propriétaires, ces parvenus du fisc et du prêt ont appliqué tous leurs soins à rendre presque impossible leur propre dépossession.

Par ce moyen, la stabilité s'est établie sur les déplorables ruines de la génération même qu'un gouvernement exotique, agissant avec bienveillance à coup sûr, mais sans prévision, avait voulu perpétuer dans l'opulence et la dignité.

Quand des nations sont courbées sous des vainqueurs qui, du centre de leur puissance, les administrent à l'extrémité d'un autre hémisphère, car on a poussé jusqu'à cet excès la centralisation, ces malheurs infinis du peuple asservi s'accomplissent dans le silence et l'indifférence. On n'en dit pas un mot au Parlement-antipode, au Sénat du Peuple-roi, et la raison en est simple : *on ne les sait pas.* Seulement, deux générations plus tard, dans le huis-clos d'un Comité spécial de ce lointain Parlement, les colons de race victorieuse indiquent en passant qu'ils ont, près du Gange, entendu citer des infortunes sans nombre; ils se les sont rappelées, parce qu'enfin quelques-unes des forfaitures impitoyables ont commencé de peser sur eux, sur eux, Anglais! maîtres de l'Inde, *et seigneurs suzerains d'un septième du genre humain.*

Comment se continue la situation précaire et périlleuse des zémindars.

Comme nous l'avons expliqué, quatre fois par année chaque zémindar est en péril de perdre sa propriété; il suffit pour cela que par un retard, *même involontaire,* il n'ait pas versé dans les mains du collecteur sa contribution foncière ou revenu de l'État.

On pourrait croire que la rigueur primitive des collecteurs britanniques s'est par degrés adoucie, surtout à partir de l'époque où des Anglais riches, et par là puissants, se sont faits zémindars. A l'instant même les expropriations, et les ventes judiciaires qui leur avaient permis d'acquérir des zémindaries, sont devenues, aux yeux des nouveaux maîtres, le comble de la rigueur et de l'iniquité.

Grande et belle enquête sur le sort de l'Inde, sur ses revenus et sur sa colonisation par des Anglais.

Sur la proposition de M. W. Ewart, membre du Parlement, la Chambre des Communes, en 1858, nomme un *Comité spécial* pour examiner les meilleurs moyens de favoriser l'établissement des Anglais dans l'Inde. Cette enquête, largement dirigée par M. W. Ewart, ne contient pas moins de *quinze mille réponses* faites par des administrateurs, des ingénieurs, des avocats, des missionnaires, des journalistes et des planteurs d'indigo. C'est un trésor pour qui voudra prendre la peine d'y chercher des faits sur l'état de l'Inde et sur le sort de ses habitants. Je n'ai pas reculé devant la tâche d'analyser, la plume à la main, cette grande enquête. Le moment est venu de citer quelques-uns des faits établis dans les interrogatoires.

Comment sont dépossédés les propriétaires au Bengale.

Voici ce qu'un témoin rapporte, sous serment, devant le Comité d'enquête pour la colonisation et le règlement des revenus fonciers dans l'Inde. Il a vu, lorsqu'il résidait au Bengale, un domaine mis en vente par expropriation fiscale, quoique l'infortuné propriétaire eût pris toutes les mesures afin de satisfaire le Trésor. Il avait fait partir un bateau chargé de l'argent nécessaire pour acquitter la rente publique du domaine. Par malheur, *ce bateau coula bas en vue de la maison du collecteur;* c'était le dernier jour légal où la rente devait être soldée, et le zémindar n'eut pas le temps d'être prévenu d'apporter sur-le-champ d'autre argent. Par ce seul fait, le propriétaire se vit déchu de ses droits et perdit pour toujours sa terre.

Comment le Gange facilite périodiquement la dépossession des zémindars.

Chaque année, après les grandes inondations qui couvrent tout le Bengale inférieur, comme une autre basse Égypte, lorsque le Gange inférieur s'efforce de rentrer dans son lit, ses eaux acquièrent une effrayante rapidité, surtout quand la mer descend et les attire; elles déplacent alors des masses énormes de terres d'alluvion, ramollies et délayées. Le fleuve, en faisant ces ravages, procède avec une sorte de régularité lentement périodique. Dans certains lieux de son parcours, l'époque est-elle arrivée pour lui d'empiéter sur la rive droite, il continue d'avancer de ce côté jusqu'à huit à dix kilomètres de son lit ordinaire. Alors il s'arrête, puis il reprend ses usurpations du côté de la rive gauche : il revient à sa position moyenne et l'outre-passe dans le même sens d'à peu près autant de kilomètres. Cette grande période accomplie, il rétrograde une nouvelle fois vers la droite, comme plus tard il reviendra vers la gauche. Ce serpent gigantesque s'infléchit ainsi dans une longueur de deux cents lieues et davantage, par périodes de vingt, vingt-cinq ou trente années.

Un nombre considérable de domaines sont emportés par ces fluctuations. Quand on cesse de payer la contribution pour ces possessions disparues, *le collecteur les met en vente*. Personne, on le conçoit, ne demande à les acquérir, parce que les eaux les ont emportées. Le collecteur, alors, achète au compte de l'État toute une ancienne terre au prix dérisoire d'*une roupie : deux francs cinquante centimes* pour l'ensemble de la propriété disparue. De semblables possessions ont été transférées sur les registres publics comme étant la propriété du Gouvernement.

Ce n'est pas seulement le Gange, mais toutes les rivières affluentes qui, chacune suivant la masse et la puissance de ses eaux, produisent des ravages et des dépossessions du genre que nous venons d'indiquer.

Le fisc, servi par les rivières, porte également la main sur les domaines des zémindars anglais.

Un exemple suffira pour montrer qu'il ne s'agit pas ici de vaines allégations au sujet de malheurs qui peuvent atteindre même un zémindar anglais, *un nabab britannique!* Écoutons M. Forbes, déposant dans l'Enquête de 1858.

Le docteur Lamb [1] possédait au bord de la rivière Kirticnassa un domaine qu'elle divisait en deux parties; par un changement de lit, ses eaux en font disparaître une. Tandis qu'elle exerce ainsi son ravage, cette partie du domaine, déplacée par le courant, commence à se reformer dans la rivière: comme un banc d'alluvion qui peu à peu devient un îlot, puis une île. Or les lois fiscales, *les Régulations*, comme on les appelle, ces lois déclarent que toute île qui vient à se former dans le sein des rivières est la propriété du Gouvernement.

M. Forbes, représentant du docteur Lamb, réclame avec énergie; il démontre que l'île appartient au domaine passagèrement usurpé par le fleuve. Il en appelle aux

[1] Le docteur Lamb, pour qui M. Forbes était gérant de domaines indiens, résidait en Angleterre. Il était obligé de tenir en dépôt, au greffe des tribunaux, les sommes requises pour faire face à tous les frais qui peuvent subvenir dans chaque procès, et sans cesse il en survient. S'il ne faisait pas un tel dépôt, la cause était décidée *ex parte* contre lui; s'il gagnait en première instance, au cas d'appel, il fallait un nouveau dépôt pour des frais plus considérables encore. Tout cela représente une forte perte de revenus.

autorités compétentes, qui *cinq fois* lui donnent raison contre les prétentions toujours renouvelées du fisc, et maintenues malgré ces décisions favorables. Les meilleures autorités du Bengale se prononcent en faveur du réclamant. L'Administration supérieure, après un long intervalle de temps, décide que le procès sera revisé; le *Conseil privé* de la métropole, qui dans ce cas équivaut au Conseil d'État français jugeant au contentieux, ce Conseil statue que la terre, conquête des eaux, appartient au Gouvernement. Voilà comment fut perdue pour le possesseur la première moitié de son domaine.

Ce n'est pas tout : la rivière, dans ses retours, marchant de pair avec les collecteurs de revenus, emporte la seconde moitié du domaine. Cette partie, victime des mêmes lois de l'hydraulique, n'est à son tour envahie que pour reparaître par degrés au milieu des eaux; la même jurisprudence en fait au bénéfice de l'État une conquête légale. Ainsi la totalité d'un bien que le docteur Lamb avait acheté dans une vente faite par le fisc pour arriéré de contributions trimestrielles, le docteur Lamb en perd la superficie tout entière. Afin de mettre le comble à l'iniquité, on l'oblige à continuer de payer l'impôt foncier du sol disparu; parce que la rivière n'a pas fait disparaître cette terre du registre cadastral de l'autorité financière, registre sur lequel est inscrit le possesseur légal!...

Ce qu'ajoute l'habile, l'actif, l'énergique M. Forbes, agent du docteur, n'est pas moins caractéristique. Il plaide et perd son procès devant le tribunal financier, il en appelle au lieutenant-gouverneur du Bengale; il montre ce que la sentence a de cruel et d'inique. Le *Sudder Board*, le Conseil des revenus, trouve légitimes ses réclamations; « mais, dit ingénument cette Administration supérieure, nous ne pourrions pas recommander qu'on restituât la terre en litige, à moins que l'Administration ne fût en mesure de rendre aussi *33,000 bigahs* (6,000 hectares). »

« En effet, dit M. Forbes au Comité d'enquête, ces terrains se trouvaient dans le même cas que le bien-fonds dont j'étais le défenseur. Je tiens en main, ajouta-t-il, la lettre dans laquelle la Chambre fiscale donne un semblable motif. »

M. Forbes cite une mesure fort récente et qu'il juge fatale aux libertés, aux droits du zémindar et du laboureur, du *ryot* : c'est que les fonctions de juge et de collecteur des finances ont été depuis peu confiées à la même personne dans les districts du Bengale inférieur.

Ce qu'il y a de plus étrange, c'est qu'on ait choisi pour adopter cette innovation l'époque même où parut le terrible rapport sur les tortures exercées dans la province de Madras : tortures attribuées, après enquête, à cette réunion des deux espèces de magistrature.

J'ai cru devoir présenter dès à présent tous ces faits, qui diminuent dans une mesure énorme l'avantage des propriétés immobilisées sous le gouvernement de lord Cornwallis. A cinq mille lieues de distance, à peine regarde-t-on comme un sujet de curiosité des iniquités monstrueuses, invétérées depuis plus d'un demi-siècle. Certes, elles ne seraient pas souffertes une seule année, si les calamités qu'elles occasionnent étaient éprouvées sur le sol et sous les yeux de la nation conquérante.

Sir John Shore, nommé plus tard lord Teignmouth.

Sir John Shore, dont nous avons déjà fait l'éloge, remplit les fonctions de gouverneur général pendant quatre années : de 1794 à 1798. Son gouvernement fut honnête, intelligent et modeste. Il ne fournit à l'histoire aucune page splendide; mais, sous son administration, les peuples se sentirent plus heureux, ou, si l'on veut, moins malheureux. C'est, à nos yeux, un noble éloge.

NOTIONS ESSENTIELLES SUR LES POPULATIONS DE L'INDE.

Dans l'examen du gouvernement commercial et politique pendant le XVIIIe siècle, nous avons considéré l'Inde britannique au point de vue principal de la nation conquérante, en étudiant la grande Compagnie commerciale, ses administrateurs, ses gouverneurs, et leurs rapports avec les pouvoirs de la métropole.

Avant d'aborder le siècle présent, objet principal de nos études, il faut tourner nos regards vers les peuples conquis. Nous croyons nécessaire de présenter au lecteur quelques notions sur les diverses races qui vivent ensemble dans la vaste péninsule de l'Inde. Le lecteur, ensuite, jugera beaucoup mieux des hommes, des travaux et des événements que nous devons lui faire connaître en parcourant les diverses parties de la péninsule.

Nous serons fort aidé dans ce travail par les recherches déjà plus d'une fois citées de M. Malcolm Ludlow, qui résument clairement, toujours avec indépendance et souvent avec profondeur, un grand nombre de faits sur les races de l'Inde.

Parmi les populations si variées que contient cette vaste péninsule, six races méritent de fixer notre attention : les aborigènes, les Hindous, les mahométans, les parsis, les chrétiens et les Juifs.

I. — TRIBUS ABORIGÈNES.

Ces tribus habitent les lieux les moins accessibles, les

hautes montagnes, les forêts vierges, les solitudes et les terres marécageuses protégées par les eaux stagnantes et par leur insalubrité.

Les aborigènes ont pour séjour un territoire anguleux et central limité par les monts Indari et Windhya; ensuite ils s'étendent vers l'est dans la vaste forêt marquée sur certaines cartes sous le nom de Gondwara, ou contrée des Gonds, l'une des tribus principales. D'autres tribus sont appelées Bheels, Kolies, Kouds, Mairs, etc.

Chaque chaîne de montagnes semble renfermer sa tribu aborigène. Même les monts Rajmahal, non loin de Calcutta, sont habités par des demi-sauvages appelés Santhals; leur insurrection frappa toute l'Inde de terreur, il n'y a pas plus de six ans. Disons d'avance qu'ils se soulevèrent pour se venger du mal qu'on leur faisait éprouver.

Certains habitants aborigènes sont regardés comme étant d'origine scythique. Leurs langues ont des analogies marquées avec les idiomes des peuples tartares. Leurs physionomies offrent des traits analogues : les pommettes saillantes, le nez épaté, les lèvres épaisses, etc. qui rappellent ces mêmes peuples.

Tandis que les aborigènes du nord et de l'est, rapprochés des Himâlayas, tiennent plus du tartare, les tribus du centre et du midi de l'Hindoustan tiennent plus du nègre.

La majeure partie des tribus aborigènes sont de race noire, plus noire de plusieurs degrés que les Hindous des races pures et supérieures; elles ont ce teint sombre depuis plus de trois mille ans. C'est ce que nous apprend le livre sacré le plus antique des Indiens, le Véda.

Dans le midi de l'Inde, les tribus aborigènes, appartenant à des races inférieures, étaient depuis des siècles dans un état de servilité; leur affranchissement ne remonte qu'à peu d'années.

En certaines circonstances, les aborigènes sont entrés dans le système des races brahmaniques, sans se confondre avec elles. Par exemple, dans les villages hindous, ils servent de gardes de nuit; c'est une espèce de domesticité communale.

En dehors de toutes ces exceptions, on trouve quelques tribus sauvages encore indépendantes et complétement séparées de l'état social des Hindous; elles vivent réfugiées dans les réduits les moins accessibles, au fond des montagnes et des forêts, portant à peine un haillon réclamé par la pudeur. A l'égard des plaines avoisinantes et fertiles, de tels hommes sont des déprédateurs invétérés, en cela pareils aux montagnards écossais si bien dépeints par Walter Scott. Agiles et braves, sans autres armes que l'arc et la flèche, ils sont redoutables. On les a trouvés susceptibles du service militaire le plus efficace : tel est, par exemple, le corps composé de Bheels, qui s'est montré si vaillant et si fidèle aux Anglais dans la grande rébellion.

Les Gourkhas.

Les Gourkhas, qui peuplent le Népaul, sont évidemment de race tartare; ils ont fait preuve à la fois d'une bravoure indomptable et d'une barbarie naturelle, en combattant à côté des troupes britanniques rendues féroces, temporairement, par un invincible besoin de vengeance. Leur taille courte, leurs larges épaules, leurs traits durs et leurs sombres regards annoncent leur constitution robuste et leur état encore voisin de la vie sauvage.

Les Garrows.

Les Garrows, comme les Gourkhas au N. E. du Bengale,

sont robustes, bien faits, courageux, capables de beaucoup de travail. Leur physionomie est animée par de petits yeux scintillants, bleus ou bruns, avec une face ronde et courte: leur teint est brun ou légèrement foncé.

II. — LES HINDOUS.

La grande majorité des peuples de l'Inde, les cinq sixièmes au moins des habitants, 150 millions sur 180 millions, appartiennent au sang, à l'état social des Hindous. Les lettres et les arts de cette grande agglomération d'êtres humains ont dû leur splendeur à la race brahmanique; nous en offrirons des preuves abondantes.

Un caractère particulier de ces peuples est d'être complétement renfermés entre les monts Himâlayas, l'Indus et le Brahmapoutra, le fleuve fils de Brahma. Franchir l'Océan et s'établir en d'autres continents serait, à leurs yeux, une dégradation; et, s'ils allaient habiter d'autres lieux que leur terre sacrée, ils croiraient insulter les dieux de leur péninsule. La mer est pour eux un objet d'horreur; ils lui donnent les noms que les Grecs et les Latins donnaient à l'Achéron, au Styx: les noires, les sombres eaux.

A des époques si reculées que les nations ne peuvent en assigner la date, la race caucasienne, qui du côté de l'Occident a peuplé l'Europe, du côté de l'Orient a fini par envahir et peupler l'Inde.

Parmi les tribus aborigènes appartenant à des races plus ou moins noires, les unes ont accepté la domination des conquérants asiatiques, avec lesquels parfois elles ont mêlé leur sang; les autres, nous venons de le dire, retranchées dans les lieux les moins accessibles, sont restées à l'état demi-sauvage, avec des cultes grossiers et des mœurs barbares.

Le mélange du sang avec les habitants primitifs, l'habitation de la zone torride et de plaines presque torrides, ont coloré d'une teinte sombre la peau d'une partie des Hindous, surtout dans les classes inférieures. Mais ces peuples ont conservé la beauté caucasienne des traits du visage; ils offrent toujours l'élégance des formes qu'on admire encore dans les contrées de la Géorgie et de la Circassie, élégance et beauté dont les Grecs ont plus hérité qu'aucune autre race de l'Europe et de l'Asie.

La vivacité, la fécondité de l'imagination, un sentiment délicat de la grâce et du goût dans les mouvements, un art qu'on pourrait appeler le génie de la lumière, manifeste surtout dans les colorations artistiques, ces talents naturels et ces dons séduisants offrent encore un caractère commun entre les Grecs des beaux âges antiques et les Hindous même des temps dégénérés.

Ces derniers, à tant d'égards inférieurs aux Chinois pour la force corporelle, pour l'énergie des volontés, pour le dévouement au travail, l'emportent sur tout ce qui tient au charme des arts ainsi qu'à l'élégance de la vie.

Il ne faut pas croire que ce grand pays de l'Hindoustan, qui couvrirait six fois la France, soit habité par des Hindous qui parlent tous la même langue et qui tous présentent les mêmes mœurs, les mêmes usages, les mêmes institutions. Sous de tels rapports, ils diffèrent beaucoup entre eux; au point de vue physique, ils présentent aussi de notables diversités. Nous aurons soin d'en signaler les principales lorsque nous parcourrons ce vaste pays.

Mais, en faisant abstraction de ces différences, les Hindous offrent, dans leur état social et dans leurs croyances religieuses, des caractères communs et fondamentaux, qui frappaient déjà les observateurs de l'antiquité; des caractères que les premiers historiens ont signalés, et que n'ont pu rendre méconnaissables ni l'action incessante des siècles ni les ébranlements des grandes invasions et des révolutions.

Le lecteur ne comprendrait rien à l'Inde moderne, si nous n'arrêtions pas ses regards sur des croyances et des institutions qu'on chercherait en vain dans d'autres parties de la terre.

La religion des Hindous.

Les Hindous conservent encore le même polythéisme qu'ils professaient il y a trente siècles et dont l'origine remonte à des temps beaucoup plus reculés. Le polythéisme, à cette époque, était la croyance des nations les plus civilisées du monde antique; il était la religion des Égyptiens, des Grecs, des Romains, et du plus grand nombre des peuples orientaux, subjugués tour à tour par les drapeaux d'Alexandre et par les aigles de Rome.

Le polythéisme a succombé pour jamais chez tous ces peuples. S'il est resté debout dans l'Hindoustan, ce n'est pas qu'on l'ait moins attaqué dans cette grande contrée; au contraire, il a dû se défendre contre les trois cultes les plus conquérants qui, depuis deux mille ans, aient paru sur la terre : le bouddhisme, le christianisme et le mahométisme. Si la religion primitive de l'Inde n'a pas été détruite par de tels assaillants, c'est qu'elle a trouvé dans cette contrée des moyens sociaux de résistance qui manquaient au reste du monde païen. Ces moyens, il est essentiel d'en apprécier la puissance : quelques mots d'abord sur la nature des idées et sur le culte brahmanique.

D'après la croyance des Hindous, l'homme, en mourant, ne perd que son corps. L'âme, qui s'en échappe, disons mieux, *qui s'en délivre*, devient par là *disponible ;*

et la volonté des dieux règle son avenir. Après un temps plus ou moins considérable d'épreuves subies dans un autre monde, elle est renvoyée sur la terre : tantôt comme châtiment gradué, pour vivifier des animaux plus ou moins impurs, plus ou moins vils; tantôt comme récompense, inégale aussi, pour donner la vie à d'autres mortels, et surtout aux mortels des classes supérieures. Telle est la métempsycose imaginée par les Hindous.

La divinité suprême s'offre à leur imagination comme une alliance de trois personnes, qui sont :

BRAHMA,	VISHNOU,	SIVA,
Le Créateur,	*Le Conservateur,*	*Le Destructeur.*

Chacune de ces personnes divines a ses temples à part et son culte spécial. En des siècles différents chacune a prédominé, et chacune a successivement possédé le plus grand nombre d'adorateurs. Dans les siècles d'infortune, les peuples croient que Siva l'emporte au ciel comme sur la terre, et ses autels reçoivent le plus d'encens; en d'autres temps, Brahma qui crée et Vishnou qui conserve sont préférés par les cœurs paisibles et satisfaits.

Brahma seul est représenté dans l'Inde par une race exclusive de pontifes.

Par des transmigrations diverses, chacune des grandes divinités est descendue sur la terre pour animer des corps humains et même des animaux. Vishnou, dans une de ses transformations, célébrées sous le nom des neuf *avatars*, s'était fait orang-outang; pour ce motif, tuer un singe est, aux yeux des Hindous, commettre un sacrilége. Ces diverses métamorphoses ne sont pas racontées dans le Véda, ouvrage sacré dont le nom signifie *le livre*. Dans un même sentiment de respect les Grecs ont nommé Βίβλος, la Bible, et les Arabes emploient le mot *Koran*, qui veut dire aussi *le livre :* le livre par excellence, dépositaire des principes de leur religion.

Des hymnes et des commentaires dont se compose le Véda.

Il y a déjà plus de trois mille ans, l'écriture était encore inconnue dans l'Inde; les grandes leçons données au peuple devaient être exprimées en vers, afin que le rhythme enchaînât l'un à l'autre les mots et les mesurât pour les graver dans la mémoire. Alors une génération de poëtes, *les Rishis*, fit entendre aux nations hindoues des prières, des hymnes pleins d'inspiration et qu'animait un feu divin. Dans leur enthousiasme, voisin de l'extase, ils croyaient chanter les paroles mêmes que dictait à leur âme Brahma, le dieu créateur, et le législateur sacré de l'Inde.

Cette transmission, acceptée comme un dogme religieux, s'imposa dès le premier jour à la croyance universelle. Les hymnes, chantés à l'envi par les populations, inaugurèrent le culte des divinités qu'elles célébraient. La conscience aidant la mémoire, les paroles sacrées se transmirent de génération en génération, *sans éprouver d'altération et sans admettre la plus légère variante.* Cette fidélité, dont nous n'avons pas un second exemple dans l'histoire de l'esprit humain, cette fidélité dura plusieurs siècles avant l'époque où la langue des poëtes inspirés, *le sanscrit*, fut exprimée par l'écriture. A partir de cette nouvelle phase, la même cause de fidélité continuant sa surveillance pendant plus de deux mille cinq cents ans, les copies des livres du *Véda*, collection universelle des hymnes divins, en continuèrent la transmission dans sa complète pureté.

Avec le temps, les brahmanes ajoutèrent aux hymnes des commentaires liturgiques favorables à leur puissance, et les rendirent inséparables de ces chants sacrés.

Ce qui doit redoubler l'étonnement des esprits observateurs, c'est que cette œuvre, si merveilleusement transmise à travers tant de siècles, ne consiste pas en un petit nombre de pages; elle forme une collection beaucoup plus volumineuse que les saintes écritures des chrétiens.

Chez les nations polythéistes un seul poëte a consacré la moitié de ses œuvres lyriques à des chants sacrés, comparables à ceux des Rishis de l'Hindoustan : c'est Pindare, plus moderne de mille ans que les chantres de l'Orient. Eh bien! tandis que ses odes, qui célèbrent l'orgueil des cités et des familles, la course des chars et la lutte des athlètes, sont arrivées presque entières à la postérité, pas un de ses hymnes consacrés aux dieux de l'Hellas n'est parvenu jusqu'à nous; les Grecs n'avaient pas une race politique et religieuse de brahmanes, intéressée à les transmettre d'âge en âge, comme titres de son pouvoir.

Depuis un siècle, les Occidentaux ont plus particulièrement porté leur attention sur le *Véda;* les esprits les plus sérieux, les plus perspicaces, en ont fait le sujet de leurs profondes études. Ce n'a pas été seulement pour les idées de la divinité que cette œuvre exprime, et pour les rapports de ces idées avec l'homme et ses destins, avec les autres êtres animés et la nature entière. La langue même qui prête ses moyens d'expression à cette poésie sacrée s'est trouvée l'origine, la clef de tous les idiomes des peuples caucasiens, dont la race s'est propagée depuis les Himâlayas jusqu'aux extrémités de l'Europe occidentale.

Les Anglais ont commencé cette étude aux rives du Gange, pour la continuer aux bords de la Tamise et dans l'université d'Oxford; les Allemands l'ont approfondie avec leur érudition accoutumée; les Français l'ont éclairée, en ajoutant à la puissance du labeur la divination et la fécondité du génie.

Publication du Véda par la Compagnie des Indes orientales : Exposition universelle à Londres, 1851.

Il y a déjà près d'un quart de siècle, sur la proposition de M. Horace Hayman Wilson, qui s'est illustré par la composition de son *Dictionnaire Sanscrit-Anglais*, la Compagnie des Indes ordonna qu'on publierait à ses frais une édition somptueuse du Véda complet, accompagné des commentaires sacrés qui depuis des siècles en sont l'appendice inséparable.

C'est un présent inestimable pour les philologues et les philosophes de l'Occident; c'en doit être un plus précieux pour la grande nation orientale, qui retrouvera tout entier, et dans sa primitive pureté, le livre où sont renfermés les préceptes de ses croyances fondamentales, les formules de ses rites et les lois hiérarchiques de son ordre social.

M. Max Müller, éditeur du Véda : son touchant hommage au génie d'Eugène Burnouf.

Afin de confier une telle entreprise à des mains dignes de la diriger, le savant et désintéressé Wilson fit choisir pour éditeur M. Max Müller, érudit jeune alors, et vraiment à la hauteur de cette importante mission.

M. Müller consacra cinq années à comparer les copies du *Véda* possédées par les principales bibliothèques d'Angleterre, de France et d'Allemagne. En 1849, il fit paraître un premier volume grand in-4°, de mille pages, comprenant le texte des premiers hymnes dont est composé le plus ancien Véda, le *Rig-Véda*.

A l'Exposition universelle de 1851, le magnifique volume offert à l'admiration des orientalistes put être exposé et mériter tous les suffrages pour sa perfection typographique : c'était le moindre de ses mérites.

Quatre ans plus tard a paru le deuxième volume, et deux ans après parut le troisième : c'était déjà la moitié de cette grande tâche. La publication de l'ensemble aura demandé vingt ans de la vie d'un de ces hommes de science et de conscience qui s'identifient avec la reproduction fidèle et difficile d'un immense monument.

Chacun des volumes édités aux frais de la Compagnie contient une préface étendue, où M. Max Müller donne au lecteur des notions précieuses sur la marche qu'il a suivie et sur les soins scrupuleux qu'il n'a cessé de prodiguer pour perfectionner son œuvre. Dans la préface du deuxième volume, j'ai trouvé le passage le plus touchant et qui fait un grand honneur aux sentiments du célèbre philologue.

Au début de sa carrière, il s'était empressé de venir à Paris se former par les leçons d'Eugène Burnouf, qui révélait à des élèves dignes de l'entendre le fruit de ses études et de ses découvertes sur le Véda. Voici dans quels termes exquis M. Max Müller annonce à tous ses amis la perte que viennent de faire les lettres orientales :

« Eugène Burnouf, en mourant, a privé la philologie sanscrite d'un de ses principaux appuis et d'un de ses ornements les plus glorieux. Sa perte est déplorée dans tous les domaines des lettres orientales, où son nom s'associe aux plus brillantes découvertes de notre âge. Nulle part et plus vivement les regrets ne seront éprouvés qu'au milieu de ses amis qui cultivent la littérature sanscrite. Comme le premier inventeur dans l'interprétation scientifique des inscriptions cunéiformes, il a construit pour sa renommée un monument plus durable que les rochers de la Perse[1]. Comme étant le premier érudit et le pre-

[1] Ces rochers portent gravés sur leurs flancs des caractères incompris depuis tant de siècles avant les travaux de Burnouf.

mier historien de la religion bouddhique[1], sa renommée ne sera pas aisément surpassée par des découvertes futures. Comme le premier éditeur et le premier interprète du Zend-Avesta, sa mémoire subsistera aussi longtemps que le genre humain mettra du prix à découvrir les croyances religieuses qui remontent vers son berceau.

« Le sanscrit était la clef des découvertes de Burnouf; partout où la philologie sanscrite peut propager ses plus féconds trésors, la perte de cet illustre savant sera le plus profondément ressentie. Il nous suffit de rappeler, avec sa publication des *Bhagavata Pourâna*, les autres grandes œuvres qui démontrent sa persévérance et que sa mort a seule interrompues, sans compter les trésors qu'il avait amassés et les écrits qu'il méditait[2]. »

[1] Après Eugène Burnouf, on doit à l'un de ses élèves, M. Barthélemy Saint-Hilaire, un utile ouvrage sur le bouddhisme.

[2] Ici M. Max Müller adresse à l'homme même son hommage, et, sans s'en douter, il fait également son propre éloge. « En perdant Burnouf, non-seulement nous avons perdu l'infatigable compagnon de nos travaux, non-seulement un maître désintéressé, mais aussi le plus révéré des juges. Son suffrage était pour nous tous le plus envié des éloges; sa censure, sans doute, était redoutée; mais, dans toutes ses sentences, il était loyal et généreux.

« Lorsqu'on nous apprit sa mort, tous ceux qui se livrent à nos études partagèrent ma douleur; mes regrets furent les plus grands, parce que plus grande était ma perte! *Jamais, sans le secours de ses leçons, je n'eusse été capable d'entreprendre d'éditer les Hymnes et les Commentaires du Véda.* Il me sembla que mon entreprise avait perdu comme la fleur de son charme et de son succès. « Que va dire Burnouf? » c'était ma plus chère pensée quand j'achevais mon premier volume. A présent que j'arrive au terme du second, qui va subir le jugement de tant d'érudits que j'aime et dont j'admire le savoir, mon âme se reporte vers celui qui n'est plus parmi nous, et je ne puis songer sans douleur au jugement ami qu'il aurait porté!... »

Voilà la vraie confraternité des études, même de celles dont la profondeur et l'apparente aridité ne sauraient dessécher les cœurs généreux; elle s'élève au-dessus des tristes jalousies et des dénigrements entre les personnes ainsi qu'entre les nations dignes de mutuelle estime.

Les travaux d'Eugène Burnouf honorés par la France et par l'Exposition universelle de 1851.

Peu de temps après l'époque où Max Müller rendait cette ample justice au savant français, le Gouvernement impérial fut animé d'un noble sentiment; il proposa par un projet de loi d'honorer la mémoire de M. Burnouf, en décernant à sa veuve sans fortune 5,000 francs de pension.

J'eus le bonheur et l'honneur d'être choisi pour rédiger le rapport au Sénat sur ce projet. Je vais en donner un extrait :

« L'expédition accomplie par notre armée d'Orient avait conquis pour peu d'années l'Égypte moderne; la découverte d'un seul homme, Champollion jeune, a conquis pour toujours l'Égypte de l'antiquité. C'est désormais une province intellectuelle de l'empire impérissable créé par le génie français.

« Entre Champollion et son successeur à l'Académie, Eugène Burnouf, se place la grande figure de Silvestre de Sacy, qui vécut à lui seul presque autant que ses deux émules. Les conquêtes de Sacy s'étendent sur tous les pays où l'homme a parlé les langues sémitiques. Pour la langue arabe, il a rétabli, sur des principes que maintenant empruntent de lui les Orientaux mêmes, la grammaire, la prosodie et la rhétorique des beaux temps de la nation dont Mahomet fut le prophète. Si jamais le peuple arabe, renversant la marche des temps, revenait aux jours brillants d'une civilisation depuis longtemps éclipsée, s'il voulait de nouveau concourir aux travaux de l'esprit humain, comme autrefois sous les illustres califes d'Orient et d'Occident, s'il voulait rendre son langage à sa pureté première, à son harmonie, à ses délicatesses, il n'aurait qu'à donner aux écoles de sa nouvelle Bagdad ou de sa moderne Cordoue l'enseignement complet institué par Silvestre de Sacy. Voilà notre seconde conquête poussée des bords de l'Atlantique jusqu'aux rives de l'Euphrate, et voici la troisième.

« C'est à partir des rives de ce fleuve, pour aller au delà des montagnes qui séparent l'Inde et la Chine, qu'Eugène Burnouf a dirigé ses découvertes; Burnouf, dont nous aurons caractérisé d'un seul mot le rare mérite, en répétant ce qu'en a dit le Quintilien français, qu'il fut *un philologue de génie*. Il était à la fois le plus réservé parmi les novateurs, le plus judicieux dans ses déductions toujours fondées sur des données irrécusables, et cependant le plus audacieux, sans y viser, par la grandeur des découvertes qui sortaient comme d'elles-mêmes de sa méthode féconde et de sa logique ingénieuse. Après avoir le premier assigné les règles de l'idiome religieux qu'on révère au nord du Gange, il rend à l'Asie centrale l'intelligence du Zend, la langue sacrée dont s'était servi Zoroastre. Cette langue, oubliée depuis tant de siècles, il l'a fait revivre comme un dialecte restitué du *sanscrit archaïque*.

« N'est-il pas admirable, Messieurs les Sénateurs, de voir un Français, dès l'âge de vingt-sept ans, comprendre le premier et faire comprendre, dans son texte primitif, le livre liturgique propre à l'une des grandes religions de l'Orient; à celle dont les sectateurs n'entendent plus les préceptes qu'avec le secours de versions plus ou moins corrompues, à travers deux langues successives dont la plus antique, frappée du même sort que le texte primordial, est pour eux inintelligible! Afin de compléter une si grande découverte, Eugène Burnouf démontre que le Zend est, presque dans son entier, la langue conservée sous le mystère des inscriptions cunéiformes de l'antique Persépolis. Il devance ainsi merveilleusement la découverte que, bientôt après, un Français devait accomplir, dans la même Asie centrale, du palais de Ninive et de ses plus beaux hypogées.

« Après la mort de Silvestre de Sacy, Eugène Burnouf devint, à sa place, inspecteur des types orientaux pour l'Imprimerie royale. Il enrichit avec un zèle extrême ce magnifique établissement. Il fit graver les poinçons des caractères propres aux langues de l'Inde et de la Chine; il en tira le parti le plus précieux par des publications dont lui seul pouvait surveiller la correction savante et les porter à la perfection.

« *A l'Exposition universelle de Londres*, l'auteur de ce rapport avait fait venir, pour représenter les chefs-d'œuvre de l'Imprimerie nationale, trois admirables in-folio, dont la typographie splendide était pourtant le moindre mérite : c'était la mythologie poétique et populaire composée sous le titre de *Bhagavata-Pourâna*, non-seulement traduite, mais éditée par notre illustre philologue et portant le texte en regard [1].

« Le pays où nous exposions ce monument de notre érudition et de nos arts rappelait un noble hommage rendu par un de ses plus

[1] Cet ouvrage est un de ceux qui ont mérité la plus honorable récompense pour l'Imprimerie nationale de France.

dignes enfants, dès l'année 1837, à la patrie des Burnouf et des Sacy. Le résident anglais au Népaul, le savant M. Hodgson, correspondant de l'Académie des Inscriptions et Belles-Lettres, avait offert à notre Société asiatique *quatre-vingts manuscrits* sur les croyances bouddhistes. Telle fut la riche carrière où puisa l'illustre Eugène Burnouf pour ériger, à force d'art, un dernier et beau monument, sous le titre modeste d'*Introduction à l'Histoire du bouddhisme indien*. Ce livre révèle à l'Europe une religion suivie par trois cents millions d'hommes; une religion dont les prêtres, dégénérés comme leur culte, ne comprennent plus qu'imparfaitement l'idéologie et les traditions. Eugène Burnouf restitue l'histoire de toutes les sectes; il en fait connaître, avec leurs vrais caractères, la filiation et la chronologie, qui sont maintenant ignorées dans les écoles mêmes et dans les temples de l'Orient.

« Si les missionnaires français veulent faire de ces travaux une étude approfondie, facile aujourd'hui grâce à la méthode si lumineuse de Burnouf, ils apprendront par quels ressorts le bouddhisme a produit ses empiétements immenses sur les cultes de Brahma pardelà l'Inde et sur la philosophie de Confucius en Chine. Ils trouveront des moyens nouveaux de renverser les unes par les autres des croyances où l'erreur a bâti sur l'erreur. Sous ce nouveau point de vue, le don des langues redeviendra, comme au temps des Paul et des Jérôme, l'une des puissances de l'apostolat. Ainsi, l'influence des grands philologues français, de Silvestre de Sacy pour le mahométisme et d'Eugène Burnouf pour les idolâtries de l'extrême Orient, cette influence aura préparé, dans la destinée des générations futures, des changements dont il ne nous est pas donné d'assigner la grandeur et les conséquences.

« Messieurs les Sénateurs, tandis que la fortune inconstante trahissait nos armes il y a quarante ans, et que d'autres peuples européens propageaient si loin vers l'Orient leur domination matérielle, n'est-ce pas, en définitive, un magnifique spectacle que celui du génie français qui, d'un pas plus sûr et plus ferme, étend plus loin sur la terre la domination de ses idées, remonte le cours des siècles passés, les fait comprendre à notre époque, éclaire le monde, et, par le labeur de trois hommes[1] silencieux, isolés, sédentaires, nous dirons presque reclus, accomplit de nos jours cette grande tâche où la France est sans égale au milieu des nations civilisées?

[1] Champollion, Silvestre de Sacy et Eugène Burnouf.

« Des trois auteurs de cet immense succès, deux, à la fleur de l'âge, ont succombé victimes de leur ardeur et d'un travail surhumain. Tous deux, suivant la belle expression de Napoléon le Victorieux, tous deux ont monté *sur la brèche de leur état;* tous deux y sont morts en léguant à leur patrie une gloire de plus parmi celles qui ne peuvent jamais périr. Le dernier de ces héros de la pensée, Eugène Burnouf, est celui qu'on vous propose aujourd'hui de récompenser dans la personne de sa veuve..... »

Ce généreux projet de loi fut voté, comme il devait l'être par un Sénat français, à l'unanimité.

Les brahmanes ou prêtres de Brahma.

S'il faut en croire les prêtres de l'Hindoustan, les dieux ont voulu qu'il existât chez les humains des inégalités infinies. Pour favoriser les hommes destinés au rang le plus élevé, Brahma lui-même, le premier des dieux qui daigna prendre une forme humaine, Brahma *le dieu créateur,* a sanctifié leur race, qu'il a placée au-dessus de tous les autres mortels. Il leur a donné le caractère indélébile de *brahmanes,* afin qu'ils soient à jamais ses pontifes.

Leurs enfants mâles naissent brahmanes, pourvu que la mère soit aussi de la même race.

Nous l'avons déjà dit, aux chants primitifs des Rishis les brahmanes ont ajouté leurs commentaires. Ces commentaires donnent l'intelligence des textes devenus obscurs par l'altération du langage et le changement des mœurs; ils vont plus loin : ils unissent par des liens étroits les chants sacrés *à la liturgie* qu'ils expliquent. Les prêtres de Brahma sont parvenus à rendre indivisibles le respect et la foi des Hindous pour les hymnes et pour les commentaires, immuables ensemble depuis au moins vingt-cinq siècles.

Les brahmanes se sont fait une loi de ne transmettre l'intelligence du Véda qu'à des radjahs, à des rois; ils commettraient un sacrilége en les abaissant à la portée des classes inférieures.

Le Code sacré de Manou; les castes qu'il établit.

Parmi leurs codes, les Hindous comptent au premier rang celui de Manou, qui réunit, comme le Koran, les préceptes religieux aux lois civiles : ensemble qui renferme les conditions de leur société.

Ce code a consacré quatre classes héréditaires et complétement séparées. Les Portugais, les premiers qui les aient connues parmi les modernes, leur ont donné le nom de *castes*, nom que les Européens ont tous adopté. Ainsi, le peuple européen qui fit les premières conquêtes dans les grandes Indes, et qui devait les perdre presque toutes, ce petit peuple portugais a donné des noms bien plus durables que ses lois aux principales distinctions sociales des deux plus grandes nations de l'Orient. C'est d'après lui que l'Europe entière appelle *mandarins* tous les fonctionnaires chinois ayant pouvoir de commander, de donner *mandat*. Ainsi que je viens de le dire, l'Europe a pareillement accepté sa dénomination de *castes*, appliquée aux classes qui composent les sociétés hindoues. Dans le Bengale, on voit des brahmanes qui président au culte dans un temple, et dont chacun, à l'imitation du prêtre portugais, s'appelle lui-même *le padre*, le père de ses fidèles [1].

Voici l'ordre suivant lequel le code de Manou divise la société hindoue : au premier rang est le prêtre, le brahmane; au second rang est le guerrier, dont la classe est appelée *kshatria;* au troisième rang, le laboureur ou *vésya :*

[1] Bishop Heber's, *Indian Journal*, t. I, chap. I.

les individus de ces trois castes *sont deux fois nés*[1]. Au quatrième et dernier rang figure le serviteur, le *soudra* : celui-ci *n'est né qu'une fois.*

Il est intéressant de savoir ce que sont devenues ces diverses catégories en traversant un grand nombre de siècles. Celle des cultivateurs a presque disparu; celle des guerriers subsiste principalement vers le nord, chez les belliqueux *Radjpoutes*, les fils des Radjahs, des Rois, peuples dont nous étudierons l'état social. Les soudras, les serviteurs, se trouvent rarement ailleurs qu'au milieu d'une race militaire, infiniment moins noble que ne sont les Radjpoutes : telle est la race des Mahrattes ou Jauts.

De ces changements séculaires qu'ont éprouvés les castes primitives, voici le résultat final. Une seule classe, et c'est la plus éminente, s'est conservée quant à l'étendue de la population et quant à la prééminence; grâce aux croyances que nous avons indiquées, le brahmane, assis au sommet de l'édifice religieux et social, maintient inébranlablement sa haute position depuis l'antiquité la plus reculée. Un grand nombre de guerriers ne sont plus les descendants des kshatrias, et la plupart des laboureurs actuels ne descendent plus des vésyas; la majeure partie de ces deux castes a péri dans les combats ou s'est fondue dans la catégorie des artisans et des serviteurs.

Dans les rangs inférieurs et mélangés par la main du temps, un singulier enchaînement de sous-castes diffère presque sans limites, suivant les localités. On en compte rarement moins de soixante et dix dans un même État moderne; en quelques pays de l'Inde, ce nombre s'élève à plus du double, et dans certaines principautés, jusqu'à

[1] Cela veut dire sans doute que les individus de ces castes, grâce à l'initiation religieuse, ont reçu comme *une seconde naissance* par le bienfait de l'initiateur qui leur a communiqué la plus haute instruction sacrée.

cent soixante et dix. Le plus souvent, il faut le dire, les catégories, que les Européens croient distinguer sous le nom trop prodigué de castes, sont seulement des classes industrielles dont les métiers spéciaux sont exercés immuablement de père en fils.

Dans les rangs intermédiaires et dans les rangs inférieurs de la société, entre les guerriers et les serviteurs, les kshatrias et les soudras, les diverses professions forment sinon des castes spéciales au moins des corporations distinctes : pêcheurs, tisserands, tailleurs, etc. Chacune a son rang et ses priviléges, conservés comme héritage de famille.

Je ne voudrais pas répondre que les nombreuses souscastes professionnelles n'établissent entre elles des gradations sociales, ainsi qu'on en remarque même en Europe entre les arts et les métiers, entre les professions libérales et celles qui ne le sont pas : de ces nuances, les unes sont fondées, avec raison, sur la valeur des connaissances; les autres le sont sur l'orgueil et les préjugés.

Parallèle et séparation des peuples où règne l'inégalité du brahmanisme et de ceux où règne l'égalité chinoise et bouddhique.

Comme il vient d'être expliqué, voilà déjà plus de vingt-cinq siècles que, dans l'Inde, un vaste ensemble de populations s'est divisé par grandes catégories, qui consacrent à la fois deux ordres d'inégalités infranchissables, l'un sacré, l'autre social. Par un contraste remarquable, depuis à peu près ce nombre de siècles, les doctrines recueillies par Confucius consacrent l'unité de la nation chinoise et l'égalité des familles, sans caste prédominante et pontificale. La Chine possédait de toute antiquité cet heureux bienfait de l'égalité sociale, qui s'étendit comme l'a fait plus tard un nouveau culte, le bouddhisme, fondé sur le même principe, jusques aux confins nord-est des Himâlayas; tandis que l'Hindoustan concentrait l'odieuse inégalité de ses castes à l'occident ainsi qu'au midi de cette grande limite naturelle. Les plus hautes montagnes de la terre ne semblent pas trop élevées pour séparer deux ordres de sociétés établis sur des principes aussi profondément antagonistes.

Lutte implacable entre le brahmanisme et le bouddhisme.

Les sectateurs de Brahma sont remarquables pour leurs égards envers des hommes qui professent d'autres cultes, tant que ceux-ci restent inoffensifs à leur égard.

Une seule fois le brahmanisme s'est signalé par une implacable intolérance. Un schisme s'était formé sous l'invocation du sage Bouddha. On aurait supporté peut-être les nouveautés métaphysiques par lesquelles les novateurs prétendaient distinguer leur croyance; mais ils refusaient de reconnaître *la hiérarchie des castes*. C'était saper le brahmanisme par sa base sociale. Il s'ensuivit une guerre acharnée, qui ne trouva sa fin que dans l'extermination ou la fuite des sectateurs de Bouddha; les uns traversèrent les monts Himâlayas, les autres le fleuve Brahmapoutra. Ils gagnèrent le nord et l'orient et s'avancèrent sans obstacle jusqu'aux extrémités de la Tartarie, de l'Indo-Chine, de la Chine proprement dite et du Japon.

Aujourd'hui trois à quatre cents millions d'hommes professent le culte du bouddhisme. Aucune autre religion ne compte un aussi grand nombre de croyants. Leur chef spirituel est le Grand Lama, et leur prince temporel le plus puissant est l'empereur de la Chine.

Comment les brahmanes ont conservé leur caste et leur autorité sociale.

Cherchons maintenant à pénétrer les prodiges de prudence et d'habileté par lesquels, à travers des invasions et des révolutions infinies, les brahmanes ont pu conserver leurs priviléges excessifs au milieu des autres classes de la société. Ainsi que nous l'avons indiqué déjà, c'est par un mélange incessant des préceptes religieux avec l'autorité profane; c'est aussi par des vertus, qu'il serait injuste de méconnaître, et qui sont la partie la plus recommandable de leur supériorité.

Au milieu des sociétés si diverses de l'Inde, le brahmane défend habilement sa domination; il sait la maintenir sans usurper, sans contester aucun pouvoir établi. Quelle que soit sa position politique, il lui suffit de conserver intactes les nombreuses prérogatives attachées à son sacerdoce. Ces prérogatives sacrées, il se garde bien de les mettre en lutte avec les institutions humaines; il a commencé par tout devoir à la triple influence religieuse, morale et politique.

Aujourd'hui même, ses priviléges sont rachetés par de nombreux sacrifices, et dès l'origine ils étaient intimement unis à des austérités excessives. L'empire qu'il exerce sur les autres hommes, il le conserve *en conservant son empire sur lui-même* : autorité du for intérieur que ni les siècles ni les révolutions ne peuvent lui ravir.

Dans les temps antiques, sa vie se partageait en quatre âges marqués par des travaux incessants, par des études et des méditations perpétuelles; il y joignait des privations et des souffrances volontaires qui semblaient, si grande apparaissait sa force d'âme, l'élever au-dessus de l'humanité.

Quand il entrait dans la dernière phase de son existence, il se recueillait en lui-même, pour se mieux dégager des liens de la terre; son âme se préparait à quitter son corps, comme l'oiseau qui va quitter le rameau fléchissant d'un arbre, quand il veut voler vers le ciel.

Cette poésie de la mort, le législateur Manou la ré vèle, dans son code, sous des images qui devaient frapper la vive imagination des Orientaux. Écoutons-le :

« Une maison construite avec des os, qui sont les poutres et les chevrons de l'édifice humain; avec des nerfs et des tendons pour assemblages, du sang pour mortier et la peau pour couverture; une maison qui, loin d'être remplie des plus doux parfums, est souillée par de vils excréments;

« Cette demeure si fragile, habitation de l'âge et de la douleur, séjour des maladies, fatiguée par la souffrance, fréquentée par l'obscurité, incapable de durer longtemps, une telle demeure de l'âme vitale, immatérielle, laisse la noble habitante toujours joyeuse de l'abandonner.

« Voyez un arbre détaché du bord de quelque rivière : comme un oiseau qui délaisse à tire d'ailes l'appui de ce tronc vacillant, l'intelligence humaine, en quittant sa prison, est délivrée *du vorace requin de ce monde.*

« Laissant ses bonnes actions pour être transmises, suivant la loi du Véda, à ceux qui le chérissent, et ses mauvaises aux personnes qui le haïssent, il peut attendre l'autre vie en se livrant à de saintes contemplations. »

La direction et la persévérance des méditations pieuses caractérisent surtout la vie du brahmane; au travail de son intelligence il est tenu même aujourd'hui de joindre d'étranges austérités. Pour conserver sa pureté morale au milieu des souillures sans nombre qu'il lui faut éviter, il doit s'imposer des privations infinies et pénibles; il doit s'interdire tout usage de nourriture animale, et cette interdiction est sanctionnée par la plus effrayante de toutes les peines, dans l'ordre de ses idées.

Tout Hindou, s'il mange d'un mets interdit par son culte, sait que par cela même il perd sa caste; et sa déchéance est complète. Il devient étranger à toutes les autres castes; il descend au dernier rang des parias, et jamais il ne peut remonter l'échelle des inégalités sociales. Dans cette chute irréparable, l'homme qui tombe de plus haut est le brahmane; c'est donc lui qui doit mettre à s'en préserver le plus de vigilance et d'énergie.

Suivant la conviction du peuple, aussi longtemps que le brahmane reste pur, il est l'être supérieur qui tient en ses mains la clef des positions religieuses et sociales; *il est l'oracle sacré qu'au besoin chacun doit consulter pour ne pas perdre sa caste.* Une sentence, un mot de lui, peuvent faire descendre une famille et sa postérité, d'un rang, de deux rangs, de tous les rangs qui constituent l'échelle sociale. Sa parole condamne un pécheur à la dernière humiliation dès la vie présente; elle peut le damner pour la vie future. La sentence lancée par un tel juge introduit un enfer vivant au milieu de l'existence humaine.

La durée même de cet empire excessif, conservé depuis tant de siècles, fortifie l'hommage que lui rend la vénération nationale. Ce phénomène sans exemple, que depuis plusieurs milliers d'années le brahmane a conservé sa place supérieure, c'est, aux yeux de l'Hindou, le témoignage d'un ordre divin qui règle à jamais la société et qui marque à chaque individu son rang immuable. Se soumettre à la loi sanctifiée par le temps; en observer les moindres prescriptions, c'est, selon lui, pratiquer la vraie religion. L'obéissance volontaire à cette autorité tempère les maux civils que la prescription hiérarchique pourrait produire quelquefois, et les fait révérer par la piété *depuis plus de cent générations.*

Ayons soin d'observer les compensations singulières que présente la hiérarchie des castes. Un désavantage physique pèse sur le rang le plus élevé. Le brahmane est obligé de préparer lui-même ses propres aliments; il doit puiser de ses mains l'eau qu'il veut boire. Les mains de toute autre caste, en polluant sa nourriture, lui feraient perdre son rang; tout individu de haute caste doit pareillement se priver, pour suffire à sa vie, du secours manuel des castes inférieures. Le croira-t-on dans notre Europe? L'ombre portée par le corps d'un homme de moindre caste, le simple regard de celui-ci pénétrant le vase qui renferme les aliments du brahmane, et bien plus encore un contact personnel, ces énormités produiraient la profanation : d'où s'ensuivrait la perte de la caste.

Ainsi, partout, les castes supérieures sont elles-mêmes les esclaves de la croyance qui sanctionne leur supériorité; il faut qu'à chaque moment elles soient sur la défensive, afin d'éviter le plus grand des dangers : leur propre dégradation. C'est l'application de la belle maxime invoquée par César au milieu du sénat romain : *In maxima fortuna minima licentia est :* dans la plus haute fortune, la moindre licence est interdite.

En cela plus heureuses, les castes les moins élevées sont affranchies de pareilles servitudes et de ces terreurs perpétuelles. Un brahmane peut les servir sans compromettre sa sainteté, toucher à la nourriture des individus des dernières castes; il peut la leur préparer de ses propres mains, sans déroger ni religieusement ni socialement. C'est à lui, l'être supérieur et presque divin, que de pareils services domestiques et serviles ne peuvent pas être rendus.

De là résultent d'étranges renversements dans la vie civile et dans la vie militaire, ainsi qu'on le verra quand nous ferons connaître les difficultés du service des cipayes, et quand nous étudierons les causes, futiles en apparence, des rébellions les plus formidables.

Les individus des castes inférieures peuvent parvenir à des emplois en vertu desquels ils commandent aux saints personnages des castes les plus élevées : cela s'est vu surtout dans les États conquis par les mahométans.

Les Mahrattes, peuples hindous, sont d'une caste fort inférieure. Chose extraordinaire, malgré ce désavantage, ils ont constitué la dernière grande souveraineté dont les chefs n'appartinssent pas à l'islamisme; ils ont vaincu, ils ont tenu prisonnier l'empereur musulman dans son propre palais. Ils ont fait plus; ils ont rangé sous leur loi des brahmanes et des princes radjpoutes de très-haute caste. Eh bien! même chez les Mahrattes vainqueurs, où le chef de l'État peut être d'une caste très-basse, aussitôt qu'il ne s'agit plus de commandement civil ou militaire et d'obéissance administrative, la hiérarchie des classes reprend son empire; elle règle les lois du respect individuel, et le brahmane est plus révéré que le capitaine et le prince, le soubahdar et le radjah!

Faisons remarquer un dernier moyen d'influence dont l'importance est infinie pour une caste sacrée : c'est la bienfaisance érigée en précepte religieux, et pratiquée par ceux qui l'enseignent. C'est à la fois la plus douce et la plus puissante des clientèles. Les livres saints des brahmanes commandent avec un charme infini cette charité; et les brahmanes pratiquent à l'envi sa douce loi, qui s'est conservée dans l'Inde, lorsque tant d'autres vertus se sont corrompues.

Voilà par quel mélange extraordinaire de grandeur et

d'abaissement, d'actes politiques et religieux, de droits, d'obligations et de bienfaits, chacun ayant sa part d'inconvénients et d'avantages, un enchaînement social si surprenant s'est conservé sans irritation, sans murmures et sans révolutions à travers les siècles.

Une seule classe n'éprouve jamais aucune compensation : c'est celle des misérables que nous nommons *les parias*. Elle ne fait partie d'aucune caste : soit que les individus ainsi placés en dehors de l'état social descendent des tribus subjuguées; soit que, par l'effet d'un châtiment, on les ait expulsés des castes hiérarchiques. Par bonheur, cette classe est de beaucoup la moins nombreuse au sein de la société hindoue. Dans les forêts et les montagnes, elle vit à part, reste libre; et là, rien ne l'humilie.

Ne fût-ce que par intérêt pour l'histoire de l'esprit humain, il serait à désirer qu'un observateur impartial, écartant les souillures que nous allons signaler, cherchât à connaître auprès des brahmanes les plus instruits et les plus vertueux de Bénarès ce que la partie honnête et supérieure des Hindous conserve encore de la religion primitive, enseignée par les grands ouvrages sacrés qui furent la gloire et la lumière de l'Inde antique.

Si le brahmanisme a quelque chance d'être sauvé dans le siècle présent et dans l'avenir, ce ne peut être que par des efforts tentés pour ramener toutes les castes, à commencer par celle des brahmanes, aux croyances élevées qu'imaginèrent leurs ancêtres dans les temps les plus révérés. Il faudrait que les prêtres hindous fissent fleurir de nouveau la connaissance du sanscrit, et qu'ils rendissent générale dans leur caste l'intelligence de leurs livres sacrés; il faudrait en même temps publier en langue vulgaire les poëmes si beaux dont nous allons dans quelques moments donner une idée. Ces chefs-d'œuvre enflammeraient l'imagination du peuple et lui feraient aimer tour à tour de nobles et douces vertus. La liberté de la presse et l'économie qu'offrent aujourd'hui les moyens de publication présenteraient de grandes facilités pour un tel projet.

Comment a dégénéré le brahmanisme.

De quelle dégradation et de quelle corruption les régénérateurs n'auraient-ils pas à retirer la religion telle qu'on l'accuse d'exister aujourd'hui dans presque toute l'Inde! Aux yeux de fanatiques égoïstes, l'homme peut conquérir le ciel par des austérités, indépendamment des œuvres. Le brahmane, en vertu de sa caste, est supérieur aux dieux mêmes; les dieux sont effrayés des pénitences que s'imposent les dévots : les dieux ont peur d'être maudits par un brahmane! Un panthéisme qu'on a fini par remplir d'obscénités révoltantes a, par degrés, altéré, avili les notions de la divinité : notions qui, dans le principe, étaient si majestueuses. Que de choses peu raisonnables et peu morales dans la vaste collection des *Pouranas*, cette légende dorée de la moderne religion des Hindous, compilée entre le VIe et le VIIIe siècle de notre ère! Là se trouve l'histoire fantastique de la foule des dieux immondes enfantés par des imaginations désordonnées : triste réceptacle de sectes sans nombre et de croyances honteuses. Là, le crime même a cherché ses infâmes divinités. L'étouffeur héréditaire, le *thug*, y puise des rites pour adresser ses prières à la déesse de l'étranglement et de la trahison; le voleur de grands chemins, le *dacoït*, pareillement héréditaire, professe un culte qu'il adresse à la déesse du vol et du meurtre.

En présence de ces erreurs, de ces imbécillités et de ces turpitudes, l'ami de l'humanité, le sincère adorateur de la sagesse éternelle, doit former des vœux pour que le christianisme, avec ses croyances épurées, avec sa morale sublime, son amour de l'humanité et sa compassion pour tous les malheurs, fasse disparaître tant de misérables croyances qui révoltent le sens commun et de pratiques monstrueuses que l'on ose nommer des cultes. Encourageons le zèle des missionnaires, mais sans nous laisser abuser par de trop prochaines et trop vastes espérances. Dans l'intérêt de cette œuvre, il importe que la prudence et la charité n'appellent à leur secours que l'aide du temps, des lumières bienfaisantes et des moyens les plus doux.

Qu'il nous soit permis de citer ici les généreux sentiments si bien exprimés par M. Malcolm Ludlow dans les leçons qu'il a données sur les races et les gouvernements de l'Inde :

« Rien ne m'inspire plus d'horreur que les idées de castes et de priviléges; cependant je tremble lorsque j'entends des hommes proposer que l'on chasse à coups de pied l'institution de ces castes. Je sens qu'il est meilleur pour l'Hindou de considérer un brahmane, trompeur et peut-être trompé lui-même, comme la tête d'un corps organisé, vivant, et qui possède aussi des vertus, plutôt que de tomber dans la persuasion que la société dont il fait partie ne présente ni corps ni pensée, et n'est rien qu'un amas de matière putrescente dévorée par les vers. Jusqu'au moment où nous saurons faire apprécier au sectateur de Brahma le bienfait d'un Sauveur divin, et le conduire à la véritable société chrétienne, je ne puis pas apercevoir quel bon résultat découlerait de la destruction des castes, en supposant qu'on les puisse détruire. »

Le sage ne doit pas considérer uniquement les côtés imparfaits de l'état social des Hindous. Sachons apprécier, malgré tous ses vices, une civilisation qui subsiste depuis plus de trente siècles, une civilisation qui s'allie à des mœurs aimables, douces et charitables; qui, loin d'avoir fait dépérir l'espèce humaine, a mis en valeur une des contrées les plus belles du globe, et qui l'embellit encore; qui favorise à tel point la population, qu'elle fait vivre aujourd'hui, sur *un quarantième* de la terre habitable, *un septième du genre humain;* qui sait joindre l'élégance à la douceur des relations de la vie; qui, depuis plus de deux mille ans, donne à l'Occident les plus somptueux et les plus gracieux vêtements dont aiment à se parer l'opulence et la beauté; qui réussit à donner aux produits de ses plus simples métiers un caractère, un aspect, un charme rempli de grâce et dont la source appartient au génie des beaux-arts. Cette civilisation, malgré sa décadence et ses énormes défauts, nous paraît mériter d'être étudiée avec un profond intérêt, et d'être rangée parmi les grandes œuvres de l'esprit purement humain.

Pour dernière apologie des Hindous, je rapporterai le jugement qu'a porté sur eux Warren Hastings, qui les a gouvernés pendant beaucoup d'années. Au fond de sa conscience, il s'avouait certainement combien cette nation devait savoir pardonner pour qu'elle ne fût pas restée son éternelle ennemie. Interrogé dans la Chambre des lords, en 1813, il porte ainsi témoignage en faveur des races brahmaniques :

« On s'est efforcé d'égarer l'opinion publique, en donnant à croire que les natifs de l'Inde sont dans un état complet de turpitude morale, en affirmant qu'ils vivent sans retenue dans la souillure de tous les vices et dans la perpétration de tous les crimes qui peuvent déshonorer la nature humaine. Par le serment que j'ai prêté devant vous, j'affirme que cette assertion est fausse, et sans aucun fondement... Lorsqu'on parle des indigènes, il faut distinguer les Hindous, qui forment la grande majorité de la population, et les mahométans entremêlés avec eux, mais qui vivent d'ordinaire en communautés distinctes. Les premiers sont doux, paisibles et bienveillants; on les trouve plus susceptibles de reconnaissance pour la bonté qu'on leur témoigne que prompts à se venger des maux qu'on leur a fait souffrir. Ils ne sont pas moins exempts des plus mauvais penchants du cœur humain qu'aucun autre peuple de la terre; affectionnés et fidèles dans le service personnel, ils se montrent obéissants à l'autorité légale. Ils sont, il est vrai, superstitieux; mais ils ne pensent aucun mal de nous, quoique nous soyons étrangers à leurs croyances. Tout imparfait, tout grossier que soit leur culte, les préceptes de leur religion sont étonnamment favorables aux meilleurs destins de la société, au bonheur des hommes, à la paix des États.»

Poésie des Hindous : ses rapports avec les trois règnes de la nature.

Lorsqu'on veut apprécier la poésie de l'Inde, il faut se reporter aux temps antiques; il faut du moins étudier les traductions du sanscrit, qui n'est plus la langue usuelle de cette contrée... Les dialectes imparfaits qui l'ont remplacé lors des invasions musulmanes ne présentent aucune œuvre originale digne d'attirer l'estime des étrangers; depuis plus de dix siècles, une stérilité déplorable a flétri les esprits et les imaginations.

Dans le tableau que nous présentons du travail de nos générations modernes, nous avons à signaler la poésie antique de l'Inde, exhumée de nos jours par le génie des Occidentaux et rendue à l'intelligence du genre humain; de même que ce génie a fait comprendre les hiéroglyphes, l'épigraphie cunéiforme et les monuments découverts de nos jours en Égypte, dans l'Asie Mineure et dans l'Assyrie.

Disons en quoi la poésie de l'Hindoustan possède sur celle des autres contrées de merveilleux avantages. Un sentiment religieux qui n'appartient qu'à sa terre natale répand ses inspirations sur les grandes scènes qu'offre la nature et sur les moins étendues qui se concentrent dans la famille et le foyer domestique. L'adorateur de Brahma révère en lui le créateur d'un peuple privilégié; chaque jour, sa piété nationale remercie ce père des hommes d'avoir institué pour l'Inde, ET POUR L'INDE SEULE, une civilisation dont la hiérarchie sublime a choisi les brahmanes, afin d'en faire le premier ordre de ses prédestinés. Sa loi les a placés plus près de la suprême intelligence que les âmes les plus parfaites d'aucune autre race humaine.

Une métempsycose incessante, dont les transmigrations sont des jugements divins, fait passer tour à tour l'âme déchue des mortels vicieux ou criminels dans le corps d'êtres animés et de nature inférieure, pour être rendus plus tard à la vie de l'espèce supérieure. Les dieux descendent sur la terre le plus souvent sous la forme humaine, et quelquefois sous la forme des animaux. Vishnou n'a pas dédaigné d'animer de son souffle un humble quadrumane; il s'est abaissé jusqu'à des espèces d'un ordre beaucoup moins rapproché de l'homme.

Ce pèlerinage des âmes humaines et même de l'intelligence divine, ce passage perpétuel, infini, visible seulement aux imaginations, répand sur les êtres vivants de la Péninsule indienne un intérêt mystérieux, admirable de poésie. Les cœurs sont saisis d'une sympathie presque fraternelle en faveur de tout ce qui se meut et de tout ce qui respire. Immoler tel animal, qui recèle peut-être une âme humaine, c'est s'exposer à commettre un homicide; le danger est grand surtout si la victime appartient à des espèces sympathiques ou sacrées.

Il ne suffit pas à l'Hindou d'aimer et de respecter le premier des trois règnes de la nature, celui qui comprend les êtres animés auxquels les dieux ont attribué certains degrés d'intelligence; le second règne organique parle également à son cœur. Il révère, il chérit l'ordre du monde et la vie universelle jusque dans les végétaux. Il aime à les croire doués d'une sorte d'âme qui se manifeste à lui par le plaisir le plus innocent et le plus suave; c'est de cette âme qu'il aspire alors que s'exhale le doux encens des feuillages embaumés et des fleurs odoriférantes; de ces fleurs qui semblent à l'Hindou plus suaves et plus belles aux bords du Gange et de l'Indus qu'en tout autre lieu de la terre. Elles sont pour lui l'objet d'un culte plein de charme et le sujet de ses chants les plus gracieux. Nous n'en offrirons qu'un indice, tiré de Sacountala, drame héroïque et pastoral qu'on doit au poëte Calidasa.

Le drame chez les Hindous : Sacountala.

Six jeunes filles consacrées au culte des dieux prennent soin d'un même parterre; au milieu d'elles on admire la belle Sacountala, qui sera l'épouse d'un roi.

UNE DES COMPAGNES DE SACOUNTALA.

Ne dirait-on pas que ces jeunes arbustes te sont aussi chers que ta propre vie, quand on te voit prendre tant de peine à remplir d'eau les bassins creusés à leurs pieds, toi, plus délicate que la fleur du *malica* lorsqu'elle commence à s'épanouir!

SACOUNTALA.

Ce n'est pas seulement pour obéir à mon père que je prends cette douce peine. Je t'assure que je ressens pour ces jeunes plantes *l'amitié d'une sœur.*

LA MÊME COMPAGNE DE SACOUNTALA.

Les plantes que nous venons d'arroser sont au moment de fleurir. Arrosons aussi celles qui n'ont plus de fleurs à nous donner; nos soins désintéressés n'en auront que plus de mérite auprès des dieux.....

Enfin, ce que les hommes des autres contrées appellent froidement la nature inorganique et morte, cette nature est vivante aux yeux des Hindous; elle a des sublimités qui placent leur patrie au-dessus des autres contrées de la terre. Les grands monts Himâlayas sont le berceau de ses dieux; ils versent l'eau nourricière de ses fleuves, et surtout l'eau sacrée du Gange, de ce Jourdain gigantesque, tel qu'il le fallait pour un peuple cent fois plus nombreux que ne le fut jamais le vrai peuple de Dieu. La terre mystique de l'Inde renferme encore un bien plus étonnant phénomène : un fleuve révéré coule sous terre, à des profondeurs que l'imagination seule a jamais pu mesurer; quand sa vallée souterraine se réunit à la grande vallée du Gange, ses eaux inaperçues se joignent aux eaux visibles et sacrées, *pour en doubler la sainteté.* La foule incessante des pieux voyageurs se rend en ce lieu cher entre tous à Brahma, de même que les musulmans affluent à la Mecque et les chrétiens à Jérusalem. Près de cet endroit consacré par les dieux que chante le Véda, depuis un grand nombre de siècles n'a pas cessé d'exister et de resplendir *Bénarès la Sainte;* c'est la capitale mystique de l'Hindoustan, l'antique cité de sa religion, de ses lettres, de ses sciences et de ses arts.

Il faut voir, dans les poëmes héroïques et religieux de l'Inde, le rôle admirable que joue cette grande chaîne des Himâlayas qui borde tout le nord et l'orient de la péninsule indienne; ces montagnes si hautes que l'œil humain les aperçoit des bords du Gange et de l'Indus, à cinquante lieues de distance! Viennent ensuite les gradins secondaires, figurés par les chaînes latérales, dont les sommités sont visibles encore à quarante, à trente, à vingt lieues d'éloignement.

Là sont rapprochées et presque superposées toutes les zones si largement étendues sur la surface du globe. C'est d'abord la zone glaciale, dont les Himâlayas tirent leur nom; depuis le plus haut sommet de ces monts, elle ne cesse pas de régner en descendant d'une lieue de hauteur verticale. Une autre lieue descendante comprend la zone tempérée; puis vient la zone torride, qui règne au plus bas des montagnes. Chacune des zones, si grandement étagées, est caractérisée, est embellie par sa faune et par sa flore, c'est-à-dire par ses plantes et ses animaux; chacune a sa physionomie, son charme et sa majesté.

En aucun autre lieu du monde le Créateur n'a disposé de spectacle qu'on puisse comparer à l'immensité d'un amphithéâtre de climats où la nature a réuni cent quatre-vingts millions d'humains, dans une enceinte qui surpasse en étendue le tiers de l'Europe. Voilà ce qui saisit l'imagination la plus puissante.

Reportons-nous par la pensée à trente siècles en arrière. Sur un des plateaux grandioses de ces étages himâlayens que nous venons de signaler, au milieu du paysage le plus animé, le plus riche et le plus majestueux, un poëte inspiré chante la rivalité, le concours entre quatre dieux cachés sous des formes humaines et le héros Nala, qui leur dispute la main d'une mortelle, fille du roi d'Ayodhya. Ayodhya : c'est la capitale antique de ce pays d'Oude qui, de nos jours, vengea la confiscation de sa liberté par la rébellion qui tint deux années l'Angleterre en alarme et l'univers en émoi. Dans ce concours que célèbre la poésie orientale, le héros l'emporte sur les dieux transformés en hommes, et l'Amour donne la victoire.

Si nous voulons établir ici quelque parallèle avec la poésie des Occidentaux, ramenons nos regards sur une scène comparable que la poésie des Hellènes a placée près des confins de notre Europe; c'est au voisinage de l'Euxin, dans la moindre des deux Asies, qu'on appelle l'Asie Mineure. Trois déesses de l'Occident disputent aussi, mais entre elles; le chantre le plus divin de l'antiquité les réunit sur le penchant d'un modeste mont phrygien, le plus imposant qu'Homère ait pu choisir. C'est là qu'un berger, beau lui-même entre tous les hommes, doit décerner le prix entre les beautés descendues de l'Olympe. La scène est admirable de grâce; mais ici nous cherchons en vain cette majesté de la nature qui n'appartient qu'à la grande Asie, sur les confins de l'Hindoustan.

Au milieu des monts Himâlayas nous est aussi offert l'exemple le plus magnanime de l'alliance morale entre l'homme et les animaux; alliance dont nous avons signalé la beauté poétique.

Il y a déjà plus de quatre mille ans, s'accomplissait l'acte suprême d'une lutte entre deux rois qui se disputaient le Gange et l'Indus. L'un d'eux, toujours vaincu, combat toujours. Poursuivi de vallon en vallon, de montagne en montagne, il arrive au dernier sommet des Himâlayas, après un long parcours, en gravissant les neiges éternelles. De toute la terre c'est l'endroit le plus élevé; c'est le plus rapproché du ciel, seul asile qui va s'ouvrir à l'infortune du héros! Au comble du malheur, ce prince nous offre un exemple sublime de la sympathie entre les hommes et les animaux, affection sanctifiée par la croyance des Hindous. Les soldats du roi vaincu sont morts; ses courtisans l'ont abandonné, puis ses parents, puis ses amis. Un seul être vivant, son chien, l'a suivi : l'homme, à son tour, l'abandonnera-t-il? Le roi proscrit refuse le ciel même, s'il ne peut y conduire avec lui le dernier compagnon de sa misère. Les dieux sont attendris; et le chien, disons mieux, la fidélité surhumaine partage la céleste félicité de l'homme héroïque appelé par les immortels.

Voilà comment les trois règnes de la nature se vivifient et s'embellissent aux yeux de la foi brahmanique. Sous l'empire d'un amour universel pour tout ce qui présente une image de la vie, même pour l'eau qui marche et qui roule des flots saints, le plus humble habitant de l'Hindoustan trouverait trop étroit, aux yeux de sa foi, le sentiment déjà si vaste dans l'âme du serviteur de Térence : *Je suis homme, et rien d'humain ne m'est étranger.* Il agrandit encore cette sympathie, qui transporta d'enthousiasme la magnanimité du Peuple-roi, et peut s'écrier à son tour : « Animé comme je le suis de la vie du monde, rien de ce qui vit dans l'œuvre de Brahma, du Dieu créateur, n'est étranger à mon âme. »

Cette puissance d'aimer, si largement répandue sur le monde extérieur, se replie sur elle-même et se fortifie dans le réduit de la famille, pour en épurer, pour en aviver les plus intimes et les plus chastes affections.

Chez les Hindous, en remontant aux époques les plus antiques dont le souvenir soit perpétué par la poésie épique, histoire du berceau des peuples héroïques, nous admirons une délicatesse raffinée, un dévouement presque surhumain de l'épouse envers l'époux pendant la vie et même après la mort : dévouement que nous cherchons en vain dans la poésie d'autres peuples plus primitifs, des Grecs par exemple, au temps d'Homère.

Telles sont les sources abondantes de cette originalité charmante et souvent de cette grandeur qui caractérisent la poésie des Hindous.

Un poëme épique : le Ramâyana.

Dans l'antiquité, le peuple de l'Occident le plus célèbre pour les dons de l'intelligence n'a pourtant présenté que deux poëmes vraiment épiques et dignes de passer à la postérité. L'Orient en a deux, dont l'étendue nous étonne, et tous les deux appartiennent à l'Inde; il me suffira de citer le plus ancien. Longtemps, dit-on, avant Homère vivait le brahmane auteur du Ramâyana, cette immense épopée, qui n'a pas cessé d'être un objet d'admiration dans la partie la plus éclairée de l'Asie.

De 1843 à 1852, l'Imprimerie impériale de France a reproduit le texte sanscrit et la version italienne du Ramâyana donnée par le savant Gorresio, l'élève d'Eugène Burnouf, qui daignait lui-même en surveiller l'impression. L'ouvrage, en 10 volumes grand in-8°, et dont le Gouvernement sarde a fait les frais, est digne de notre plus grande typographie nationale.

Ainsi voilà de nos jours, grâce aux lumières et par la munificence de l'Occident, trois vastes publications des principales œuvres sacrées et littéraires de l'Inde antique : les Védas, les Pourânas et le Ramâyana.

Rama, le héros de ce dernier poëme, n'est pas un simple mortel; il est l'une des incarnations de Vishnou, le dieu qui conserve l'univers. Mais, dans la conception mythologique de cette œuvre, *Rama ne sait pas qu'il est Vishnou!* Rama vient offrir aux humains l'exemple de tous les périls affrontés, de toutes les privations et de toutes les souffrances stoïquement, ce n'est point dire assez, pieusement supportées. Sans cesse, par lui, la force de l'âme est invoquée pour triompher de nos sens et pour dompter nos passions dans les plus rudes épreuves; sans cesse la règle suprême du devoir prédomine et met d'accord le guerrier avec le sage. Il ne gémit pas à chaque instant, comme le héros larmoyant de Virgile : se montrer toujours supérieur à la fortune, adverse ou propice, prier et souffrir sans faiblesse, combattre et triompher, voilà sa carrière. Aucune transformation du souverain maître des hommes, aucun de ses neuf Avatars ne fut plus grand et plus glorieux.

A côté du héros divin, Sita, la fille des rois, le modèle le plus suave de la beauté et de la vertu, Sita, compagne dévouée, suit Rama dans l'exil et brave avec lui les dangers. Un magicien, quelle épopée n'en a pas? un magicien la ravit à son époux et la cache dans un vallon de l'île enchantée de Ceylan. Par des prodiges supérieurs aux forces de l'homme, Rama renverse tous les obstacles, dissipe les enchantements et délivre sa bien-aimée.

Mais la sombre jalousie, cette passion de l'Orient et du Midi, dévore le cœur de Rama. Il ose soupçonner la vertu de Sita; il ne saurait concevoir qu'elle ait pu, si belle, et captive, et sans défense, garder intact son honneur; il fait cet outrage à la chaste Sita, qui n'a que sa faible voix et la sainteté de sa vie pour attester sa fidélité. Le désespoir vient en aide à la vertu de l'épouse innocente et fière; c'est l'épreuve du bûcher qu'elle réclame pour châtiment ou pour victoire. Elle invoque le ciel qui préside à la justice; et saluant, comme un maître toujours chéri, l'époux égaré qui méconnaît sa pureté, d'un pas intrépide elle s'avance au milieu des flammes.

Alors on voit descendre du ciel les grandes divinités de l'Hindoustan : Brahma qui crée et Siva qui détruit; Agni, le dieu du feu, symbole de la pureté; Yama, qui règne sur les morts; et Varouna, le maître des eaux qui purifient. Tous apportent leur témoignage en faveur de l'épouse injustement frappée par le soupçon. Le feu sacré ne l'a point dévorée, les flammes ont fui devant elle. Voilà Sita! la voilà qui reparaît aux yeux du peuple, dans la splendeur de sa beauté, le front ceint de fleurs dont le bûcher n'a pas altéré la fraîcheur; et ses chastes attraits sont pudiquement dérobés sous un voile de pourpre, image du feu qui l'a respectée.

Nous entrevoyons ici l'image primitive des regrets et du dévouement que doit faire éclater, pour honorer la mémoire d'un époux, le sacrifice de sa veuve : ce sacrifice que les livres sacrés n'ont pas ordonné, que les dieux hindous ne viendront pas empêcher, et qui porte aujourd'hui le nom de *suttie*.

Ce peu de mots suffit pour indiquer un ordre de beautés qu'on chercherait en vain dans nos poëmes antiques. Les dieux et les hommes de l'Inde ont d'autres adorations et d'autres passions, d'autres vertus et d'autres délicatesses que les Grecs et les Troyens. La différence est infinie chez les femmes. Andromaque, le modèle des épouses au temps du bonheur, courbe son front sous l'infortune et passe de l'esclavage à l'hymen qu'exige le meurtrier de sa famille! La prudente veuve d'Hector et de Pyrrhus fait mieux encore; elle se marie *en troisièmes noces*, et cette fois avec un Troyen. Sita, captive, était restée fidèle; Sita, délivrée, marche d'elle-même à la mort, et la préfère au déshonneur que le soupçon d'un époux fait planer sur sa vertu.

Des fictions que permet la religion des Hindous sembleraient indignes de la majesté de notre poésie épique : telle est l'alliance de l'héroïque Rama avec le roi des grands singes et son armée de quadrumanes; mais ceux-ci, peut-être, sont *des hommes ou des dieux métamorphosés?* De tels alliés, qui seraient ridicules au milieu des armées d'Homère, unissent à la vaillance, au dévouement, une intelligence des affections morales qui rappelle leur origine souvent humaine, et quelquefois surhumaine! Des beautés remarquables appartiennent à ce genre de fiction.

Dans les scènes si tragiques de l'implacable jalousie qui torture le cœur et pervertit la raison de Rama, les Orangs sont saisis de pitié pour la douleur de Sita, qu'ils accompagnent en pleurant jusqu'au bûcher : on dirait un chœur passionné des tragédies d'Eschyle ou de Sophocle.

Un grand poëte français, M. de Lamartine, n'a pas dédaigné d'offrir une large et profonde appréciation des poëmes épiques et dramatiques, trésors de la langue sacrée de l'Hindoustan. Nul autre ne pouvait juger de si haut et faire apprécier avec autant d'éloquence des beautés qui me semblent avoir plus d'un rapport avec ses poésies les plus admirées. Dans ses *Entretiens de littérature*, quatre conversations, les 3e, 4e, 5e et 6e, sont consacrées à sa magnifique analyse.

Une science cultivée par les Hindous : le calcul.

Dans l'Inde, les sciences d'observation et de calcul ont eu leurs beaux temps. Il nous suffira d'en citer un exemple.

On a faussement fait honneur aux Arabes de l'admirable système de chiffres, si simples, consacrés à l'arithmétique décimale. Ces chiffres, posés à la suite les uns des autres, suffisent pour exprimer les plus grandes quantités que notre esprit puisse concevoir; ainsi représentés, les nombres se peuvent ajouter, retrancher, multiplier et diviser avec un ordre, une facilité, une rapidité que ne permet l'emploi d'aucun autre genre de numération.

Il n'y a guère plus d'un demi-siècle que la France a soumis ses monnaies et ses mesures au système décimal, imaginé par les Indiens dès la plus haute antiquité. Les autres peuples de l'Europe commencent à nous imiter.

Illusions sur l'astronomie des Hindous.

Bailly, célèbre par le malheur, illustre par la science, avait fait de l'astronomie des Indiens une étude approfondie : c'est le sujet du volume qu'il a publié, en 1787, pour accompagner sa grande histoire de l'astronomie ancienne et moderne. Par de savants calculs et des rapprochements ingénieux, il avait cru démontrer la haute antiquité des observations faites par les Hindous.

Dix ans plus tard, l'illustre Laplace, dans son *Exposition du système du monde*, éleva le premier les doutes les plus graves sur les illusions de Bailly.

De nos jours, un illustre savant français, M. Biot, a fait des recherches spéciales sur les connaissances réelles qu'ont possédées les astronomes indiens. Aucun monument antérieur à notre ère n'établit leurs titres scientifiques; et pour les temps postérieurs, tout démontre que les Hindous ont emprunté leurs méthodes, soit aux Chinois, soit aux Grecs d'Alexandrie, soit aux Arabes, héritiers eux-mêmes des Grecs dans les beaux temps des califes.

Les arts cultivés par les Hindous, défavorisés par l'Angleterre.

Lorsque nous ferons la revue des produits si variés et

si remarquables présentés par l'Inde à l'Exposition universelle, nous essayerons de faire apprécier au lecteur ce que les Hindous ont conservé des beaux-arts et des arts mécaniques, pour lesquels ils étaient célèbres lorsque l'Occident était loin de les égaler. Nous aurons moins à constater leur décadence que leur désavantage inévitable par la supériorité qu'ont donnée aux arts européens les applications modernes des sciences à l'industrie.

Ce qu'il faudra déplorer, c'est que la nation britannique, au lieu de tendre sa main secourable aux Indiens pour qu'ils ne fussent pas trop victimes dans une telle concurrence, a fait servir sa puissance de conquérant pour que les produits de l'Hindoustan fussent grevés d'énormes droits ou *prohibés absolument* dans les trois Royaumes; elle agissait ainsi tandis que les produits manufacturés par le vainqueur étaient affranchis de toutes charges dans la péninsule de l'Inde.

III. — LES MAHOMÉTANS; LEURS IRRUPTIONS AU MILIEU DES HINDOUS.

Passons maintenant au peuple le plus nombreux après la nation principale.

Nous abordons la première des grandes conquêtes qui montrent toute la puissance du culte musulman. Il a remporté des succès que n'avaient obtenus dans l'antiquité ni le culte des mages qui guidait l'armée de Darius[1], ni les cultes du polythéisme qui suivaient l'armée d'Alexandre; pareil succès n'a pas été remporté non plus en Orient par le culte chrétien des conquérants portugais, hollandais, français, et surtout anglais.

[1] Quinte-Curce dit qu'on portait dans cette armée, sur un char, un ostensoir de cristal et d'or qui représentait le soleil : le dieu du feu.

Immigrations par le nord-ouest.

Avant d'arriver jusqu'à l'Inde, les mahométans avaient envahi déjà : du côté de l'occident, la Syrie, la Palestine, l'Égypte, l'Afrique romaine et les Espagnes; du côté du nord et de l'orient, la Mésopotamie, la Perse, le pays des Parthes et l'ancienne Scythie. Ils avaient trouvé chez les barbares une facilité de prosélytisme fondée sur la simplicité des intelligences, et chez les peuples civilisés fondée sur la terreur. C'est ainsi qu'au delà du golfe Persique ils avaient conquis et converti presque au même moment les Béloutchis et les Afghans, nations guerrières et sauvages, proches voisines de l'Indus. Ils partageaient avec ces nations l'éternelle convoitise que ressentent les habitants des pays éprouvés par de rudes climats, montueux et peu fertiles : convoitise qui les pousse vers les parties de la terre que la puissance du soleil et la fécondité de la nature favorisent de tous leurs dons.

Ils allaient trouver dans l'Inde trois bassins plus vastes, plus fertiles et plus peuplés les uns que les autres, au milieu desquels coulaient des fleuves comparables au Nil, si le Nil décuplait la superficie de ses terrains arrosés. Ils allaient subjuguer des populations qui différaient avec eux non-seulement de croyances, mais d'état social et de rapports entre les hommes.

Nous avons expliqué comment les Hindous, sans espérer conquérir immédiatement l'éternité d'un séjour céleste, croyaient que les mêmes hommes peuvent mourir et renaître sur la terre avec leur âme primitive; renaître sous d'autres formes, et souvent même en perdant leur nature humaine : Nabuchodonosors sublimes ou vulgaires, transformés par la mort. L'inégalité prodigieuse qu'ils établissaient entre leurs castes, ils la transportaient dans un autre monde, où les destinées et la félicité des brahmanes n'avaient rien de commun ni de comparable avec celle des autres castes, et surtout des plus basses.

En présence de ces folles visions et d'un polythéisme désavoué par la raison, le mahométisme, plagiaire d'Abraham et de Moïse, ne proclamait pour croyance que la grandeur de l'Éternel. Il allait chercher dans le monde entier des serviteurs à son dieu le cimeterre à la main. Il ne discutait pas; et, dans l'enivrement du triomphe, il immolait le rebelle à sa foi, qu'il résumait en ce peu de mots : « Dieu est Dieu, et Mahomet est son prophète. » Il ne cherchait qu'un argument, celui qui frappe le plus les hommes, la victoire; il ne connaissait qu'une forme de gouvernement, la plus chère aux conquérants, la théocratie despotique. Les vaincus devenaient, en cette qualité, ses esclaves; il les tenait assujettis à d'autres lois, à d'autres châtiments, à d'autres tributs que les croyants et les vainqueurs. La capitation, c'était le tribut de leur tête, qu'il daignait laisser sur leurs épaules. Les terres des conquis, ainsi que leur existence, appartenaient au souverain triomphant; il imposait aux vaincus la corvée de cultiver la glèbe et ne leur laissait des fruits du sol que la part indispensable pour ne pas mourir de faim. Ce ne fut que longtemps après, par l'adoucissement des mœurs et le relâchement d'un pouvoir énervé, qu'il allégea quelque peu ces conditions accablantes.

Sous les gouvernements hindous les plus modérés, l'État ne prélevait sur la moisson que la sixième partie; et, pour le maximum, parfois on percevait jusqu'au quart des produits. Le musulman prélevait la moitié[1], sans

[1] « Nous montrerons, dit M. Ludlow, quelles effrayantes conséquences

compter la taxe sur la vie, la *capitation*, plus honteuse encore que pesante.

Immigrations par le sud-ouest.

J'ai déjà signalé l'un des courants, disons mieux, des torrents d'immigration musulmane, toujours dirigés vers l'orient, et venant du septentrion; signalons le mouvement opéré du côté du midi.

Les Arabes, navigateurs dès l'antiquité, n'avaient qu'à traverser le golfe d'Oman pour aborder la côte occidentale et méridionale de l'Inde; de port en port, ils arrivaient au cap le plus avancé vers le sud, le cap Comorin. Ils le doublaient pour visiter, dans la vaste mer du Bengale, une nouvelle série de ports et de riches marchés.

Nous reconnaissons les effets séculaires de cette autre source d'immigration, lorsque nous voyons le Vizir, le Nizam de l'Inde centrale et méridionale, maintenir encore aujourd'hui parmi ses plus braves soldats un corps de 15,000 *Arabes;* ces derniers, cela va sans dire, tous sectateurs de Mahomet.

Par un reflux de conquêtes, les côtes d'Abyssinie, devenues mahométanes, envoyaient aussi leurs navigateurs vers le littoral de l'Inde, afin d'y créer des nids de pirates et des centres d'influence.

A présent même, on voit encore trois petits territoires concédés en 1791 par un chef mahratte à l'Abyssinien Siddic. Ses sujets abyssiniens, musulmans comme lui, sont aujourd'hui soumis à l'autorité britannique; ils fournissent au port de Bombay des hommes robustes, gros-

cette législation porte avec elle, quand elle est renforcée avec la régularité systématique des Européens et par des étrangers dont le foyer est au delà des mers. »

siers, agressifs, qui sont à la fois les plus forts et les plus redoutés des portefaix.

Après les grandes terreurs, compagnes de la conquête, les musulmans, malgré tout leur prosélytisme, n'ont pu convertir qu'une faible partie des populations hindoues. Sur 180 millions d'habitants, ils ne comptent pas pour 20 millions; et quelques évaluations n'en portent pas même le nombre à 15 millions d'âmes.

Ils sont très-peu cultivateurs. Labourer la terre, sous le soleil accablant des tropiques, est, à leurs yeux, une œuvre de vaincus; ce labeur, leur orgueil le repousse avec dédain, et leur paresse avec délices.

Amour des mahométans pour la carrière des armes.

Aussi nulle part les mahométans ne forment la masse des agriculteurs, excepté dans quelques parties du royaume d'Oude et dans quelques endroits du Pendjab, où l'on croit que les cultivateurs sont des Jauts devenus musulmans.

Presque partout les mahométans sont la classe dominante, ou du moins composent une classe égale, quant au rang social, à la plus haute caste des Hindous.

Ils conservent encore, pour le plus grand nombre, leur supériorité physique de conquérants venus du Nord. En général, leur charpente est plus forte, leur santé plus robuste, leurs manières plus hardies; leur courage est plus spontané que celui des Hindous de castes inférieures.

L'attitude même des musulmans est plus animée, plus fière; mais, par cela même qu'elle est moins efféminée, elle est moins douce et moins gracieuse que n'est celle des Hindous.

La commode existence des cités, les salaires constants que chérit la nonchalance, et les emplois qui procurent l'autorité, tout cela plaît aux musulmans. Ils aiment la vie militaire; ils la recherchent, même à présent que leur ambition guerrière est comprimée par la main de fer britannique, même à présent qu'au lieu de gagner des trônes, ils gagnent à peine, en risquant leur vie, le rang d'officier subalterne dans l'obscurité d'un régiment d'indigènes.

Quelques années avant la dernière et grande rébellion, les Anglais ont calculé que les musulmans composaient, dans l'armée du Bengale, le sixième de l'infanterie des natifs et plus d'une moitié de la cavalerie, laquelle tient le premier rang parmi les troupes indiennes.

Dans l'armée de Madras, la proportion pour l'infanterie s'élevait au tiers de l'effectif, et la cavalerie presque entière était mahométane.

La seule armée de Bombay ne présentait, dans l'infanterie, qu'un seizième de sectateurs de Mahomet; mais cette armée n'était pas égale au cinquième des forces totales.

Dans le corps considérable qu'on appelle le contingent du Nizam, les mahométans forment presque toute la cavalerie : le service le mieux payé dans l'Inde.

Les seules castes hindoues qui puissent lutter sans désavantage avec eux sont les Sykhes du Pendjab, les Nayrs du Malabar et les populations radjpoutes.

Attractions des indigènes vers l'islamisme.

Lors des premières conquêtes, l'Hindou des castes inférieures, et surtout l'Hindou qui n'est pas même de la caste des serviteurs, et que nous appelons *un paria*, ce rebut des sectes brahmaniques, trouvait un immense avantage à se faire mahométan. A l'instant même, en qualité de croyant, le converti se trouvait l'égal de tous ses coreligionnaires. Au mépris qu'éprouvaient les sectateurs de Brahma pour son apostasie, il répondait par la soudaine estime des sectateurs de Mahomet. Il se sentait comme soulevé tout à coup au-dessus de sa bassesse primitive par l'affection d'un peuple vainqueur, brave, superbe; et toujours, en face des mécréants, des giaours, plus amoureux de l'offensive que d'une concorde dédaignée.

Ce malheureux indigène, tant qu'il demeurait relégué dans les rangs infimes de la société hindoue, avait devant lui la triste perspective d'être métamorphosé de manière à devenir, après sa mort, un animal plus ou moins immonde, suivant les misères et les vices de sa vie à peine humaine. Au lieu de cette perspective désolante, qu'il se range au milieu des sectateurs de Mahomet, aussitôt *le paradis des sens* s'ouvre à lui pour l'éternité; sans cesse il savourera des plaisirs qui sont le suprême bonheur aux yeux de l'Orient esclave des voluptés. Sa félicité deviendra certaine si quelque jour, le cimeterre à la main, il peut mourir en combattant des infidèles et conquérir par un moyen si délectable le comble des plaisirs sans fin.

Ce qui doit surprendre l'observateur, à la vue d'attractions qu'on dirait irrésistibles, c'est que le nombre des apostats et des transfuges n'ait pas grossi davantage la population des serviteurs de l'Islam. Mille ans de prosélytisme et de conquêtes, de persécutions au premier moment, et plus tard et toujours d'offres de voluptés célestes, devancées ici-bas par de si grands avantages personnels, ces moyens réunis n'ont pas perverti *la dixième partie* du grand corps social qui depuis quatre mille ans reste fidèle au culte de Brahma.

Les Anglais se figurent-ils qu'en peu de temps, avec leur flegmatique orgueil et leurs peu nombreux missionnaires, ils feront ce que n'ont pas pu faire en dix siècles les moyens tour à tour terribles et séducteurs des fanatiques armés et des convertisseurs ardents inspirés par Mahomet?

La belle partie de l'islamisme, ses plagiats faits aux livres sacrés du peuple de Dieu, les grandes notions du Tout-Puissant, et par-dessus tout l'unité divine, telle que Moïse et David l'ont célébrée, s'adressent comme un appât sublime aux facultés les plus élevées des Indiens.

On observe aujourd'hui que le mahométisme compte plusieurs convertis parmi les castes supérieures aussi bien que parmi les castes inférieures des Hindous. Le ministre actuel du Nizam, dont la tenace amitié pour les Anglais a préservé de l'insurrection le pays de son souverain, celui qu'on a cru pouvoir appeler à l'égard du Deccan *le Volcan qui dort*, Satar Jung est le fils d'un Hindou de haute caste devenu musulman.

Un autre établissement mahométan, qui a commandé tout notre intérêt, est celui des Afghans émigrés dans ce beau pays de Rohilconde détestablement vendu par Hastings au vizir d'Oude.

Vers l'extrémité du Pendjab, au voisinage de l'Afghanistan, se trouvent aussi des musulmans originaires de cette dernière contrée. En 1857 ou 1858, quelques Hindous révoltés, ayant pénétré dans la vallée de Jwât, y furent arrêtés par les villageois, contraints d'embrasser le mahométisme *et circoncis par force!*

Dans le bas Indus, les faibles habitants du Scinde et les émigrés du Béloutchistan sont mahométans.

M. Malcolm Ludlow présente avec force un ordre de considérations particulièrement applicables à l'Inde :

« Le mahométisme possède un avantage étrange dans sa lutte avec le brahmanisme. Cette dernière croyance est essentiellement un système de cérémonies extérieures; l'autre marque ses sectaires d'un stigmate corporel indédébile. Le baptême que reçoit un Indien peut être effacé, si pareille indulgence convient au brahmane; il suffit pour cela de certaines observances. Au contraire, il n'est pas de retour possible dans la communauté hindoue pour celui qui, fût-ce par violence, a subi la *circoncision*, signe physique de l'Islam. Ç'a toujours été, dans l'Inde, une vive tentation du musulman de faire des conversions avec le tranchant du sabre; une propension puissante, même pour le néophyte *circoncis malgré lui*, finit par l'attacher à la foi du conquérant. Sans faute de sa part, sans apostasie et même en dépit de ses plus grands efforts, il se voit en un moment et pour toujours banni de la société dont il avait été membre; ni contribution pécuniaire ni pénitences corporelles ne peuvent le rendre à son premier état religieux et social. En même temps, il se voit immédiatement placé dans une société nouvelle, fière de sa force, enorgueillie par l'assurance des faveurs d'un Dieu, d'un seul Dieu; société qui garantit au néophyte sa pleine part des priviléges qu'il peut acquérir ici-bas et de ceux auxquels il aspire en haut. . . . . Pour lui, nulle hésitation n'est possible entre deux positions si différentes.

« L'Inde offre beaucoup d'exemples de tribus certainement de race hindoue, mais converties par la violence au mahométisme. Ajoutons seulement qu'en certains cas les liens du sang ont été plus forts que les préjugés de la foi nouvelle, et que les convertis involontaires ont obtenu la permission de se marier avec leurs compatriotes ou parentes restées fidèles au brahmanisme. »

Les hautes castes des Hindous placent maintenant à leur niveau, sous le point de vue social, les mahométans civilisés et riches. Par une réciprocité naturelle, le mahométan s'est approprié beaucoup de préjugés des castes supérieures, soit à l'égard des aliments, soit à l'égard des *Féringhies*, des

Européens, par le contact desquels il se croit pollué. Contrairement aux rites de ses frères habitants des pays les plus occidentaux, contrairement à la loi de Mahomet, il prendra sa nourriture préparée par les mains d'un Hindou de classe élevée, et non par celles d'un chrétien.

Chose curieuse, observée et rapportée par le major Cunningham : le mahométan de l'Inde finit par reconnaître chez les vrais croyants *quatre classes inégales*, qui correspondent aux quatre castes établies chez les Hindous.

IV. — LES PARSIS.

Il y a déjà onze cents ans, un petit nombre de Persans fidèles à la religion des Mages, fuyant le cimeterre musulman qui les immolait quand ils ne consentaient pas à l'apostasie, abandonnant leur patrie sans espoir de retour, s'embarquèrent sur le golfe Persique et se réfugièrent sur la côte occidentale de l'Inde, principalement à Surate.

Ces quelques milliers d'hommes proscrits et pauvres, fiers de leur culte et de leur nationalité, n'ont adopté ni la religion, ni les mœurs, ni la langue des Hindous qui les accueillaient avec hospitalité.

Du nom chéri d'une patrie à jamais perdue pour eux, ils ont formé leur nom collectif de *Parsis*, qui signifie, dans leur pensée, les Persans restés fidèles à la religion des Mages : à l'adoration du feu, symbole du Tout-Puissant.

Étrangers aux révolutions, indifférents aux invasions, aux conquêtes, se maintenant par système en dehors des emplois civils et des rangs militaires, ils sont restés dans les rangs obscurs, mais tranquilles et prospères, du commerce et de l'industrie.

Quand les Anglais sont arrivés dans l'Inde et quand ils

ont bâti Bombay, les Parsis ont senti qu'un peuple sympathique plantait là son pavillon. Ils sont accourus; ils ont pris leur place dans les comptoirs britanniques et dans les chantiers de construction; ils ont disputé de qualités industrielles et commerciales avec les Européens. L'activité, l'ordre et la persévérance, une fermeté qui ne fléchit jamais, un imperturbable sang-froid, l'art du calcul au plus haut degré, joint au goût de l'épargne, voilà les analogies de caractère et le secret de leur alliance avec les Anglais; ils ont appris à l'envi leur langue et leur écriture.

Lorsque je décrirai la Présidence de Bombay, je reviendrai sur les Parsis, sur leurs succès, sur leurs vertus et sur leurs bienfaits. Je ne puis m'empêcher de les chérir et je leur rends cette justice : aujourd'hui moins nombreux qu'autrefois les Juifs en captivité près de Babylone, ne pleurant pas comme ceux-ci sur des harpes oisives, ces hommes infatigables et supérieurs à la mauvaise fortune constituent, à mes yeux, le premier peuple de l'Asie.

V. — LES CHRÉTIENS DANS L'INDE.

Sur la côte de Malabar, vers la partie méridionale, il existe encore cent mille chrétiens, dont la foi s'est conservée depuis un grand nombre de siècles, et que l'on désigne sous le nom de Nazaréens ou de Syriens. Ils habitent les lieux qu'abordaient naturellement les navigateurs de Tyr et de Sidon, lorsque, ayant quitté la Méditerranée, ils construisaient des vaisseaux sur la mer Rouge. Ils partaient de là pour gagner la péninsule de l'Inde; ils la visitaient dans sa partie la plus méridionale, afin d'y chercher ces précieux présents de la nature et du soleil placés au premier rang parmi les échanges de l'Orient avec l'Occident.

Lorsque les sectateurs de Mahomet eurent asservi la Syrie, la Palestine et l'Égypte, les hardis voyages des chrétiens furent interrompus; leur colonie du Malabar cessa d'être vivifiée par le négoce extérieur; les colons furent obligés, pour vivre, de cultiver la terre, et c'est encore aujourd'hui l'occupation de leurs familles.

Immigrants arméniens.

Quelques siècles plus tard, quand le mahométisme répandait la terreur vers le nord de l'Asie occidentale, le plus commerçant des peuples de cette partie du monde fut troublé dans sa terre natale; elle s'étendait au midi du Caucase, autour du mont Ararat, dont les eaux descendent à l'ouest vers la mer Noire, à l'est vers le golfe Persique. Le peuple arménien, voyageur comme ses eaux, eut des hommes hardis, indépendants, qui voulurent fuir l'islamisme et s'expatrièrent. Ils descendirent vers l'orient par le Tigre et l'Euphrate, traversèrent le golfe Persique, abordèrent les pays que baigne l'Indus, et, de proche en proche, transportèrent leurs capitaux et leur génie commercial dans tous les ports de l'Inde gangétique.

Jusqu'en plein XIXe siècle, les conquérants anglais n'ont vu dans ces émigrés arméniens qu'une race éminemment propre à féconder l'industrie mercantile par le jeu hardi des capitaux; ils les considèrent aujourd'hui sous un autre point de vue. Voici comment les peint, au Bengale, un Anglais sagace observateur : « Les Arméniens, dans l'Inde comme ailleurs, sont de riches marchands et des banquiers qui fréquentent les grandes cités. *Je ne sais pas si leur séjour en ce pays peut être considéré comme un avantage.* Depuis que la Russie s'est fait céder, à l'insu de l'Europe inattentive, la cité sainte d'Erzeroum, et que le patriarche d'Arménie est devenu *son fonctionnaire*, nous sommes justifiés quand *nous croyons voir*, à peu d'exceptions près, *dans tout Arménien l'agent ou l'espion de la Russie.* »

Comme on suit la galerie d'une exploitation souterraine creusée par la peur, nous suivrons d'un œil attentif ce génie ombrageux de la Grande-Bretagne. Nous tâcherons de montrer avec quelle attention, de tous les moments, cette puissance explore le monde à partir des abords de l'Inde; nous verrons comment elle pousse en tous sens ses contre-approches pour découvrir les pas avancés des nations les plus lointaines, quand elle peut les croire dirigés vers un trésor dont elle est avare et jalouse.

Invasion des chrétiens occidentaux: les Portugais.

Parlons maintenant d'une entreprise chrétienne tout autrement importante, à nos yeux, que celle des Asiatiques d'Occident.

Dès 1497, les Portugais, conduits par Vasco de Gama, abordaient l'Inde presque aux mêmes parages où les Nazaréens les avaient devancés depuis au moins douze siècles. Ils débarquaient à Calicut, la capitale du monarque hindou qu'on appelait le Zamorin. Bientôt Albuquerque le Grand, que suivra Jean de Castro, joignit au génie de la conquête les entreprises du commerce; il fit de Goa, sur la côte de l'Inde qui regarde l'Europe, le centre d'un nouvel empire, créé, gardé par la force navale. Cet empire avait pour avant-postes : vers le nord-ouest, l'île d'Ormus, à l'entrée du golfe Persique; vers le sud-ouest, Aden, la clef de la mer Rouge; vers l'est, Malacca, le Singapore du XVIIIe siècle, clef naturelle des îles de la Sonde ainsi que des mers communes de la Chine et du Japon.

On dirait qu'Albuquerque esquissait déjà le grand programme oriental rempli de nos jours par l'Angleterre : en 1824, dans Singapore, acheté d'un radjah malais; en 1839, dans Aden, acheté d'un cheik arabe; en 1850, dans Kourrachie, pris aux Amirs de l'Indus, en avant du golfe d'Ormus.

Les Portugais firent marcher de front les armes, le commerce et le prosélytisme, lequel eut tour à tour ses zélateurs fanatiques et son héros François Xavier, l'Albuquerque de la foi. Le nombre des convertis au catholicisme devint avec le temps très-considérable. Les cités où flottait le pavillon du Portugal se remplirent de monuments religieux, autour desquels s'accrurent des populations chrétiennes, en grande partie natives; elles survivent à la puissance presque éteinte aujourd'hui du conquérant portugais. Cette chrétienté, qu'on retrouve dans un grand nombre d'endroits de l'Inde, se conserve sans mélange avec les familles qui n'adoptent pas sa croyance. Elle est généralement dépourvue de richesse; elle a peu d'industrie. Mais, en perdant le pouvoir et les professions qui donnent l'opulence, elle a conservé quelques vertus : on lui reconnaît surtout une fidélité qui la rend précieuse pour le service domestique.

Je ne fais ici que mentionner les Hollandais, qui vinrent les premiers en Orient après les Portugais. Ils ne conquirent jamais de territoires sur le continent de l'Inde; mais ils possédèrent pendant deux siècles Ceylan, la seule île vraiment importante de la mer indienne. Comme ils ne songeaient qu'à l'argent, ne trouvant pas que les âmes des Hindous pussent être un objet de trafic, ils les dédaignaient. Les Hollandais, aujourd'hui, ne possèdent pas un seul hectare de terre et pas un comptoir dans le grand continent que nous étudions.

Autrefois, les Danois avaient érigé leur pavillon sur

les rives de l'Inde. Depuis peu d'années, ils ont vendu leurs modestes factoreries de Tranquebar, à l'occident, et de Sérampore, aux bords du Gange; ils les ont cédées pour un peu d'or aux Anglais. Ceux-ci, comme pensent toujours les grands propriétaires, se trouvent gênés dans leurs immenses domaines si quelque humble voisin conserve au milieu d'eux une imperceptible parcelle de terre à titre de propriété.

Les Français dans l'Inde.

Parlons à présent des Français, dont l'industrie et la navigation furent admirablement favorisées par Colbert dès 1664. Leur commerce acquit une grandeur préparée par le règne de Louis XIV, développée ensuite et finalement perdue par Louis XV. Sous ce dernier règne, le génie français éclata dans l'Orient par le talent et l'héroïsme de trois hommes, La Bourdonnais, Dupleix et Bussy, dont la mère patrie, sous un gouvernement dépravé, ne comprenait pas les conquêtes, mais dont ce gouvernement comprenait les pertes aussitôt que sa faiblesse et son incurie rendaient notre infortune irréparable.

Lorsque les Français eurent été dépouillés de leurs conquêtes indiennes, ils jouèrent dans la péninsule le même rôle que les volontaires de la Grèce avaient joué dans l'Asie orientale au temps des Cyrus et des Darius. Leurs militaires isolés se répandirent chez les princes de l'Hindoustan. Ils devinrent les instructeurs des indigènes; ils furent les initiateurs de ces troupes armées et disciplinées à l'européenne qui jouèrent un si grand rôle dans les destinées de l'Inde moderne.

Nous étudierons avec bonheur l'établissement de Pondichéry, où les Français sont devenus, non pas seulement les maîtres, mais les amis des natifs. Au sein de cette oasis de bonheur et de paix, la sympathie n'a pas disparu dans les rapports entre les deux races; elle est restée inaltérable, même pendant ces années d'épreuve où cent mille cipayes, ayant brisé le joug de l'Angleterre, périssaient jusqu'au dernier pour avoir imité les soldats de Mithridate et tenté d'affranchir l'Orient de ses formidables dominateurs.

Territoire et population des Portugais et des Français dans l'Inde.

	Hectares.	Habitants.
Les Portugais...............	276,100	313,262
Les Français................	86,300	203,887

Les Français possèdent encore Pondichéry, Karikal, Yanaon, sur la côte orientale du Deccan; Mahé, sur la côte occidentale; Chandernagor, sur les bords de l'Hougly.

Des chrétiens anglais; leur isolement au milieu des populations indigènes.

A l'exception des Anglais, les colons et les marchands européens qui se mariaient dans l'Inde s'empressaient d'entourer leurs enfants de jeunes Indiens du même âge, comme s'ils eussent été des frères de lait. Cet heureux soin créait des relations bienveillantes entre les deux races d'Occident et d'Orient.

L'Anglais envoie dans la métropole tous ses enfants légitimes, et quelquefois ses enfants naturels. Un mur infranchissable est élevé de la sorte entre la jeunesse des vainqueurs et celle des vaincus.

Le colon britannique n'a point été mêlé pendant ses premières années avec les enfants des natifs; il n'en a point appris la langue, ni connu les mœurs; il n'a pas, dès le berceau, connu les secrets de leurs races; il n'a rien reçu d'eux et ne leur a rien transmis en retour.

Race britannique mélangée.

A l'égard des enfants naturels, l'Anglais, par orgueil de race, les méprise en masse; ils sont, à ses yeux, une espèce dégénérée. Par le moindre mélange avec un sang oriental, sa postérité, qu'il répudie sans pitié, cesse pour lui d'être britannique.

A mesure que les communications deviennent moins coûteuses et moins lentes, il vient de la métropole un plus grand nombre de jeunes personnes dignes d'unir leur sort à celui des Anglais établis dans la péninsule. Aujourd'hui, d'ailleurs, les employés, les planteurs, les marchands venus dans l'Inde, grâce aux rapides voyages facilités par la vapeur, visitent en grand nombre la mère patrie; d'ordinaire ils ne reviennent dans l'Orient qu'avec une épouse européenne.

Un auteur justement estimé, mais imbu des préjugés de sa race, M. le capitaine Hervey, appartenant à l'armée de Madras, est heureux de penser que les mariages des officiers anglais avec des filles *de demi-sang* sont contractés aujourd'hui *plus rarement* qu'autrefois; il parle de ces jeunes filles en termes que l'auteur anglais des *Races de l'Inde* déclare une honte pour la rectitude d'esprit attestée par l'auteur du livre cité. « Ce pharisaïsme, dit celui-ci, cet insolent pharisaïsme britannique, augmente au lieu de diminuer; il affaiblit l'influence anglaise, bien loin de la fortifier. En repoussant beaucoup d'alliés par le sang, il fait descendre nos métis vers les rangs les plus dégradés des demi-races portugaises. Au lieu de les ramener vers l'origine d'un premier père européen par des alliances de plus en plus anglaises, il les en éloigne; il les abaisse et les dégrade quand il devrait les relever. »

De là résulte une extension remarquable d'unions contractées entre les plus pauvres *Eurasiens*, les *Est-Indiens* de souche anglaise, et les Portugais de sang mélangé : ces derniers, dans leurs mariages mixtes, transmettent à leurs enfants la foi catholique, au grand déplaisir des missionnaires anglicans.

M. Clarkson, dans son ouvrage intitulé *Le Bengale, traité comme un champ de missions*, n'affirme pas seulement que les Portugais de l'extrême nord-est commencent à tomber dans le mahométisme; quelquefois, ajoute-t-il, les Anglais mêmes permettent que leurs rejetons, demi-race britannique, soient élevés dans la croyance musulmane.

Il est juste de reconnaître que des Indo-Bretons, profitant de leur origine européenne, ont obtenu d'avantageux emplois, quelques-uns dans les grandes maisons de commerce, d'autres dans la marine ou dans l'armée. On a remarqué que ces métis, rendus arrogants par leur origine, poussent plus loin que les purs Anglais le préjugé dédaigneux et superbe contre les descendants plus mélangés qu'eux de la race inférieure dont ils sont le premier degré. Leur orgueil parle surtout avec un insolent mépris des purs indigènes; ils se distinguent entre les dédaigneux et les insolents qui sympathisent le moins avec les sentiments, les griefs et les souffrances d'une race à laquelle appartient la moitié de leur sang. On croit cependant que les missionnaires ont porté quelque remède à ce mal; depuis l'origine du siècle, plus de cinquante catéchistes ont été choisis parmi les Indo-Bretons du Bengale pour aider à convertir les Indiens au christianisme.

Nécessité d'une chrétienté fortement protégée dans l'Inde.

Dans l'Inde britannique, c'est depuis peu d'années que la loi indienne n'a plus le pouvoir de déshériter le natif pour le seul fait de sa conversion au christianisme.

Il n'y a guère que dix ans, sir Charles Napier a surpris un officier des revenus de la Compagnie qui percevait sur les chrétiens natifs la *taxe des infidèles;* cet officier administrait comme le percepteur musulman le faisait avant lui.

Les Anglais se plaignent avec amertume que la Compagnie des Indes n'ait rien accompli pour retirer le christianisme de l'état inférieur et, pour ainsi dire, du rang de *proscrit* dans lequel il a langui depuis l'origine. Nous verrons qu'il faut avancer jusqu'au gouvernement de lord William Bentinck pour découvrir un premier pas de fait dans une voie réparatrice.

Au lieu de défavoriser et d'isoler dans l'Inde le christianisme, il faut le servir, afin d'encourager par tous les moyens les alliances matrimoniales de la race pure européenne et des races métisses. Ce sera le moyen de rapprocher les conquérants et les indigènes; les enfants qui naîtront de ces unions seront, nous venons de le dire, les catéchistes naturels de la race purement hindoue.

La grande insurrection, qui fixera notre profonde attention, a menacé simultanément l'Anglais et le demi-sang anglo-indien, le Portugais pur ou métis et l'Indien converti. Un même danger les a tous rapprochés; mais, le danger passé, son souvenir aura-t-il la puissance de détruire à la fois tant de préjugés, tant d'orgueil invétéré chez les uns et de ressentiment amer chez les autres? Il est permis d'en douter.

Nombre de convertis au protestantisme, donné par M. Kaye, en 1852, pour l'Inde britannique.

Présidence de Madras.	74,512	Le reste de l'Inde	16,783
Populations totales...	27,000,000	Populations....	154,000,000

Chrétiens, pour 100,000 indigènes :

Présidence de Madras.......	289	Le reste de l'Inde.......	11

Les 74,512 chrétiens de la province de Madras appartiennent presque tous aux *tribus aborigènes.*

C'est depuis peu qu'on a commencé de permettre aux Anglais d'habiter l'Inde sans continuer d'être exposés à l'expulsion arbitraire : comme si l'*alien bill* de l'Hindoustan avait eu pour objet d'écarter l'*alien*, l'étranger qu'on appelle Anglais. L'expulsion s'opérait sans autre condition que le bon plaisir de la Compagnie des Indes. « Nous avons travaillé, dit énergiquement un auteur anglais, les yeux ouverts, en bâtissant sur le sable, à faire sauter tout fragment de rocher sur lequel l'édifice de notre puissance aurait pu trouver sa fondation solide. »

Du clergé gouvernemental.

C'est seulement deux siècles après leur établissement dans l'Inde que les Anglais ont regardé comme utile de donner *un évêque anglican* à leur empire oriental. Ils ont fini, dans ces dernières années, par en accorder un à chaque Présidence.

L'état métropolitain comprenant trois églises nationales, qui représentent l'Angleterre, l'Écosse et l'Irlande, ces églises devraient avoir dans l'Inde un établissement qui fût en rapport avec le nombre des fidèles de ces cultes. Le tableau suivant montrera combien il est loin d'en être ainsi :

Tableau de la dotation des cultes qui dominent dans chacun des trois royaumes.

BUDGET DE L'INDE, ANNÉE 1851 À 1852.

Angleterre : culte anglican	2,527,658f
Écosse : culte presbytérien	154,183
Irlande : culte catholique	128,802
Total	2,810,643

Dans les trois royaumes, la population catholique est *la sixième partie* de toute la population.

Dans l'Inde, la dotation du culte catholique est *la vingt-troisième partie* de la dotation totale.

Dans l'Inde, le traitement moyen d'un ministre anglican s'élève par année à 23,283 francs, et celui d'un ministre presbytérien est encore un peu plus élevé; mais celui des prêtres catholiques, sous l'humble titre d'allocations, est infiniment moins considérable. Tout est exprimé par de telles disproportions.

Rivalité latente du catholicisme et du protestantisme dans l'Inde.

Pour l'observateur qui veut aller au fond des choses, l'Inde anglaise cache en ce moment un mystérieux et singulier spectacle : c'est la lutte sourde, active, incessante, du prosélytisme des protestants et de celui des catholiques.

Le premier, appuyé sur le prestige de la nation conquérante et sur les secours du plus grand pouvoir séculier qui soit en Asie, réunissant pour ses ministres le comble des faveurs et des jouissances d'ici-bas, l'opulence au sein de la société, les encouragements du mariage et les récompenses de la paternité; c'est, en un mot, le bonheur de la vie matérielle garanti sous tous les aspects à ses confortables pasteurs.

Le second, ayant pour lui la pauvreté, le célibat de ses apôtres, le délaissement social et la malveillance ou tout au moins l'indifférence de l'autorité, prêchant sa foi sous le lointain patronage d'un pontife suprême qui sans la présence des Français serait détrôné, peut-être même immolé sur les marches de son trône, avant que cette feuille ait vu le jour. Mais la persécution, fidèle au prix qui l'attend depuis dix-neuf siècles, donne des forces à l'apostolat au lieu de les lui ravir. Un autre miracle s'est accompli sous nos yeux : l'Église anglicane, officielle et dominante, que ses cérémonies, ses pompes et ses costumes feraient presque appeler le *bouddhisme protestant*, l'Église anglicane, au sein de l'Angleterre elle-même, et dans le foyer le plus éclairé de ses hautes écoles, par une pente irrésistible, se convertit insensiblement au catholicisme.

Les missionnaires protestants.

Dans l'origine, ces missionnaires étaient la plupart ignorants et d'une médiocre intelligence; ils ne connaissaient ni la religion, ni les mœurs, ni la langue du pays, et ne prenaient qu'un faible intérêt à la condition du peuple. L'état des choses est changé.

« Je salue surtout avec une cordiale satisfaction, dit l'auteur des *Races de l'Inde*, les dernières pétitions des missionnaires du Bengale rédigées pour attirer l'intérêt sur les souffrances du cultivateur. Les natifs comprendront enfin que le christianisme n'est pas un pur système de dogmes abstraits, mais le royaume bienfaisant du Christ; royaume d'ordre et de paix, de vérité et de droiture, de bienveillance et d'amour. Alors les Bonnes Nouvelles, les Évangiles, ne trouveront pas les oreilles plus fermées et les cœurs plus endurcis, chez les hommes libres de l'Hindoustan, qu'elles ne les ont trouvées chez les esclaves dans les Indes occidentales.

« Les missionnaires ont fait par leurs écoles un précieux présent à l'Inde; elles ont fini par être plus fréquentées que celles du Gouvernement. Les natifs aspirent à l'instruction; mais le bon sens leur a dit que les écoles *sans Dieu* tenues aux dépens de l'Administration, afin de stimuler l'intelligence en négligeant d'exercer, d'instruire la nature spirituelle de l'homme, ces institutions peuvent *défaire* (*unmake*) un Hindou, un musulman, aussi complétement que le prosélytisme des missionnaires. Ces derniers, au moins, suffisent à faire de leurs pupilles des chrétiens fidèles au devoir et des hommes honnêtes. Les Hindous ont montré qu'ils préfèrent le vertueux demi-chrétien au sceptique plus habile et moins vertueux. »

On ne peut nier qu'en beaucoup de cas les chrétiens natifs ont déshonoré leur croyance. « Peut-il exister une pire sorte de misérables (*rascals*), de voleurs, d'ivrognes et de réprouvés que la généralité des chrétiens natifs? dit le capitaine Hervey dans son ouvrage intitulé : *Ten years in India?* On suppose qu'aujourd'hui les choses *changent pour le mieux;* mais quelle preuve en offre-t-on? et quelle chimère qu'un changement, sans effets apparents, qui transforme soi-disant *pour le mieux* une classe inférieure arrivée à l'excès de la démoralisation! »

VI. — LES JUIFS.

Les juifs ont suivi la route des Nazaréens; ils sont arrivés en même temps qu'eux dans l'Inde : Cochin fut leur centre. Venus d'une zone tempérée, ils étaient de couleur blanche; ils ont fait des prosélytes, qui sont les juifs noirs. Chose trop rare chez la race hébraïque, ils sont adonnés à l'agriculture; chose trop commune, ils sont sales, et leur saleté produit des maladies cutanées, déplorables surtout dans les pays chauds : la lèpre, l'éléphantiasis, etc.

Sur la côte occidentale de l'Inde on trouve une colonie qui s'appelle *Beni-Israël*, les enfants d'Israël; elle forme une tribu distincte qui ne s'allie pas avec les autres juifs. Loin d'avoir horreur de porter les armes, elle en a le goût, et ses soldats sont estimés dans l'armée de Bombay.

A l'égard des juifs qui viennent de l'Europe ou de l'Asie-Mineure pour trafiquer sur l'or et faire l'usure, ils trouvent chez les Hindous de rudes compétiteurs; ils ne se placent pas, comme en Occident, à la tête des financiers par l'immensité des capitaux qu'ils ont su gagner.

Reprenons maintenant l'examen des moyens employés à conquérir l'Inde, au point où nous étions restés avant d'étudier les diverses races qui l'habitent. Nous abordons une époque dont l'intérêt est immense.

Le comte de Mornington, marquis Wellesley, gouverneur général des Indes : 1798 à 1805.

En octobre 1797, la Cour des Directeurs annonce à Calcutta, à Bombay, à Madras, qu'on a nommé gouverneur général le comte de Mornington, qui prendra bientôt après le titre de marquis Wellesley; *nomination*, est-il dit, *faite en des circonstances et pour des raisons* D'UNE NATURE PARTICULIÈRE. Suppléons à cette réserve mystérieuse.

L'élu de la Compagnie venait de montrer ses talents dans la Chambre des Lords par un brillant discours, ardemment dirigé contre l'esprit révolutionnaire, contre cet esprit dont la France était alors un foyer redouté, que l'Angleterre abhorrait. Ce succès était un grand titre aux faveurs du ministère de W. Pitt.

Lorsque le futur marquis Wellesley quittait Londres, l'Angleterre éprouvait un grand abandon des puissances continentales. La République française avait remporté d'incroyables victoires en Italie, en Allemagne, en Belgique et jusqu'en Hollande; le continent vaincu posait les armes. Le général Bonaparte, effaçant déjà tous les capitaines d'une époque si belliqueuse, était nommé commandant en chef d'une *armée des côtes de l'Océan*, pour menacer les Trois Royaumes. Enfin la Révolution, si longtemps attaquée, triomphante de tous côtés, se croyait assez en sûreté pour méditer les expéditions les plus lointaines.

Sous l'impression vague, mais puissante, d'un danger possible en Orient, Pitt désirait trouver, pour gouverner l'Inde, un homme d'État qui partageât l'ardeur de ses passions; qui fût jeune, actif, audacieux; qui possédât un grand esprit de ressources, et qui fût capable de faire face à des périls imprévus. Le marquis Wellesley présentait tous ces avantages.

Si vif était l'empressement du nouveau gouverneur à se saisir des affaires, qu'au milieu de son voyage, comme il relâchait au Cap de Bonne-Espérance, il arrête un navire qui portait les dépêches secrètes de Calcutta pour la Cour des Directeurs; il met la main sur ces dépêches, en rompt les sceaux, s'instruit de tout, et médite ses plans d'avance.

Il arrive dans l'Inde le 17 mai 1798, deux jours avant le départ de la grande expédition des Français pour l'Égypte. Le but est un mystère, et pour l'armée, et même pour la flotte, qui n'a pas le secret du terme de son voyage. On fait voile vers un pays qui fut jadis la route directe de l'ancien monde à l'Inde orientale; néanmoins cinq mois vont s'écouler avant que la nouvelle d'un débarquement au port d'Alexandrie parvienne jusqu'à Calcutta : tant étaient lentes et rares des communications aujourd'hui si fréquentes et si rapides.

Dès le premier bruit du départ de l'expédition commandée par le plus grand capitaine de l'époque, la Cour des Directeurs est envahie par la peur. Elle écrit sur le champ au marquis Wellesley, en lui signalant la possibilité, la probabilité même *d'une invasion de l'Inde, en passant peut-être par l'Égypte!* Cette dépêche, envoyée par le Cap de Bonne-Espérance, fut longtemps en voyage; quand elle parvint à son adresse, les événements avaient dissipé les alarmes qui l'avaient dictée.

En arrivant, au milieu de mai 1798, le nouveau gouverneur général a trouvé tout tranquille à Calcutta, à Madras, à Bombay; point de menaces du dehors, point d'agitations intestines; et dans les États indigènes, aucun symptôme agressif. Ce calme devait peu durer.

La conquête et la destruction de l'empire de Mysore.

Dès le 8 juin, le marquis Wellesley reçoit copie d'une proclamation attribuée au gouverneur de l'île de France; elle annonçait l'arrivée de deux envoyés de Tippou-Sahib, sultan de Mysore. Ils avaient apporté dans cette colonie des dépêches à transmettre au Gouvernement français; par ces dépêches, disait-on, le sultan proposait une alliance offensive et défensive. Il demandait un corps de troupes; avec leur secours, il chasserait les Anglais de l'Hindoustan. Enfin, la proclamation française par laquelle ces projets étaient signalés appelait les citoyens de l'île de France à servir dans l'armée de Tippou, qui les rétribuerait généreusement.

Ce prince, quoique vaincu par les Anglais il y avait déjà huit ans, et vaincu quand il n'avait pas encore été dépouillé d'une partie de ses États, ne pouvait se persuader qu'il était moins que jamais capable de lutter contre les forces britanniques. Ses sujets étaient peu nombreux comparativement à ceux que possédait la Compagnie; ses revenus étaient loin d'égaler les revenus réunis des trois Présidences. Mais il avait reçu de son père une haine implacable contre les envahisseurs étrangers; il possédait une armée pleine de bravoure, aussi bien façonnée que les cipayes anglais à la discipline européenne; il espérait, à l'exemple de son voisin, le Nizam du Deccan, former un nombreux corps indigène, qu'il ferait commander par des officiers français. S'il pouvait, en outre, obtenir un contingent tout composé de soldats fournis par cette nation héroïque, dont les nouveaux exploits remplissaient le monde, il ne croyait rien d'impossible dans ses calculs d'avenir. Il ne songeait pas au présent....

Wellesley saisit avec bonheur une perspective imprévue de combats, de victoires et d'agrandissements. A l'instant il oublie les déclarations, les interdictions du Parlement et de la Compagnie. Il foule aux pieds les ordres solennels qui prescrivaient d'éviter des guerres et de s'abstenir de toute conquête; en désobéissant, son orgueil croit assurer le salut même de la domination britannique. La haine qu'il porte à tout adversaire assez audacieux pour faire appel à la grande révolution, haine que son pays partage avec lui, le pousse à devancer par un effort suprême les projets vrais ou faux des Français; quelque chose qu'il entreprenne, un tel sentiment justifiera tout aux yeux de l'Angleterre.

Outre les forces spéciales des trois Présidences, le gouverneur général compte sur deux appuis considérables, qui sont les confédérés mahrattes et le Nizam du Deccan, les uns et les autres contigus au royaume de Mysore. Il va les attirer par l'espoir de partager les dépouilles du commun ennemi.

Le Nizam possédait dix mille cipayes, commandés par des officiers français. La Compagnie s'en était alarmée; mais déjà, sous le prédécesseur de Wellesley, ce prince imprudent avait proposé de les dissoudre et de les remplacer par un corps que des Anglais commanderaient. Le gouverneur général reprend sans tarder ce projet, le ratifie et l'accomplit. Les officiers français, saisis comme des ennemis au sein d'un État neutre qu'ils servaient avec loyauté, sont livrés comme des coupables au marquis Wellesley, qui les expulse tous de la péninsule.

Dès ce moment, le gouverneur général aurait déclaré la guerre à Tippou, si d'énormes difficultés n'avaient retardé ses préparatifs.

Cependant, le 15 octobre 1798, il apprend qu'une grande expédition française est débarquée en Égypte; quinze jours plus tard, il est averti que la flotte ennemie, après une résistance héroïque, a péri presque tout entière dans la baie d'Aboukir.

Afin de faire croire qu'il existait encore quelque danger pour l'Inde anglaise, le marquis Wellesley dit quelque part qu'il y avait dans la mer Rouge des bateaux marchands avec lesquels une armée française aurait pu s'embarquer pour l'Hindoustan. D'abord il se trouvait beaucoup trop peu de ces frêles navires pour accomplir un si long voyage en portant des troupes nombreuses; ensuite deux ou trois frégates anglaises, alors stationnées dans les mers orientales, auraient suffi pour les couler bas avec les forces transportées.

A cette époque, avouons la vérité, la Grande-Bretagne règne plus que jamais en souveraine au milieu des océans : ainsi, du côté de la mer Rouge, *l'ombre même du péril a cessé de planer sur l'Inde.*

C'est le moment que choisit lord Wellesley pour se plaindre amèrement à Tippou de ses liaisons avec les Français. Le sultan épouvanté s'excuse auprès du gouverneur général; afin de mieux dissimuler, il injurie gratuitement les Français dans sa réponse : il ne souhaite, dit-il, rien autre chose, rien de plus que la fidèle exécution de ses traités avec l'Angleterre. Qu'il soit ou non sincère, sa perte n'en est pas moins résolue.

Au mois de janvier 1799, les approvisionnements et les moyens de transport, réunis après des peines infinies par les Anglais, sont enfin complétés. Dès le 8 février, le gouverneur général expédie ses ordres pour envahir le royaume de Mysore en suivant deux directions; 26,500 hommes attaqueront du côté de l'orient et 6,420 du côté de l'occident. Ces forces traînaient avec elles d'immenses convois transportant des parcs de siége, des munitions de guerre et de bouche, des bagages et des nuées de serviteurs : on eût dit une armée de Darius. Pour rendre la marche moins lente, on fut obligé de détruire une énorme quantité d'approvisionnements. Ce n'est pas tout; grâce au mauvais ordre du service, les pertes involontaires surpassèrent au moins les suppressions qu'avait commandées une sage prévoyance.

Bataille de Malvilly; premiers succès du colonel Wellesley, qui deviendra le duc de Wellington.

Une bataille remarquable en rase campagne fut gagnée par les Anglais près de Malvilly. La cavalerie de Tippou, le sultan même à sa tête, chargea la droite de ses ennemis; elle attaquait si vaillamment les Européens, que les chevaux mysoriens étaient précipités par leurs cavaliers sur les baïonnettes britanniques.

Pendant ce temps, la droite du sultan était mise en fuite par l'aile gauche des Anglais, que commandait le colonel Wellesley, frère puîné du gouverneur général. C'était le premier succès important de l'officier que de tout autres victoires feront nommer *duc de Wellington*. En peu d'années il deviendra le plus illustre général anglais du XIXe siècle, et finira par s'élever à la direction des affaires politiques d'un grand empire. Rendons cet hommage à sa mémoire, il se montrera l'un des plus prudents, des plus sages et des plus honnêtes parmi les hommes d'État qui sont l'honneur des trois royaumes.

Nous trouvons toujours à signaler l'extrême supériorité des Occidentaux sur les Orientaux. Dans le combat de Malvilly, l'Angleterre perd seulement 69 hommes, et le sultan plus de 1,000. En poursuivant l'ennemi, les vainqueurs arrivent enfin devant Séringapatam, après une marche dont le parcours moyen n'excédait pas *deux lieues par jour*. C'était une armée victorieuse, débarrassée de la moitié de ses *impedimenta*, qui cheminait avec cette lenteur.

Après dix-sept jours de siége on emporte d'assaut Séringapatam, la place la plus importante du Mysore. Tippou, qui la défend en soldat, est tué sans être reconnu dans le désordre inséparable d'un pareil succès; il faut chercher longtemps avant de trouver son cadavre. Ses femmes, ses enfants, sont faits prisonniers; et bientôt un puissant royaume, asservi, morcelé, passe en d'autres mains.

Caractère et gouvernement de Tippou-Sahib.

Tippou manquait de culture et d'étendue dans l'esprit. Il était imprévoyant, et par là maintes fois commettait des fautes irréparables. Il était impatient, ce qui, chez un maître absolu, conduit trop souvent à la violence. Les Anglais, suivant leur usage, lui prêtaient bien d'autres défauts, d'autres vices et d'autres crimes, avec aussi peu d'égards pour la vérité qu'ils en ont montré quand ils ont voulu noircir leurs plus illustres ennemis, Louis XIV, Napoléon Ier, et parfois un ami, Napoléon III.

Envers un prince malheureux soyons juste avant tout, comme a su l'être, avec autant de noblesse que d'équité, l'historien James Mill. « Le sultan de Mysore, dit-il, administrait ses États avec un zèle infatigable; il veillait soigneusement à la prospérité de ses sujets; il protégeait les laboureurs et les artisans contre l'oppression des classes plus élevées. Grâce à de tels soins, son royaume était le mieux cultivé et son peuple le plus prospère de tout l'Hindoustan, tandis que, sous le joug des Anglais et de leurs vassaux, le Carnatic et la principauté d'Oude approchaient rapidement de la dépopulation. Ces derniers États présentaient l'aspect de la plus grande misère que l'on pût voir sur le globe; et le Bengale même, sous l'effet de lois mal appropriées au pays, souffrait presque tous les maux que peuvent infliger les plus mauvais gouvernements. »

Il était naturel que Tippou fût aimé d'un peuple qu'il

rendait heureux; son armée le servait avec enthousiasme, et ses serviteurs avec une rare fidélité.

Les Anglais ont fait entendre des plaintes acerbes contre la dureté manifestée par Tippou-Sahib au sujet des prisonniers anglais[1]. Présentons encore ici les réflexions impartiales de l'autorité qui m'inspire une entière confiance. « Remarquons qu'excepté dans certaines circonstances qui semblent douteuses, les souffrances de ces prisonniers, quoique sensibles, n'étaient pourtant que celles d'un sévère emprisonnement. Si nous songions à la manière dont nos lois prodiguent le châtiment de la geôle à nos propres concitoyens, nous ne devrions pas nous plaindre avec trop d'éclat. A l'époque même dont nous parlons, il est probable qu'en Angleterre des malheureux, pour une dette de cent livres sterling, éprouvaient des souffrances non moins atroces que les rigueurs de Tippou, prince élevé dans un pays barbare, envers des prisonniers de guerre, envers des prisonniers provenant d'une nation qui, par les fléaux dont elle avait accablé son trône, lui semblait être à la fois l'ennemie des hommes et de Dieu. »

Tippou-Sahib était un musulman qu'animait le plus ardent fanatisme; il se croyait un instrument, un favori de la divinité. Entraîné par la passion du prosélytisme, il en avait l'intolérance. Il haïssait les Anglais autant que les Anglais abhorraient sa personne et détestaient les Français.

[1] Après la prise de Séringapatam, le premier soin des Anglais fut de courir aux prisons pour délivrer leurs compatriotes. Ceux-ci vociféraient contre le régime barbare auquel Tippou les avait condamnés : du riz un peu, et de l'eau à discrétion; pas un n'était mort et tous avaient un frais visage. Ils demandèrent des nouvelles des officiers qui plus heureux, n'ayant pas été pris, avaient pu vivre de viandes succulentes et de pâtés de Strasbourg arrosés avec des vins de Bordeaux et de Champagne : la plupart étaient morts d'intempérance.

Époque néfaste, où les passions des hommes pouvaient susciter et satisfaire de telles inimitiés !

Le partage des dépouilles.

Lord Wellesley semblera diviser avec impartialité les dépouilles entre le Nizam du Deccan et la Compagnie des Indes. Les Anglais, qui pratiquent avec génie le partage du lion, prendront avant tout le pays maritime ; ils y comprendront ce qui leur reste à désirer sur la côte de Malabar ; ils s'étendront de là jusqu'à la côte de Coromandel pour se rattacher à Madras ; ils se réserveront les défilés importants, les *Ghauts*, au moyen desquels ils commanderont les chaînes de montagnes ; enfin, ils garderont l'île fluviale où s'élève la redoutable forteresse de Séringapatam, la capitale de Tippou.

Les acquisitions qui composaient la part du Nizam, situées au nord de l'État mysorien, avaient une étendue considérable ; mais on n'y joignait pas les forts qui pouvaient rendre respectable la nouvelle frontière concédée au souverain du Deccan.

Les Anglais accordèrent deux tiers en moins de territoire aux Mahrattes qu'à chacun des deux principaux confédérés. Cette mesure était juste, parce que les Mahrattes, inquiets, jaloux, *et prévoyants*, s'étaient abstenus de concourir à la guerre de coalition.

En même temps, le gouverneur général ne veut pas être accusé de détruire entièrement l'empire de Mysore. Avec ce qui reste encore, tant de dépouilles prélevées, il fait une ombre de royaume. Hyder-Ali et son fils Tippou-Sahib avaient tenu prisonniers les descendants des radjahs hindous, autrefois souverains de cette contrée. L'héritier direct des princes indigènes était un jeune enfant sans conséquence; les Anglais lui confèrent un débris d'État, qui conservera le nom de royaume. Ce proscrit, ils le préfèrent à tous les fils de Tippou, qui vont être à leur tour détenus *prisonniers, à perpétuité*, dans une forteresse.

Voici les honteuses conditions que le nouveau souverain reçoit du marquis Wellesley : Ses troupes seront anglaises, il les soldera. De plus, il payera tribut quand viendra quelque guerre ordonnée par l'Angleterre; guerre qu'en aucun cas il n'aura droit de faire en son nom ni pour ses intérêts. Si, par la suite, la Compagnie est mécontente de son règne, elle s'immiscera, *tant qu'elle le voudra*, dans l'administration de son État; et même elle en prendra complétement la conduite, *si tel est son bon plaisir*. Voilà quel fut l'esclavage du prétendu roi de Mysore. L'autonomie de ce radjah n'était qu'une ombre trompeuse imaginée pour dérober, aux yeux des Indiens et des Européens, la honte et l'oppression qu'on appesantissait sur les débris d'un État jadis glorieux, puissant et prospère.

Grâce à cette politique profonde et dissimulée, qui consacrait le présent à préparer des fers pour l'avenir, quoique aucun des grands actes du marquis Wellesley ne soit aussi vulnérable que l'attaque et la destruction de la royauté de Tippou, jusqu'à ce jour c'est la partie qui seule est restée, dans son pays, exempte de censure.

Il est juste de dire que le gouverneur général pourvut suffisamment au bien-être des enfants qu'il déshéritait. Les fils du monarque détrôné reçurent pour résidence, c'est-à-dire pour prison, la forteresse de Vellore, avec des pensions perpétuelles. Des terres féodales, des *jaghires*, furent allouées aux principaux personnages qui jadis avaient servi sous le sultan : ils devenaient ainsi des vassaux de la Compagnie.

Les Mahrattes, qui n'ont rien fait pour aider à détruire l'ennemi commun, trouvent qu'après la victoire on leur accorde trop peu. La méfiance et le soupçon s'accroissent entre eux et lord Wellesley, qui leur réserve de sanglants revers dans un prochain avenir.

A peine sont réglés les destins du centre de l'Inde, le gouverneur général tourne ses regards du côté du nord; il s'attaque au royaume d'Oude, déjà dépouillé de la province admirable de Bénarès, le beau fleuron des bords du Gange. En vertu des traités, le prince d'Oude est déjà tenu de défrayer complétement dix mille soldats de la Compagnie : contingent énorme. Ce n'est point assez; le gouverneur général veut tiercer ce nombre, en supprimant une partie correspondante des forces de son allié. Le souverain, justement révolté, parle d'abord d'abdiquer; puis, craignant d'être pris au mot, il se rétracte. Bientôt, ayant épuisé tous les moyens d'évasion et de résistance, il cède à des menaces tyranniques. Il finit par tout accepter; il accepte même la prévision du cas où la Compagnie *voudra régner à sa place*, quand la Compagnie décidera qu'il n'administre plus *assez bien* ses sujets !

Cette condition odieuse, le plus indigne abus de la force européenne a seul pu l'arracher à la faiblesse, au désespoir du malheureux Asiatique. Que dire d'un traité dans lequel une des parties accepte *son suicide*, et subordonne cet acte à la discrétion de l'autre partie? Aux yeux de l'histoire, la seule pensée d'une condition pareille est un déshonneur pour le marquis Wellesley.

Ce sera seulement au bout d'un demi-siècle que la condition fatale, réprouvée par le droit de la nature, sera réalisée par l'ambition britannique; mais alors cette loi du plus fort sera châtiée par la rébellion la plus terrible.

Je fatiguerais le lecteur si je le promenais de royaume en royaume pour voir répéter les mêmes scènes, les mêmes obsessions, les mêmes envahissements. Il suffira de reconnaître ici la prédominance établie dans toute la péninsule, grâce à l'insatiable passion de conquêtes et d'influences qui caractérise l'administrateur dont je m'efforce de pénétrer le génie.

Noble désintéressement du marquis Wellesley.

Ce gouverneur général qui poursuit avec tant d'habileté et d'avidité les intérêts politiques de la Compagnie, laquelle à ses yeux n'est jamais assez dominatrice, assez conquérante, assez usurpatrice, ses premiers succès l'éblouissent, et celle-ci veut le récompenser avec grandeur. Par une délibération solennelle prise dans l'Assemblée de ses propriétaires, *deux millions et demi de francs* sont décernés en présent au gouverneur victorieux; ils seront prélevés sur le matériel militaire capturé dans le royaume de Mysore. Un don si magnifique, Wellesley ne l'accepte pas; il demande pour faveur qu'on en gratifie l'armée que ses desseins ont rendue conquérante. La Compagnie récompensait en roi, Wellesley refuse en héros. Il ennoblit son bonheur! et fait presque oublier, par son mépris des gains sordides, son âpre et trop souvent inique ambition.

Si j'étais historien, et si j'avais à formuler mon vœu pour qu'un des gouverneurs de l'Inde obtînt les honneurs du panthéon britannique, au lieu de proposer Warren Hastings, le vendeur de peuples, le voleur des deniers publics et le spoliateur des veuves torturées, je préférerais Wellesley le Superbe, qui traite en princes les orphelins de Tippou-Sahib, sait illustrer son désintéressement, et rentre les mains pures au sein de sa patrie.

Profonds dissentiments du gouverneur général et de la Compagnie des Indes.

Malgré la générosité de la Cour des Propriétaires et la courtoisie du noble lord, d'une part se développait un secret mécontentement parmi les Directeurs; de l'autre part s'invétérait dans l'esprit superbe du grand seigneur un mépris profond pour tous ces marchands, qui lui donnaient à chaque instant des ordres au sujet de leur négoce, et qui, songeant avant tout aux intérêts financiers de leurs actionnaires, soulevaient le cœur aristocratique de Monsieur le Marquis, leur mandataire.

Il se dédommageait de déroger ainsi, en correspondant à part avec son familier le ministre Dundas, pour décider en dehors des lois et des règlements ce qu'ils devaient faire ou ne pas faire, en laissant là les marchands.

L'Angleterre proclame, avec un orgueil intéressé, qu'elle est *la nation des boutiquiers;* mais cela n'empêche pas sa haute administration et son aristocratie de regarder avec un dédain peu déguisé les bien-aimés boutiquiers : tant la boutique et le comptoir, dans l'estime de l'Angleterre, sont placés au-dessous de la carrière ou politique, ou navale, ou militaire, et du château féodal. Ce contraste est peut-être un des secrets de la grandeur britannique.

Dans toute la correspondance du marquis Wellesley, publiée soigneusement par M. Montgomery Martin[1], je n'ai guère trouvé trace des soins du grand seigneur pour le trafic de la Compagnie et pour le progrès des dividendes; en même temps, les guerres les plus glorieuses ont toujours fini par attirer à la malheureuse association commer-

[1] 2 vol. in-8°. Londres, 1836

ciale plus de pertes que de profits. Les membres de la Cour des Directeurs n'avaient-ils pas droit d'être mécontents, lorsque de telles déceptions étaient dues à des luttes entreprises sans qu'on daignât les consulter? Ils l'auraient été bien davantage si leur courte vue avait pu découvrir que les agrandissements les plus glorieux, ceux qu'on présentait comme les plus lucratifs, ruineux en eux-mêmes, produiraient, au bout d'un demi-siècle, l'anéantissement de leur existence politique et sociale.

Il faut mentionner d'autres griefs. Lord Wellesley foulait aux pieds les règles du service : il dédaignait les lois de l'ancienneté pour faire passer le général, son frère, par-dessus ses supérieurs et l'employer de préférence, en lui donnant des missions de faveur et des commandements extraordinaires; il violait les règles de l'administration, en arrachant au service *covenanté* l'un des plus hauts emplois en faveur de son parent M. Henry Wellesley. La Cour des Directeurs essaya d'annuler ce dernier acte; mais le ministère du Contrôle se rangea du côté de la règle violée, sous prétexte que la violation *n'était que temporaire.*

Ce qui mérite le plus d'être remarqué dans la correspondance du marquis Wellesley, c'est l'art merveilleux avec lequel il expose et glorifie toutes ses entreprises et leurs résultats. Il présente à la Cour des Directeurs des tableaux saisissants de la grandeur, de la beauté, de la richesse des États conquis ou rendus vassaux et tributaires, ou morcelés, ou confisqués, ou bien dérobés aux princes indigènes; son talent a des adresses propres à tout pallier, et ses pinceaux savent tout revêtir de couleurs qui séduisent. Sans cesse il annonce des tributs croissants qui doivent augmenter jusqu'au prodige l'opulence de la Compagnie. Cependant chaque année, ou du moins à la fin de chaque guerre, quand il faut apurer les comptes, au lieu d'un surplus de revenu, c'est un déficit à combler par la triste ressource des emprunts et de la dette.

Chose bien plus surprenante! Au lieu d'être graduellement instruite et convaincue par le spectacle d'une si grande déception, pendant les cinquante ans qui suivront le retour de lord Wellesley, la Compagnie des Indes sera sans cesse leurrée par les mêmes espérances d'équilibre et de prospérité dans ses finances. Toujours abusée par de nouvelles conquêtes, de nouvelles confiscations, de nouvelles annexions, chacune suivie de charges plus lourdes, elle avancera dans cette triste voie, et souvent contre son gré, jusqu'au jour où tout à coup un voile sera déchiré par la grande rébellion. La révolte, il est vrai, sera vaincue après des efforts héroïques; mais cette défaite aura pour vengeance finale *la mort de la Compagnie.*

Vers la fin du XVIIIe siècle, les Anglais établis dans l'Inde redoutaient l'hostilité des Afghans, peuple belliqueux, plein d'ambition et toujours prêt à renouveler des invasions en traversant l'Indus. Pour leur créer des embarras qui pussent paralyser leur turbulence et mettre un terme à leur soif d'envahissement, le marquis Wellesley conçut l'idée d'une alliance avec le souverain de la Perse, qui par la grande vallée de Hérat pouvait promptement attaquer les Afghans. Il fit choix pour ambassadeur d'un simple capitaine, J. Malcolm, qui marqua dès lors son habileté par la conclusion d'une alliance offensive et défensive. Croira-t-on qu'une des conditions de l'alliance était que la Perse exclurait à jamais les Français de ses armées et même de ses États? Comme une conséquence de ce traité, l'ordre fut donné par le chah de Perse qu'on les arrêtât partout où on pourrait les trouver et qu'on les mît à mort, par la seule raison qu'ils étaient Français. Ce souverain, alors, n'avait pas avec la France l'ombre d'un différend!

En 1800, on obtient par un traité du nabab de Surate qu'il remette aux Anglais son pouvoir civil et militaire, qu'il garde seulement son titre et reçoive une pension.

Mêmes conditions sont obtenues par des intrigues, en profitant de minorités désastreuses, pour réduire à la nullité les souverains de Tanjore et du Carnatic.

Nous aurons plus tard occasion de parler des longs et pénibles dissentiments des Mahrattes avec l'administration de Wellesley. Il fallut combattre la confédération de ces peuples intrépides, ambitieux et longtemps victorieux. Ce fut l'occasion pour le général Wellesley, qui plus tard devint duc de Wellington, d'obtenir dans la partie du sud un grand commandement, qu'il sut justifier par la victoire d'Assaye. Dans la partie du nord, le général Lake s'illustra par une bataille encore plus chèrement achetée et plus glorieuse, à Laswarrie. Afin d'obtenir ce dernier et brillant succès, il fallut que l'Angleterre comptât plus de 800 hommes parmi ses tués et ses blessés. Jamais en Asie triomphe anglais aussi grand n'avait coûté si cher. « Les Mahrattes, écrivait à ce sujet le général Lake, ont combattu comme des démons; s'ils avaient été commandés par des Français, l'événement aurait été, j'en ai peur (*I fear*), extrêmement incertain ! » Cette victoire éleva Lake aux honneurs d'une pairie noblement méritée.

Après de si grandes victoires, le marquis Wellesley dicta ses conditions impérieuses. Les Mahrattes durent se soumettre à l'arbitrage de la Compagnie dans toutes leurs discussions avec le Nizam et le Peshwa, deux alliés des Anglais. Ils durent s'interdire d'employer dans leurs armées des officiers français sans conditions temporaires, et des officiers d'autres nations ou d'Europe ou d'Amérique, lorsqu'elles seraient en guerre avec la Grande-Bretagne. Wellesley passait ce traité le 17 décembre 1803, huit mois après la rupture de la courte paix entre la France et l'Angleterre.

Lorsque je décrirai les contrées où les Mahrattes ont étendu leur puissance, l'occasion s'offrira naturellement de marquer en particulier le genre d'empire exercé sur eux par le marquis Wellesley.

Je terminerai les notions que je voulais présenter sur les actes de cet éminent gouverneur général par l'examen de sa création politique la plus importante.

Établissement général des alliances subsidiaires[1]
par le marquis Wellesley.

Il faut étudier ce genre d'alliances comme un grand exemple des illusions prodigieuses que l'imagination du marquis Wellesley présentait à son esprit, et qu'il savait faire partager en Angleterre, grâce à la magie de ses discours et de sa correspondance.

C'est la prospérité, c'est la paix qu'il se figurait assurer à l'Inde par sa grande combinaison *des alliances* appelées *subsidiaires*, parce qu'elles reposent sur des *subsides* payés à titre d'échange pour une protection militaire quelquefois concédée, mais plus souvent imposée.

Le marquis Wellesley semblait s'apitoyer sur les infortunes infinies de la région la plus favorisée de la nature. Dans l'espace de moins d'un siècle, elle était tombée, disait-il, dans l'état d'anarchie le plus déplorable. Le vaste

[1] Dans la langue française, l'adjectif *subsidiaire* signifie supplémentaire, additionnel; ici, comme dans la langue anglaise, *subsidiaire* est simplement un adjectif dérivé du mot *subside* : alliance ou traité subsidiaire veut dire alliance ou traité qui se fonde sur des *subsides*.

empire musulman dont Aureng-Zeb fut le souverain le plus puissant, cet empire d'une étendue supérieure au tiers de l'Europe, désuni de toutes parts, n'offrait plus que des lambeaux, déchirés eux-mêmes par des discordes intestines ou rattachés passagèrement à d'autres débris par des usurpations incessantes.

Au delà des provinces musulmanes, à l'ouest, au nord, depuis la mer d'Arabie jusqu'aux bords du Gange, la confédération des Mahrattes, dont j'ai déjà dit quelques mots, composée de peuples hindous, s'était agrandie par la déprédation et la conquête; elle avait étendu son cercle de fer en comprimant, du côté du centre, les débris mahométans de l'empire du grand Mogol. Du côté contraire, en regardant vers l'occident et le septentrion, elle faisait face aux peuples de l'Indus, habitant les confins de l'Afghanistan; elle aurait pu résister même à la Perse. Un tel rempart, mis à profit, pouvait être utile.

Dans une position directement opposée à celle des Mahrattes, vers l'est et le sud, les Anglais avaient affermi leurs conquêtes aux dépens des provinces de l'empereur de Dehly. Ils commandaient de Bénarès à Calcutta et de Calcutta jusqu'à l'extrême promontoire méridional; sur la côte occidentale, ils s'étaient emparés du Malabar; Bombay, dans l'île de Salcette, leur était comme un Gibraltar, qui menaçait de prendre à revers et Mahrattes et musulmans. Déjà la Grande-Bretagne régnait directement sur le tiers de la population indigène; même seule, elle aurait été plus puissante que tout le reste de l'Inde coalisé contre elle. Coalition d'ailleurs impossible, car elle n'était suggérée par aucun sentiment universel qui fît regarder comme des frères tous les natifs des contrées au midi des monts Himâlayas.

Les hommes d'État de la métropole, en cela d'accord

avec la compagnie gouvernante, concevaient que l'Angleterre avait à jouer dans l'Inde un rôle grand, simple et facile. Son rôle consistait à ne jamais attaquer les gouvernements indigènes qui ne braveraient pas son autorité; à se montrer comme un pouvoir conservateur de la paix; à couvrir de son bouclier les États faibles et tranquilles, pour les garantir de l'oppression par le seul prestige de sa raison supérieure et de sa toute-puissance. C'est dans cet esprit que le Parlement avait déclaré comme article de loi, en votant la Charte de 1793, qu'il ne fallait plus faire de conquêtes dans l'Inde.

Un programme si naturel, honnête à coup sûr, mais sans perspectives d'ambition et de vaine gloire, ce programme déplut au marquis Wellesley. Cependant, comment se promettre de le fouler toujours aux pieds impunément? Il avait bien pu désobéir une fois au Parlement, ainsi qu'à la Compagnie, en exploitant la haine et l'effroi qu'inspirait la France; il avait pu, mettant à profit de telles passions, briser l'existence du royaume de Mysore. Mais il fallait s'arrêter dans une voie où l'ombre même de pareils prétextes allait bientôt s'évanouir, dans une voie de batailles dont le moindre inconvénient était l'énormité des dépenses et l'accroissement indéfini de la dette.

C'est alors que le novateur imagina d'ériger en système général un protectorat où la Compagnie prendrait par amitié, comme une entreprise à prix fixe, la défense, la garde et le salut des royaumes indigènes. A ces royaumes qu'on va chérir d'une tendre affection, Wellesley procurera pour auxiliaires des cipayes disciplinés et commandés par des Anglais. Les souverains si bien servis concéderont une faible portion, une simple lisière de leurs États; il suffira que la concession présente un revenu suffisant pour défrayer la force étrangère ainsi prêtée. Ce procédé n'était pas d'invention européenne; les gouvernements natifs avaient pour usage de donner des feudes, des pays entiers, terres et populations, *des jaghires*, à leurs grands vassaux, qui payaient en soldats leurs redevances.

Avec une combinaison si fortunée, personne n'osera plus s'attaquer au monarque tranquille, honoré, qu'on verra garanti par une armée d'occupation européenne. Ce serait s'attaquer à l'Angleterre elle-même, représentée par la puissante Compagnie; et celle-ci ferait, au besoin, marcher toutes ses forces pour rester fidèle à ses traités de protection subsidiaire.

Afin d'être plus certain que l'esprit insidieux des immigrants occidentaux n'agira pas pour porter à mal la politique des indigènes, et qu'il ne leur prêtera ni le génie turbulent ni *la valeur dangereuse* des races européennes, le marquis Wellesley pose en règle générale l'expulsion des étrangers, des Français surtout! et même des citoyens des États-Unis. *Leur bannissement devient la loi de l'Inde.* Aucun d'eux ne pourra plus commander, ni servir, ni porter les armes dans les États protégés. Une telle mesure aura la plus grande efficacité pour écarter des cours indigènes le fâcheux amour des combats; elle anéantira la possibilité, fâcheuse aussi, de combattre avec succès contre leurs voisins, et peut-être parfois contre l'Angleterre...

Non-seulement les souverains seront à jamais garantis contre l'invasion et la conquête; la force subsidiaire les garantira contre la révolte de leurs propres sujets : c'est la paix au dedans ajoutée comme un second bienfait à la paix au dehors. Voilà le côté séduisant de la perspective!

Des Résidents.

Il faut rendre une justice au marquis Wellesley; dans

le désir d'assurer le succès de son système, il avait eu soin de chercher les instruments les plus dignes d'être employés.

Afin de peser savamment sur les souverains hindous et musulmans, en les accoutumant au joug sans les révolter, il fallait des hommes d'une rare intelligence, qui sussent passer tour à tour du commandement à la diplomatie, qui fussent au besoin audacieux ou circonspects, et se gardassent d'affecter les dehors du pouvoir, afin d'en mieux conquérir la réalité. Le talent du marquis Wellesley pour discerner, pour deviner les jeunes sujets propres à parcourir une telle carrière, ce talent fut incomparable. Il les choisissait sans préjugé, sans partialité, parmi les serviteurs de la Compagnie et dans les rangs de l'armée; il leur inculquait tous ses principes et même au besoin *son absence* de principes. *C'était une profonde école de Proconsulat.* Ses élèves, les John Malcolm, les Munro, les Elphinstone, et les élèves de ses élèves, ont grandi par de telles leçons dirigeant leur future expérience; leurs actes patents ou secrets remplissent un demi-siècle dans l'histoire de l'ambition britannique et de ses triomphes.

Pour mieux assurer aux alliés subsidiaires les présents qu'il a si bien calculés, l'auteur du système à créer placera près du monarque indigène un de ces Anglais d'élite, un *Résident.* Ce diplomate sera pour le prince un ami sans ambition, sans vil intérêt; toujours prêt à l'éclairer de ses conseils, à lui signaler des écueils de gouvernement et le danger *de ne pas administrer avec perfection.*

Ne croit-on pas voir ici réalisés, mais avec encore plus de génie, les projets si généreux du bienveillant abbé de Saint-Pierre? Pour mieux atteindre le but de la paix perpétuelle, les souverains natifs s'engageront à ne plus déclarer la guerre à personne; c'est le prix du repos et de la sécurité qu'on leur garantit avec tendresse. Si par hasard, si par malheur la guerre devient une nécessité, l'Angleterre en saura juger le besoin; l'Angleterre, fût-ce à regret, la déclarera. Le monarque protégé n'aura plus alors qu'à payer des subsides, en sa qualité de tributaire défendu.

Pour mieux éviter aux États les occasions de passer aux hostilités, remarquez bien que les lisières territoriales, les *marches militaires*, comme les nommait l'Europe du moyen âge, concédées à l'Angleterre pour solder la force subsidiaire, vont séparer les uns des autres les États indigènes. On leur retire en même temps toute facilité de se mettre en contact, de s'entendre et de se coaliser pour former de grandes entreprises agressives : chose heureuse pour la paix.

Résultats obtenus.

Je n'ai pas la prétention d'avoir peint le projet d'alliances subsidiaires avec le charme et l'entraînement qui le recommandaient aux yeux de son auteur. J'ai tâché d'être fidèle, et mon tableau, tout imparfait qu'il peut être, doit néanmoins paraître assez ressemblant. Demandons-nous maintenant quels ont été les moyens d'exécution, et surtout quels ont été les résultats.

Les prévisions les plus décevantes cachaient pourtant un écueil devant lequel devait se briser la théorie la mieux conçue: c'était la nature des sociétés et des caractères indigènes, sur lesquels on se proposait de répandre à profusion tout ce bonheur systématique.

L'état fiévreux de guerre civile, et souvent de guerre sociale, qui depuis un siècle travaillait l'Inde, produisait, il est vrai, des malheurs inexprimables; mais, en exaltant les courages, il déployait les facultés de tous les hommes à la fois ambitieux et capables. A travers les hasards incessants de la fortune, les hommes supérieurs, fussent-ils partis du plus bas étage, finissaient par prédominer; à la longue, ils renversaient dans toute la péninsule les princes qui se montraient lâches, efféminés et tyrans. Ainsi s'était développée la fortune immense du célèbre Hyder-Ali, qui de simple soldat était devenu le conquérant, disons mieux, le créateur du royaume de Mysore. Au dix-huitième siècle, il existait donc sur les trônes si périssables de l'Inde plus de princes vaillants et capables qu'à des époques de longue paix et d'énervement.

Tels étaient les souverains qu'on avait à courber sous le joug des traités subsidiaires. C'était eux à qui il fallait ôter le droit d'ajouter, par la victoire, à leurs domaines; le droit d'exister au dehors, en leur retirant la faculté de recevoir et d'envoyer des ambassadeurs; le droit de revendiquer eux-mêmes le redressement de leurs griefs contre des voisins insolents, agressifs ou déprédateurs. A l'intérieur, la suppression de la toute-puissance était plus douloureuse encore : les troupes d'occupation représentaient la servitude imposée par un étranger, par l'Anglais, si souvent austère, glacial, et voulant être obéi d'un simple signe, sans s'abaisser aux longs discours.

Ordinairement le nouveau système d'alliances ne fut établi qu'en ayant recours à la force, qu'en profitant de toutes les occasions adverses aux princes de l'Inde; en se prévalant de leurs dangers, de leurs défaites: souvent aussi de leurs trônes disputés par des compétiteurs injustes que la fortune semblait par trop favoriser. Tantôt on prenait parti pour un usurpateur mal affermi, tantôt pour un orphelin dont le bas âge promettait une longue tutelle : la servitude arrivait avant le jour de la majorité.

On avançait ainsi par degrés savamment calculés; on

obtenait d'abord l'installation d'un Résident, et c'était un grand pas de fait; puis l'installation d'un contingent militaire à ses ordres; puis les concessions successives de territoire, d'argent, de pouvoir et d'influence, qui complétaient l'établissement *du système subsidiaire* et couronnaient le règne toujours plus impérieux de la Compagnie.

En peu d'années, au prince expérimenté, vaillant et capable de bien gouverner, mais qu'avait cessé de servir la fortune, succédait *un prince porphyrogénète*, engendré près du trône, élevé dans la mollesse, abruti par la corruption prématurée. Ne conservant plus que les apparences d'une royauté sans pouvoir, il lui restait, pour se consoler, des éléphants, des chevaux, des courtisans, et des sujets deux fois esclaves; car ils subissaient tour à tour la tyrannie indigène et la tyrannie suzeraine : celle-ci représentée par le Résident et par son contingent d'anglo-cipayes.

Au milieu de cette bassesse redoublée, le prince était, par compensation, affranchi de la peur, seul frein de la tyrannie. Avant l'établissement du système subsidiaire, lorsqu'un peuple se sentait trop opprimé, trop appauvri, trop outragé, il volait aux armes, cherchait la victoire dans le désespoir, et jetait à bas le mauvais prince, indigne de gouverner. Mais ce terrible remède était impossible en face de la Compagnie, qui, sous la foi d'un traité, défendait et sauvegardait le trône du despote, quels que fussent le dommage et l'infamie de son règne.

La tyrannie vivait donc en paix, étalant son faste et la corruption de ses plaisirs au milieu de la misère universelle. Tout se dégradait et dépérissait sans résistance; l'agriculture succombait sous le poids des charges publiques; des villages, des districts, étaient désertés; la production ne suffisait plus à la nourriture des hommes, et le nombre des habitants diminuait au lieu de s'accroître.

Au milieu de l'État indigène courbé sous un traité subsidiaire, arrêtons nos regards sur le dominateur étranger. Sans calomnier le proconsul exerçant les fonctions de Résident, supposons qu'il ne fût pas à la fois un génie très-éminent, doué de toutes les vertus, et, malgré sa supériorité, dépourvu de toute ambition. Existe-t-il une position plus dangereuse pour l'esprit et le caractère d'un ministre diplomatique chargé de représenter un des grands empires du monde auprès d'un prince enchaîné par un traité sans réciprocité? Les corrupteurs, les flatteurs, les ambitieux, se pressent afin d'adorer jusqu'à l'ombre de la puissance ainsi représentée. Souvent, moderne Prusias, le prince même devient le premier courtisan du dictateur politique; il lui prodigue les honneurs et les faveurs, pour obtenir au moins l'approbation tacite de ses vices, de ses oppressions et de ses crimes. Quant au peuple, en pareil cas, il n'a ni le recours de la prière ni celui de la résistance : souffrir, languir et dépérir, voilà son destin.

Dans les États les moins infortunés, où le prince, favorablement doué de la nature, n'avait pas été corrompu par les précepteurs de son enfance ni dégradé par la perte des plus beaux droits de la souveraineté, voulait-il, dans le cercle restreint du régime intérieur, procurer suivant son cœur et ses idées le bonheur de ses sujets? la position fausse et le rôle ambigu du Résident se dressait devant lui comme un obstacle qui souvent finissait par être insurmontable.

Même indirect et déguisé, le pouvoir absolu corrompt les Résidents comme les rois. Celui qui peut tout restera-t-il honteusement à ne rien faire? S'il a quelques idées à lui sur le gouvernement des peuples, ne voudra-t-il pas les imposer, du moins à titre de bienfait? Vivant au milieu d'une race incroyablement pourvue d'adresse et d'habileté, ne se laissera-t-il gagner par personne? ne se ferat-il le protecteur d'aucun serviteur mauvais, trompeur et déloyal? en un mot, sa volonté ne traversera-t-elle jamais celle du souverain, et sur les hommes et sur les choses? On ne peut pas le supposer. Le prince, alors, se sentira cruellement contrarié, desservi, humilié jusque dans son palais, jusque sur son trône. Cherchera-t-il un remède à de telles souffrances? Aussitôt vont commencer pour lui de nouvelles tortures.

Le Résident n'est pas un ministre diplomatique accepté, mais imposé. Le prince n'a pas été consulté pour le recevoir; il ne le sera pas pour retirer le proconsul, fléau de sa cour. Non-seulement, quoique monarque, il a perdu le droit d'avoir des ambassadeurs près des autres souverains indigènes; il n'a pas le droit d'entretenir un agent accrédité près du pouvoir suprême qui représente pour lui l'univers étranger. Il ne possède pas la faculté de correspondre personnellement avec ce gouverneur général qui représente à la fois la Compagnie et l'Angleterre. Même dans le cas où ses griefs portent contre le Résident, c'est par les mains de son oppresseur officiel qu'il doit adresser ses plaintes. Voulût-il envoyer, pour ce cas extraordinaire, un envoyé pareillement extraordinaire, il ne le pourrait pas, à moins d'en recevoir la permission transmise par le Résident, *sur l'avis préalable et raisonné de ce personnage inculpé*. Voulût-il aller en personne, comme un suppliant, porter à Calcutta ses doléances, il faudrait que cet acte de vassal fût autorisé par un permis; grâce dont le Résident serait le canal indispensable.

Afin de montrer jusqu'à quel point on a poussé même à Londres l'oubli des égards dus aux souverains indigènes, à ceux que recommandaient les plus grands souvenirs, et les excès auxquels ont pu se porter des Résidents, il nous suffira de citer l'exemple d'une seule cour. Les faits qui vont être mentionnés se sont accomplis pourtant sous le meilleur des gouverneurs généraux que l'Inde ait jamais possédés. On cite comme un éloge de ce gouverneur, et presque comme un acte sans exemple, le juste rappel d'un Résident insupportable au peuple ainsi qu'au prince obligés de le subir.

Auprès du roi de Dehly, représentant nominal des empereurs mogols, se trouvait un Résident qui maltraitait ce monarque déchu, réduit à des moyens d'existence insuffisants pour soutenir les restes de sa dignité. Le roi, qui n'espérait pas obtenir dans l'Inde un remède à ses souffrances, tourna ses regards vers la métropole. Il comptait parmi ses ministres le plus éminent des brahmanes, *Rammohun Roy*. Cet homme d'État, au-dessus des préjugés, des erreurs de sa caste et doué d'un génie supérieur, avait conçu la pensée de rapprocher les Hindous, les musulmans et les chrétiens par le précepte simple et sublime de l'unité de Dieu : précepte sacré qu'il faisait remonter jusqu'aux Védas. C'est lui qui plus tard avait établi à ses frais, dans Calcutta, un hospice des aveugles. Cet homme admirable vient en Angleterre plaider la cause du descendant d'Aureng-Zeb. Si le Bureau du Contrôle avait eu le moindre désir d'améliorer le destin moral de l'Inde et d'y faciliter les plus heureux changements, il aurait accueilli à bras ouverts un envoyé de si haut mérite et qui révélait de si grands projets. Le ministère britannique refusa de le recevoir, parce que l'ambassadeur de l'héritier du Grand Mogol n'était pas autorisé par le gouverneur général, l'ex-fermier du trône de Dehly!

Au milieu de cet insuccès, le Résident en exercice dans cette cité de Dehly, la grande capitale d'un empire qui compta cent millions de sujets, ce dictateur redoublait d'insolence; il s'oubliait jusqu'à frapper de sa main, au milieu des places et des rues, les passants qui ne se prosternaient pas assez bas pour le saluer comme un prince de l'Orient. Les habitants, alors, convinrent entre eux de déserter la voie publique dès qu'on pourrait savoir qu'il y paraîtrait.

Tel était le personnage officiel que lord Bentinck rappela d'après les plaintes du roi de Dehly. Il avait laissé tant de haine contre ses fonctions, que son successeur, homme excellent, éclairé, qui chérissait les natifs, celui qui n'aimait pas moins les étrangers et qui fut si bienveillant pour notre naturaliste Victor Jacquemont, M. Fraser, fut assassiné dans Dehly. Un radjah et son fils, que le nouveau Résident ne voulait pas réintégrer dans leurs domaines, attentèrent à ses jours. *Ils furent pendus*, afin de mieux marquer le mépris qu'on avait pour leur naissance princière. Le peuple de la capitale, exaspéré par l'infamie du supplice, ne vit plus en eux que des martyrs et conserva, comme des reliques, les lambeaux de leurs vêtements. Un quart de siècle plus tard, de si funestes souvenirs n'étaient pas oubliés, lorsque éclata la grande rébellion.

A présent nous dirons avec l'historien qui nous fournit ces faits[1] : « Parmi les centaines d'Anglais qui ont rempli des fonctions de Résidents pendant un quart de siècle, écoulé depuis lors, croyez-vous qu'aucun n'a mérité la plus complète défaveur? Mais, d'un autre côté, qui dénombrera les territoires de princes indépendants ou protégés annexés dans le même laps de ce temps, soit à titre de punition des princes, soit d'après tout autre motif? Pour moi, je n'y parviendrais pas. »

Pouvons-nous concevoir une position plus douloureuse que celle d'un prince humilié, fatigué, dégradé de

[1] Races and History of India, t. II, p. 91.

la sorte par un Résident dépourvu de prudence et de justice? Quoi de plus propre à faire naître en lui la haine de l'oppresseur ou l'abandon de soi-même? Mais comment se délivrer d'un pareil joug? Dans le petit nombre de cas où le Résident est déplacé, à la requête du prince indigène, nous trouvons généralement que ce dernier a pu profiter de quelque tournée du gouverneur général et d'une entrevue personnelle pour faire connaître ses griefs. Dans toute autre circonstance, supposons que le gouverneur général ait enfin reçu les représentations du prince opprimé, quelles chances de redressement l'injustice trouvera-t-elle devant lui? presque aucune. A la longue, soyons-en sûr, il ne recevra qu'un petit nombre de plaintes, et ce seront les plus mal fondées : celles qu'à ce titre le Résident n'aura garde d'intercepter. Tel étant le cours irrésistible des choses, le gouverneur général acquiert naturellement l'habitude malheureuse de prononcer sans examen contre le monarque indigène; il se fortifie dans cette règle d'oppression administrative à mesure que le caractère des natifs s'affaisse sous le poids du système de protection subsidiaire.

Ainsi prédomine sans mesure la politique désolante et hautaine qui prescrit au gouvernement dominateur, d'un côté, de ne jamais écouter les plaintes les mieux fondées, de l'autre côté, de fermer les yeux sur les actions les plus oppressives, les plus désastreuses, de ses agents politiques. L'intolérance et l'égoïsme du pouvoir n'ont que trop de penchant à pratiquer de semblables préceptes. Comprimer les populations et finir par déposséder les princes, *en annexant* ou *confisquant* leurs États, de pareils actes semblent à la fois plus expéditifs et plus commodes que d'écarter avec soin tout préjugé, d'étouffer toute convoitise, d'écouter avec patience et de comparer des exposés contradictoires, pour faire enfin triompher la vérité désintéressée.

Sans doute, un sentiment d'équité s'élève d'ordinaire chez le gouverneur général pour résister à ces idées; mais toujours il se trouve à ses côtés une foule de conseillers disposés à préconiser l'annexion. Peut-être le Résident veut-il devenir commissaire extraordinaire, posséder la dictature dans le royaume où s'exercent ses fonctions, et remplir ce rôle nouveau, d'un attrait bien supérieur au partage indirect d'une influence administrative? Ajoutez que le territoire dont l'indépendance est mise en question présente aux cupidités, aux ambitions, un nouveau champ de patronage. Là seront des emplois à créer; on en fait aussitôt le dénombrement, et pour les *civiliens* et pour les militaires, sans oublier le service *incovenanté*. Tous les aspirants aux places, leurs parents, leurs amis, leurs créanciers même, s'évertuent à démontrer l'utilité, et par conséquent la justice de l'annexion qui produira tant de bienfaits. Les journaux appuient l'iniquité désirée; leurs colonnes, toujours prêtes à servir les cupidités, sont remplies d'histoires lamentables sur le mauvais gouvernement d'un prince dont la dépossession fera le bien d'un si grand nombre de sujets britanniques en expectative de placement ou de promotion! Supposez qu'en cet instant, comme il arrive si souvent dans l'Inde, le revenu de la Compagnie soit en déficit; les journaux publieront des calculs composés *ex professo*, communiqués longtemps d'avance à l'administrateur suprême. Ces calculs auront établi le revenu net à conquérir, et ce qu'on pourrait lui faire rendre par une pression plus savamment financière. On ne fait valoir que les beaux motifs. La justice et la convenance, le sentiment généreux du patriotisme, l'accroissement du pouvoir national, l'applaudissement mérité de l'opinion publique, un acte de plus qui prendra rang dans l'histoire : tout se réunit pour demander, pour commander au patriotisme, à l'ambition du gouverneur général, qu'il prononce une *annexion* si désirée et si désirable !

Le tableau que je viens de présenter n'est qu'un résumé fidèle des faits présentés et des jugements portés par MM. James Mill, Malcolm Ludlow et Montgomery Martin ; c'est un système anglais examiné, pesé par les juges anglais les plus impartiaux et les plus estimés. Je n'ai pas seulement accepté leurs appréciations ; pour plus de fidélité, j'ai souvent emprunté leurs paroles.

En présence des observations et des faits dont nous venons d'offrir le résumé, exaltera-t-on comme un titre de gloire, estimera-t-on comme un triomphe de la civilisation la puissance illimitée conquise par le mélange de la force et de la ruse pour dominer de si haut cent quatre-vingts millions d'Orientaux, abaissés de proche en proche et fatalement livrés, sous leurs tyrans respectifs, aux exactions, aux corruptions, à la servitude, avec la garantie du dominateur étranger ? Et pour affaiblir l'ombre portée sur de si grands succès par le malheur des opprimés, suffira-t-il que l'on dise : « Après tout, ce ne sont que des Indiens ! »

Supposons qu'en dehors du continent européen un peuple, maître des mers, emploie les mêmes moyens pour assujettir l'ancien monde. Supposons qu'il place des proconsuls, appelés Résidents, à Paris, à Madrid, à Lisbonne ; puis à Vienne, à Berlin, à Saint-Pétersbourg : en un mot, dans toutes nos Cours, privées à la fois de la faculté d'envoyer des ambassadeurs et d'en recevoir d'aucune autre puissance. Supposons que le peuple prédominant supprime le droit des gens entre nos diverses nations et que, pour prix de leur autonomie détruite, il impose ses officiers aux soldats continentaux; et que ses propres bataillons, *sous le nom de contingents,* campent à demeure sur nos territoires. Supposons enfin que, pour prix de l'indépendance perdue, le dominateur dise aux populations ainsi rangées sous son influence: « Je garantis à vos maîtres dégradés la perpétuité de leur empire sur vous, quelque avilissement, quelque démoralisation, quelque tyrannie qu'ils vous fassent subir. » Dans ce servage éternel, trouverions-nous un progrès, un triomphe de la civilisation, un présent fait au genre humain? Et serions-nous consolés si les Asiatiques, les Américains et les Africains, réjouis à leur tour par notre abaissement universel, se disaient avec délices : « Après tout, ce ne sont que des continentaux européens ! »

Ce qui comblera d'étonnement tout lecteur réfléchi, ce sera de voir, en 1857 et 1858, la surprise inexprimable de la nation britannique, lorsqu'elle apprendra l'explosion d'une immense révolte sur les bords du Gange et de la Jumna, chez des peuples, chez des soldats qui, suivant le dominateur, n'avaient pas le moindre prétexte pour cesser de se croire honorés, heureux et reconnaissants.

Les successeurs du marquis Wellesley.

Pendant plusieurs années les successeurs du marquis Wellesley, fidèles à son système, se sont contentés d'en poursuivre fidèlement l'exécution. Nous ne citons que pour mémoire le second gouvernement de lord Cornwallis : il dure à peine du 30 juin au 5 octobre 1805.

On est surpris de voir la Compagnie donner pour successeur à l'infatigable lord Wellesley un vieillard épuisé, le vénérable général Cornwallis; il mourut, sans rien accomplir, trois mois après son arrivée dans l'Inde.

. . . .

Sir Georges Barlow, gouverneur transitoire, fin de 1805.

Cet excellent administrateur, doyen du Conseil exécutif et législatif de Calcutta, prit de droit le gouvernement général, devenu vacant par la mort du titulaire; mais il ne fut pas confirmé dans cette haute position par la Cour des Directeurs. Le ministère du Contrôle établit alors ce principe : *A l'avenir on ne choisira plus pour gouverneurs généraux des administrateurs avancés dans l'Inde en suivant la carrière des services civils.* C'était le premier châtiment que recevait la Compagnie pour la faute qu'elle avait commise en acceptant du marquis Wellesley une extension de puissance et de protectorat si démesurée, que désormais le gouvernement d'un pareil empire semblât au-dessus des plus éminents serviteurs d'une simple association mercantile. On déclarait de tels serviteurs incapables d'administrer les conquêtes faites sous les drapeaux de cette association. Et qui leur préférait-on? des hommes ayant pour premier mérite une haute naissance ou recommandés par de puissantes relations parlementaires, et presque tous étrangers aux intérêts, aux mœurs, aux lois des peuples qu'ils devaient régir.

Pendant le court intérim de sir Georges Barlow, le midi de l'Hindoustan fut troublé par la révolte de Vellore. Dans cette forteresse étaient relégués tous les fils et les filles de l'infortuné sultan Tippou, gardés par mille cinq cents cipayes et trois cent cinquante Européens. Les cipayes étaient mécontentés par des mesures disciplinaires qui blessaient sans nécessité leur religion et leur esprit de caste. Ils se révoltèrent inopinément; ils attaquèrent le petit corps britannique en garnison dans Vellore et le détruisirent en partie. Par bonheur, des forces supérieures envoyées en toute hâte sauvèrent le reste de la troupe anglaise.

La Compagnie, avec grande raison, destitua le commandant militaire de la Présidence de Madras, qui par des innovations imprudentes avait fait naître la rébellion. Mais ce qu'on ne pouvait justifier fut le parti pris de révoquer en même temps le gouverneur de Madras, l'excellent lord Bentinck; nous le verrons, vingt-trois ans plus tard, administrer l'Inde entière avec un admirable esprit de vraie politique et d'humanité.

On aurait pu croire qu'une révolte opérée dans la citadelle où les enfants de Tippou-Sahib étaient en détention s'était opérée grâce à leurs intrigues et dans leur intérêt. Il n'en était rien; et l'on reconnut que le soulèvement, tout militaire, n'était dû qu'à la manière inhabile et sans égards dont étaient traités les cipayes et les officiers indigènes[1]. C'est ce qui fit destituer l'incapable commandant des forces dans la Présidence de Madras.

Gouvernement de lord Minto, de 1806 à 1813.

A l'intérieur, cette administration ne présente pas d'innovations et d'événements considérables. Lord Minto se contente de suivre pas à pas la politique d'alliances subsidiaires préparée avec un si grand artifice par le marquis Wellesley.

Lorsque nous parcourrons les provinces méridionales et que nous visiterons la belle principauté de Travancore, nous aurons à rappeler les excès commis et le sang répandu en vertu de l'alliance avec la Compagnie. Pour être juste, nous signalerons ensuite des temps plus heureux

[1] India and its Races.

dus à la mission du célèbre Munro, de l'an 1808 à l'an 1814.

Sans attendre le moment où nous étudierons le royaume du Deccan, nous nous contenterons de citer une simple phrase de l'historien Malcolm Ludlow :

« Dans le territoire du Nizam, le premier ministre montra son ferme attachement à l'Angleterre. Il s'efforça d'organiser une armée régulière, que disciplinèrent des officiers anglais; par reconnaissance, on le soutint contre tous ses ennemis, en lui permettant *d'opprimer et de ruiner le pays* : TO OPPRESS AND RUIN THE COUNTRY. »

Croira-t-on qu'au XIXe siècle, et lorsque la Compagnie était toute-puissante, Schah-Alam, empereur de Dehly, venant à mourir, son héritier Akbar II prétendit, exhumant un usage antique, renouveler l'investiture du gouvernement de la Compagnie dans l'administration du Bengale et des autres possessions gangétiques? il voulait revêtir le gouverneur général d'un manteau d'honneur, d'un khélat, lequel eût constaté le vasselage britannique aux yeux de tous les indigènes. Cette prétention du faible vis-à-vis du fort ne pouvait avoir de succès et fut simplement ridicule.

Sous l'administration de lord Minto, mais sans qu'il ait aucun mérite aux succès obtenus dans les mers de l'Inde, les îles de la Sonde sont enlevées aux Hollandais; l'île de France et Bourbon le sont aux Français.

Renouvellement de la charte de la Compagnie, en 1813.

La grande innovation de la nouvelle charte fut d'accorder aux citoyens anglais le droit de commercer dans toute l'Inde britannique en libre concurrence avec la Compagnie. Il s'ensuivit dans l'Orient une révolution qui changea les rapports entre les Anglais et les natifs.

Nous ferons connaître quelles ont été les conséquences mercantiles de ce grave changement, lorsque nous traiterons en particulier du commerce de l'Inde.

Gouvernement de lord Hastings, de 1813 à 1823.

Des symptômes qui menaçaient le maintien de la paix s'étant manifestés dans plusieurs États indigènes, la Compagnie, d'accord avec le ministère du Contrôle, choisit pour gouverneur général un militaire distingué, le comte de Moira; par mesure extraordinaire, on le nomma commandant en chef de toutes les forces de l'Inde. Il devint plus tard marquis de Hastings.

Il avait trouvé le trésor presque vide. En 1815, il pourvut par des emprunts, et par les secours du vizir d'Oude, aux frais de la première guerre contre les Gourkhas, habitants du royaume de Népaul. Les terribles Gourkhas, adonnés au culte de Siva, le dieu de la destruction, étaient dignes d'en être les adorateurs; ils luttèrent avec un courage indomptable et firent payer chèrement leur défaite. Ce conflit exigea deux ans de combats, qui couvrirent de gloire le général Ochterlony.

Les conséquences de la guerre furent des cessions de territoire et l'introduction forcée d'un *Résident* à Catmandou, la capitale du Népaul.

Guerre contre les Pindaries et les Mahrattes.

Une autre guerre, incomparablement plus grave, eut pour succès définitif l'extermination des Pindaries. Ils formaient des espèces de corps francs, composés de cavaliers ramassés parmi tous les soldats de fortune; c'étaient les bandits armés et les voleurs du centre de l'Inde. Ils faisaient de temps à autre des invasions formidables dans les États du centre et même sur les territoires de la Compagnie; on résolut de les détruire, et ce fut une grande entreprise.

Les Pindaries ne comptaient guère plus de trente mille cavaliers; mais ils étaient appuyés tour à tour par les divers États mahrattes. Pour les entourer et les accabler, les Anglais employèrent trois armées, qui comptaient en total plus de cent mille soldats. Malgré cette supériorité d'ensemble, il fallut souvent qu'en certaines localités les forces britanniques livrassent bataille à des ennemis très-supérieurs en nombre; elles ne triomphèrent qu'après avoir essuyé des pertes considérables.

Ainsi, dans le combat de Sitabouldie, où mille trois cent cinquante hommes de la Compagnie firent face à vingt mille ennemis, ils eurent à lutter pendant dix-huit heures sans désemparer: du côté des Anglais, le tiers des combattants fut ou tué ou blessé. Faisons remarquer au lecteur un fait mémorable : *plus de la moitié de ces guerriers héroïques étaient des natifs cipayes et des cavaliers indigènes!*

Cette guerre eut pour résultat de briser à jamais la puissante confédération des Mahrattes et d'anéantir les cavaliers de leurs corps francs, *les Pindaries.*

Des extensions considérables de territoire furent pour la Compagnie un résultat de la victoire.

Lord Hastings a mérité cet éloge, qu'il n'a pas soutenu dans un esprit systématique les Résidents accrédités près des cours indigènes; il les révoquait quand il obtenait la preuve de leur conduite abusive et tyrannique. Ajoutons à sa gloire que, sans être enivré de sa haute fortune, il traitait les princes natifs en véritables souverains.

Lorsque nous décrirons la Présidence de Madras, nous

jetterons un regard sur le système de revenus publics établi par lord Hastings sous le titre de *ryotwar :* on nomme ainsi le système qui reconnaît le droit de propriété chez le cultivateur, le *ryot*.

Mesures déplorables contre les produits manufacturés de l'Inde.

Dès le moment où les marchands anglais avaient la faculté d'inonder l'Hindoustan avec leurs produits manufacturés, il fallait à tout prix, pour les satisfaire, rendre en leur faveur la lutte inégale avec les indigènes. C'est ce qu'a fait le gouverneur général dont nous examinons les actes.

Voici comment un historien anglais juge le gouvernement économique de l'Inde, sous lord Hastings, au sujet des intérêts orientaux :

« Plusieurs mesures *supérieures à tout scrupule*, pour ne rien dire de plus, furent introduites dans la législation des douanes. En premier lieu, *les industries indigènes furent, de propos délibéré, ruinées;* on y parvint par un abaissement énorme ou par l'abolition complète des droits d'importation que les produits de la Grande-Bretagne avaient jusqu'alors payés. En second lieu, tandis qu'on agissait de la sorte, on se gardait d'accorder des avantages réciproques aux produits indiens envoyés dans les trois royaumes. »

Ainsi, dès le premier moment, l'industrie britannique recevait la satisfaction la plus complète; elle voyait qu'avant tout on lui livrait sans défense l'industrie des indigènes.

La Compagnie avait établi dans le Bengale et le Bahar le monopole de l'opium; elle avait frappé de droits prohibitifs l'opium fabriqué chez les princes natifs. Afin d'écarter une rude concurrence, on pesait sur les princes de Malwa pour faire prohiber chez eux la culture du pavot; on les corrompait, on les *bribait*, afin qu'ils opérassent la ruine de leurs propres sujets.

En dix ans de gouvernement, de 1813 à 1823, lord Hastings porta les revenus publics de 430,700,000 à 578,000,000 de francs. Il rendit les recettes supérieures aux dépenses; mais celles-ci ne tardèrent pas à reprendre leur supériorité accoutumée.

Gouvernement de lord Amherst, de 1823 à 1828.

En 1823, lord William Pitt Amherst, protégé par le nom puissant dont il était héritier, l'emporta sur lord William Bentinck et fut élu gouverneur général. Celui-ci, pour le bonheur de l'Hindoustan, devint le successeur d'un concurrent qui ne méritait pas la préférence.

Sous lord Amherst eut lieu la première guerre contre les Birmans, laquelle dura deux ans et fut conduite avec peu d'habileté; elle fit perdre beaucoup plus d'hommes par le défaut de soins et par le climat trop peu consulté que par le fer de l'ennemi.

Le résultat de cette guerre fut la cession des provinces de Ténassérim et d'Aracan, si productives en riz, puis l'abandon par les Birmans de toute réclamation sur les pays de Kachar, de Jyntia et d'Assam.

L'activité commerciale des Anglais a déjà produit des résultats remarquables dans les nouvelles conquêtes. Moulmeïn, la capitale du Ténassérim, comptait seulement quelques chaumières en 1826, lors du traité de cession; elle compte aujourd'hui plus de cinquante mille habitants, attirés par le commerce.

En 1826, le gouverneur général fut créé comte *d'Amherst-Aracan*. J'ai déjà dit que son nom propre était

William Pitt : le souvenir d'un illustre ministre aidait toujours à sa fortune.

Un fait plus remarquable pour nous que la guerre des Birmans fut la rébellion des cipayes, qu'elle occasionna dans la province du Bengale. Les Hindous, ne se croyant engagés à servir que dans la péninsule indienne, ne voulurent pas en sortir et passer la mer. D'ailleurs, les révoltés, en se soulevant, n'étaient pas animés d'un esprit hostile. Ils n'avaient pas même chargé leurs fusils; *ce qui prouve, à coup sûr, qu'ils ne voulaient pas verser de sang.* Leur châtiment n'en fut pas moins impitoyable; on pendit leurs chefs, et beaucoup de subalternes furent passés par les armes. Trente années plus tard, lors de la grande rébellion, les Anglais trouvèrent cachés parmi les effets des soldats du même régiment, révolté pour la seconde fois, *des reliques* de ces chefs *qu'on avait pendus, en signe de mépris,* afin de mieux profaner leur caractère de *brahmanes.* Le fanatisme et l'esprit de vengeance avaient transmis ces précieux restes, en secret, dans le fourniment des soldats indigènes, et cela pendant près d'un tiers de siècle! Mais quand vint la seconde rébellion, les cipayes, instruits par la leçon du passé, *eurent soin de charger leurs armes* et d'en faire un usage déploré par les Anglais.

Pour achever ce qui concerne l'administration du prédécesseur de lord Bentinck, il faut dire (et le croira-t-on?) le fait que nous allons rapporter :

En 1824, la Compagnie recommanda la suppression du sacrifice barbare appelé *sutti :* on nomme ainsi l'immolation des veuves brûlées vivantes pour honorer la mort de leurs maris. Lord Amherst fit de cette mesure l'objet d'une simple enquête; puis trois ans plus tard, pour conclusion finale, il déclara *qu'on ne devait pas prononcer d'interdiction officielle.* Sa longanimité se confiait *au progrès du temps* pour amener quelque jour l'abolition lente et naturelle de cette horrible coutume.....

J'ai parcouru rapidement une liste de gouverneurs d'une influence à peu près nulle sur le sort général des peuples de l'Inde; celui dont nous allons parler est une heureuse et glorieuse exception à cet ensemble d'administrateurs, qui la plupart n'étaient pas à la hauteur de leur grande mission.

Gouvernement général de lord Bentinck, 1828 à 1825; l'Inde administrée dans l'intérêt des Indiens.

Je ne puis aborder sans émotion le gouvernement de lord Bentinck dans les Indes orientales. J'ai connu sa personne, non pas assez longtemps pour découvrir tous ses mérites, mais assez pour l'aimer. Je le vois encore, en 1828, lorsqu'il traversa Paris pour aller en Orient compléter sa renommée et bien mériter du genre humain.

Illustré par la guerre dans les temps du premier Empire français, il avait manifesté des principes généreux qu'il n'a jamais démentis. Il avait promis, au nom de l'Angleterre, une constitution à la Sicile et l'indépendance à Gênes; promesses oubliées par son gouvernement aussitôt après les préliminaires de pacification. Il était l'ami, et je crois aussi l'allié du grand orateur Georges Canning, qui venait de mourir en tenant avec éclat le timon des affaires britanniques.

Sa physionomie, ouverte et prévenante, peignait son cœur bienveillant. Quoiqu'il dût ses honneurs à la carrière des armes et qu'il fût général, il préférait les bienfaits de la paix à l'éclat de la guerre. Supérieur aux antipathies, aux jalousies nationales, il n'avait aucun préjugé contre les étrangers. Les Français en ont eu la preuve lorsqu'un de leurs jeunes compatriotes, Victor Jacquemont, arriva dans l'Inde, afin d'en étudier l'histoire naturelle. Lord W. Bentinck l'admit dans son intimité, comme il eût fait d'un vieil ami, et lui fournit avec sollicitude les moyens de visiter en pleine sécurité ce vaste pays si difficile à parcourir par le simple voyageur.

D'autres qualités rendaient l'éminent gouverneur propre à bien remplir sa haute mission. Il était habile, actif, infatigable ; il possédait au plus haut degré le courage civil, rare chez tous les hommes, plus rare chez les militaires. On le trouvait supérieur aux préjugés, à la routine, au dénigrement, à la calomnie; il laissait au temps à montrer la sagesse de ses desseins et le bienfait de ses mesures.

Il arrivait aux bords du Gange avec le trésor inestimable d'une expérience acquise, un quart de siècle auparavant, lorsqu'il avait gouverné la province de Madras; il connaissait, il aimait le caractère du peuple dont il allait devenir le suprême régulateur.

Dès le premier abord il déclarait, et nul avant lui ne l'avait jamais fait, qu'il fallait administrer l'Inde en posant ce principe généreux : *le bonheur des indigènes doit être le premier des intérêts.* Il a consacré sept années à remplir ce nouveau programme, en dépit de tous les obstacles. Pour commencer, il eut à vaincre des difficultés d'une autre nature, et des plus épineuses.

Réformes administratives et financières.

Des guerres, qu'il aurait été facile d'éviter, avaient de nouveau plongé dans le déficit les finances de l'Inde britannique. La Compagnie, exaspérée, voulait à tout prix des économies; elle en faisait une règle obligatoire à la gestion du nouveau gouverneur général.

Lord Bentinck était donc chargé d'une mission ingrate en tous lieux, et surtout dans l'Inde : celle de réduire les appointements des officiers civils et les dépenses de l'armée. Les économies obtenues sur des allocations exagérées firent naître chez les officiers et les soldats une irritation poussée, dans le principe, jusqu'à méditer l'assassinat du gouverneur général! L'animosité subsistait encore, avec une amertume incroyable, beaucoup d'années après la bienfaisante administration de lord Bentinck.

Il obtint une économie plus facile, mais moins grande, en supprimant la Présidence de Poulo-Pénang, qui comprenait Singapore et Malacca et qui ne commandait qu'à quelques milliers de sujets. Aujourd'hui ces possessions extérieures sont de nouveau séparées de la Présidence de Calcutta.

Passons aux mesures fiscales. Afin d'obliger les classes industrielles, ainsi que le commerce, à supporter leur part des charges publiques, il fallut créer l'*impôt du timbre*. Faisons remarquer que cet impôt est très-modéré dans l'Inde. Pour un ensemble de populations qui surpasse 130 millions d'âmes, sujets directs de la Compagnie, cet impôt, trente ans après sa création, ne rapporte pas 12 millions de francs. Dans la Grande-Bretagne, il y a dix ans, le même impôt rapportait déjà plus de 172 millions, prélevés sur une population cinq fois moins nombreuse que celle des sujets de la Compagnie.

Au lieu de poursuivre les obsessions commencées pour que les princes natifs prohibassent dans leurs États la culture de l'opium, le nouveau gouverneur général se contenta de lever, à titre de droit de passe ou de licence, des sommes considérables sur l'opium des États circonvoisins : produit qu'il admit librement sur les marchés des trois Présidences.

Les indigènes appelés à siéger dans les tribunaux.

Parlons maintenant d'un autre genre de mesures qui devait être pour les peuples conquis une juste consolation. Lord Bentinck appela les Indiens à siéger dans les tribunaux; il commença par leur donner le droit de prononcer sur des intérêts qui n'excédaient pas 12,500 francs. Aucune prodigalité ne fut d'ailleurs commise en faveur des nouveaux magistrats; même à parité de fonctions, le traitement de ceux-ci fut de beaucoup inférieur à celui des magistrats européens. Il y a peu de temps encore, on comptait dans le pays si riche et si peuplé du Bengale :

		Nombre de juges.
Juges indiens recevant, *au plus*, par année.	9,000f	105
Juges anglais recevant, *au moins*.	70,000	120

On ne saurait trouver dans ce parallèle trop de faveur accordée aux juges indigènes. L'extrême supériorité de traitement pour les juges européens était due, d'abord, à l'importance comparative de leurs fonctions; ensuite, au rang beaucoup plus élevé dans lequel on voulait maintenir les représentants de la nation conquérante. Ici l'or aidait au prestige de la race.

L'innovation que nous venons de citer n'a point dès le premier jour porté ses fruits les plus salutaires. Dans le principe, on ne trouva pas de magistrats, soit hindous, soit mahométans, qui fussent d'un caractère irréprochable, qui se montrassent aussi justes envers le faible qu'envers le puissant, et toujours supérieurs à toute corruption; mais, par degrés, on a pu faire des choix qui laissaient moins à désirer. Aussi, malgré les vives plaintes élevées contre cette classe de juges, leurs services, étant devenus meilleurs, ont relevé la dignité des indigènes à leurs propres yeux, ainsi qu'aux yeux des Européens.

Je terminerai ce qui concerne les améliorations relatives à la justice par un fait qui peint les mœurs :

Il y a vingt ans, dit M. Raikes, une circulaire fut adressée aux magistrats, dans la Présidence du Bengale, pour leur enjoindre *de ne plus couper les jarrets des condamnés* AVANT DE LES EXÉCUTER. Cet ordre fut une des bonnes actions de lord Bentinck; mais comment ses prédécesseurs avaient-ils attendu tant d'années sans en prendre l'initiative? Ils n'y songeaient pas.

Efforts tentés en faveur de l'enseignement du peuple.

Ce qui fait un grand honneur à l'érudition britannique, c'est la culture de plus en plus étendue des lettres orientales. Peut-être même avait-on poussé jusqu'à l'excès une telle étude en certains établissements de la Compagnie; on oubliait trop ce qu'il aurait fallu faire pour donner aux peuples de l'Inde la connaissance des lettres modernes, et surtout celle des sciences de l'Occident.

Lord William Bentinck, dans les derniers temps de son administration, posa hardiment ce principe : le grand objet du Gouvernement anglais doit être de propager les sciences et les lettres européennes parmi les natifs de l'Inde. Cependant lui-même alla trop loin lorsqu'il déclara que, pour employer le mieux possible les fonds destinés à l'enseignement, il fallait donner aux indigènes une éducation *complétement anglaise.*

Un Conseil d'instruction publique fut établi près du gouvernement général. On fit choix d'un inspecteur de rare mérite, M. Horace Hayman Wilson; il parcourut le Bengale et le Bahar, afin de faire connaître l'état actuel de l'enseignement et des écoles. C'est à l'influence éclairée de ce savant orientaliste qu'est due la magnifique publication du Véda, exécutée vingt ans plus tard aux frais de la Compagnie; nous l'avons mentionnée page 231.

En définitive, plus on propagera chez les Indiens la langue anglaise, plus on les rendra capables de s'approprier les idées, les sentiments et les lumières des Européens, et plus on leur donnera le moyen de faire comprendre au conquérant leurs besoins, leurs griefs, leurs souffrances et les moyens d'y porter remède.

En même temps, il faut que les Anglo-Saxons qui viennent pour administrer ou pour commercer dans l'Inde en étudient les langues savantes et les dialectes populaires, depuis le sanscrit, l'arabe et le persan jusqu'aux idiomes des trois Présidences. C'est ce qu'avait si bien senti le marquis Wellesley dès le commencement du siècle.

Si l'on veut que les Indiens convertis au christianisme exercent une véritable influence au milieu des nations de croyance brahmanique ou musulmane, il faut qu'ils prennent rang parmi les plus érudits; il faut qu'ils puissent comprendre et discuter les croyances, les origines, les illusions, les erreurs des livres sacrés et des poëmes qui font partie de la religion hindoue. La perfection serait d'attirer l'Orient au christianisme, sans faire disparaître les trésors de la littérature orientale, épurée, relevée par l'étude, par le bon goût et la saine philosophie.

On sait quelle erreur commettait, au milieu de nous, l'esprit étroit de quelques ultra-dévots qui, dans certaines écoles, proscrivaient Homère et Virgile, parce que les divinités de ces grands poëtes appartenaient au paganisme. L'erreur serait plus grande, et de même nature, si dans l'Hindoustan on repoussait le persan, l'arabe et le sanscrit, avec leurs chefs-d'œuvre, parce que les magnifiques productions de l'esprit oriental appartiennent à de fausses religions.

Quelques milliers d'Anglo-Saxons, si vainqueurs et si maîtres qu'on les suppose, n'étoufferont pas et ne feront pas abandonner en peu d'années les langues ou savantes ou vulgaires qui transmettent, jusque dans leurs moindres syllabes, les souvenirs, les croyances, les sentiments de deux cents millions d'Asiatiques.

Le peuple romain seul a pu réaliser pareille entreprise; mais il a fallu que les siècles vinssent à son aide. Même avec le secours du temps, il n'a réussi que dans un quart de l'Occident, en s'assimilant, pour la langue et les mœurs et le culte, tant de nations encore voisines de l'état d'enfance; en leur ouvrant ses administrations, ses états-majors et son sénat; en recevant d'elles tout, jusqu'à des empereurs! Mais l'Angleterre n'a jamais rien fait pour rendre britanniques les populations de l'Inde. Jamais elle ne voudra leur ouvrir sa Chambre des Pairs ni seulement sa Chambre des Communes; jamais elle n'ira chercher ses ministres, ni ses grands seigneurs, ni ses princes, parmi les peaux cuivrées ou noirâtres des bords de l'Indus ou du Gange. Non-seulement ces vaincus sont exclus de l'armée royale; mais, dans les troupes natives au service de la Compagnie, le dernier sous-lieutenant européen commande au plus éminent des capitaines indigènes. L'orgueil national du conquérant traitera toujours les nations de l'Hindoustan comme des races inférieures, condamnées par leur origine et leur nature à l'obéissance absolue.

En définitive, aussi longtemps que l'Angleterre conservera son empire sur l'Orient, les peuples qu'elle y régit garderont leurs idiomes héréditaires, confidents fidèles de leurs longs désespoirs, de leurs cultes mystérieux et de leurs secrets de vaincus.

Enseignement des missionnaires écossais offert aux jeunes Hindous.

L'assemblée générale de l'Église protestante écossaise, *the Kirk*, résolut, en 1830, d'entreprendre dans l'Inde un système nouveau d'instruction. Elle décida qu'on enseignerait les saintes Écritures aux jeunes indigènes, en y joignant un système d'instruction profane européenne. Le premier missionnaire opérant d'après cette idée dans la cité de Calcutta n'eut d'abord que sept élèves; mais il en compta bientôt douze cents.

Lord Bentinck applaudit à ce rare succès. Il témoigna publiquement son désir de voir propager dans l'Inde un enseignement qui s'annonçait par de tels résultats, et qui promettait beaucoup de conversions futures.

La loi rendue protectrice pour les indigènes convertis.

Un secours puissant vint en aide aux efforts du christianisme : ce fut une interprétation loyale de la *Régulation* qui limitait l'application des lois hindoues et musulmanes au cas où les deux parties en litige appartenaient, *bonâ fide*, soit au brahmanisme, soit à l'islamisme. L'objet de cette mesure était de soustraire à la juridiction intéressée et fanatique des religions orientales tous les nouveaux convertis au christianisme. On mettait désormais un terme à des sentences déplorables, et l'on empêchait la ruine dont les lois hindoues et musulmanes frappaient les natifs qui changeaient de religion pour devenir chrétiens. Cette interprétation, aussi juste que généreuse, appartient à lord William Bentinck.

Création d'un collége médical ouvert aux natifs.

Au nombre des institutions les plus utiles dont ce gouverneur général a favorisé la création, il faut compter le collége médical de Calcutta, qu'il eut le bonheur de faire inaugurer en 1835. Les amphithéâtres de l'établissement furent ouverts aux indigènes avec autant de libéralité qu'aux Européens.

Au début de cet enseignement, les brahmanes, imbus de leurs préjugés traditionnels, ne concevaient pas que jamais l'étude pratique de l'anatomie humaine pût avoir la moindre chance de succès dans leur pays, parce que le seul contact d'un cadavre est, pour les castes les plus élevées, une pollution qui les dégrade. Cependant l'institution mixte a prospéré; des Indiens en ont suivi les études avec un rare succès, et l'on a triomphé de répugnances qu'on se plaisait à croire invincibles. Par degrés le collége médical de Calcutta, grâce aux arts qu'il enseigne, a répandu des bienfaits plus justement appréciés chez les indigènes.

Pour montrer l'heureux progrès des idées dont lord Bentinck avait pris l'initiative, disons avec bonheur que, vingt ans après l'honneur dans lequel il avait mis les études médicales par la création du collége de Calcutta, le nabab du Carnatic offrit un prix de 8,750 francs pour la traduction d'un bon livre de médecine en langue hindoustanie : un jeune soldat anglais du 2e régiment, troupes de la Compagnie, a remporté ce prix.

Dès 1844, un Hindou très-opulent, et qu'il faut citer pour son esprit supérieur aux préjugés de sa nation, Dwarkanath-Tagore, avait fait les frais permanents d'entretien et d'éducation pour deux natifs qu'on enverrait à Londres, afin qu'ils apprissent les sciences médicales et chirurgicales; parmi les premiers élèves envoyés on remarquait un brahmane devenu chrétien. J'indique avec soin de tels commencements.

Mesures adoptées contre l'immolation des jeunes filles.

La misère et l'orgueil sont les sources de ce genre de crime, si fréquent surtout dans le nord-ouest de l'Inde. Pour éviter les frais excessifs des cérémonies matrimoniales et les sacrifices nécessaires à la dotation des filles, et la honte parfois de ne pas leur trouver de partis qui soutinssent l'honneur de la famille, des parents barbares trouvaient en même temps plus économique et moins embarrassant de les étouffer dès leur naissance.

Lorsque nous parcourrons les provinces où ce forfait était le plus commun, nous en expliquerons les causes avec plus de détails et nous signalerons les efforts tentés pour y mettre un terme.

En 1831, l'agent politique attaché au pays de Cattywar, M. Willoughby, fit un rapport remarquable sur les mesures propres à prévenir ce genre de crime, et ses propositions furent mises en œuvre. On assure que le nombre des enfants dont la vie fut ainsi conservée représentait presque la moitié des naissances du sexe féminin.

Dans le pays des Radjpoutes, on obtint du principal des chefs souverains, du radjah d'Oudeypour, qu'il donnât l'exemple de supprimer l'infâme coutume de l'infanticide. Lord William Bentinck le félicita d'avoir pris cette initiative, par une lettre également honorable pour le prince et pour le gouverneur général.

Les suttis, ou sacrifices de veuves, supprimés par lord Bentinck.

Pour triompher de la coutume qui poussait les veuves au sacrifice de leur vie en l'honneur d'un époux perdu, ce n'était pas seulement le faux orgueil et l'exaltation de leur sexe qu'il fallait vaincre, ni leur désespoir en voyant briser des liens si rarement heureux en Orient, ni la perspective d'une fausse gloire couronnée par des félicités célestes; ce qu'il fallait rendre impossible, c'était le succès du fanatisme intéressé des brahmanes, pour qui l'auto-da-fé des veuves opulentes devenait l'objet d'infâmes et larges profits; c'était la conjuration d'héritiers avides, qui voulaient s'approprier les riches douaires et la fortune personnelle des femmes sacrifiées; c'était, enfin, la criminelle obsession de tant d'hommes cupides qui, non contents d'avoir conduit au supplice la victime, prétendue libre, l'entouraient en foule au pied du bûcher avec leurs séides. Ces monstres sans pitié précipitaient dans les flammes l'infortunée, qui quelquefois, à l'aspect du supplice, reculait dans l'espoir de fuir la mort.

Plus de soixante années de semblables spectacles n'avaient pas décidé la Compagnie des Indes à faire un effort, un effort bienveillant et courageux, dût-il être stérile, pour essayer de rendre impossible la continuation de pareils crimes.

Dès la seconde année de son gouvernement, lord Bentinck, cet ami de l'humanité, ne prenant conseil que de son cœur, eut la fermeté d'interdire officiellement le suicide des veuves dans toute l'étendue des domaines britanniques. Il sanctionna cette mesure en prononçant les peines les plus graves contre les Hindous qui favoriseraient à l'avenir un acte si révoltant. Quelques riches natifs ne rougirent pas de réclamer le maintien de la coutume barbare qui souriait à leur orgueil et qui rassurait leur pusillanimité. Ces lâches tyrans de la famille voulaient par la terreur sauvegarder leur existence; ils pensaient que la peur d'être brûlée vive, même à titre d'honneur, arrêtait plus d'une épouse tentée de conquérir des jours moins malheureux et sa liberté par le recours au poison domestique. Les pétitions pour la perpétuité de l'immolation furent repoussées avec une réprobation sévère.

Disons avec bonheur que d'autres Hindous, moins sourds à la voix de la pitié, firent parvenir à lord Bentinck leurs adresses de félicitation et leurs vifs remercîments pour cet acte d'humanité. On a cité, parmi les plus célèbres et les plus éclairés, Rammohun-Roy et Dwarkanath-Tagore.

Je n'ai pas épuisé tous les actes bienfaisants du généreux ami des Indiens pendant son administration; en parcourant les provinces, je montrerai plus d'une fois ses mesures appliquées au bien-être des habitants. De pareils faits compléteront l'éloge, si bien mérité, du seul gouverneur général dont les peuples de la péninsule conservent la mémoire au fond de leurs cœurs reconnaissants.

Charte de la Compagnie : renouvellement pour vingt années, en 1833.

Par cette charte est constituée une quatrième présidence, ayant Agrah pour capitale et s'étendant sur les deux rives du Gange et de la Jumna, contrée connue sous le titre de *Provinces du Nord-Ouest.*

En vertu de la même charte, deux nouveaux évêchés anglicans sont créés : l'un pour la Présidence de Madras, l'autre pour celle de Bombay.

Ce fut seulement par l'Acte organique de 1833 que

les sujets européens de l'empire britannique obtinrent la complète liberté de posséder des biens-fonds et de pratiquer, en concurrence avec les indigènes, tous les genres de culture et d'industrie. Nous ferons voir quelles ont été les suites importantes de cette nouvelle faculté.

Une autre disposition de la même charte annonçait, dans la métropole, des sentiments généreux à l'égard des indigènes; elle les déclarait éligibles à toutes les places, deux seulement exceptées.

Par une réaction déplorable, à partir de ce moment, on vit la presse indo-britannique, intimement alliée aux serviteurs européens de la Compagnie, peindre sous des couleurs de plus en plus odieuses le caractère des natifs; ce fut un moyen de les proclamer indignes des emplois auxquels semblait les appeler la charte de 1833. En fait, excepté des places secondaires de juge accordées par lord Bentinck, les indigènes ne sont pas entrés avec les Européens en partage des fonctions administratives et gouvernementales que leur ouvrait le Parlement.

Comme caractère d'un gouvernement dont le centre est trop éloigné, ajoutons que les législateurs métropolitains n'ont jamais eu la pensée de s'informer si leur mesure libérale et bienfaisante n'était pas restée indéfiniment *à l'état de lettre morte.*

Les successeurs de lord William Bentinck.

Intérim de sir Charles Metcalfe, 1836.

Entre le départ de lord William Bentinck et l'arrivée de son successeur, l'intérim du gouvernement général fut rempli par sir Charles Metcalfe, comme doyen du conseil exécutif et législatif de Calcutta.

Si la plus injuste et la plus déraisonnable des résolutions n'avait pas fait une règle absolue de rejeter tout serviteur de la Compagnie pour en gouverner les États, sir Charles Metcalfe aurait obtenu cette haute fonction. Son expérience était grande, son esprit étendu, son âme élevée et digne de continuer, en les menant à bon terme, les entreprises commencées par son généreux prédécesseur.

Les Anglais lui savent gré d'avoir aboli complétement dans l'Inde les entraves de la presse périodique, soit qu'elle exprime ses pensées dans la langue des conquérants, soit qu'elle les exprime dans la langue des vaincus. La mesure aurait eu de moindres dangers si l'on avait, conformément au précepte de lord Bentinck, continué de gouverner l'Inde dans l'intérêt primordial des Indiens : ce qu'on oublia bientôt de faire.

Les dominateurs ont dédaigné, dans leur orgueil, les sages précautions qu'il aurait fallu prendre pour empêcher que le journalisme enflammât des passions dangereuses. Dans ce pays, à l'exemple de l'Occident, la presse a trop souvent pour règle, afin d'attirer les lecteurs, d'agiter et d'aveugler au lieu de calmer et d'instruire.

En 1856 et 1857, on vit surgir l'irritante question des cartouches enduites avec la graisse de l'animal le plus abhorré des Orientaux. Elle fut discutée, envenimée pendant des mois entiers, *par les journaux écrits en langue indigène*, lesquels soulevaient impunément les préjugés, les haines et les sourdes vengeances du sentiment religieux qu'outrageait avec folie l'autorité militaire. Le Gouvernement britannique ne daigna pas s'apercevoir du danger de telles excitations faites *dans l'idiome hindoustani.*

Au milieu des emportements particuliers aux journaux anglais de Calcutta, nous devons signaler la sagesse d'un journal vraiment digne de son nom, *l'Ami de l'Inde,*

THE FRIEND OF INDIA. Son rédacteur, M. Marsham, a fait briller des lumières précieuses et des opinions pleines de sagesse recueillies par le Comité d'enquête sur la colonisation et l'établissement des Européens dans l'Inde : nous avons eu soin d'en faire usage.

Lord Aukland, 1836 à 1842.

Lord William Bentinck avait réprimé, de sa forte main, l'insolence de la conquête et l'enivrement du pouvoir; il avait signalé le besoin de protéger les intérêts matériels et moraux des populations.

Il avait dirigé toute son attention vers la répression des crimes particuliers aux indigènes, tels que ceux des *thugs* et des *Dacoïts*. En 1837, on établit à Jubbulpour une école d'industrie[1] pour instruire les enfants des Thugs dont un châtiment suprême avait puni les crimes.

A l'Exposition universelle de 1851, je remarquais avec un profond intérêt une tente, en poil de chameau, tissée par ces orphelins dans l'école de Jubbulpour.

Depuis trois quarts de siècle, le gouvernement de l'Inde avait reconnu l'existence des associations de voleurs, les Dacoïts, qui commettaient en troupe armée le pillage des grands chemins et des habitations. Ils avaient leurs règlements, leurs circonscriptions, leurs villages; et beaucoup d'entre eux étaient *des voleurs héréditaires*. On savait déjà que plusieurs zémindars les favorisaient, et qu'ils avaient des associés dans les bas degrés de la police native.

Pendant son gouvernement, Warren Hastings punissait de mort, sans distinction, ces criminels et leurs fauteurs; il frappait d'une amende les villages complices et ven-

[1] Voyez un compte succinct de cette école dans l'ouvrage de M. Kaye, *On administration of the East India Company*.

dait comme esclaves les femmes et les enfants de ces voleurs à main armée. Mais lord Cornwallis, moins implacable, surtout au sujet de la complicité des zémindars, n'empêcha guère que les Dacoïts ne continuassent leurs déprédations.

En 1837, nous retrouvons sir Charles Metcalfe, non plus gouverneur général, mais seulement lieutenant-gouverneur des provinces du nord-ouest. Il établit une commission spéciale pour la poursuite et la répression des Dacoïts. En 1838, elle fut réunie à la commission instituée contre les Thugs, et le succès de cette réunion fut assuré par le choix du président, le colonel Sleeman, qui jeta le jour le plus remarquable sur les mystères de ces associations.

Diverses parties de l'Inde renfermaient des classes particulières de voleurs organisés sous les noms divers de Budducks, de Dosaks, de Hurries, de Khiejucks, etc. ces associations criminelles avaient leurs cérémonies religieuses et leurs initiations. On s'occupa de les réprimer.

Passons maintenant aux intérêts matériels qu'ont frappés des malheurs déplorables.

Sur la famine de 1838 et sur le besoin des irrigations.

Cette famine a surpassé toute idée qu'on pourrait s'en former dans l'Europe moderne. En supputant les désastres qu'elle a produits, on a fait le sombre calcul que, dans le nord de l'Hindoustan, plus d'un million d'habitants ont péri faute d'aliments! Au moment où nous écrivons ces lignes, en 1861, le même fléau sévit sur les mêmes contrées, mais avec moins d'intensité.

Dans le climat tropical ou quasi-tropical de l'Inde, lorsque les eaux du ciel arrivent avec leur abondance accoutumée, la végétation du vaste bassin du Gange prodigue ses trésors. Mais dans les années où les pluies sont rares, le soleil est privé de sa faculté bienfaisante; il brûle les plantes nourricières, au lieu de les féconder et de les mûrir. C'est afin de lutter contre les redoutables inégalités du climat que la prudence du Gouvernement s'est de tout temps appliquée dans l'Inde à préparer, pour la saison des pluies, des réservoirs aussi nombreux que variés. On creusait des puits, par charité pour les voyageurs et dans l'intérêt de l'agriculture; on barrait les moindres ruisseaux, de distance en distance, pour créer des retenues; en plaine, on préparait de grandes fosses carrées ou rectangulaires, pour être remplies au printemps par les eaux pluviales. Des irrigations intelligentes conduisent par minces filets le fluide fécondant, thésaurisé par tous ces moyens.

Dès la plus haute antiquité, les Hindous avaient multiplié les travaux de ce genre. Les Mahométans, Persans ou Mogols n'avaient pas dédaigné ces entreprises utiles; et leur domination s'était signalée par de grands travaux hydrauliques.

Les Anglais ont été très-tardifs à suivre leurs prédécesseurs dans cette voie bienfaisante; à partir de lord Clive, ils sont restés inactifs pendant plus d'un demi-siècle.

En 1810 seulement, un gouverneur général, lord Minto, se contenta d'instituer une commission chargée de constater l'état délabré des anciens canaux.

En 1815, lord Hastings demande à la Cour des Directeurs qu'on l'autorise à compléter le canal musulman de la Jumna occidentale, qu'on appelait le *canal de Dehly*. Il désirait qu'on affectât annuellement 250,000 francs à cette œuvre importante. Avec de si faibles moyens, il fallut beaucoup d'années avant que les travaux fussent conduits à terme et qu'on achevât le canal de la Jumna orientale. Ce dernier ne fut accompli que sous l'administration de lord William Bentinck.

Cependant une expérience irrécusable montra de nouveau l'importance vitale de ces grands travaux. Tandis que la sécheresse de 1838 portait partout la famine et la mort, les terrains fécondés par les irrigations déjà créées offraient des moissons abondantes et sauvaient l'existence du peuple établi sur la terre ainsi fertilisée. Les cultures, augmentées de la sorte, en superficie comme en richesse, accroissent dans la même proportion le revenu de l'État et le bien-être des particuliers.

Cet exemple ne pouvait pas rester sans imitation; des travaux encore plus étendus furent entrepris, et le canal du Gange acheva la fertilisation du Doab.

L'administration de lord William Bentinck avait commencé la route principale appelée *le grand tronc*, qui finira par avoir 570 lieues de longueur depuis Calcutta, sur le Gange inférieur, jusqu'à Peshawer, au delà du haut Indus. C'est *l'unique longue route empierrée* que présente un immense empire; elle n'est pas encore terminée.

Envahissements des Anglais au delà de l'Indus.

Avec une incroyable et coupable témérité, sous le gouvernement de lord Aukland, l'Afghanistan fut envahi; d'où s'ensuivit l'extermination de l'armée anglaise. Nous reviendrons sur cette phase importante et néfaste de la fortune britannique. Une expédition audacieuse à ce point n'était pas le propre du moins entreprenant des gouverneurs généraux. L'initiative d'une agression si discutable au point de vue du droit des gens appartient au ministère du Contrôle; elle fut résolue malgré l'opinion prudente et sage manifestée par les Directeurs de la Compagnie. Un historien britannique a déclaré que cet acte serait un crime, s'il n'était pas une folie.

Première grande iniquité contre Sattara, principauté séquestrée en 1839.

Pour montrer comment l'Administration s'avançait dans les voies d'un arbitraire qui justifiera la plus terrible des rébellions, signalons l'attentat le plus révoltant accompli sous le triste gouvernement de lord Aukland.

Pendant la dernière guerre des Mahrattes, le chef légitime de ces peuples, l'héritier de Sévajie, avait reçu la principauté de Sattara, faible compensation de ses États perdus et de sa couronne brisée. A soixante lieues de Bombay s'élevait la place forte de Sattara, ornée de palais, de parcs et de jardins; le territoire qui composait sa dépendance nourrissait un million d'habitants. A cet État on joignait une pension annuelle de 125,000 francs, qui devait être desservie par le Peshwa, prince mahratte : pension faible sans doute, mais infiniment significative, en la considérant comme une redevance à la famille suzeraine. Le Peshwa, malgré sa puissance et l'étendue de ses possessions, prenait toujours vis-à-vis du descendant de Sévajie, radjah de Sattara, le titre d'*humble vassal* et de *sujet*.

La Compagnie garantissait à ce radjah, Pertaub-Shéan, une souveraineté *perpétuelle*. Le jeune prince, à cette époque, n'avait encore atteint que sa dix-neuvième année. Seize ans plus tard, *sur le rapport de lord William Bentinck*, les membres de la Cour des Directeurs, en témoignage *de leur admiration* pour la manière dont il a su gouverner son pays, lui décernent *un sabre d'honneur*. L'offre était accompagnée d'une lettre qui signalait, en 1835, l'accomplissement exemplaire de ses devoirs et *sa constance à suivre une ligne de conduite qui produisait la prospérité de ses États et le bonheur de son peuple!* Quatre ans plus tard, la Présidence de Bombay mettait la main sur sa principauté; mais alors le généreux et juste lord Bentinck ne gouvernait plus le grand empire dont il avait fait le bonheur.

Quels crimes récents avait donc commis ce souverain adoré de son peuple et révéré de l'Inde entière? Il ne permettait pas que d'intrigants brahmanes le réduisissent, comme certains de ses ancêtres, à ne conserver qu'une ombre d'autorité. D'autre part, il avait offensé la Présidence occidentale en refusant diverses gratifications, ou bonnes mains, aux Cours fiscales qui voulaient lui retirer divers fiefs militaires ou Jaghires, fiefs qu'il possédait en vertu d'un traité solennel souscrit par les autorités de Bombay. Il avait comblé l'offense en obtenant à Londres même, et de la Cour des Directeurs, une décision favorable et suprême. Le radjah réunissait ainsi contre lui deux classes d'ennemis mortels : parmi les Hindous, c'étaient les brahmanes; et parmi les Anglais, c'étaient les grands magistrats covenantés. Sa perte était inévitable.

Un prêtre de Brahma dirige contre ce prince une dénonciation mensongère, insensée, que Bombay reçoit avec empressement : il l'ose accuser d'être l'instigateur d'une conspiration contre l'empire britannique. Pour accomplir un dessein si criminel, le radjah s'efforce d'embaucher les cipayes, et, de plus, il ourdit des relations *menaçantes* avec les Portugais de Goa! Autant vaudrait accuser un faible duc de Weimar ou de Hesse de s'allier avec les habitants de Monaco pour renverser la Prusse ou l'empire Français. La Présidence de Bombay fut enchantée de tout croire.

L'auteur de ces accusations, aussi folles que fallacieuses, confessa plus tard qu'il avait été suscité par un autre brahmane, l'un des principaux officiers et l'ennemi personnel du radjah. Le délateur, à plusieurs reprises, poursuivi par le remords, demandait qu'on lui permît de dévoiler et de poursuivre le premier instigateur de tant d'incriminations. Enfin, pour comble d'audace, il accusait le Résident anglais à Sattara ! L'administration de la Présidence de Bombay, qui s'était montrée si facile à recevoir l'accusation, refusa d'écouter l'accusateur repentant aussitôt qu'il offrit de faire triompher la vérité.

La ruine du radjah fut conduite avec profondeur. Une instruction mystérieuse était dirigée contre lui. On refusa de lui communiquer les témoignages qu'on suscitait pour sa perte, de peur qu'il pût y répondre; jamais il n'en a rien lu, ni même rien su. Par un procédé qu'on croirait n'appartenir qu'aux plus mauvais jours de l'Inquisition, ses persécuteurs de Bombay lui proposèrent de conserver sa souveraineté, s'il voulait s'avouer coupable, et, par conséquent, se montrer indigne de régner. Il aima mieux perdre le trône et garder l'honneur.

Il demandait une chose sacrée, chez les Anglais, à l'égard de tout accusé : il demandait des juges et la loi. Afin de les obtenir, il proposait de renoncer même à sa couronne. Il quitterait sa capitale; il irait se constituer prisonnier dans la forteresse qu'habitait le Résident, si malveillant à son égard; en paix avec sa conscience, il attendrait son jugement au milieu des soldats de ses persécuteurs. Tout lui fut refusé.

Écoutons à ce sujet M. Malcolm Ludlow, qui n'est plus simplement ici l'historien des races de l'Inde, mais le jurisconsulte, le *Barrister at law*, l'homme du barreau et de la loi : « Nous nous complaisons dans cette inspiration de notre coutume anglaise qui nous fait engager un accusé condamnable à plaider pour son innocence, lors même qu'en secret il s'avoue coupable; mais extorquer une déclaration de culpabilité à l'infortuné fort de son innocence, ce n'est plus la loi, c'est la torture!... »

En vain militaient pour un souverain vertueux, et la sage conduite de ses troupes et le bonheur de ses sujets. Dans toute l'étendue de ses États, la campagne était florissante. Sa capitale était splendide. Le palais, rempli d'ornements précieux, montrait la richesse du radjah, sans que le peuple en fût appauvri; la sécurité, le bon ordre et la justice enrichissaient à la fois les familles et le trésor.

Pertaub-Shéan, monarque indépendant, avait le droit d'opposer la force à la violation des traités; il ne laissa pas même contre lui ce grief à ses ennemis. Quand le proconsul Ovans vint pour l'arrêter, de nuit, avec une troupe nombreuse, il trouva par ordre exprès du souverain les portes grandes ouvertes et de la forteresse et du palais. On éveilla le radjah, qu'on entraîna demi-vêtu; on l'enferma, à quelques lieues de distance, *dans une étable à vaches*, pour l'y garder le reste de la nuit. On confisqua les richesses de son gouvernement et ses effets personnels, jusqu'au moindre de ses joyaux. On le déporta, pour rester prisonnier à vie, dans Bénarès, *le Botany-Bay des radjahs détrônés;* dans Bénarès, la ville sainte! moins profanée, soixante et dix ans auparavant, par les extorsions et les violences de Warren Hastings.

Tel était pour le prince innocent l'amour de son peuple, que, sans peur de subir sa persécution et son indigence, douze cents de ses sujets accoururent afin de partager sa déportation sur les bords du Gange.

Pendant la marche vers l'exil, avec le monarque déchu on traînait aussi comme prisonnier son héritier présomptif. Ce frêle jeune homme tombe malade au milieu du trajet; le radjah supplie, afin d'obtenir, dans un parcours de trois cents lieues et sous les feux de la zone torride, la simple faveur d'une halte : il ne l'obtient pas. On chemine toujours, et quelques heures après le dernier refus, on trouve le prince héréditaire tombé mort dans son palanquin.....

L'époque immortelle des Burke, des Fox et des Shéridan, de ces rares génies qui consacraient leur éloquence à défendre l'humanité qu'on outrageait en Orient, à poursuivre les crimes et flétrir la tyrannie d'un dictateur de Calcutta, ce temps avait disparu, comme la magnanimité de ces immortels orateurs. Les forfaits de Sattara ne retentirent d'un faible écho, dans la Chambre des Communes, que pour laisser la vérité sans triomphe et l'innocence foulée sous les pieds des persécuteurs. « Voilà, s'écrie l'historien de l'Inde et de ses races, qui me sert ici de guide et de flambeau, voilà la première partie de l'affaire de Sattara, qui fut résolue avec autant de stupidité par la Chambre des Communes que par le *Times!* Telle est, en définitive, la simple vérité : Le plus habile, le plus exemplaire des princes de l'Inde est précipité de son trône ; il est volé de ses biens ; et pourquoi? parce qu'il a refusé de se déclarer coupable de crimes qu'il déniait, et qu'on appuyait sur des dépositions que jamais il n'a connues! Nous, Anglais, nous pourrions être charmés de n'en plus parler, de n'y plus penser; mais supposons-nous que les princes et les peuples de l'Inde ont oublié cet odieux attentat? »

Telles sont les iniquités qui s'accomplissaient sous les auspices et par l'ordre définitif de lord Aukland, le suprême régulateur des trois Présidences.

Dans l'année 1840, après que les Anglais eurent absorbé la puissance exercée par le Peshwa, l'un des principaux chefs mahrattes, la Compagnie garantit le petit État de Coluba à son souverain Ragöju-Angria, ainsi qu'à ses successeurs. Suivant la coutume consacrée par les lois civiles et religieuses de l'Inde, ce prince, n'ayant pas d'héritiers directs, fait choix d'un fils adoptif pour présider à ses funérailles et prendre possession de sa principauté. Le gouverneur général foule aux pieds cet acte; un administrateur, agissant en son nom, confisque le territoire; il met la main sur le trône, déclaré vacant au nom de la Compagnie, qui n'en rejette pas la possession. Le représentant de cette usurpation fait vendre à l'encan tous les animaux, les cerfs, les buffles, les chameaux et les chevaux du radjah décédé; il sévit sur le peuple, en établissant le monopole du sel, si dur à supporter dans l'Inde.

L'État avait peu d'étendue, mais la Compagnie en le confisquant s'attribuait un droit énorme! Appuyée sur un tel précédent, elle mettait au rang de ses épaves toutes les nations, tous les trônes de l'Hindoustan qui, dans l'espoir de perpétuer leur autonomie, oseraient encore pratiquer la coutume sanctifiée par leurs codes séculaires et leurs préceptes religieux sur le droit sacré d'adoption.

Cessons à présent d'être étonnés des troubles soulevés dans l'Inde quelque temps après par des actes non pas seulement injustes, mais impies aux yeux des indigènes.

Bientôt, en effet, les Hindous exaspérés montrèrent, dans plusieurs localités, leur désaffection et leur tendance à la révolte.

Les mahométans révélèrent encore plus d'inimitié. Leurs pèlerinages à la Mecque, d'où repartent les croyants pour tous les pays soumis à l'islam, ne répandirent que trop vite l'aversion contre les Anglais chez les nations musulmanes à l'ouest de l'Indus. Leur fanatisme se réveilla dans les profondeurs de l'Asie. Sur le littoral de l'Arabie, la terre natale du Prophète, les Anglais, c'est-à-dire, à leurs yeux, des mécréants, des giaours, s'étaient approprié le port d'Aden, subtilement acheté d'un pasteur voisin, comme le serait un vil objet de troque; Aden! la position navale qui domine une mer de toutes parts entourée de vrais croyants. Au fond des gorges de l'Afghanistan, ils croient voir la vengeance de l'islam et le bras du vrai Dieu dans les Vêpres siciliennes que vont accomplir contre l'armée britannique les sectaires de Mahomet.

Les Anglais victorieux occupaient Caboul, la capitale d'un pays demi-barbare; tout semblait soumis, tout était tranquille. Le 2 novembre 1840, le soulèvement commence. L'assassinat atteint d'abord Alexandre Burne, le voyageur qui, le premier, avait attiré l'ambition des Anglais au delà de l'Indus, et le Résident qui trônait à côté du roi Soudja, ramené dans Caboul par des baïonnettes chrétiennes. La troupe anglaise, assaillie, résiste, et tout ne périt pas d'un seul coup. La retraite commence, au cœur de l'hiver, dans un pays de montagnes et par un froid de Russie; elle présente sous les armes 4,500 soldats avec une foule de gens à la suite : en tout 12,000 hommes démoralisés. Il faut compter encore les femmes et les enfants des Anglais. Un seul individu de cette race envahissante et jusqu'alors victorieuse, un seul échappe au massacre, à la captivité : c'est le docteur Bryden, qui se réfugie dans Jellabad, sur l'Indus, le huitième jour de la retraite et de l'anéantissement.

Le gouverneur général sous lequel arrivait ce malheur et ce déshonneur était un whig aimé des siens. Son temps de service expirait; il revint tranquille à Londres. Quand le Parlement demanda des communications justificatives au sujet d'une entreprise si funeste, il paraît qu'on falsifia les lettres d'Alexandre Burne; on fit croire que cet agent avait sollicité la désastreuse expédition, qu'au contraire il avait déconseillée. Sa mort ne suffisait pas; on déshonorait sa mémoire! Par ce moyen lord Aukland, affranchi de toute responsabilité, obtint pour récompense le poste éminent de Premier lord de l'Amirauté; et le silence des morts couvrit la preuve des fautes qu'il partageait avec le ministère du Contrôle.

Lord Ellenborough, 1842 à 1844.

Depuis le marquis Wellesley, je ne trouve pas de gouverneur général doué d'aussi hautes facultés intellectuelles que lord Ellenborough. Parmi tant de gouverneurs recommandables par des talents si divers, lui seul a montré dans le Parlement le don si rare d'une véritable éloquence, ordinairement généreuse, trop souvent passionnée, mais par là d'autant plus puissante.

Lord Ellenborough ne pouvait pas consentir que les armes britanniques oubliassent de venger un opprobre comparable à l'extermination d'une armée anglaise et du personnel entier d'une ambassade par des hordes barbares; il fallait que la domination de la Compagnie ne restât pas sous le coup d'une si honteuse défaite, et saluée d'une joie si cruelle par tous les peuples de l'Asie.

Le gouverneur général, aussitôt après son arrivée dans l'Inde, dirige une seconde expédition contre le Caboul afin de venger les désastres de la première; il réussit. Par ses ordres, dans Guznie, la capitale antique de l'Afghanistan, l'on arrache au vieux mausolée du sultan Mahmoud les portes saintes, autrefois enlevées au temple brahmanique de Somnath, quand ce monarque, parti du Caboul, avait envahi l'Hindoustan.

Lord Ellenborough vint en personne aux bords de l'Indus afin de recevoir ce trophée, qu'il se complut à présenter aux Hindous pour caresser leur orgueil : il ne songeait pas que ces portes étaient deux fois pour eux un monument de servitude, et par la main du musulman Mahmoud, qui les avait ravies sept siècles auparavant, et par la main du chrétien qui les restituait, en 1842, au culte de Brahma : tant ce culte était désormais peu redouté !

Lorsque nous décrirons le bassin de l'Indus, nous n'aurons que trop tôt à reconnaître par quel excès de puissance lord Ellenborough mit la main sur les États des Amirs et comment il obtint le port de Kurrachie.

Un autre abus de la force fut sa conduite envers la souveraineté de Scindia, qu'il contraignit par des combats à perdre son autonomie, en poursuivant la politique de lord Wellesley, son modèle et l'objet de son émulation.

On avait induit beaucoup de princes indigènes, après avoir anéanti leur pouvoir réel, à faire abandon de leurs territoires, moyennant l'assurance d'une faible pension perpétuelle. Le simple honneur mercantile aurait dû rendre sacrées des dettes inscrites sur un grand livre au nom de traités solennels; mais, quoi? les traités n'empêchaient pas même d'annexer de force ou de gré, c'est-à-dire de confisquer des États. La logique des dépouillements, appliquée contre le faible, conduisait à faire subir aux pensions des princes détrônés pareille confiscation, et plus lestement encore une simple réduction.

Il est regrettable de voir, sous le noble gouvernement de lord Ellenborough, une logique de cet ordre spolier les héritiers de l'ex-nabab de Surate, sous prétexte, le croira-t-on? que des prétendants rivaux se disputaient l'héritage de sa pension. En citant ce fait, l'historien Malcolm Ludlow sent se révolter sa conscience de jurisconsulte; il ne borne pas sa plainte à flétrir l'injustice de ce cas particulier. « En d'autres cas, dit-il, où l'on se refusait à reconnaître des héritiers, quelle que pût être l'interprétation donnée par notre gouvernement aux lois, aux traités, on croyait trouver un prétexte suffisant : il y a plus, des arriérés légalement dus ont été confisqués avec le titre même de la pension. En bon anglais, un tel acte est un vol, *a robbery*, sous quelque nom déguisé que nos politiques se plaisent à l'appeler, quand il est commis pour dépouiller *des hommes qui n'ont ni notre couleur ni notre langage.* »

La Compagnie destitue lord Ellenborough.

Une pension déniée aux héritiers de l'ex-radjah de Surate n'était certes pas ce qui pouvait indisposer la Compagnie contre lord Ellenborough; mais ce gouverneur général, en dirigeant deux fois à Londres le ministère du Contrôle, avait conçu des sentiments peu favorables à la Cour des Directeurs; il avait appris les moyens les plus déplaisants de contrarier leurs desseins et de froisser leur amour-propre. Comme il partageait la hauteur aristocratique de lord Wellesley, il ne cachait pas plus que son célèbre devancier son peu de considération pour cette fiction du gouvernement d'un grand empire abandonné aux marchands de la Compagnie des Indes.

La réaction contre son orgueil ne se fit pas longtemps attendre. Au milieu de ses triomphes militaires, la Cour des Directeurs, révoltée par un enchaînement d'expéditions qui compromettaient ses propres finances, fit de sa prérogative un emploi bien rarement exercé par elle. Sans aucun égard pour le ministère du Contrôle, elle profita d'un article formel de sa charte et révoqua, c'est-à-dire destitua le gouverneur général Ellenborough.

Belles qualités de cet homme d'État.

N'achevons pas le court article relatif au personnage

ainsi traité, sans faire connaître qu'il existait aussi des parties très-louables dans son administration. Ayant deux fois rempli les fonctions de ministre de l'Inde, il connaissait bien les affaires de cette grande contrée, et ses talents étaient pleins de ressources. Son principal défaut fut de trop aimer les combats et les envahissements, d'écouter trop volontiers des conseillers intéressés à la guerre, et de n'avoir pas toujours eu la patience d'attendre les meilleures occasions de satisfaire sa faiblesse pour la renommée de militaire.

Nous regrettons qu'un véritable homme d'État, qui pouvait procurer à l'Inde un grand bonheur par la paix, les lois et les arts, n'ait pas exclusivement appliqué ses rares facultés à la félicité des indigènes; cela valait mieux que d'aspirer à des acquisitions forcées, à des empiétements dont la plupart étaient si contestables. Il serait resté gouverneur général six années et peut-être huit au lieu de deux. Alors son administration aurait offert, nous aimons à le croire, de bienfaisants et magnifiques souvenirs.

Il avait d'abord suspendu l'exécution du grand canal d'irrigation latéral au Gange. Quand il fit reprendre les travaux, il ordonna que ce canal fût en même temps propre à la navigation; ce qui doubla l'importance de l'entreprise.

L'énergique administration de lord Ellenborough ne pouvait pas faire défaut à la répression des Dacoïts. Le seul fait d'appartenir à l'une de leurs associations, même au delà des territoires de la Compagnie, fut déclaré punissable. Un tribunal spécial, présidé par un magistrat covenanté, eut mission de leur appliquer les sévérités de la loi.

Par malheur, et sans que le gouverneur général en eût le dessein, sa répression des Thugs devint moins efficace et moins active, parce que sa passion pour la guerre l'obligea de rappeler les excellents officiers qu'on avait détachés de leurs régiments pour ce service difficile.

Lord Hardinge, 1844 à 1848.

Le 23 juillet 1844, lord Hardinge prit possession du gouvernement de l'Inde. Afin de faciliter sa nomination, quoiqu'il fît partie de l'état-major général des forces britanniques, il avait annoncé les intentions les plus pacifiques : il voulait par là contraster avec lord Ellenborough ; il affichait aussi le désir louable de favoriser l'instruction chez les officiers civils et militaires. Ce gouverneur est jugé trop sévèrement par le général Ch. Napier, dont pourtant il était l'ami. Celui-ci le montre habile et souple devant la presse et l'opinion : « Son ambition, dit le rude appréciateur, voulait s'élever en glissant à travers les obstacles ; il était né pour serpenter, et *il serpenta comme le reptile, afin d'atteindre au sommet du pilier de la renommée.* » Malgré l'odieux de cette peinture, l'administration de lord Hardinge nous semble préférable à celle de son prédécesseur, et plus encore à celle de son successeur.

Bientôt après l'arrivée de ce gouverneur général, des troubles sérieux surgirent. Dans l'armée native du Bengale, plusieurs régiments se soulevèrent, indignés qu'ils étaient contre le régime offensant d'un certain colonel Moseley, qui fut renvoyé du service ; c'était une mesure presque sans exemple dans l'Inde.

Chez les Mahrattes du sud, deux insurrections éclatèrent presque en même temps, excitées par le péculat et l'oppression du brahmane Dajie, que l'influence britannique avait fait régent de Kolapour. La frayeur peut-être l'aurait corrigé, quand il vit les montagnards indignés courir aux armes. Alors le Résident anglais lui commanda de ne rien concéder et de recourir à la force; mais l'emploi de ce moyen manque d'intelligence. Les belliqueux montagnards exigèrent l'effort de trois colonels britanniques, dont un devint leur prisonnier; enfin leur principale forteresse fut prise d'assaut le 1er décembre 1844.

Les assiégés s'enfuirent à Sawunt-Warrie et dans le Concan, chez d'autres insurgés; ceux-ci nécessitèrent l'action répressive de trois brigades anglaises. Le vaillant Outram, que nous verrons plus tard se distinguer en combattant une rébellion autrement formidable, mit un terme à ce second soulèvement.

Au même instant éclatait une troisième agression, plus terrible que les deux précédentes : c'était l'armée de Lahore qui se précipitait sur l'Inde anglaise.

Nous ferons connaître ailleurs l'élévation et la prospérité du royaume de Lahore, habité par les Sikhs. Il suffit de dire ici quelques mots de ce peuple guerrier, qui jouera plus tard un rôle important pour réprimer la dernière et grande révolte aux bords du Gange.

Origine et croyance des Sikhs.

Les Sikhs sont, si je puis ainsi parler, *les protestants du brahmanisme;* leur origine remonte, comme le protestantisme chrétien, au XVe siècle. Ils furent d'abord gouvernés par des pontifes appelés *Gourous*, au même titre et presque dans les mêmes formes que les Hébreux l'étaient par les Juges, devanciers des rois. Ils ont leur livre sacré, le *Granth*, qui leur tient lieu du Véda. Leur neuvième pontife-prince ayant été supplicié par l'empereur Aureng-Zeb, cet acte changea leur caractère; leur secte aussitôt cessa d'être pacifique. Elle poussa plus loin que jamais son isolement religieux, afin de mieux assurer sa conservation.

Elle répudia *toute idée de caste* et de professions héréditaires; elle ne conserva du brahmanisme que la dévotion superstitieuse envers la *Vache*. Combattant tour à tour les Musulmans et les Hindous mahrattes, les Sikhs se constituèrent en corps de nation, à l'extrémité de l'Inde, sur les bords des cinq rivières dont le réseau comprend le pays du *Pendjab*. Leur État était aristocratique; mais un chef plus habile et plus guerrier que les autres en fit une monarchie : c'était le célèbre Runjet-Sing.

Runjet-Sing devenu roi de Lahore : tristes guerres après sa mort.

Lorsque nous décrirons le bassin de l'Indus, nous reviendrons sur ce fondateur de royaume et sur l'instruction puissante qu'il fit donner à son armée par des généraux formés à la grande école du premier empire Français. Entouré de voisins ennemis naturels de la Compagnie, il se fit une politique, à la fois sage et constante, de rester le fidèle allié des Anglais. Sa mort, arrivée en 1839, mit un terme à la grandeur de sa maison.

La minorité de son fils fut en proie à d'horribles dissensions; le pouvoir civil était sans force, et l'autorité ne résidait que dans l'armée. Une régence imbécile autant qu'immorale poussait à la discorde avec la puissance britannique. En face de l'anarchie, qui promettait une proie facile aux Européens, les journaux de Calcutta étaient remplis d'excitations à la conquête et de plans pour la consommer. De l'autre côté, le gouvernement de Lahore tremblait devant ses soldats, qu'il ne savait ni dominer ni satisfaire; il en vint à considérer un conflit avec les Anglais, en lançant au dehors l'armée, comme un moyen de la perdre et de gouverner sans alarmes. Dès novembre 1845, les troupes du Pendjab furent poussées par échelons vers la grande rivière Sutlèje. On ne pouvait pas imaginer qu'elles oseraient la franchir; on se trompait. Elles commencèrent la guerre et prononcèrent, au nom du royaume de Lahore, la réunion de tout le territoire habité par des Sikhs sur la rive orientale de cette rivière. La trahison d'un lâche vizir, amant de la reine mère, fit perdre aux envahisseurs un temps précieux.

Ici nous trouvons une louable énergie chez lord Hardinge, qui s'avance en toute hâte avec ses forces. Il ne s'agit plus d'une armée comparable à celle qui, marchant contre Tippou, ne parcourait que deux lieues par étape. En sept jours, les troupes de la Compagnie ont franchi soixante lieues d'un pays presque désert. Vingt mille Sikhs à cheval, autant de piétons et quarante canons sont assaillis par les Anglais, très-inférieurs en nombre, et néanmoins victorieux. Quarante-huit heures plus tard, seize mille soldats indo-britanniques attaquent cinquante mille Sikhs ; le premier jour est sans avantage marqué de part ni d'autre. Le deuxième jour, on voit le gouverneur général se placer de sa personne à la tête de l'aile gauche, laissant la direction supérieure à sir Gough, commandant en chef les forces de l'Inde. Après une lutte acharnée, l'avantage cette fois est du côté de l'Angleterre. Une dernière bataille, livrée le 28 janvier 1846, devient décisive; elle fait rendre tous les forts des Sikhs à l'orient de l'Indus.

Malgré ces défaites, les Sikhs parvinrent encore à présenter trente-cinq mille hommes en avant de ce fleuve. Ils livrèrent un dernier combat, où leur résistance fut plus que jamais opiniâtre : on les exterminait, et pas un ne demandait quartier. Les vainqueurs eurent 2,383 tués ou blessés; jamais en un jour les Anglais, combattant les indigènes, n'avaient fait une perte si grande.

Après avoir triomphé d'une résistance désespérée, les

forces britanniques dictèrent la paix. Elles gardèrent à titre de conquête l'entre-deux, le Doab, qui s'étend de la quatrième rivière à la cinquième, c'est-à-dire de la Béyah au Sutlèje. Les vainqueurs levèrent une contribution de 37,500,000 francs pour payer les frais de la guerre; ils exigèrent de plus qu'on leur livrerait tous les canons dont les agresseurs avaient fait usage.

Pour dernière exigence militaire, il fut stipulé qu'à l'avenir aucune troupe sikhe ne serait levée sans le consentement britannique. En même temps, le gouverneur général s'arrogea le droit d'organiser comme il le jugerait convenable le royaume de Lahore. Le roi Dhulep-Sing, un enfant, fut amené devant le vainqueur; il fit son humble et complète soumission, avant même que lord Hardinge eût daigné le recevoir. Des régiments de la Compagnie le reconduisirent en pompe dans son palais, tandis que ses propres régiments furent exclus de sa capitale.

Après avoir infligé tant d'humiliations, le gouverneur général promit qu'il protégerait avec fidélité le roi de Lahore et ses sujets.

Il établit, sous la surintendance anglaise, un nouveau Conseil de régence qui devait durer jusqu'en 1854, époque où le roi deviendrait majeur. Hélas! ni le roi ni le conseil ne vécurent jusqu'à ce terme.

Création du gouvernement de Cachemire.

Un monstre digne de mépris, qui raffinait sa cruauté, Goulâb-Sing, au prix de 25 millions à verser dans le trésor du vainqueur, obtint en toute souveraineté le bel État de Cachemire et le pays de montagnes qui s'étend depuis la Béyah jusqu'à l'Indus, entre l'Inde britannique et les sommets des Himâlayas. Pour exécuter cette convention, il fallut qu'une brigade anglaise conduisît ce tyran jusqu'au cœur de Cachemire et l'imposât de force à ses nouveaux sujets : tant la haine des habitants le disputait au mépris pour un tel maître! Croira-t-on qu'un des plaisirs de ce barbare était de contempler des prisonniers écorchés vivants par son ordre et sous ses yeux? Vingt-cinq millions de francs répondaient à tout.

En 1845, la Compagnie achète les petits et faibles établissements du Danemark dans l'Inde.

Première association formée dans la Métropole pour la réforme du gouvernement de l'Inde.

Dès les premiers temps de la calamiteuse administration de lord Aukland, en 1839, l'Association protectrice de l'Inde britannique, *British India society*, s'était constituée à Londres sous la présidence de lord Brougham. Elle avait pour but de montrer quelle part de responsabilité pesait sur la métropole en tout ce qui concernait le mauvais gouvernement de l'Inde. Par malheur, à cette époque, on préférait les déclamations bruyantes à l'examen profond et paisible des faits accomplis et des documents authentiques; plus tard on fut plus sage et plus habile.

Mais, dès le premier moment, l'opinion publique fut vivement intéressée; l'association étendit ses rameaux jusque dans l'Inde et produisit d'utiles résultats parmi les natifs d'un cœur généreux et d'un esprit élevé.

Les réformateurs et le radjah de Sattara sous le gouvernement de lord Hardinge.

L'association pour les réformes de l'Inde avait surtout réuni ses efforts afin de réparer une odieuse injustice : le séquestre apposé sur les États du vertueux radjah de Sattara. Que de choses parlaient en faveur de cette cause! Tous les officiers anglais, excepté, cela va sans dire, les persécuteurs de ce prince, déclaraient leur intime et ferme conviction de son innocence; ils le jugeaient incapable des crimes dont on l'avait osé charger. Dans la Cour des Directeurs, une équitable minorité professait la même conviction. La faute des défenseurs du prince spolié fut de porter leurs doléances devant l'assemblée des propriétaires de la Compagnie des Indes. Il fallait éviter le recours à cette cohue d'actionnaires, qui n'a guère d'autre pouvoir que de nommer des Directeurs; or, ceux-ci, l'instant d'après leur élection, comptent pour rien leurs insignifiants électeurs.

Par un malheur inhérent aux plus détestables abus du pouvoir gouvernemental aux bords du Gange, la monstruosité même de l'excès d'autorité contre lequel on réclamait rendait cet excès difficile à croire, et surtout difficile à réparer. Chaque nouveau gouverneur général reculait devant la pensée de proclamer le déshonneur d'une administration précédente, en portant remède à la plus impardonnable des iniquités.

L'orgueil gouvernemental allait plus loin. Sous l'administration de lord Hardinge, le colonel Carpenter, ayant été chargé de surveiller le radjah captif, ne voulut pas être simplement un geôlier dissimulé sous un titre honorable; il fit honneur à sa pénible mission. Avec une patience inépuisable, il étudia l'énorme masse des documents qui concernaient la spoliation de son prisonnier : il y trouva les preuves palpables de l'innocence opprimée; tous les faits que le temps faisait mieux apprécier le confirmèrent dans sa conviction. Alors, d'un cœur ferme, il rendit compte à l'espèce de ministre d'État qui, dans l'Inde, est le secrétaire du gouverneur général; il attesta les droits violés du radjah : il fit plus, il déclara s'engager à prouver lui-même la sainteté de cette cause. Le colonel Carpenter, qui méritait les actions de grâces de tout ami de l'équité, fut réprimandé par M. le gouverneur général Hardinge, lequel osa lui mander : « Le colonel, en déclarant qu'il croit *à l'innocence du radjah*, commet une *inconvenance*, et d'autant plus déplacée qu'il n'a pas été appelé à se prononcer, à faire *a declaration unbecoming and uncalled for.* » Déclarons à notre tour que cette *censure inconvenante* de la vérité suffit pour flétrir une administration, eût-elle entre ses mains le sort de 150 millions d'hommes.

Après dix années de souffrances non méritées, le radjah de Sattara mourut, détrôné, dépouillé, déporté; ce fut dans l'automne de 1847. Répétons-le : toujours, pendant dix années, il réclama la faculté de démontrer son innocence à la face d'un tribunal, quel qu'il fût; mais la conscience troublée des spoliateurs n'a jamais permis ce recours à la justice.

Gouvernement de lord Dalhousie, de 1848 à 1855.

La première et déplorable erreur du marquis Wellesley fut d'avoir rendu trop vaste l'empire des Anglais dans l'Inde. Sa seconde erreur fut d'avoir compliqué cet empire par un nombre toujours croissant de souverains rendus vassaux; et cela, pour les régenter sur leurs trônes, abaissés trop souvent, et même dégradés, en faisant administrer les États contre la volonté des princes alliés qu'on foulait aux pieds. Sait-on quel fut le double effet d'une si grande extension de gouvernement et d'une telle complication d'intérêts humiliés, impatients, désespérés? Dès le commencement du XIXe siècle, il devint impossible à l'Angleterre de trouver, parmi les hommes d'État qu'elle ne réservait pas aux premiers emplois de la métropole, aucun esprit assez étendu pour embrasser de si vastes affaires et pour gouverner avec efficacité cent cinquante millions de sujets ou d'alliés, sujets aussi. Il ne fut pas moins difficile de trouver un cœur d'homme qui passât impunément de la situation, même la plus honorée, d'un citoyen de la mère patrie à la situation d'un roi des rois, comparable en puissance, en arbitraire, aux Darius, aux Cambyse, aux Xercès.

Lord Wellesley, sans y songer, fit donc ce double tort à ses successeurs, de leur léguer une tâche qui fut pour tous, excepté lord Bentinck, au-dessus de leur âme, et pour tous, sans exception, au-dessus de leurs facultés.

Même à notre époque, soi-disant si philosophique, on ne gouverne pas en autocrate, avec impunité, deux fois autant de sujets qu'en possède un autocrate de Russie. On n'est plus seulement despotique avec les conquis; on l'est avec les conquérants, qu'ils soient Irlandais, Écossais, Anglais même! On foule aux pieds la fierté des plus nobles chefs, fussent-ils illustrés par la force du caractère et par la renommée des armes.

Entre tous les gouverneurs généraux du XIXe siècle, personne plus que lord Dalhousie n'a pratiqué ce double despotisme; aucun de leurs actes n'a produit des conséquences plus funestes que les siens, même pour leur patrie.

Commençons par montrer comment il a traité l'Anglais le plus renommé, le plus nécessaire à l'Inde, et le premier en pouvoir après lui; on sera moins surpris de voir ensuite comment il a mis sous ses pieds les indigènes, rois ou non.

Lord Dalhousie et le commandant des forces sir Charles Napier.

Dans la seconde guerre contre les Sikhs, suscitée par lord Dalhousie, l'Angleterre blâma la tactique du général Gough, qui ne remportait plus d'avantages qu'avec des torrents du sang des siens, et qui savait peu profiter de victoires péniblement remportées. Pour remplacer cet officier borné, l'opinion publique appelait l'un des généraux les plus éminents, sir Charles Napier. Le duc de Wellington, au faîte de sa grandeur, faisait vivement sentir à ce dernier la nécessité de sa présence dans l'Inde, afin de relever la fortune britannique et la supériorité de l'armée. Le duc lui disait ces belles paroles : « Pour accomplir cette « tâche, l'un de nous deux doit partir; si ce n'est vous, « ce sera moi. » Glorieux d'un si beau rapprochement et d'une telle alternative, sir Charles Napier partit.

Couvert d'une gloire dignement acquise en combattant les héros du premier empire Français, ce général était doué d'un génie perçant et d'une âme élevée; son cœur était généreux, mais irascible et fier. Il va se trouver en présence de lord Dalhousie, enivré de régner comme un maître absolu sur d'innombrables sujets; il va défendre son honneur et son droit contre ce gouverneur exigeant et méthodique avec rigidité, impassible, froid et superbe, qui ne pardonnait rien, surtout à la gloire! et qui regardait le général commandant les forces de toutes ses Présidences comme autrefois le Grand Roi, devant qui tremblait l'antique Asie, regardait le dernier de ses satrapes.

Quand sir Charles Napier arriva dans l'Inde, la guerre avec les Sikhs était finie; les bataillons, les escadrons de Lahore formés par des lieutenants de l'empire Français, et qui n'avaient pas conservé dans leurs rangs ces maîtres de la guerre, étaient exterminés à force de combats. Pour l'Angleterre, le danger n'était plus là.

Il restait une tâche plus difficile que de vaincre de pareils hommes. Il fallait aviser à la corruption, qui menaçait d'énerver les vainqueurs, par l'action du climat et par l'abus de jouissances non moins énervantes. La discipline allait s'affaiblissant, et l'instruction militaire était de plus en plus négligée.

Lorsque le nouveau commandant des forces passa la revue d'un grand nombre de régiments, il trouva beaucoup de colonels incapables d'en diriger les manœuvres. Sur le champ de bataille, la troupe chargeait sans ordre en s'étourdissant de ses cris; et les soldats tiraient en l'air, au lieu de viser avec calme, pour frapper avec précision leur ennemi.

L'éminent général ne voulut pas seulement restituer l'intelligence et le labeur dans les exercices qui préparent aux combats; il entreprit de rétablir la discipline par l'austérité des mœurs. Veut-on juger à quel point était nécessaire une semblable régénération dans un corps d'officiers européens dont le petit nombre répondait de l'esprit militaire, de la subordination, des mœurs et du courage, parmi 40,000 hommes de troupes britanniques et 250,000 soldats asiatiques? Dans un état-major où les officiers européens étaient si rares, en six mois seulement *quarante-six procès de cours d'assises* furent intentés à des chefs de corps, à des capitaines, à des lieutenants, pour désordres graves de jeu, de dettes et d'intempérance, et quatorze des plus coupables furent chassés du service.

«J'ai trouvé l'armée de l'Inde, disait le réformateur, disséminée dans le pays, comme des grains de poivre échappés d'une poivrière. Les civiliens obtenaient partout des détachements pour la commodité de leur service. Dans le Pendjab, 1,800 hommes servaient de garde d'honneur à des commissaires, à des aides-commissaires, ou veillaient sur des caisses de comptables; ces détachements étaient éloignés de leurs stations ou cantonnements depuis six lieues *jusqu'à quarante lieues!* Si l'on permet à l'autorité civile, représentait Napier avec énergie, de ne voir dans l'armée qu'un rempart contre les voleurs et qu'un moyen de surmonter en temps de paix des difficultés ordinaires, elle devient insuffisante et faible contre les vrais dangers. Pour dormir tranquille, on veut une garde militaire au sein de chaque ville; et cela, quand la sécurité règne partout! L'indolence envahit l'administration, et l'absence de vigueur gouvernementale devient la plaie universelle. Il en est ainsi de la troupe : sa discipline se relâche; les officiers, empruntés par le civil et détachés en trop grand nombre, sont soustraits au service militaire; les soldats, en l'absence des chefs, deviennent insolents et désobéissants; les postes armés font leur devoir avec mollesse, ou se dispensent de le faire : en un mot, le système entier devient faible et sans valeur. Les troupes étant aux ordres du pouvoir administratif, le commandant en chef des forces ne peut établir aucun plan général. Aussi, quand un soulèvement a lieu quelque part, il n'existe aucune distribution convenable des troupes, et par cela même, elles peuvent être accablées sans efforts[1]. »

Ces avis du général sir Charles Napier, si sages, si frappants, si faits pour rester gravés dans toutes les mémoires, peu d'années après son départ de l'Inde, étaient complétement oubliés. Qu'en est-il résulté? La grande insurrection de 1856 a fait éprouver tous les malheurs qu'avait prévus son génie militaire, et qu'il cherchait à conjurer.

[1] Sir Charles Napier, t. IV.

Au temps où cet homme de guerre arriva dans l'Inde, les affaires militaires étaient dirigées, de Calcutta, par une espèce de Conseil aulique, ou Cour militaire, qui ne prenait qu'un faible souci de l'équipement, de la nourriture, du bien-être et de la santé des troupes. Les travaux publics, militaires et civils étaient dirigés par un seul corps d'ingénieurs bien plus aux ordres des civiliens que du commandant des forces; ce dernier signalait avec raison l'insuffisance et le mauvais état d'un casernement à la fois misérable et malsain, sous un climat destructeur.

Voyons agir le chef qui se plaignait ainsi; rien n'est plus instructif que de considérer non-seulement avec quelle énergie le général Napier réprime les rébellions, mais quels remèdes il cherche pour en prévenir le retour.

Un régiment parti de Luknow pour se rendre vers l'Indus se révolte à Govindgur, insulte ses officiers et veut piller le trésor local; il n'est réduit à l'obéissance que par *la présence fortuite* d'un régiment de cavalerie qui retournait vers le Gange. Sir Charles Napier, au lieu de *pendre* les chefs pour les déshonorer, fait infliger aux plus coupables quatorze ans de prison. Il dissout la troupe hindoue qui s'était insurgée et la remplace par un régiment de Gourkhas. Il veut par là décourager les *brahmanes*, dont les sourdes menées avaient pour objet d'empêcher leurs coreligionnaires de servir comme cipayes; il leur prouve ainsi qu'on peut trouver d'autres soldats, non moins braves qu'eux, et qui ne partagent pas leurs préjugés de castes. Satisfait d'un tel succès, sir Charles Napier désirait qu'on étendît beaucoup un changement si précieux, qui conduisait à créer une armée fidèle. Si lord Dalhousie avait accepté des propositions d'une telle prévoyance, peut-être aurait-on prévenu la dernière et funeste rébellion?

Au milieu de si grands services rendus à l'armée du

Bengale avec un vrai génie de commandement, les causes les plus misérables vinrent mettre un terme à cette illustre et bienfaisante carrière.

Sous le gouvernement de lord Ellenborough, on donnait aux cipayes la valeur en argent de certaines parties des vivres, lorsque la cherté de ces parties dépassait un certain terme. Sous lord Hardinge, le prix en argent fut payé sur la totalité de la ration. Les cipayes qui servaient dans le bassin de l'Indus n'avaient rien connu d'une telle mesure, attendu qu'en cette contrée le bas prix des subsistances n'exigeait pas qu'on en fît l'application. Mais à la fin de mai, les prix s'étant élevés dans la station de Vizirabad, foyer de la dernière rébellion, il fallut opérer le payement en argent; or, sur l'ensemble, les cipayes auraient perdu quelque légère différence, comparaison faite avec le premier règlement.

Qu'on juge quelle était la situation! Une révolte grave était à peine comprimée, et l'esprit de rébellion régnait encore au milieu de 40,000 soldats indigènes. Si le commandant en chef avait suivi la règle établie, eût-il demandé le remède évident et facile au Conseil militaire de Calcutta, il aurait perdu plus d'un mois avant d'avoir une réponse, et le temps pressait. D'un commun avis avec l'adjudant général des forces et le général qui commandait la station, sir Charles Napier engagea sa responsabilité : il suspendit l'application de la règle ordinaire, en attendant la décision du Conseil militaire. Faisons une simple remarque : la dépense extraordinaire qui résultait de cet acte de prudence ne s'était élevée qu'à 250 francs!

On ne pouvait pas désavouer cette sagesse. Mais lord Dalhousie s'empresse de saisir l'occasion d'admonester, par l'organe offensant d'une tierce personne, l'illustre vétéran qui commandait à trois cent mille hommes; il évite d'entrer en explication par une missive amicale et confidentielle. Signification est faite au général en chef qu'il ait à ne pas vouloir de nouveau, dans aucune circonstance, même en face d'une révolte, aventurer des ordres qui modifieraient une allocation des troupes de l'Inde; ordres qui seraient un empiétement sur l'autorité réservée au seul gouvernement suprême.

Comme je fais partie de la Commission qui surveille la publication de l'immense correspondance de Napoléon Ier, c'est un devoir pour nous d'étudier chaque dépêche avec une sérieuse attention. Ce qui me frappe surtout dans la partie militaire, c'est de voir avec quel tact infini ce grand génie, qui savait si bien commander et si bien se faire obéir, mesure les égards, la condescendance et la latitude du pouvoir à ses lieutenants, d'après la portée et le talent de chacun d'eux; on apprécie tout ce qu'il permettait à ses grands généraux dans les graves circonstances. Par ces nuances flatteuses, il gagnait les nobles cœurs; il les élevait au-dessus d'eux-mêmes, quand il leur disait de faire, au loin, ce que lui-même ferait s'il était dans leur situation, lui, le premier général du siècle.

Voilà ce que ne pouvait pas comprendre le *civilien* lord Dalhousie, étranger aux grandes vues de la guerre. Une misérable vanité prédisposait son esprit contre le commandant des forces. Sans y prendre garde, sir Charles Napier avait critiqué le système administratif adopté pour le pays du Pendjab, système imaginé par l'impérieux gouverneur général; il avait blessé la superbe de ce Xercès.

Un nouvel incident rendit incurable la plaie de la vanité. Nous avons vu quel service rendait à l'empire anglais dans l'Inde sir Charles Napier, en substituant à des Hindous révoltés de fidèles Gourkhas. Ceux-ci, comme corps irréguliers, ne recevaient qu'une allocation misérable. Quand survint la grande cherté des vivres, le général les fit traiter, pour les subsistances, sur le même pied que les cipayes, afin d'empêcher qu'ils mourussent de faim. Lord Dalhousie annula cette mesure, où la plus haute politique le disputait aux droits sacrés de l'humanité.

Cette générosité pour le soldat était rehaussée par la suppression que sir Charles Napier faisait du luxe oriental dont s'entouraient avant lui les commandants en chef des forces de l'Inde. Dans ses marches d'inspection, il avait réduit le service nécessaire à son commandement personnel, de quatre-vingt-dix éléphants à trente; il diminua pareillement le nombre de ses chameaux et celui de ses dresseurs de tente. Par ces moyens, il avait épargné des sommes considérables au trésor public.

Et le gouverneur général, qui le censurait pour 250 francs accordés aux troupes régulières dans un cas urgent et pour la ration des Ghourkhas affamés, Dalhousie le Superbe voyageait en grand monarque asiatique : il exigeait, pour servir le faste de sa personne, 135 éléphants, 1,060 chameaux, 700 bœufs, 135 chariots, 488 tentes propres à sa maison et 6,000 serviteurs, sans parler des troupes d'escorte.

Le général en chef, après le double affront qu'il avait reçu, ne pouvait plus commander avec honneur et résigna ses hautes fonctions. Il exprime ainsi ses dernières idées : « Tout ce que j'ai fait, c'est de relever avec vigueur le moral de l'armée. En même temps, j'aurais voulu tendre avec constance les cordes de la discipline et développer dans l'ensemble des corps une instruction soutenue. Mais comment y parvenir, quand je ne pouvais pas avoir les troupes dans ma main, ni préparer des camps de manœuvres, deux choses essentielles dont je n'ai pas pu disposer? Dans tous les cas, avant que je pusse améliorer la discipline, il aurait fallu délivrer les troupes des corvées que les *civiliens* leur imposaient : sans cela nulle amélioration n'était possible. »

Je veux encore citer l'ordre du jour adressé par sir Charles Napier à ses officiers avant de quitter son commandement. Il réprimanda leur négligence à payer les dettes qu'entraînaient leurs excès de table. « Un homme vulgaire, dit-il, qui se complaît à boire le champagne, à filouter ses valets, peut être un agréable compagnon pour ceux qui ne l'accablent pas sous leur mépris comme un fripon vulgaire; mais il n'est pas un *gentleman*. Son brevet le fait officier, mais il ne le fait pas un *galant homme*. »

De quelle terrible flétrissure lord Dalhousie n'aurait-il pas garanti sa mémoire, s'il eût conservé ce général organisateur et vraiment *moralisateur*. Sans doute, en 1857, le général Napier n'aurait pas pu prévenir toutes les causes d'une grande rébellion. Il aurait présenté du moins les forces de la Compagnie savamment échelonnées aux lieux où pouvait naître le danger; l'insurrection eût été prévenue dès ses premiers ravages, et des torrents de sang n'auraient pas coulé, même du côté des Anglais.

Lord Dalhousie et le nouveau commandant des forces, sir John Campbell.

Sir John Campbell, cet officier héroïque dont nous dirons plus tard les grands services dans l'Inde, fut réduit à résigner son commandement général, à l'exemple de sir Charles Napier, dont il devint le successeur. Il n'avait pu faire consentir à des mesures qu'il estimait nécessaires et justes ce Conseil militaire de Calcutta dont nous avons signalé déjà l'insuffisance et la triste direction. Mais la cause principale de sa démission, c'est qu'il n'avait pu, dans les pays voisins de Peshawer, malgré tous ses efforts, préserver les populations indigènes et d'attaques sans motifs et de cruautés sans excuse. Des districts entiers avaient été dévastés et les plus beaux villages détruits par le feu, sans autre raison apparente qu'un désir effréné qui poussait certains chefs politiques à faire éclater l'emportement de leur zèle aux yeux du gouverneur général[1].

Lord Dalhousie et les souverains indigènes.

Lord Dalhousie était arrivé dans l'Inde avec la résolution d'agrandir l'empire de la Compagnie plus que n'avait fait aucun de ses prédécesseurs depuis le marquis Wellesley. Ce ne fut point par la puissance des armes qu'il résolut d'obtenir ce résultat; il lui parut suffisant de tenir pour non avenues les lois séculaires de l'Hindoustan, et même, au besoin, celles du droit des gens.

En opérant de la sorte, il voulut paraître obéir aux principes d'un système profondément médité.

Il débarque en janvier 1848 à Calcutta. A peine a-t-il pris en main le gouvernement général, il écrit à la Cour des Directeurs avec l'absolutisme dogmatique d'un maître qui dicte des lois, et non comme le chef d'un pouvoir exécutif et temporaire devait écrire à l'autorité supérieure dont il est censé recevoir les instructions et les ordres :

« Je crois *impossible à qui que ce soit* de contester la politique de tirer avantage *de toute juste opportunité*[2] : 1° pour consolider les parties que nous possédons déjà dans l'Inde, en prenant possession des États qui pourront venir *à vaquer* au milieu d'elles; 2° pour nous débarrasser ainsi (*getting*

[1] Sir Charles Napier, t. V, liv. I.

[2] On verra que *juste opportunité* veut dire ici, l'occasion facile et praticable.

rid) de ces petites principautés intermédiaires *qui peuvent être des sujets d'ennui*, mais qui ne peuvent jamais, je m'aventure à le penser, être une source de force en *ajoutant à l'opulence du trésor public ;* 3° *pour étendre l'application uniforme* de notre système gouvernemental à tous les territoires (subsidiaires sans doute), dont les meilleurs intérêts, nous le croyons sincèrement, seront par là favorisés. Je saisis cette excellente opportunité, dit-il encore, pour exprimer ma conviction, forte et réfléchie, que, dans l'exercice d'une politique prudente et sage, le Gouvernement britannique est obligé de ne pas mettre de côté ni de négliger *ces légitimes opportunités* d'acquérir du territoire ou du revenu; opportunités qui pourront, de temps à autre, se présenter d'elles-mêmes. »

Jamais style plus tortueux, plus embarrassé, n'a fait en apparence plus d'appel à la justice, au droit, à la légitimité, pour s'emparer des revenus et des territoires d'autrui, par amour d'une sage et prudente politique.

Hélas! une terrible expérience et des torrents de sang humain se sont chargés de montrer l'erreur et la folie de cette sagesse imaginaire. Comment n'être pas étonné quand on voit un gouverneur général, qui n'a pas encore pour lui la moindre expérience, proclamer dogmatiquement qu'il ne peut pas croire *possible à qui que ce soit de contester* la politique d'annexion, réprouvée par les plus illustres autorités?

Ce gouverneur qui parlait d'un ton de conviction si profonde, et qui décidait avec une autorité si tranchante, il adoptait un principe d'envahissement et d'absorption que les hommes d'État les plus habiles dont l'Inde garde la mémoire avaient unanimement repoussé, eux, les partisans d'un empire anglais vraiment prospère et puissant au sein de la Péninsule indienne.

Sir Thomas Munro, si politique et si perspicace, même en admettant qu'on pût conquérir tous les États de cette Péninsule, regardait comme douteux qu'un tel changement fût, pour les Anglais et les indigènes, un succès à désirer; il en donnait les raisons les plus remarquables.

Sir John Malcolm allait plus loin. Il affirmait positivement que la tranquillité, la sécurité même des grandes possessions britanniques en Orient, étaient intimement unies à la conservation des principautés indigènes rattachées à la Compagnie par les liens de la protection et de l'amitié.

M. Elphinstone, la plus importante des trois autorités que je cite ici, historien considérable et qui fut gouverneur éminent à Bombay, M. Elphinstone déclare qu'il est de l'intérêt aussi bien que du devoir des Anglais d'employer tous les moyens pour conserver les gouvernements alliés et pour maintenir sur pied les pouvoirs indépendants.

Un des hommes d'État existants, et qu'on peut citer avec le plus de confiance, lord Ellenborough, disait qu'il voulait éviter à ce qu'on appelle l'autorité légitime britannique la faute de s'approprier les États natifs; il était convaincu de la nécessité, pour l'Angleterre, de conserver ces États. « Donnons, disait-il avec une haute raison, aux populations autonomes la confiance qu'elles sont sincèrement admises *à titre* PERPÉTUEL *d'alliées subsidiaires;* cela servira puissamment à fortifier notre autorité dans l'Inde. »

Comme on le voit par de telles citations, il y avait un abîme entre la résolution prime-sautière de lord Dalhousie et les convictions puisées dans une profonde expérience, conçues à loisir par des hommes d'État qui sont la gloire du Gouvernement britannique en Asie et qui font honneur à l'histoire moderne de l'Hindoustan.

Éclairés, comme nous le sommes, sur la théorie du nouveau dispensateur des destinées chez les peuples de l'Hindoustan, suivons-le dans sa tortueuse pratique.

Lord Dalhousie et la principauté de Sattara.

En terminant l'esquisse de la désastreuse administration de lord Aukland, nous avons expliqué l'infortune imméritée du vertueux radjah de Sattara. Nous l'avons laissé prisonnier dans Bénarès, tandis que ses États séquestrés et ses revenus confisqués étaient régis dérisoirement *en son nom* par la Compagnie. Dès 1847 il était mort, et son frère l'avait remplacé sur le trône. Ce dernier n'avait régné qu'une année et cessait à peine de vivre, lorsque lord Dalhousie devenait gouverneur général; à son lit de mort, il avait exercé son droit hindou, par l'acte nécessaire pour célébrer ses obsèques, en se donnant un fils adoptif, qui devait les présider. Son prédécesseur, quelque temps avant sa fin, avait, en vertu du même droit, prononcé l'adoption en faveur d'un fils de son plus proche héritier mâle.

Le traité par lequel, en 1819, le premier radjah était monté sur le trône établissait que Sa Hautesse le souverain de Sattara, ses héritiers et ses successeurs *devaient régner à perpétuité* sur cette principauté. Les traités conclus par la Compagnie avec les deux frères, en leur reconnaissant cet héritage perpétuel, portaient que le Gouvernement britannique *n'avait en vue aucun avantage qui lui fût propre, aucun dessein d'agrandissement.*

En présence de ces traités, le gouverneur de la présidence de Bombay déclarait officiellement que les termes du traité signifiaient une souveraineté qui ne devait pas s'anéantir par défaut d'héritiers, aussi longtemps que quelqu'un pourra succéder suivant les coutumes du peuple. Même dans le cas où les deux princes n'auraient pas fait choix d'un fils adoptif, il existait dans leurs familles des collatéraux ayant droit de succéder, et d'après les lois de l'Inde et d'après les lois de tous les peuples de l'Europe.

Que fait ici lord Dalhousie? Il oublie ces derniers et repousse les premiers : il déclare les adoptions de nul effet pour hériter du trône, et, dans un cas de déshérence qu'il crée à plaisir, *il confisque* les principautés, pour en gratifier la Compagnie; il *les annexe* à l'empire britannique.

En agissant avec ce mépris de la bonne foi, il aspire aux honneurs de la logique! Écoutons-le : « Les mots *héritiers* et *successeurs* doivent être entendus dans leur sens ordinaire; ils ne peuvent être interprétés pour assurer aux radjahs de Sattara rien de plus que la succession des héritiers en ligne naturelle; conséquemment, nous devons regarder le territoire de Sattara *comme en déshérence*, et nous devons *l'incorporer immédiatement* aux États britanniques de l'Inde. »

Pour juger ce cas, on pouvait répondre : Voulez-vous suivre la loi de l'État indigène avec lequel vous avez traité? Cette loi, religieuse et politique, est formelle : elle reconnaît l'hérédité du fils adoptif, et pour les biens et pour le trône. Voulez-vous, au contraire, suivre les lois reconnues par tous les États de l'Europe, y compris la Grande-Bretagne? Dans tous ces États, pour qu'il y ait vacance d'un trône, il ne suffirait pas qu'une adoption quelconque eût été contestée; il faudrait qu'en dehors de l'adoption, il n'existât pas d'héritiers naturels, *directs ou collatéraux*. Or il en existait à Sattara.

Supposons, enfin, qu'on ne pût trouver ni collatéraux ni fils adoptif. Quand il s'agissait d'un trône indépendant, qui donc conférait à lord Dalhousie le droit de le ramasser comme une épave et d'en faire présent au Gouvernement britannique? Les natifs n'avaient-ils pas alors le droit naturel et sacré de disposer d'eux-mêmes? Nous le demandons au nom de ces principes de 1688 dont le peuple anglais est aujourd'hui si fier!

Les malheurs, les vertus du premier radjah, et les bienfaits de son règne, sont sans valeur aux yeux de l'annexeur à tout prix; tandis que, dans un autre cas, la mauvaise administration et le malheur prétendu du peuple deviendront un motif de spoliation et d'annexion.

Nous verrons bientôt des États privés de leur autonomie et confisqués au profit de la Compagnie sous prétexte qu'ils sont mal administrés. Tel n'était pas le cas dans la principauté de Sattara, dont les monarques faisaient le bonheur, et dont la population pleurait un souverain qu'on lui avait violemment enlevé : ni ce bonheur ni ces regrets ne touchèrent lord Dalhousie. Lorsqu'un administrateur éminent, sir Georges Clerk, fit valoir de tels motifs.., «Il est impossible[1], répondit le gouverneur général avec sa hauteur inflexible, il est impossible que j'admette la force de l'argument qu'avance sir Georges Clerk pour prolonger l'existence de l'État de Sattara. A l'en croire, il faudrait prendre pour règle la condition heureuse et la prospérité de cet État et respecter le gouvernement aussi juste que digne d'éloges du radjah!»

Dans l'Écossais dur et sombre qui parle ainsi, je crois reconnaître un rejeton de ces âpres covenantaires, un de ces puritains, inflexibles logiciens d'idées fausses et de

[1] I am unable to admit the force of the argument advanced by sir George Clerk for its continuance (the continuance of the Sattara state), which is founded on the happy and prosperous condition of the state and the just and praise worthy government of the Radjah.....

sentiments impitoyables, comptant pour rien les droits que la simple vertu peut donner au gouvernement des hommes rendus heureux et foulant aux pieds tout titre sacré contraire à leur ambition. Il leur suffit d'appeler leur intérêt la lumière, leur orgueil la vertu, et leurs passions la justice.

Lord Dalhousie et l'orphelin héritier du roi de Lahore.

En commençant une guerre acharnée contre les Sikhs, on annonçait au peuple de Lahore que la Compagnie, qui venait de châtier les insurgés, voulait aussi réprimer toute rébellion contre le gouvernement de Lahore et faire respecter le trône de l'héritier de Runjet-Sing.

Six mois ne sont pas écoulés, lord Dalhousie déclare que la royauté du Pendjab est abolie; par lui, le mineur placé sous la tutelle de l'Angleterre est réduit à l'état de pensionnaire : sa pension sera prise sur sa richesse confisquée. Le domaine de la couronne est saisi pour la Compagnie; main basse est faite sur le mobilier royal, et le célèbre diamant appelé Montagne de lumière, le *Koh-i-Nour*, est envoyé dans l'Occident à la Compagnie, comme un trophée de la facile conquête. Il est offert à S. M. la reine Victoria, après avoir passé, de spoliateur en spoliateur, de l'Inde au Caboul, du Caboul dans l'Inde et des bords de l'Indus à ceux de la Tamise. Nous l'avons vu figurer à l'*Exposition universelle de 1851*. Le peuple anglais ne pouvait pas se lasser de l'admirer, moins à cause de sa beauté qu'à raison du nombre incroyable de millions qu'il valait, disait-on : la foule des admirateurs paraissait ignorer que ces millions représentaient en Asie la dépouille d'un orphelin.

Voici comment les opérations que nous venons de

rapporter sont jugées par l'historien anglais Malcolm Ludlow : « Nous avons protégé notre pupille en lui prenant ses biens et ses États. Il était illogique et barbare de punir un jeune roi mineur pour châtier l'esprit factieux de ses troupes révoltées contre lui. En étouffant leur rébellion, nous ne faisions que remplir notre sainte mission de tuteurs, de conservateurs et de sauveurs; et nous n'avions aucun titre pour le dépouiller aussitôt après le service rendu, comme le fit lord Dalhousie. »

Voilà donc quels étaient les principes du gouverneur général en matière d'annexions à main armée, comme payement d'un devoir strictement accompli : principes ensuite, nous regrettons de le dire, qui n'ont pas été repoussés par une Compagnie britannique, un parlement britannique, une nation britannique.

Lord Dalhousie et le fournisseur Jotie Persâd.

Jotie Persâd, que je crois être un Parsi, animé d'un vrai génie des affaires, avait fait avec succès la difficile entreprise de nourrir l'armée britannique pendant les campagnes de l'Afghanistan et de Goualior. En fin de compte, il réclamait 12,500,000 francs, qu'on ne lui payait point parce qu'on exigeait des formalités de pièces comptables qu'il ne pouvait pas fournir. Quand arriva la guerre du Pendjab, dont le résultat fut de détrôner le jeune roi de Lahore, on pria Jotie Persâd de nourrir de nouveau l'armée anglaise; très-naturellement il refusa, motivant son refus sur le déni de justice qu'on lui faisait éprouver. Pour l'apaiser, on lui promit de payer le tout après la nouvelle guerre et de lui décerner en outre *un titre d'honneur :* il fut séduit. Cependant, la guerre finie, non-seulement il n'obtint pas de récompense, mais on se montra plus que jamais difficultueux sur ses comptes. Jotie Persâd, indigné, menaça l'administration de la poursuivre en justice; aussitôt un vil indigène, employé du commissariat, l'accuse de corruption, de détournement et de faux. Un officier supérieur est chargé d'examiner les faits. Son rapport, qui justifie Jotie Persâd, passe aux trois membres composant le Conseil supérieur de la guerre; deux l'approuvent, un seul demande qu'on en réfère au gouverneur général. Maintenant écoutons M. Ludlow, l'avocat du barreau de Londres : « Ici, nous voyons, dit-il, se dérouler une scène digne des mauvais jours de Hastings et de Nuncomar. L'opulent indigène qui seul a nourri nos armées *durant trois guerres*, lui qui sans aucun doute est créancier de l'État, on l'oblige à fournir caution pour paraître à la cour d'Agrah comme un criminel accusé par le Gouvernement! M. Lang, avocat anglais, offre sa fortune en garantie. Mais l'accusé se réfugie à Calcutta; il espère être sauvé par la Cour suprême de justice. On l'arrête; on le ramène au tribunal d'Agrah. Son procès dure dix jours entre les mains d'un accusateur public, d'un jury et d'une Cour tous nommés par le Gouvernement. Malgré d'innombrables obstacles, l'habile et courageux M. Lang le fait acquitter, aux applaudissements des natifs; et ceux-ci, transportés d'enthousiasme, veulent porter Jotie en triomphe du tribunal à la maison de l'éloquent défenseur.

« Certainement trois quarts de siècle ont produit une différence dans le sort de l'Inde. Sous Warren Hastings, Elijah Empey prononçait la mort de Nuncomar accusant un gouverneur général; de nos jours, Jotie Persâd, réclamant sa créance contre l'Administration suprême, est acquitté : c'est la gloire du jury d'Agrah. Mais, à l'égard du gouvernement général de l'Inde, l'esprit déshonorant des deux procès est le même. »

Lord Dalhousie et les partisans du 5 p. 0/0 réduit au 4 p. 0/0 SUBTILISÉ : *THE SWINDLED FOUR PER CENTUM.*

Nous allons voir maintenant quel genre de bonne foi présidait aux rapports de l'Administration avec les rentiers, *soit anglais, soit indigènes*, possesseurs d'un fonds public de l'Inde. En 1853, la situation financière du gouvernement général était, prétendait-on, admirablement florissante. Le trésor, disaient les adeptes, regorgeait d'argent; l'abondance était à ce point qu'on pouvait rembourser au pair, et sur-le-champ, toute la dette contractée à 5 pour cent. Cependant, par faveur pour ses créanciers, l'État daignerait garder leurs fonds s'ils s'empressaient de ne recevoir que 4 pour cent; leur simplicité crut à cette bonne fortune. Un très-petit nombre d'entre eux osa préférer de reprendre ses capitaux; et l'opération, si savamment dirigée, eut un succès complet. On poussa plus loin l'audace. Dans cet Hindoustan où l'intérêt ordinaire du commerce s'élève de 10 à 12 pour cent, le Gouvernement, qui prétendait être si riche, est obligé bientôt après d'annoncer un emprunt : plein de confiance en lui-même, il propose de le contracter à 3 pour cent; mais sa tentative échoue.

Cependant, dès les premiers jours de 1855, pour suffire aux frais des travaux publics, il fallait sérieusement emprunter, et l'on était obligé d'accorder 5 pour cent. A l'instant les infortunés 4 pour cent tombèrent du pair à 84 et 83; et le nouveau *cinq* pour cent ne put pas même se soutenir à son taux d'émission. Ce n'est pas tout; il fallut avouer enfin que les emprunts avaient moins pour objet les travaux publics que l'inégalité des recettes et des dépenses générales et la pénurie d'un trésor duquel, avait-on dit, la richesse regorgeait par trop d'abondance. A côté de l'emprunt, en réalité destiné pour atténuer le déficit, il en fallut proposer un autre particulier aux travaux soldés par la Compagnie, lent et difficile à remplir; emprunt offert à 4 1/2, mais réalisable seulement à cinq. Les fonds réduits par l'artifice dont nous avons donné l'idée sont désignés par tous ceux qui manient des fonds dans l'Inde sous la qualification ignominieuse de 4 p. 0/0 SUBTILISÉ, *the SWINDLED four per centum.*

Veut-on savoir quel effet ces tortuosités avaient produit sur les Indiens qu'elles avaient dépouillés? Quand les promoteurs de la grande rébellion de 1857 voulurent se justifier de briser le joug de la Compagnie, ils rappelèrent dans leurs manifestes ces actes de mauvaise foi, et les pertes qu'avaient subies les indigènes trompés ainsi par les conquérants.

Il est juste de dire en faveur de lord Dalhousie que, poussé par l'opinion métropolitaine, il a poursuivi vigoureusement plusieurs espèces de travaux publics : les canaux entre le Gange et la Jumna, les lignes télégraphiques et les premiers chemins de fer; mais pour que l'éloge fût entier, quand il s'agissait d'obtenir ces estimables résultats, il faudrait que les voies et moyens eussent toujours été fondés sur la plus complète bonne foi.

Hâtons-nous de revenir à la spoliation des souverainetés indigènes, dont nous avons offert deux premiers exemples.

La principauté de Nagpore annexée.

Avec le même mépris des lois de l'Inde, la vaste principauté de Nagpore, ancien royaume des Mahrattes, vu le décès du radjah sans autre héritier, disait-on, qu'un fils adoptif, cette principauté fut confisquée par lord Dalhousie en 1853.

Dans ses leçons professées au collége de Londres, M. Malcolm Ludlow se permet cette réflexion hardie, *qu'on dirait un soupçon puisé dans Tacite :* « On ne peut qu'être frappé de voir la fréquence des décès sans héritiers, parmi les souverains de l'Inde, à partir du moment où la politique d'annexion eut été proclamée par le gouverneur général[1]. »

Le radjah laissait quatre veuves et d'autres parents, sans compter son fils adoptif; on commença par vendre ses diamants, ses chevaux, ses chameaux et beaucoup d'objets mobiliers, au prix de 18,750,000 francs que le gouvernement de la Compagnie s'appropria.

Lord Dalhousie et la confiscation du royaume d'Oude.

Ce nous est un devoir d'être juste, même pour celui qui dans l'Inde le fut si peu pour les peuples et pour les rois. Lord Dalhousie n'est pas l'inventeur des spoliations, ni même de la confiscation prononcée, d'après son ardente initiative, afin d'en finir avec le royaume d'Oude. Il faut remonter au gouvernement de Warren Hastings pour découvrir les premiers fondements des iniquités commises contre ce malheureux pays et continuées presque sans relâche pendant quatre-vingt-dix ans. Burke n'a pas tout dit lorsqu'il a flétri, mais en vain, de pareils commencements.

Comment la Compagnie a progressivement exploité la richesse et l'alliance du pays d'Oude.

Warren Hastings avait imaginé d'induire le gouvernement d'Oude à faire deux parts de ses revenus : la pre-

[1] India and its Races, t. II, p. 190.

mière, afin de remplir la bourse privée du chef de l'État : c'était, comme nous dirions, sa liste civile; la seconde, pour être versée dans un trésor administré par ses ministres, *sous l'inspection du Résident.* Désormais, la Compagnie aura l'œil et souvent la main sur les finances de l'opulent pays d'Oude; elle saura jusqu'à quel point, à chaque moment, pourront être portées son exigence ou ses instances.

Écoutons Warren Hastings, cet esprit supérieur au triste rôle que l'avidité de ses commettants le réduisait à jouer : « Le nombre et le total énorme des salaires, des pensions et des émoluments touchés pour le service militaire ou civil de la Compagnie, dans le vizirat d'Oude, sont devenus une charge que ne peuvent plus supporter le revenu ni l'autorité du prince. Ce fardeau nous expose au ressentiment du pays entier, parce qu'il enlève aux serviteurs indigènes, ainsi qu'aux partisans du vizir, les récompenses qu'ont méritées leur dévouement et leurs services. »

Comme un remède à ces maux, en 1783, on supprime le Résident : le pays respire. Les ressources nationales coulent de nouveau dans leurs canaux naturels, et les habitants retrouvent la réalité bienfaisante du gouvernement indigène que réclamaient leurs mœurs et leurs intérêts.

Bientôt après, l'équitable lord Cornwallis arrive dans l'Inde; il fait disparaître l'exagération qu'il trouve introduite dans le subside exigé pour la brigade européenne imposée à l'État d'Oude; grâce à lui, ce tribut est réduit à la somme primitive établie par un traité. En même temps, il fait disparaître l'énorme dépense et la tyrannique institution *des gardes du corps britanniques* imposés au vizir par Warren Hastings.

On avait supprimé le Résident comme un trop despotique et trop grand personnage ; mais le simple agent qui le remplaça reçut, comme appointements annuels, *cinq cent soixante et dix mille francs :* somme presque égale à la liste civile qui suffit à la splendeur d'un vice-roi, gouverneur général de l'Inde anglaise !...

Quelque temps après, à titre d'économie, on rétablit le Résident, suivant un principe qui fait à la modération de lord Cornwallis plus d'honneur qu'à sa prévoyance. En annonçant ce retour au vizir : « Le Résident doit laisser à Votre Excellence, dit-il, ainsi qu'à vos ministres, la complète administration de votre pays; il empêchera qu'aucun étranger ose s'en mêler. Depuis plusieurs années vos sujets, par intérêt personnel, ont fait appel au gouvernement de la Compagnie; j'ai résolu de mettre un terme à l'abus de pareils recours. Comme on connaît nos rapports intimes, la sévère attention que vous aurez de rendre justice à vos sujets sera l'honneur et le crédit de nos deux gouvernements. »

Aussi longtemps que l'honnête lord Cornwallis régit les affaires de l'Inde, aucune exaction n'est commise au nom de la Compagnie dans l'État d'Oude; il part, et tout fait retour à d'odieux précédents. Le dernier *civilien covenanté* qui soit nommé gouverneur général revient aux traditions de Warren Hastings. En 1797, sir John Shore emploie la menace et la violence, afin que trois nouveaux régiments de la Compagnie soient mis à la charge du vizir d'Oude. Pour obtenir le subside additionnel qui défrayera cette force, le dictateur britannique pousse l'arbitraire et la tyrannie jusqu'à faire emprisonner le premier ministre, qui résistait en défendant le trésor de son maître. Peu de mois après, le vizir humilié de la sorte et dégradé aux yeux de son peuple comme aux siens, ce prince meurt de honte et de douleur. Il repousse les soins des gens de l'art, en disant avec amertume : « Il n'est pas de remède pour guérir un cœur brisé ! »

Quand nous avons expliqué l'administration du marquis Wellesley, nous avons, en termes trop sommaires, indiqué dans quel esprit il avait assuré l'exploitation et l'asservissement de l'État d'Oude. Revenons sur ce point.

En profitant de la terreur inspirée par la chute de Tippou, par sa mort et par la déchéance de sa dynastie, l'Européen insatiable contraignit le vizir à se laisser enlever *en pleine paix* la moitié de ses États ; il le força d'abandonner le magnifique entre-deux fluvial, *le Doab*, qui dans une immense longueur s'étend du Gange à la Jumna. Ce grand pays comprend Allah-Abad, et beaucoup d'autres cités à la fois riches et puissantes.

Lorsque le gouverneur général avait mis au jour des prétentions à ce point exorbitantes, le vizir s'était permis de les repousser dans un écrit où la mesure s'alliait à la fermeté. L'orgueilleux représentant de la Compagnie prétendit soudain qu'un pareil attentat à sa dignité justifiait ses projets les plus calamiteux pour l'État d'Oude ; il déclara qu'il les allait réaliser, fût-ce au besoin par la force.

Il faut citer à ce sujet l'autorité si grave et si vénérable de l'historien J. Mill : « L'un des contractants d'un traité de paix et d'amitié remplit, *avec une fidélité sans exemple*, toutes les conditions de l'alliance, tandis que l'autre veut commettre une énorme brèche à ce traité. Le premier démontre clairement, dans le langage le plus respectueux, le plus humble même, l'iniquité qu'on va commettre ; par cela seul le second se prétend insulté dans sa justice et son honneur. Quand même aucun motif n'aurait encore existé pour sévir, à présent un acte coupable est commis, qui surpasse tout châtiment imaginable !... Évidemment, avec une prétention pareille, nulle violation des traités ne peut manquer d'être justifiée. Si la partie lésée se soumet sans dire un mot, son silence est admis comme un assentiment. Se plaint-elle : on l'accuse d'outrager l'honneur et l'équité du plus fort! Or ce crime est d'une grandeur si prodigieuse, qu'à l'instant même il affranchit le plus puissant de toute obligation déjà stipulée en faveur du plus faible; et celui-ci n'est plus digne d'aucun pardon [1]. »

Tandis que le marquis Wellesley se portait à de telles extrémités afin d'obtenir un traité plus oppressif que tous les précédents, voici comment il révélait, dans une de ses lettres confidentielles, le secret de sa pensée et la certitude d'un résultat final, qu'il annonçait cinquante ans à l'avance : « Je suis convaincu qu'on ne peut trouver aucune sûreté contre la ruine du pays d'Oude tant que le maniement civil et militaire du gouvernement n'aura pas été transmis *sans partage* à la Compagnie, sauf à fixer des allocations convenables pour le prince et sa famille. Aucun autre remède ne peut opérer une amélioration considérable dans les ressources de cet État, ni garantir, en définitive, la sûreté au dehors et la paix au dedans. »

Voilà la première fois qu'un étranger, pour garantir le bonheur intérieur et la sécurité extérieure d'un État, ne découvre pas d'autre secours que la confiscation du pays objet de la sentence intéressée.

Ce magnifique pays que le marquis Wellesley croit privé de toutes ressources, ce pays qu'il dépeint comme atteignant un état de prostration dont il ne pourra se relever qu'en perdant sa liberté, ce même pays, pendant les quatre-vingt-dix ans qu'il a conservé l'autonomie sous une dynastie pressurée dès l'origine, non-seulement il a pu

[1] J. Mill, *History of India*, t. VI.

suffire aux dépenses de son propre gouvernement, mais il aurait payé, suivant un calcul exagéré si l'on veut, mais énorme encore après toute réduction imaginable, *un milliard deux cent cinquante millions de francs :* millions obtenus sous les formes variées d'émoluments et de solde, de contributions de paix ou de guerre, et d'emprunts tantôt forcés, tantôt volontaires. Toujours les monarques d'Oude ont été prêts à venir au secours de la Compagnie dans ses moments d'embarras financiers, de détresse et de péril.

Lorsque arrive, en 1814, la guerre de la Compagnie contre le royaume du Népaul, les Anglais, ces administrateurs modèles, qui seuls pouvaient enseigner aux princes d'Oude la savante économie d'un parfait gouvernement, ils sont sans argent pour faire face aux frais de leur expédition, et le roi d'Oude puise en deux fois dans son trésor cinquante millions de francs, qu'il verse dans celui du gouverneur général. Ce n'est pas tout : afin de poursuivre une guerre de vallons marécageux, de jongles sans routes et d'âpres montagnes, sous un climat de zone torride, les Anglais sont trop heureux que le même roi mette à leur disposition *trois cents de ses éléphants;* ils les font servir à transporter leur artillerie, leurs munitions et leurs immenses bagages.

Lorsqu'en 1818 lord Moira, depuis connu sous le titre de marquis de Hastings, gouverneur général, traversait les États d'Oude, il congratulait le souverain de ce pays sur la haute perfection des cultures, sur l'accroissement de la population, sur le bien-être et le bonheur des sujets. Qu'en eût dit le prophète Wellesley?

Érection du vizirat d'Oude en royaume; esquisse d'un règne illustre.

L'année suivante, 1819, le vizir d'Oude, avec l'assentiment de la Compagnie, prenait le titre de roi. Il était digne de ce titre, le célèbre Gazi-oud-din-Haïder. Loin que ce fût un prince vulgaire et que le soin des intérêts matériels absorbât ses facultés, il se montrait l'ami des sciences et des arts. Il embellissait Lucknow, sa capitale, par de superbes monuments et civils et religieux; il agrandissait sa bibliothèque royale, qui finit par contenir *deux cent mille volumes*. Ce prince honorait le savoir; il aimait les lettres; il cultivait la poésie; et ses chants gracieux, que l'Orient aimait à répéter, auraient charmé le peuple et les gens de goût, même s'il n'eût pas été roi.

L'Asie doit à ce monarque la composition et la publication d'un magnifique dictionnaire persan[1]. Cette œuvre avait une haute importance, parce que le persan, langue autrefois parlée à la cour des grands princes de l'Inde, l'était aussi dans les tribunaux, comme le français en Angleterre au temps des Plantagenets. Le persan était la langue diplomatique usitée entre les gouvernements indigènes, et même, jusqu'à ces derniers temps, entre eux et la grande Compagnie britannique.

L'important dictionnaire, en deux volumes in-folio de mille pages chacun, sort des presses royales de Lucknow. L'Institut de France en possède un exemplaire, et les connaisseurs en typographie pensent que l'exécution de cette œuvre ferait honneur aux imprimeries savantes de France, d'Angleterre et d'Allemagne. A l'ouvrage est jointe une grammaire persane, également l'œuvre du roi.

Lorsqu'en 1856 un successeur de ce prince illustre fut dépouillé de ses États par lord Dalhousie, il se trouva qu'à Paris, dans l'École des langues orientales, M. Garcin

[1] *The seven Seas*, a dictionary and grammar of the persian language, by his Majesty the king of Oude. Printed at his Majesty's press in the city of Lucknow, 1822.

de Tassy, savant professeur d'hindoustani, fit entendre sa voix équitable et généreuse; il rendit hommage à ces nobles amis des lettres, à ces Ptolémées de l'Inde moderne, détrônés sans motifs et sans excuse, en pleine paix, au nom d'un traité d'alliance perpétuelle! Sa parole révérée rappela des services nombreux rendus à l'esprit humain, et dont nous n'offrons qu'une imparfaite esquisse.

Le roi qui cultivait les lettres avec tant d'éclat donnait de sa bourse des secours aux élèves du collége de Lucknow. Il chérissait la bienfaisance; il établissait des hospices, des dispensaires, pour distribuer des médicaments et des vivres aux malades indigents. Seul, entre les princes de l'Inde, il interdisait à ses sujets, sans influence étrangère, *le commerce des esclaves*. Afin d'accroître la sécurité des voies publiques, il poursuivait les Thugs et les Dacoïts. Lord Bentinck, à Calcutta, ne régnait pas mieux; et, sous plusieurs de ces points de vue, les autres gouverneurs généraux ont moins bien régné.

Même à l'époque la meilleure d'un règne si prospère, les ambitieux de Calcutta n'abandonnaient pas leur projet d'abolir l'autonomie du royaume d'Oude; cette autonomie qui, selon leurs dires cupides, faisait le malheur du peuple, et qu'il fallait anéantir par amour de l'humanité!

A cette époque, le savant et vertueux évêque Reginald Heber entreprend sa grande et malheureusement sa seule tournée épiscopale. En octobre 1824, il remonte le Gange, arrive à Cawnpore; puis se dirige vers Lucknow, en traversant les plus vastes plaines de l'État d'Oude. Les bords du grand fleuve se montrent à lui couverts de jongles; mais, en avançant, il trouve dans la campagne un peuple[1]

[1] The peasants who passed us were still more universally loaded with defensive and offensive weapons, than those of the Company's territories in the Doab. We found them however *peaceable and courteous*, etc. . . . .

de race athlétique, nombreux, puissamment armé, et néanmoins inoffensif, plein de courtoisie et d'affabilité, comme l'est le peuple toscan. Il continue son voyage; il est surpris, et l'est avec bonheur, d'après tout ce qu'il avait entendu dire, de trouver le pays si complétement cultivé: « Car, aux lieux où l'oppression serait aussi grande qu'on l'affirme parfois, dit-il, je ne pense pas que j'aurais pu contempler une population si nombreuse et douée de tant d'industrie. » Il reconnaît, avec la même bonne foi, qu'on trouve en des lieux isolés de l'anarchie et du désordre.

Quoique le gouvernement soit musulman, la grande majorité de la population est évidemment hindoue; cette remarque du prélat est importante.

Dès 1824 le roi d'Oude, marchant vers le progrès plus vite qu'aucun monarque d'Orient, avait fait venir sur la rivière Gomti, jusqu'au pied de son palais, *un navire à vapeur* avec un brick de guerre, achetés aux Européens; il connaissait les sciences naturelles plus qu'on n'aurait pu l'attendre d'un prince étranger aux langues de l'Occident.

Dans Lucknow, la capitale, l'évêque Heber se loue de l'affabilité des habitants; le commun peuple l'accueille avec respect et courtoisie, même lorsqu'il s'aventure à parcourir les plus mauvais quartiers: ceux qu'on lui dépeignait comme très-dangereux. A l'égard des exemples qu'on lui citait d'Européens insultés, assaillis dans les rues ou près de la grande cité, le prélat déclare avec sincérité qu'ils avaient subi ce traitement comme une conséquence méritée par leur insolence et leur conduite agressive.

Parmi les édifices les plus majestueux de cette capitale, il fait remarquer les tombeaux érigés par le monarque à sa mère ainsi qu'au roi son prédécesseur.

Rappelons, enfin, que ce prélat si lettré et si distingué pour l'élégance de ses mœurs a déclaré qu'à son avis la cour de Lucknow était à la fois la plus polie et la plus splendide qui brillât dans la grande péninsule de l'Inde. Telle se présentait, vers la fin de 1824, la situation d'un royaume systématiquement déprécié et calomnié.

En 1825, lord Amherst, ayant épuisé toutes ses ressources avant de conduire à son dernier terme la guerre contre les Birmans, conçut l'heureuse pensée de s'adresser au roi d'Oude. Il en obtint comme un prêt, dont intérêt ni capital ne revinrent jamais au prêteur, la somme considérable de 25 millions de francs. Il faut remarquer en quels termes de profonde conviction et d'emphase orientale lord Amherst, écrivant au roi d'Oude, exprime une reconnaissance proportionnée à l'importance du bienfait :

« L'offre de Votre Majesté, en nous rendant un service essentiel, nous a prouvé votre sincère attachement et l'intérêt que vous portez à la prospérité du Gouvernement britannique; car, entre tous nos alliés, Votre Majesté, je le déclare, *a remporté la pomme d'or de la supériorité.*

« De notre amitié mutuelle le paradis, toujours vert et fleuri, a vu s'accroître la fraîcheur et la beauté. En même temps, les fruits bienfaisants de votre amitié sont imprimés dans le cœur de tous les Anglais *en traits non moins ineffaçables que s'ils avaient été gravés sur le diamant.* Le cours des ans ni le changement des circonstances ne feront jamais perdre à la nation britannique le souvenir d'une preuve à ce point irréfragable, d'une preuve que rien ne pourra jamais réfuter, et qui montre si bien les sentiments fraternels de Votre Majesté..... Je finis par des prières ferventes pour votre bonheur et pour la continuation de votre grandeur et de votre prospérité. »

Le même gouverneur général exprime de nouveau, dans le même style, ses profonds remercîments pour douze millions cinq cent mille francs que le monarque ajoute à sa première largesse :

« Puisse le Tout-Puissant conserver sous son éternelle protection Votre Majesté, *la mine des manificences!*..... *Toujours la fidélité et l'amitié de Votre Majesté se sont manifestées pour le Gouvernement britannique.* Certainement l'offre faite à la Compagnie de secours si libéraux, et qu'elle a *si souvent* obtenus de Votre Majesté, démontre complétement la sincérité de vos sentiments, etc..... En témoignage de notre reconnaissance, tout ce que je puis dire, c'est que ma prière est adressée au Tout-Puissant, afin qu'il conserve notre mutuelle alliance et qu'il maintienne Votre Majesté *sur le trône de son royaume héréditaire.* » Le gouverneur finit en souhaitant à ce roi d'innombrables jours de bonheur et d'une prospérité qui ne cesse jamais !

Au moment où lord Amherst s'extasiait ainsi sur la splendeur de ce royaume d'Oude dont le trésor surabondant coulait sans cesse afin de soulager la pénurie du gouvernement de Calcutta, les mêmes sourdes rumeurs sur le triste sort du peuple d'Oude continuaient dans cette capitale de l'empire indo-britannique. Ainsi que nous venons de le rappeler, elles avaient frappé le prélat Heber, qui les énumère longuement dans la relation de son voyage. Il ne peut pas les concilier avec une population qui pullule, avec la prospérité qui brille au sein des campagnes, avec la grandeur des monuments érigés dans Lucknow par la dynastie incriminée ; dynastie dont il proclame, ne craignons pas de le redire, que la cour est la plus polie et la plus splendide entre toutes celles de l'Inde.

Lord Amherst parti, on voit sept ans d'amitié désintéressée et de paix avec le roi d'Oude marquer l'ère équitable et généreuse de lord Bentinck, qui ne voulait rien soutirer par la bassesse ni rien arracher par la force.

. . . .

Un nouveau règne exploité.

En 1837, deux ans après le départ de lord Bentinck, le roi d'Oude meurt, et soudain tout change. Suivant les lois du pays, son fils adoptif, proclamé par la reine mère, monte sur le trône; mais la politique britannique favorise un oncle de ce prince, Mohammed-Ali-Schah, servile entre tous. Sans délai, les troupes du contingent anglais marchent sur le palais du souverain et leurs canons en brisent les portes. Après beaucoup de sang versé, la reine mère et le roi d'un moment sont conduits en prison. Au même instant, le prétendant imposé par la Compagnie est assis par force sur le trône, sur un trône brisé, dont les pierres précieuses viennent d'être arrachées par les soldats du Résident, et dans un palais où les cipayes auteurs de ce méfait achèvent de dérober un butin immense.

Avant l'assaut, la dépossession et le pillage, on avait fait signer à l'usurpateur élevé par ces sombres voies une déclaration qui marque bien l'ignominie du candidat préféré. Le Résident lui garantit le trône à des conditions qui donneront le royaume à la Compagnie quand la Compagnie le voudra. Voici le texte :

« Je déclare ici, dans le cas où je serais placé sur le trône, que je signerai *tout traité* nouveau que le gouverneur général pourra dicter. »

« *I hereby declare, in the case of my being placed on the throne, I will agree to sign* ANY NEW TREATY *that the governor general* MAY DICTATE.

« Contre-signé pour vraie traduction de l'original, *en persan* : J. Low, Résident anglais à Lucknow. »

En ce moment, lord Aukland était gouverneur général; sa modération se montre fâchée de la violence employée pour obtenir un tel engagement, mais il n'en profite pas moins pour rédiger le traité. Désormais, rien ne limitera la force numérique de l'armée anglo-protectrice, et le roi réduira sa force nationale au gré de la Compagnie. Si les sommes à payer pour entretenir les troupes du contingent britannique ne sont pas ponctuellement soldées, la Compagnie aura droit *d'entrer temporairement* dans le royaume.

« Art. 7. Le roi se mettra sur-le-champ, avec le Résident, à rechercher les meilleurs moyens d'améliorer la police, la justice et les finances de ses États. Si Sa Majesté néglige de suivre les conseils du Résident, si des agressions graves et systématiques, si l'anarchie et le désordre mettent en danger la tranquillité publique, le Gouvernement anglais se réserve le *droit* de charger ses propres officiers *d'administrer* quelque partie que ce soit du pays d'Oude, petite ou grande, où le mauvais gouvernement aurait eu lieu. Alors les impôts seront touchés au nom de la Compagnie; mais, toutes charges payées, *le surplus fera retour au trésor du roi*, en rendant à Sa Majesté le compte exact des recettes et des dépenses. »

L'article 8 établit comment l'administration temporaire devra s'efforcer, autant que faire se pourra, de respecter les institutions natives et les formes préexistantes d'administration; on agira de manière à faciliter la restitution des territoires au souverain d'Oude, lorsque arrivera le moment opportun d'une telle restitution : *so as to facilitate the restoration of those territories to the sovereign of Oude, when the proper period for such restoration shall arrive.* Le 18 octobre 1837, ce traité est ratifié par lord Aukland.

Précédemment, lord Bentinck, que la loyauté dirigeait toujours, avait ordonné qu'on enverrait aux rois d'Oude non-seulement *la traduction persane* officielle, mais *le texte original anglais* de toute pièce diplomatique. Or, l'anglais de la phrase qu'on vient de citer était beaucoup moins positif et moins rassurant que le texte persan. Le roi se récrie sur la différence; lord Aukland décide, en conséquence, qu'à l'avenir *l'original anglais ne sera plus envoyé.*

Voyons comment ce gouverneur général a jugé le royaume d'Oude. Le 8 juillet 1839, il écrit au roi: « Depuis votre avénement au trône, Votre Majesté *a grandement amélioré son royaume;* c'est pour cela que la Cour des Directeurs *m'autorise à faire abandon* du subside de quatre millions que vous étiez tenu de nous payer chaque année. »

Les éloges de lord Aukland étaient mérités. Le Résident, colonel Low, en porte lui-même témoignage.

La générosité du nouveau roi pour secourir la Compagnie continue les nobles traditions de sa cour. Dès 1838, les Anglais manquant de fonds pour leurs dépenses de guerre, ce prince avait remis entre les mains du Résident quatre millions deux cent cinquante mille francs qu'il avait pris sur ses épargnes. Quelque temps après, lord Ellenborough a besoin d'argent pour rapatrier l'armée qu'il a fait marcher sur l'Afghanistan; le roi lui fait passer deux millions cinq cent mille francs. Aussi, lorsque arriva la chute de la royauté d'Oude, discutée en plein Parlement, le comte Ellenborough se fit un noble devoir de rappeler ces deux bienfaits au sein de la Chambre des Lords : ce qui ne servit à rien.

Quand éclata la guerre si grave entre les Sikhs et la Compagnie, non-seulement le nouveau roi d'Oude ouvrit son trésor au gouverneur général, mais il offrit ses meilleurs soldats et ses meilleurs cavaliers.

Sous le règne de ce prince, les Européens résidant à Lucknow voulant bâtir une église, il leur fit présent du terrain et de la plupart des matériaux qu'exigeait la construction : voilà ce que faisait *un roi mahométan*. Ce prince, aimé des Anglais, meurt en 1847.

Le dernier roi que posséda le pays d'Oude, Wajid-Ali-Schah-Padsha, à l'âge de vingt-cinq ans, monte sur le trône.

Jugement porté sur Oude par le prédécesseur de lord Dalhousie.

N'oublions pas qu'à cette époque le gouverneur général Hardinge, en visitant le royaume d'Oude, témoignait au nouveau roi sa satisfaction sur la population croissante, sur la belle culture et la prospérité du pays ; il continuait ainsi les éloges donnés au prédécesseur de ce prince.

Le même lord Hardinge exprime le désir que des perfectionnements administratifs soient opérés dans deux provinces limitrophes des Anglais. Aussitôt le roi les fait étudier. Le projet d'améliorations est transmis à sir Henry Elliot, ministre des affaires étrangères à Calcutta, qui le rejette en ces termes incroyables : « Si Sa Majesté le roi d'Oude voulait nous remettre *la totalité* de ses États, le gouvernement de l'Inde orientale *y penserait;* mais ce n'est pas la peine de prendre tant de soins *pour une fraction.* » Voilà comment le projet de perfectionnements fut abandonné par l'administration de Calcutta [1].

Lord Dalhousie arrive dans l'Inde et tourne ses regards vers le royaume d'Oude.

L'historique précédent était indispensable pour que le lecteur appréciât les moyens coercitifs qui vont succéder à tant d'années d'amitié, à tant de services rendus.

[1] If his Majesty the king of Oude would give up *the whole* of his dominions, the East India government *would think of it;* but that it was not worth while to take so much trouble *about a portion.*

Lord Dalhousie va commencer d'agir. Dès la première année de son gouvernement, lorsque tout encore est nouveau pour lui, le 16 septembre 1848, il élève à la position de Résident près du roi d'Oude le colonel Sleeman; il le munit d'étranges instructions.

Suivant la lettre de lord Dalhousie à ce colonel, dès octobre 1847, lord Hardinge *avait donné à entendre*[1] au roi d'Oude que si, avant le terme de deux ans, son gouvernement n'était pas très-positivement amélioré, l'administration de ses États, *dans son propre intérêt*, lui serait retirée. Comme on est en septembre 1848, Mylord ne croit pas, il n'espère pas qu'en octobre 1849, terme de rigueur, aucune amélioration notable ait eu le temps de se produire. Alors il fait briller aux yeux de Sleeman un rôle immense à jouer en disposant d'un royaume entier! Il ne s'agit plus, aux termes du traité, de respecter assez les formes administratives de l'État indigène pour faciliter leur restauration; ces formes, il faut les approprier au régime britannique : tâche à la fois difficile *et noble* à remplir. Afin d'atteindre un nouveau but, le gouverneur s'adresse à l'un des officiers les plus expérimentés :

« C'est pour cela que je vous propose la Résidence de Lucknow, *en ayant un égard spécial aux grands changements qui*, SELON TOUTE PROBABILITÉ, *vont être produits.* »

Remarquez bien que le tentateur ne dit pas à l'homme capable : « Allez ! il en est temps encore. Faites réaliser

[1] The communication made by the governor general to the king of Oude in october 1847, *gave his Majesty to understand* that if the condition of government was not very materially amended before two years had expired, the management *for his behoof* would be taken into the hands of the british government.

Lorsqu'un Empereur dont Tacite caractérise le génie par ces mots, *ambiguus dicendi*, lorsque Tibère méditait quelque nouvel acte d'oppression, il n'exprimait pas explicitement, *il donnait à entendre* sa pensée.

les améliorations désirables; hâtez-vous, étendez à tout le royaume les projets que le roi lui-même offre d'accomplir en deux de ses provinces, et qui viennent d'être étudiés par ses ordres. » C'est un autre rôle qu'on assigne au zèle de l'agent diplomatique : on lui propose d'être Résident au point de vue spécial des grands changements qui, *selon toute probabilité*, vont avoir lieu. On lui dit en termes transparents : « Allez! verbalisez. Scrutez tout ce qui peut servir à la condamnation *sous-entendue* dès 1847. Accusez, concluez; et vous deviendrez le suprême ordonnateur d'un royaume qui, pour subir cette métamorphose, attend seulement votre réquisitoire. »

Le nouveau Résident ne pouvait, ce me semble, tenir avec honneur qu'un seul langage au jeune roi d'Oude : « Vous, Sire, dont la Maison est restée notre seule amie constamment fidèle depuis plus de quatre-vingts ans, vous êtes menacé du plus grand déshonneur qui puisse flétrir un prince : le retrait complet de son pouvoir, à titre de mauvais gouvernement. Acceptez-moi comme conseiller, comme appui, pour vous éviter cette flétrissure. Mon expérience administrative essayera de trouver les voies les plus praticables. Ne craignez rien ! Au lieu d'encourager, je découragerai les mécontents; si quelques rebelles osent résister à vos efforts, les troupes de la Compagnie, marchant à votre réquisition et par mes ordres, feront cesser toute opposition factieuse. Agissez donc, et vous serez plus Roi que jamais. »

Par malheur cette marche, loyale et généreuse, n'a pas été suivie. Le colonel Sleeman se trouve bientôt en désaccord avec les ministres du roi; il se permet des conseils pernicieux; il fait chasser de hauts fonctionnaires que le prince avait déclarés dignes de sa confiance; il humilie de plus en plus le trône qu'il dénonce en secret.

L'homme éminent qui naguère avait montré tant de finesse et d'aptitude pour pénétrer les mystères des assassins appelés Thugs semble appliquer ici la même action souterraine et les mêmes talents d'inquisiteur; il les emploie pour informer en secret contre un gouvernement qu'il fallait non pas exterminer comme les hordes d'étrangleurs, mais éclairer, convaincre et rendre meilleur. Le colonel Sleeman ne s'occupait pas uniquement de signaler ce qui lui semblait être des abus ou des injustices; les défenseurs du roi d'Oude affirment qu'il voulut se substituer à la justice elle-même et briser des jugements rendus par la haute cour mahométane de Lucknow. Pendant plusieurs mois, dans l'hiver de 1850, il parcourut les diverses provinces, en faisant appel aux mécontents, afin d'obtenir d'eux qu'ils lui remissent un exposé de leurs griefs et leurs dénonciations. Cela lui manquait pour le grand corps d'accusation, qui devait être son rapport officiel à lord Dalhousie.

Il imprime en secret, dans son palais de Lucknow, l'ouvrage où sont énumérées les charges ainsi recueillies. De cet ouvrage, qu'il tire à peu d'exemplaires, quelques-uns sont pour lord Dalhousie; le reste sera pour la Cour des Directeurs et pour le ministère, à Londres; le roi, non plus que ses ministres, n'en connaîtra pas l'existence.

Avant que cet ouvrage ait pu sortir de ses mains, un long temps s'était écoulé. Le terme prétendu fatal de 1849 était de beaucoup dépassé; mais rien encore n'avait pu déterminer le ministère anglais et la Compagnie à sanctionner les mesures extrêmes que méditait le gouverneur général. En poursuivant une mission irritante et douloureuse à remplir, la santé du Résident s'était altérée par degrés, au point de lui faire abandonner son rôle et ses espérances. Il partit et mourut en mer, pendant son retour en Angleterre; il fut remplacé par le général Outram, nommé Résident le 24 novembre 1854.

Le nouvel agent diplomatique, avec les matériaux laissés à Lucknow par son prédécesseur, rédigea le rapport qui prépara la confiscation du royaume.

Armé de ce rapport, lord Dalhousie s'adresse à la Cour des Directeurs. Il ne s'arrête plus à ce que voulait lord Hardinge, à ce qu'exigeait le traité de 1837 : administrer *temporairement* les États du roi d'Oude, au nom et pour le profit du roi d'Oude. Il répudie ce traité formel. Celui qu'il invoque, c'est le traité de 1801, conclu par le marquis Wellesley, et dont il torture le sens : comme si, dans tous les cas, suivant la logique d'une diplomatie loyale, les stipulations les plus récentes n'anéantissaient pas toute disposition antérieure et contraire.

Lord Dalhousie propose à la Cour des Directeurs de signifier au roi d'Oude qu'il ait *à signer un nouveau traité,* annulant toutes garanties précédentes et transférant à la Compagnie l'administration civile et militaire de ses États, *sans condition de retour en sa faveur*. Le roi ne serait pas déposé, mais annulé. Il ne recevrait pas le surplus de ses revenus économisés, comme le voulait le traité de 1837; on lui payerait simplement une pension viagère. Ce moyen terme est repoussé.

Enfin, le 21 novembre 1855, la Cour des Directeurs donne à lord Dalhousie plein pouvoir d'opérer la suppression pure et simple de la royauté d'Oude.

Dès le 30 janvier 1856, le Résident Outram fait savoir au roi qu'une forte armée a passé le Gange, et que la Compagnie des Indes, sans autre formalité, prend possession de ses États héréditaires. Trois jours sont donnés à l'infortuné monarque pour signer l'abandon de tous ses droits, l'anéantissement des traités antérieurs de 1837 et de

1801. Ni l'un ni l'autre de ces actes ne semblent plus assez spoliateurs!

Par le nouveau traité qu'on proposait à la signature du prince, il aurait stipulé sa propre flétrissure et sa condamnation. Il aurait déclaré que ses infractions aux engagements essentiels des traités antérieurs *étaient constantes et notoires*, et qu'en conséquence il acceptait que l'administration exclusive du gouvernement civil et militaire du royaume d'Oude, avec le droit également exclusif d'en toucher les revenus, appartiendrait désormais à l'honorable Compagnie des Indes orientales... Le roi repousse avec indignation le traité mensonger qui, non content de le détrôner, le déshonorait.

Le 7 février 1856, une proclamation de lord Dalhousie, préparée d'avance, fit savoir au peuple d'Oude qu'il devenait pour jamais la propriété de l'Angleterre.

Au milieu de ces actions violentes, le roi déclara qu'il en appelait au Gouvernement de S. M. la reine Victoria. Il annonça qu'il voulait se rendre à Londres, afin d'y soutenir ses droits; mais *il n'en obtint pas la permission.* On retint sa personne, et on saisit les papiers qui pouvaient servir à sa défense. Ses anciens ministres les plus importants furent mis en surveillance, afin qu'ils ne pussent pas aller en son nom, dans la métropole, faire valoir les justes droits de leur maître.

En exécution de cet acte arbitraire, on séquestra le mobilier complet de la couronne, la garde-robe du monarque, ses musées et sa bibliothèque, laquelle contenait deux cent mille volumes de livres rares et de précieux manuscrits. On dilapida ses écuries et ses haras; on vendit à vil prix ses chevaux, ses chameaux, ses éléphants, ses buffles et ses troupeaux. Les princes de sa maison furent finalement chassés de leur palais, le Chattar Munz; et, pour plus d'expédition, on jeta dans la rue leur mobilier et leurs effets personnels.

Ainsi fut accomplie la dernière et lugubre mission que lord Dalhousie avait si longuement sollicitée de l'honorable Compagnie pour couronner sa carrière. Il en a présenté les résultats comme un bienfait de la civilisation des Occidentaux répandu sur un peuple de l'Orient.

Au milieu des attentats que nous venons d'énumérer, on n'avait pas osé mettre la main sur la mère du roi d'Oude. Chassée de son palais, elle s'imaginait que la nation la plus royaliste de la terre exigerait qu'on respectât un royaume appuyé sur les traités et la justice. Elle arrive à Londres, où la Cour des Directeurs et les ministres refusent de la recevoir. Elle ose espérer plus de sympathie chez les lords, chez les seigneurs, dont chacun porte une couronne au-dessus de ses armes : étant si rapprochés du trône, eux surtout doivent mieux comprendre une mère qui pleure le détrônement injuste de son fils. Déjà, dans la Chambre haute, un noble pair, qui tient en main la royale pétition, fait entendre quelques paroles de pitié, quand un autre noble demande froidement si la suppliante s'est servie du mot *humble* en s'adressant à la Pairie? Hélas! ce mot, ni celui de *servante*, ne précédaient la signature d'une Reine : c'en fut assez pour motiver un dédaigneux ordre du jour.

L'illustre Chambre aurait mérité l'estime de l'univers si, dédaignant cette misérable étiquette, elle avait déclaré que l'empire britannique, avec ses deux cents millions de sujets et de vassaux, est trop grand et trop équitable pour confisquer, au mépris des traités, un État de cinq millions d'âmes et pour briser le trône d'un allié constamment fidèle.

Ce que deviennent les sujets par le fait d'une annexion dans l'Inde.

Ne parlons pas seulement des reines et des rois; tournons aussi vers les peuples un regard de pitié. Nos lecteurs d'Europe, s'ils n'ont pas fait de l'Inde une étude approfondie, auront quelque peine à se figurer l'immense révolution qu'éprouve le sort des pays qu'on annexe aux États de la Compagnie. Quand la suppression d'un royaume est prononcée, le roi dont la couronne est confisquée n'est pas le seul qui soit frappé. Ses sujets, au lieu de rester des hommes, deviennent des choses. La propriété des particuliers, en vertu d'un prétendu droit mahométan, qu'au besoin la Compagnie chrétienne a toujours su revendiquer, cette propriété revient en principe au gouvernement annexeur, héritier des prétentions musulmanes. L'armée nationale est dissoute. Les généraux, les colonels, les commandants de toutes armes, sont supprimés; leur cimeterre est brisé dans leurs mains et leur carrière est anéantie. Dans les régiments de la Compagnie, parmi les officiers subalternes, on permet, il est vrai, que l'indigène arrive jusqu'au rang de capitaine; mais de tels capitaines, fussent-ils les plus éminents et les plus anciens, obéiront servilement au plus imberbe des sous-lieutenants anglo-saxons. L'aristocratie n'a plus d'appui ni de moyens d'existence obtenus dans les hauts emplois publics. Désormais, aucune grande carrière officielle, non-seulement militaire, mais civile ou judiciaire, ne reste ouverte à l'esprit, au génie, au courage, à l'activité des natifs. Dans les affaires civiles, il n'est plus d'administration du pays pour le pays; l'étranger régit tout dans un intérêt étranger. Le fisc est manié par le peuple dominateur; et le surplus des impôts sur la dépense sort du territoire, au profit de la Compagnie. En un mot, le royaume, au lieu d'être à l'état de *chose publique indépendante*, telle que les Romains l'exprimaient par les mots RES PUBLICA, le royaume est réduit à la condition de ferme servile, exploitée par la race envahissante et pour le profit de cette race. Tel est le bienfait préconisé.

Chez nos peuples de l'Occident, une telle subversion dans l'existence d'un État, dans le destin des personnes et la condition des biens, ne pourrait s'achever et se maintenir qu'en versant des torrents de sang; nous redirons avec douleur le sang que la même cause a fait verser dans l'Orient, au sujet du royaume d'Oude. A présent tournons les yeux vers un sujet moins lugubre.

LES INDES REPRÉSENTÉES A L'EXPOSITION UNIVERSELLE DE 1851.

Afin que le lecteur pût connaître parfaitement la situation de l'Inde, il a fallu lui montrer comment les peuples les plus avancés de cette grande contrée ont subi tour à tour le joug et l'exploitation du conquérant; malheureusement, chez le vainqueur, un semblable rôle n'a pas toujours paru celui de la modération, de la justice et de l'humanité.

Ramenons nos regards vers un autre tableau. Contemplons les arts de premier ordre qui font vivre le genre humain, et qui procurent l'abondance à des populations que les années et la paix tendent sans cesse à rendre plus nombreuses. Joignons-y les arts par lesquels sont satisfaits tant d'autres besoins, afin de concourir au bien-être, au confort, à la félicité de la famille; joignons-y surtout les arts dont l'objet est de procurer à l'homme des jouissances qui ne sont pas uniquement matérielles, et qui satisfont à l'envi l'âme, l'esprit et l'imagination, pour concourir à l'ornement des sociétés polies et florissantes.

Dans notre revue successive des nations concurrentes, étudiées depuis l'origine du siècle, voici le cinquième tableau de la force productive et de l'industrie que déploie devant nous le grand empire britannique ; voici le cinquième groupe des richesses combinées de la nature et des hommes qui se présente à nos regards. Essayons de le montrer tel qu'il apparut à l'admiration universelle dans le Palais de fer et de cristal qui symbolisait à la fois la force et la splendeur de l'Angleterre.

Nous avons retracé les caractères comparés de la production : en premier lieu, des trois royaumes qui constituent la métropole anglo-saxonne ; en second lieu, des colonies hyperborées dont le centre est le Canada ; en troisième lieu, des vingt colonies tropicales qui se déploient à l'orient de l'Amérique du Sud ; en quatrième lieu, des six États si progressifs qui bordent déjà l'Australie et qui, par degrés, s'étendent aux îles circonvoisines. Pour cinquième pas, dans cette marche toujours suivie en nous dirigeant de l'orient à l'occident, afin d'accomplir avec régularité notre parcours du monde, nous sommes arrivés à l'immense contrée de l'Inde orientale assujettie par un si rapide progrès au pouvoir absolu de l'Angleterre.

Caractère indigène de l'Exposition des Indes britanniques.

Maintenant s'offre à nous un spectacle complétement nouveau. La main du pouvoir dominateur cesse d'apparaître au premier rang, et les modernes industries, qu'il tend parfois à pratiquer au dehors de sa métropole, ne semblent plus que des accessoires.

Au lieu de faibles peuplades, comme celles de l'Australie et du nord de l'Amérique, les unes exterminées, les autres refoulées dans les forêts et dans les déserts où le dénûment et l'extinction les attendaient, voici des nations antiques et renommées, si populeuses et si pleinement en possession du sol fécondé par leur agriculture, qu'il devient moins facile et moins avantageux de les étouffer que de mettre à profit leurs personnes et leur industrie. Au milieu de ces nations primitives échappées aux destructions avec leurs arts et leur état social, à travers vingt siècles d'envahissements successifs, on a vu s'établir des conquérants poussés par l'islamisme; ils portaient avec eux des arts empruntés aux belles années de Bagdad, de Téhéran et de Samarcande. Ils ont uni leurs industries arabes, persanes et mogoles aux inventions primordiales des héritiers de Brahma.

Ce qu'il faut maintenant considérer, c'est donc à la fois l'antiquité de l'Orient *et son moyen âge*, apparaissant dans toute leur splendeur, et transportés par une fée moderne dans un palais diaphane où resplendissaient les chefs-d'œuvre de l'univers; des trésors vont s'offrir à nous, tels que jamais n'en ont conçu les imaginations les plus fécondes qui dépeignaient les enchantements des *Mille et une Nuits*.

Pour la première fois, en 1851, une exposition complète a fait connaître aux nations l'ensemble de ces trésors, en si grand nombre ignorés, que renfermaient les Grandes Indes.

Il faut expliquer avant tout par quels moyens on a réuni dans Londres tous les objets demandés à l'agriculture, aux mines, aux industries de l'Orient.

Comment s'est préparée dans l'Inde l'Exposition universelle.

Dès l'été de 1848, S. A. R. le Prince Albert adresse aux Directeurs de la Compagnie des Indes l'invitation de faire paraître à l'Exposition universelle les produits des contrées soumises à leur gouvernement. Aussitôt ces administrateurs préparent les instructions nécessaires pour seconder le vœu du Prince, et leurs ordres sont transmis avec rapidité dans toutes les Présidences. Sans perdre de temps, des commissions centrales sont instituées à Calcutta, à Madras, à Bombay; des commissions secondaires sont bientôt établies dans les principaux chefs-lieux des diverses provinces. Enfin, les quasi-souverains des États à traités subsidiaires et les princes dont les États gardent encore un peu d'indépendance primitive sont invités à transmettre aussi les produits qui peuvent montrer la richesse de leurs territoires et l'industrie de leurs sujets.

Tel est l'ensemble des moyens employés pour obtenir une grande et complète collection qui pût faire connaître à l'Europe les trésors naturels et les produits si variés des nations qui peuplent la péninsule de l'Inde.

Les agents de la Compagnie, qui gouvernait encore à cette époque, mirent un si grand zèle à remplir la mission qui leur était imposée, qu'ils ont pu réunir et classer les produits de la nature et de l'industrie depuis Singapore jusqu'à Calcutta, depuis Madras jusqu'à Bombay, depuis Aden jusqu'à l'embouchure de l'Indus; les faire transporter par la mer Rouge et l'isthme de Suez; les présenter à Londres, et se trouver prêts pour l'Exposition avant plusieurs États européens les plus voisins de l'Angleterre.

Il fallut consacrer une partie considérable du Palais de cristal pour exposer convenablement la réunion si nombreuse des objets ou bruts ou manufacturés apportés ainsi de l'Orient.

Les yeux n'étaient pas seulement frappés par la multitude et la variété de ces objets; l'ensemble avait un caractère dont n'approchait l'Exposition d'aucune contrée du nouveau Monde. Au milieu des magnificences que présentaient les pays découverts depuis quatre siècles, les Grandes Indes brillaient par le goût, par la grâce, et surtout par une espèce d'éclat lumineux, dont la splendeur ne pouvait être comparée qu'à l'éclat du même ordre qui caractérisait l'Exposition française entre toutes celles des peuples de l'Occident.

Matières premières exposées.

A coup sûr, il ne faut pas s'attendre, même en offrant la plus copieuse réunion des produits d'un pays qui compte seulement pour un quarantième des terres du globe, à trouver un spécimen complet des productions de toutes les parties du monde. Mais si l'on rangeait, à la manière des savants naturalistes, par genres principaux, tous les produits des trois règnes, on peut dire que pas une de ces divisions génériques ne ferait défaut dans la collection des trésors de l'Inde.

La gigantesque ceinture des monts Himâlayas contient dans ses profondeurs et ses replis tous les terrains primitifs; sur ses hauteurs et ses déclivités, elle offre en grand nombre les familles de plantes hyperborées, et beaucoup d'animaux dont les précieuses fourrures appartiennent aux régions septentrionales.

Presque à cette hauteur, l'industrie remarque surtout les chèvres du Tibet, dont le duvet si fin, si fort et si soyeux, protégé par une toison extérieure épaisse et grossière, conserve à l'animal une chaleur plus intime; chaleur nécessaire dans le voisinage formidable des neiges qui, suivant les saisons, cachant ou découvrant de nouvelles pentes des Himâlayas, élargissent ou resserrent l'étendue des frais pâturages.

Plus bas sont les terrains de formations secondaire et tertiaire, et les végétations et les êtres vivants de nos climats tempérés. C'est là qu'on herborise en cherchant des plantes médicinales, autrefois si renommées, et que le médecin chimiste ne peut pas remplacer encore avec une complète efficacité par la pharmacie minéralogique européenne. C'est là que la nature, inexplicable en ses caprices, a fait naître un thé moins délicat mais plus puissant que tous les thés de la Chine, de ce pays d'où les Anglais voulaient à tout prix transplanter un arbuste si précieux à leurs intérêts mercantiles. Ils ne pouvaient qu'à grand'peine l'acclimater; et le thé des Himâlayas, qu'ils négligeaient à l'état sauvage, s'est trouvé le seul dont ils aient pu tirer le parti lucratif ambitionné par leur génie spéculateur.

Au-dessous de la région qui donne ces produits, voici le climat de la zone torride. Plus de cent millions d'hectares, deux fois la grandeur de la France, sont arrosés par toutes les eaux descendues au midi des six cents lieues de montagnes couronnées de neiges éternelles. Voici le pays fortuné des épices et des parfums, celui qui donna le sucre à l'Europe dès l'antiquité, et plus tard aux deux Amériques. Voici le pays qui dispute à l'Arabie le produit de ses gommes, à la Chine, au Japon, le produit de leurs laques; le pays qui procure à l'Occident le frotteur indien, l'*India rubber :* c'est la gomme élastique par excellence, devenue de nos jours, avec une rapidité magique, la matière première d'une infinité d'arts européens. Ici nous trouvons le pays primitif du coton et des célèbres tissus admirés de l'antiquité lorsque les arts florissaient chez les Grecs et chez les Romains; ici, le pays des couleurs aussi puissantes que les rayons d'un soleil équatorial, source de leur intensité. A titre d'exemple il nous suffit de citer, parmi ces matières colorantes, la plus employée par l'industrie et les beaux-arts : c'est l'*indigo*, comparable au plus brillant azur des cieux du midi, quand l'astre du jour est à son zénith, sans que la moindre vapeur étende son voile entre notre œil et les profondeurs de l'atmosphère.

Le règne animal déploie, dans la région torride, sa puissance tour à tour la plus bienfaisante et la plus redoutable : l'éléphant de l'Inde, plus grand et plus civilisé qu'en toute autre partie du monde et que nous étudierons à part; le chameau, ce navire du désert, si nécessaire au milieu des sables arides et brûlants qui séparent les bassins de trois grands fleuves; le lion, le tigre, aux fourrures si précieuses et souvent payées si cher par l'indigène; le léopard, à force d'art, apprivoisé comme le faucon, ou plutôt employé, comme le compagnon le plus dévoué de l'homme, aux plaisirs, au besoin des chasses périlleuses.

Cependant, pour confesser la vérité, partout sur la terre de l'Inde, au milieu d'une nature puissante à la fois pour le mal et pour le bien, les souffrances et les dangers sont à côté des plaisirs. Sans cesse on est assailli par une incroyable variété d'animaux nuisibles, les uns irritants, les autres effrayants : des nuées d'insectes qui volent et des nichées de reptiles, cachées partout, même au cœur des habitations, poursuivant l'homme jusque dans le sein du sommeil; d'autres plus dangereux, tels que le scorpion, le crocodile et les serpents tropicaux. Tant d'êtres malfaisants pullulent et menacent, dans l'eau, dans l'air et sur la terre, afin qu'à tout instant leur fléau rappelle à l'homme l'amertume et la versatilité de ses destins, même au milieu d'un véritable paradis terrestre. Voilà l'image, très-imparfaite, des richesses inépuisables et des fléaux vivants que la nature oppose à ses propres bienfaits dans la Péninsule de l'Inde.

Les collections de matières animales et végétales envoyées de l'Inde jugées par le grand Jury international de 1851.

Les Anglais devaient prêter l'attention la plus bienveillante et la plus intéressée à la magnifique collection des matières premières que l'Inde offrait, dès 1851, à toutes leurs industries. Cette attention s'est manifestée par les développements précieux donnés dans le Rapport de la quatrième Classe par M. le professeur Solly et par le docteur Richard Owen, l'illustre émule et l'élève de Cuvier. Hélas! depuis cette époque, encore si rapprochée, les sciences naturelles ont perdu le dernier de ces deux savants : en 1855, Owen parut un instant au milieu de nous, dans le Jury international de Paris, et peu de temps après il n'était plus.

Dans le rapport plein d'autorité qui vient d'être cité, nous avons cherché les jugements portés sur cette partie de l'Exposition universelle. Ils sont précédés par des considérations générales dont nous présentons la substance :

« C'est à juste titre que la médaille de premier ordre, la médaille du Conseil, est accordée à la Compagnie des Indes, pour la très-précieuse et très-importante collection des produits bruts envoyés par les Indes britanniques. La collection illustre les grandes ressources naturelles de cet empire; elle met sous les yeux des manufacturiers une multitude de substances ou nouvelles ou jusqu'à ce jour peu connues, et dont beaucoup deviendront probablement le sujet d'importations d'une conséquence majeure.

« Un rapide examen suffit pour montrer les ressources immenses du pays, et pour signaler des productions qu'on peut obtenir en des proportions pour ainsi dire illimitées, avec peu de frais comme avec peu de labeur; car le climat et le sol n'ont besoin que d'*une aide légère.* Aucune portion du globe n'est plus amplement favorisée par la nature, ni plus susceptible de fournir les substances qui satisfont aux besoins et surtout au luxe du genre humain. Avec un climat fertile et généreux, toutes les végétations sont rapides et luxuriantes. En même temps, comme la main-d'œuvre est abondante et peu coûteuse, tout semble favoriser la culture et la récolte des produits, quelle qu'en soit la nature.

« Il faut pourtant signaler des obstacles qui ont retardé la prospérité de l'Inde et qui présentent au commerce les difficultés les plus sérieuses : l'apathie, l'incurie, les habitudes des natifs, leurs pratiques religieuses et surtout leurs préjugés. Eux-mêmes ignorent la valeur du plus grand nombre des productions de leur propre pays et n'y prennent aucun intérêt. Les manufacturiers occidentaux ne connaissent pas davantage un grand nombre de ces productions, ou, ne sachant pas qu'on les peut obtenir en quantités presque sans bornes, ils ne profitent point de celles qui, par le fait, peuvent être procurées avec bénéfice et n'attendent, pour ainsi dire, que des ordres venus d'Europe. Beaucoup des productions naturelles de l'Inde deviendront des objets très-importants pour le commerce britannique, lorsque la valeur et le mérite en seront mieux appréciés. L'Inde, à son tour, en retirera de grands bénéfices; il s'ensuivra la confection de bonnes routes et d'autres moyens de transport intérieur, économiques, rapides et sûrs. »

Passons à l'énumération très-abrégée des principales matières premières. Commençons par les produits qui sont des aliments pour l'homme.

I. — Produits alimentaires.

Le riz. — L'Inde ne présentait pas moins de cinquante spécimens de riz, nourriture principale du plus grand nombre de ses habitants.

On remarquait surtout un riz de montagne, cultivé sans irrigation entre mille et deux mille mètres de hauteur, sur les pentes des monts Himâlayas.

L'arrow-root. — Les Indiens ont présenté des préparations d'arrow-root que les Jurés ont trouvées de qualité supérieure et qu'on a récompensées.

Les thés. — Les fermes expérimentales de la Compagnie avaient exposé les thés cultivés au moyen des plants tirés de la Chine. Mais l'attention méritait beaucoup plus d'être attirée par les thés indigènes de la province d'Assam; en décrivant cette province, nous expliquerons les succès et l'importance de leur culture.

Les sucres de l'Inde figuraient largement à l'Exposition; remarquons que ceux dont la fabrication était perfectionnée appartenaient à des Anglais, lesquels ont formé de grandes exploitations dans la vallée du Gange et dans la présidence de Madras. Leurs établissements devraient servir de modèles aux natifs et commander leur émulation.

Le sucre de dattes était digne d'une attention particulière. Il faudrait que sa fabrication reçût une grande extension; elle donnerait des profits plus considérables et plus certains aux indigènes que n'en donnent la culture et l'exploitation de la canne à sucre.

II. — Substances végétales utiles aux arts : les gommes et les huiles.

Les gommes. — La collection des gommes et des résines

présentée par la Compagnie des Indes était à la fois très-riche et très-intéressante; elle formait une importante division de la grande réunion des matières végétales de l'empire indien. Le nombre en est si considérable, et beaucoup de ces produits sont si peu connus en Europe, qu'il serait à peine possible de rendre un compte détaillé des diverses espèces et de signaler les variétés qui méritent que la science et l'industrie en fassent une longue et sérieuse étude.

Gutta-percha.—Ce produit, devenu si précieux pour les arts, fut introduit en Europe, il y a dix-huit ans, par le docteur Montgomerie, qui l'avait tiré de Singapore; cette gomme est extraite de l'*isonandra gutta.*

India rubber. — Cette sorte de gomme, qu'on pourrait sans inconvénient confondre avec la gutta-percha ou le caoutchouc, est extraite du figuier à gomme élastique, *ficus rabber elastica.*

A l'Exposition figurait une espèce nouvelle d'India rubber, appelée *catimandou,* laquelle a des propriétés particulières; elle est tirée de l'*euphorbia antiquorum.* M. Elliot de Madras, à qui ce produit est dû, a reçu pour récompense la médaille de prix.

Une foule d'autres gommes et d'autres résines, extraites de plantes et d'arbres divers, sont spécifiées dans le rapport, au nombre de cinquante-trois espèces différentes.

Les huiles. — 1° Huiles grasses. Ces huiles sont, en général, remarquables par leur bon marché. Celles qu'on a tirées de la graine de sésame figurent parmi les plus abondantes.

2° Huiles fines, beurres ou suifs végétaux. Le Rapport en énumère *quarante espèces,* entre lesquelles on distingue celles de croton, de carthame, etc.

III. — Les teintures et les couleurs.

Parmi les produits précieux de l'Inde, il faut distinguer celui que les Anglais appellent *shell-lac*, dont le principe colorant est le produit d'un insecte. La shell-lac, qu'on voyait enveloppée de larges feuilles d'oranger, était d'une excellence que le IVe Jury proclamait très-supérieure à tout ce que peut offrir ailleurs le commerce.

Le maharadjah du Népaul, pour complaire à la Compagnie, faisait figurer à l'Exposition des laques préparées dans son royaume. La Confédération des Radjpoutes avait pareillement envoyé des laques recueillies sur le figuier indien, le figuier sacré et sur l'arbre à jujube.

L'indigo. — Voici l'un des produits les plus célèbres de l'Inde. Nous reviendrons sur la culture de la plante et sur l'extraction de la matière colorante lorsque nous décrirons les productions du Bengale.

C'étaient des *planteurs anglais* à qui le Jury décernait ses récompenses pour les indigos les mieux fabriqués et les plus purs.

Il y avait à l'Exposition le modèle complet et plein d'intérêt d'une factorerie d'indigo, montrant tous les progrès de la fabrication.

On a donné la médaille de prix pour l'indigo tiré par un Anglais de la *Wrightia tinctoria*, plante qui fleurit dans les terrains secs et stériles.

Les Indiens sont loin d'égaler les Chinois pour les soins extrêmes nécessaires à la production de cette matière végétale; on pourrait adresser le même reproche à la culture ainsi qu'à la manipulation subséquente d'un grand nombre d'autres produits. C'est aux Anglais seuls qu'il appartient de faire, sous ce point de vue, l'éducation des peuples de l'Inde. Jusqu'à présent, il ne paraît guère que les indigènes aient profité des améliorations que les Européens ont apportées dans la plus importante des exploitations, celle de l'indigo.

Les safrans. — Dans l'échelle d'importance commerciale, après l'indigo vient le safran; l'Inde fournit chaque année à l'Angleterre 500,000 kilogrammes et plus de cette matière colorante.

Le Jury décerne une médaille à Sa Hautesse le radjah de Kotah, pour les safrans qu'il a présentés.

La garance. — La garance indienne est encore plus brillante que la garance européenne; celle qui provenait de la province d'Assam a mérité la médaille de prix.

Les lichens. — Il faut aussi signaler de précieuses et riches collections de lichens, d'où l'industrie peut extraire d'utiles matières colorantes; on les avait formées dans les monts Himâlayas, dans les provinces gangétiques et dans les conquêtes anglaises situées au delà du Brahmapoutra.

Les myrobolans. — Ce sont des fruits appartenant aux diverses espèces de *terminalia,* riches en matières astringentes; ils sont également employés pour la teinture et pour le tannage.

IV. — *Matières textiles : les cotons, la jute, etc.*

Coton en laine. — On doit admirer la finesse des filaments qui composent le coton de l'Inde; on regrette seulement que ses filaments aient peu de nerf et de longueur.

Nous aurons plus tard à présenter d'amples développements sur les progrès de la culture du coton, devenue aujourd'hui pour l'Angleterre d'une absolue nécessité.

La jute. — C'est une plante textile rivale du chanvre et

propre à faire des toiles; elle nous occupera particulièrement lorsque nous passerons la revue des richesses commerciales que l'Inde échange maintenant avec l'univers.

V. — *Les bois utiles aux arts.*

En traitant du commerce, nous parlerons aussi des bois que produit l'Inde; rien n'était plus riche et plus varié que les espèces de toute nature qui figuraient parmi les collections envoyées de l'Inde.

VI. — *Produits du règne animal.*

Ces produits étaient nombreux; mais ceux d'une véritable importance pour les arts européens ne figuraient qu'en petit nombre. Nommons seulement :

1° *Les soies;*

2° *Les perles;*

3° *L'ivoire;*

4° *Les laques*, déjà citées. Leur matière colorante est formée sur les branches de diverses espèces d'arbres par la piqûre d'un petit insecte semblable à la cochenille et nommé *Coccus lacca*. La matière résineuse étant séparée de la shell-lac du commerce, on obtient ainsi la matière colorante ou laque proprement dite; elle teint en beau rouge, mais le cède en éclat à la cochenille.

TABLEAU DES PRODUITS INDUSTRIELS LES PLUS REMARQUABLES ET DES PROCÉDÉS LES PLUS INGÉNIEUX QU'OFFRENT LES ARTS DE L'INDE.

Nous venons de voir qu'en 1851, pour la première fois, on a réuni les produits de tous les genres que pouvaient offrir l'industrie des Indes britanniques et celle des États alliés ou même indépendants, mais limitrophes. On les a mis en ordre et soumis aux regards des Occidentaux, à côté des produits des autres pays de l'univers. L'occasion était unique pour porter un équitable jugement sur les mérites comparés des arts pratiqués depuis des siècles en Orient et des arts pratiqués chez les peuples modernes les plus avancés. Voilà ce qu'on a fait, nous venons de le voir, pour les produits de la terre et du règne animal qui pourront, dans le commerce dit des matières premières, servir d'aliment aux arts de la Grande-Bretagne. Mais, par malheur, la limite étroite dans laquelle était resserré le programme qui servait de règle aux jugements n'a pas permis aux Jurés d'accomplir cette grande et belle tâche pour les produits industriels. Ils avaient ordre de ne prendre en considération et de ne classer, pour obtenir des récompenses, que les produits et les méthodes offrant des progrès dont l'époque ne remontât pas au delà de quinze années, c'est-à-dire au delà de 1836.

Quinze années ne sont qu'un moment dans la vie traditionnelle et séculaire des arts inventés, perfectionnés et pratiqués par les Indiens. Depuis 1836 jusqu'à 1851, les produits de la nation conquérante, apportés dans l'Orient en quantités toujours plus excessives, étaient offerts à des prix qui baissaient toujours, par la triple action des machines perfectionnées, des capitaux plus puissants et d'un intérêt moins élevé; en même temps, les frais de transport étaient réduits par le progrès merveilleux de la navigation, soit à voile, soit à vapeur. Tant de causes agissaient dans la péninsule de l'Inde pour défavoriser les arts cultivés par les indigènes, et pour éteindre un espoir de succès qui pouvait encore faire jaillir quelques fécondes étincelles dans le génie des artisans et des artistes.

Les seules récompenses accordées à quelques progrès industriels le furent à des Anglais établis dans l'Inde et pratiquant certaines industries empruntées aux natifs, mais perfectionnées grâce au secours de la science européenne. D'autres récompenses furent décernées à des Anglais ayant formé les collections partielles des trois Présidences; à des souverains indigènes, au même titre qu'aux beys de Tunis et de Tripoli, pour les produits depuis longues années confectionnés par leurs sujets.

Il nous paraît nécessaire de réparer l'omission involontairement commise par le grand Jury de Londres. Nous allons essayer d'offrir le tableau des arts et des produits que l'Inde peut, sans infériorité, mettre en parallèle avec les arts et les produits correspondants de l'Europe la plus avancée. Ce tableau sera l'un des éléments les plus propres à mesurer la force productive des nations qui peuplent l'Inde moderne.

Travaux du professeur Royle.

Il m'est doux de saisir cette occasion pour payer un juste tribut de regrets à la mémoire de M. le docteur Royle, qui fut l'un des plus savants Jurés aux Expositions universelles de 1851 et de 1855. C'est lui qui, le premier, a préparé le catalogue raisonné des matières premières et des produits indiens dont la collection était le plus désirable et qu'on faisait venir de l'Orient; c'est lui qui les a réunis et systématisés dans le Palais de cristal; enfin, c'est lui qui s'est efforcé, par des descriptions, trop succinctes sans doute, mais infiniment précieuses, d'en démontrer les nombreux mérites. J'ai beaucoup profité de son savoir et de son expérience au sujet des faits intéressants qu'il a mis en lumière. Je terminerai ce qui concerne le professeur Royle en rappelant à quel degré son rare mérite, son esprit communicatif et son caractère affectueux avaient conquis l'estime et les sympathies de tous les Jurés ses collègues, étrangers ou nationaux. Chacun de nous le chérissait comme un concitoyen.

Céramique employée aux usages généraux.

L'art de faire prendre à l'argile des formes utiles aux besoins des hommes, tout simple qu'il est à sa naissance, ne présente pourtant de produits dignes d'admiration que chez un petit nombre de peuples primitifs. Tels ont été les Étrusques et les Grecs, dans l'ancien monde occidental; les Chinois, les Japonais, leurs élèves, et les Indiens, dans l'ancien monde oriental.

Les Chinois et les Japonais l'ont emporté par la matière et sa mise en œuvre dans la création de la porcelaine. Ils sont sans rivaux pour le choix et la combinaison des terres et des émaux, pour l'art de les traiter par le feu et de les orner avec des couleurs données ou changées lors de la cuisson, mais, dans tous les cas, à jamais fixées par le feu : là s'est bornée leur supériorité. La simplicité, l'élégance et la majesté des formes leur sont restées inconnues.

Les trois autres nations antiques sont demeurées dans l'enfance, quant à la préparation et au choix des terres consacrées à leur céramique. Néanmoins, elles ont laissé des produits dignes d'être admirés pour la perfection des formes et le bon goût du dessin, qui rehaussent le prix des matières les plus communes. Ce dernier genre de mérite a fait oublier la fragilité des vases étrusques ou grecs. Après deux mille ans, ils ornent encore les musées splendides des nations les plus avancées, et les artistes modernes n'ont pu qu'approcher du mérite de ces chefs-d'œuvre, sans parvenir à le surpasser.

L'Exposition universelle de 1851 a soumis aux regards de l'Occident les produits céramiques fabriqués par les Indiens; produits fabriqués depuis un temps immémorial, sans perfectionner la matière ou les procédés, mais aussi sans déchoir de la perfection des formes. Cette Exposition a fait connaître un mérite artistique vraiment distingué chez les peuples de l'Inde; leurs productions céramiques peuvent encore être admirées des Européens après les œuvres de la Grande Grèce et de l'Étrurie.

L'argile employée par les Indiens contient une grande et fâcheuse proportion d'oxyde de fer et de carbonate de chaux; aussi les vases fabriqués avec cette matière impure entrent-ils en fusion et perdent-ils leur forme quand la chaleur atteint un degré qui n'a rien d'exagéré. Par exception, cependant, on a trouvé dans quelques parties de l'Inde une argile noire et résistante, susceptible de supporter sans altération une température très-élevée; nous verrons qu'on en a fait parfois usage.

Une coutume des Hindous qui favorise leurs préjugés religieux, c'est de n'employer qu'une fois les vases d'argile dont ils font un usage domestique. Évidemment, pour que ces ustensiles de ménage ne deviennent pas trop dispendieux, il faut qu'ils continuent d'être travaillés avec la terre la moins élaborée, hâtivement mise en œuvre et durcie au moyen d'un feu modéré : autant d'obstacles au progrès.

Céramique réfractaire.

Pour fournir aux argentiers, aux orfévres, ainsi qu'à diverses industries, des creusets qui supportent une haute chaleur, les Indiens ont su trouver et mettre en œuvre de l'argile parfaitement pure et, comme telle, réfractaire. Nous signalerons encore une argile très-résistante employée pour les creusets qui servent à confectionner l'acier célèbre des Indiens.

Produits poreux et perméables.

Dans un genre directement opposé, les Indiens excellent à confectionner ces vases dont la matière très-poreuse laisse échapper une eau qui s'évapore aussitôt que les gouttelettes du liquide, par l'infiltration capillaire, arrivent à la surface extérieure. L'évaporation absorbe de proche en proche la chaleur du vase et de l'eau qu'il renferme. Tels sont les *alcarazas* fabriqués par les Arabes, les Cophtes et les Maures, puis par les Espagnols, héritiers de leurs arts.

Perfection du travail et du bon goût de la céramique indienne. École nouvelle de Madras.

Les potiers indiens sont remarquables à la fois par leur adresse et leur bon goût. Ils produisent, en n'employant qu'un tour commun, des vases d'une merveilleuse légèreté, d'une forme pure, souvent élégante, et sans autre secours que celui de leurs mains.

Le genre de perfection que nous signalons ici n'est pas particulier à quelque point isolé de la Péninsule. Dans le Palais de cristal, on remarquait également, pour la beauté de leurs formes, les produits céramiques de Mirzapour, de Morad-abad, d'Ahmen-abad, d'Azinghur, et ceux de Suvan, près de Patna.

On a trouvé beaucoup de mérite aux poteries dorées

d'Amroah, dans la province de Dehly, ainsi qu'aux poteries coloriées de Kotah, dans le pays des Radjpoutes.

En faveur des indigènes, les Anglais ont établi dans Madras une *école des arts;* ses produits céramiques ont obtenu la médaille de prix, justement méritée par le bon goût qui les caractérise.

Il faut que toutes les Présidences imitent l'école des arts de Madras. Avec des potiers qui réunissent, comme les Indiens, tant d'intelligence, de bon goût et de dextérité, on peut porter au plus haut degré de perfection tous les genres de la céramique; on peut, grâce au bas prix de la main-d'œuvre, obtenir des produits que le commerce vende avec avantage à beaucoup d'autres nations.

Sous un autre point de vue, dans le Dispensaire de Calcutta, le docteur O'Shanghnesses a beaucoup perfectionné la poterie dont l'établissement fait usage; il l'a recouverte d'un vernis donné par le borate de chaux, pour résister à l'action d'un grand nombre de médicaments sur les vases qui doivent les contenir. Les Indiens peuvent imiter ce perfectionnement dans toutes les Présidences, et le prendre pour point de départ, afin de multiplier les applications aux besoins des arts et de la société. Il faut encourager cet exemple et ces efforts.

Production du fer et de l'acier.

Pour ne pas nous éloigner des industries les plus utiles, nous passerons sans intermédiaire de l'art de travailler la terre plastique à l'art de produire le fer et l'acier.

Les procédés employés par les Indiens pour fabriquer leur fer et leur acier ont été décrits par M. Healt, l'habile et savant directeur de la Compagnie anglaise qui s'est formée dans le midi de l'Inde pour fabriquer en grand ces produits métalliques. Elle a mis en action toute la puissance des moyens modernes, mais sans obtenir de meilleur acier que les artisans indigènes. Ces derniers emploient un procédé que les Européens n'ont pu surpasser, ni pour la simplicité, ni pour l'efficacité, ni pour la rapidité.

Nous qui ne fabriquons le fer qu'avec de hauts fourneaux et de grandes usines, sous la direction d'un opulent maître de forges, nous devons être étonnés de voir le simple manouvrier indien, sans autre ustensile qu'une modeste hachette, produire à lui seul le fer nécessaire à tous les besoins de ses compatriotes. Il extrait ce métal d'un sable noir auquel notre science donnerait le nom, inexplicable pour lui, d'oxyde de fer magnétique combiné avec le quartz : les noms savants ne font rien à l'affaire.

L'Indien prépare, dans le premier endroit venu, un très-petit fourneau d'argile; de larges et fortes feuilles d'arbre lui servent à faire un soufflet : cela lui suffit, avec un peu de charbon de bois et de la patience, pour faire entrer en fusion le métal, dont il finit par faire une modeste coulée.

Nous allons décrire une autre méthode très-simple encore, mais un peu moins élémentaire. On brise le minerai; par le lavage, on sépare le quartz de l'oxyde métallique. Le fourneau, fait de pur argile, varie depuis un mètre jusqu'à un mètre et demi de hauteur. On confectionne deux soufflets avec deux peaux de mouton; chacune est garnie de sa tuyère de bambou, laquelle s'implante dans un tuyau d'argile cuite. On se sert de charbon de bois, et l'on n'emploie pas de castine. Ces préparatifs achevés, il suffit d'animer le feu pendant quatre heures, avec les soufflets tels que nous venons de les décrire, pour que l'oxyde soit réduit et que le fer soit liquéfié. Lorsqu'on a fait écouler le métal liquéfié dans la fournaise et qu'il est encore incandescent, on le coupe en morceaux; c'est dans cet état qu'on le vend aux forgerons.

Fabrication du voutz, le célèbre acier de l'Inde.

Avec le fer excellent qu'on vient de voir fabriquer, les Indiens, par un procédé non moins simple, produisent un acier justement renommé. Ils concassent le métal en petits morceaux qu'ils jettent dans des creusets[1], pêle-mêle avec du bois sec de *cassia auriculata* et quelques feuilles vertes de l'*asclepias gigantea*. Lorsqu'on n'a pas ces feuilles sous la main, on les remplace par celles du *convolvulus laurifolia*. On fournit ainsi le carbone nécessaire à la transformation du fer en acier.

Aussitôt qu'est séchée l'argile qui clôt la bouche des creusets, on les empile en forme d'arceau, au nombre de vingt à vingt-quatre, dans un petit fourneau; puis on les couvre de charbon de bois auquel on met le feu. Pendant deux heures et demie, avec un soufflet, on avive la combustion, et tout est fini. On retire les creusets pour les laisser refroidir, puis on les brise afin d'en retirer le célèbre acier que les Indiens appellent *voutz*.

Telle est la méthode simple, rapide et puissante au moyen de laquelle est fabriqué le meilleur acier de l'Asie. Il était célèbre dès l'antiquité, mais fabriqué, ce nous semble, en petites quantités. Le roi Porus, voulant faire à son vainqueur un présent digne d'Alexandre, ne craignit pas de mettre cet acier à côté des plus précieux pro-

[1] Afin de confectionner les creusets qui servent à fabriquer l'acier, on fait usage d'une argile très-réfractaire, qu'on mêle avec une grande quantité de cosses de riz carbonisées.

duits qui fussent confectionnés sur les bords de l'Indus et du Gange. Il devient en Asie un important objet de commerce.

Le moyen qu'emploient les Indiens pour fabriquer leur célèbre acier appelé voutz, et que je viens de rapporter, ce moyen pratiqué depuis une antiquité reculée, acquiert maintenant un nouvel intérêt par la découverte d'un jeune et célèbre chimiste français. M. Frémy, membre de l'Institut, a fait voir quel rôle puissant, et dont on n'avait pas d'idée, est joué par le *gaz azote* dans la transformation du fer en acier. Or cet azote existe en abondance à l'état concret dans les feuilles de l'*asclepias gigantea* et dans celles du *convolvulus laurifolia*, enfermées dans un même creuset avec le fer. La chaleur dégage leur azote en même temps que le carbone fourni par le bois de *cassia auriculata* s'approprie le gaz et le fer, pour produire l'acier avec autant de perfection que de promptitude.

Applications remarquables de l'acier indien.

Les Perses se servaient autrefois et les Persans aujourd'hui font encore usage de l'acier indien pour fabriquer leurs armes blanches. On le transporte par l'Euphrate jusqu'en Syrie. Là, les artisans de Damas l'emploient pour confectionner avec les lames qu'il fournit et celles d'un fer doux alternativement juxtaposées, puis tordues et retordues en tous sens, ces *étoffes métalliques* aux dessins si variés avec lesquelles ils ont fabriqué, ou du moins avec lesquelles ils fabriquaient autrefois leurs excellentes armes *damassées;* armes qui faisaient, à l'époque du moyen âge, l'admiration de tous les peuples militaires.

Application au poli parfait des pierres dures dans les monuments.

Les Indiens ont fait servir cet acier à tailler et à polir merveilleusement ainsi qu'à sculpter le granit et le porphyre employés dans l'érection de leurs temples et de leurs principales forteresses. Tout fait croire que les Égyptiens, par la mer Rouge, empruntaient à l'Inde l'acier à l'aide duquel ils polissaient avec tant de perfection les surfaces extérieures et gravaient les hiéroglyphes taillés avec une si rare précision dans les blocs de granit, de porphyre et de syénite, et les bas-reliefs qui décoraient leurs pylônes et leurs obélisques.

Pour procurer, soit au granit, soit au porphyre, cet admirable poli qui charme la vue, qui donne un nouveau prix aux plus riches matériaux et qui les fait participer au brillant éclat que l'on admire dans les métaux bien polis, dans le reflet des cristaux et dans le satin soyeux qui rivalise avec ces beaux jeux de lumière, les Indiens emploient les plus simples des instruments, rendus puissants par la patience. Un ciseau fait avec l'acier voutz, à peine long comme deux fois la main délicate et petite d'un individu de la race hindoue, ce ciseau, que l'ouvrier frappe au moyen d'un marteau de fer, creuse un trou conique et laisse au fond une empreinte comparable au pointillé d'un crayon. Afin d'obtenir cet effet, la tête du marteau doit être concave et garnie de plomb ; on amortit ainsi la dureté des coups, laquelle nuirait à la délicatesse du travail.

Avec leurs faibles mains et leurs faibles outils, les ouvriers de l'Hindoustan ont pu contourner, excaver, évider les parties pleines ou figurées de leurs plus grands monuments granitiques. C'est ainsi qu'ils ont travaillé les murailles de l'imposante forteresse qu'on voit encore de nos jours à Doulat-abad et qu'ils ont poli les surfaces des prodigieuses cavernes d'Ellora. Le docteur Kennedy, qui décrit ce travail ingénieux, ajoute que les traces du ciseau pointillant sont visibles, même aujourd'hui, sur les roches de Doulat-abad; comme on peut aussi les observer sur quelques-uns des grands monuments de l'Égypte.

Lorsque la surface de granit ou de porphyre est réduite à sa forme définitive par cet immense pointillé, dont nous offre une imparfaite idée la mise au point la plus soignée de la statuaire moderne sur le plus beau morceau de marbre, voici comment les Indiens donnent leur dernier poli : un volumineux bloc de granit reçoit la figure de la molette circulaire que nos peintres promènent sur une table plane, afin de broyer les couleurs; au centre de la face inférieure qui doit servir pour opérer le *planissement*, on creuse un réservoir cylindrique, rempli d'un pulvérin de la pierre appelée *corindum*, dont on a fait un mélange avec de la cire fondue.

La tête de la molette est solidement fixée entre deux bambous horizontaux bien attachés l'un à l'autre; un ouvrier, à chaque extrémité de ce système, tire et pousse alternativement, avec une patience inépuisable. On aplanit ainsi successivement, jusqu'à la dernière perfection, une suite de bandes parallèles que l'on croise dans un nouveau sens pour faire disparaître les moindres aspérités.

Application aux ornements architectoniques.

Les princes mahométans, conquérants de l'Inde, ont signalé leur amour des arts en érigeant des temples et des mausolées où les beautés, d'une architecture indo-sarrasine, sont bien appropriées à la richesse, à la grandeur des édifices. La religion ne permettant pas qu'on sculptât ou qu'on peignît dans ces monuments ni la figure de l'homme ni celle des animaux, ils ont apporté tout leur art à ces combinaisons de formes fantastiques, et si souvent gracieuses, appelées arabesques. Les grandes superficies de leurs façades offrent alternativement des espaces du plus beau poli de marbre, d'albâtre ou de granit, sans aucun ornement; elles sont comme des cadres pour ces espèces de treillis, ingénieusement dessinés et découpés, à travers lesquels jouent avec tant d'effet l'air et la lumière. Regardez-les à quelque distance : on dirait une immense dentelle qu'un luxe charmant aurait tendue entre les larges surfaces planes dignes d'une architecture majestueuse. On retrouve à Grenade, dans le palais de l'Alhambra, le même genre d'ornementation, vraiment fantastique, mais exécuté avec des matières moins précieuses que dans le mausolée que l'empereur Chah-Jahan a fait construire pour la sultane Désirée sur les bords de la Jumna. Lorsque nous décrirons les monuments d'Agrah, nous ferons admirer le mérite infini de cette merveilleuse architecture.

L'analogie des matières m'engage à consigner ici le complément de l'ornementation architectonique, bien qu'il ne dépende plus de l'excellence des outils.

Dans les constructions publiques et privées, mais opulentes, les Indiens sont habiles à donner l'aspect et le poli du marbre au stuc dont ils couvrent de simples constructions en briques. C'est ce qu'ils font au moyen d'un mortier dont la base est faite avec de la chaux d'écailles fournies par des crustacés; quelquefois on emploie de la chaux pure avec tout autant de succès.

Application au travail des vases précieux.

Par des procédés analogues à ceux que nous avons

décrits pour les grands édifices, mais sur des proportions presque microscopiques, on produit le polissage des objets de petites dimensions, des coupes aux dessins délicats et des pierreries employées soit aux chapelets, soit aux bracelets d'un grand prix. Par ce moyen, on donne la forme définitive et le poli parfait au cristal de roche, aux agates, aux cornalines, au jade, ainsi qu'à la sanguine : pierres gemmes qne l'on trouve en abondance auprès de Cambaye, ainsi que dans le lit de la Soane et de la Kane.

A l'Exposition de 1851, on admirait la perfection du travail et des formes que présentaient les coupes achetées à Lahore et travaillées par un procédé dont nous offrons ici la description donnée par M. Summer, Résident à Cambaye.

La pierre gemme est d'abord fixée sur l'axe en acier d'un tour en l'air et dégrossie suivant une forme sensiblement circulaire, puis polie en faisant usage d'une composition de laque et de *corindum*. Les coupes et tous les objets d'art sont travaillés, suivant la forme extérieure demandée, sur l'axe ou support d'acier; un premier poli grossier est obtenu par le frottement sur des pierres communes à polir. La partie concave est formée, avec le secours d'une fraise garnie de sa pointe de diamant, en creusant à la profondeur de six millimètres sur toute la superficie, de manière à présenter l'aspect d'un rayon de mouches à miel; on aplanit ensuite les aspérités qui séparent ces innombrables trous circulaires. On répète le même procédé pour approfondir la concavité du vase, de six en six millimètres, jusqu'au contour définitif de la surface concave qu'il s'agit de produire. Le poli final est donné par le mouvement qu'on imprime à des molettes ou moules ayant en relief la forme des cavités préparées dans la pierre précieuse ou le cristal à travailler. Ces moules ont la même composition que les plaques à polir qui sont fixées sur la roue du tour.

A l'Exposition de 1851, nous avons vu les belles coupes antiques de cristal, de jade et d'agate envoyées de Lahore. Les unes étaient richement taillées; les autres étaient à surfaces planes et dépourvues d'ornements. On conçoit que ces coupes, dont le travail est inconnu maintenant, ont pu parfaitement être taillées et polies par le procédé de Cambaye que nous venons de décrire. D'autres coupes de Lahore ont été gravées avec art, et quelques-unes offrent des incrustations de pierres précieuses. Dans ces ouvrages variés, la délicatesse de l'exécution correspond à la beauté du galbe des vases.

Alliage des métaux et ses applications.

Les Indiens découvrirent de bonne heure qu'un des alliages qui joignaient au plus haut degré la ténacité à la dureté était celui d'une faible partie d'étain avec le cuivre pur. Cet alliage, réduit en lames de peu d'épaisseur, produit, par ses vibrations, des sons musicaux très-puissants et très-prolongés : de là l'emploi de cette combinaison pour fabriquer, outre des fers de lance, les instruments retentissants qu'emploie la musique ou militaire ou religieuse de l'Hindoustan.

Les îles de l'Asie orientale, qui sont riches en étain, ont exporté ce métal nécessaire aux alliages que nous indiquons : en premier lieu, dans la péninsule de l'Inde; ensuite dans l'Asie occidentale, où les instruments et les armes que nous venons de citer frappèrent l'attention des Européens attirés par les croisades.

Alliage du fer, du cuivre, du zinc et de l'étain : les bidderys.

Les Indiens sont habiles à combiner les alliages de fer, de cuivre, de zinc et d'étain, dont les propriétés particulières satisfont aux besoins si divers du luxe et de l'industrie. Nous nous contenterons d'en citer un seul; on l'a nommé *biddery,* parce que c'est dans la ville de ce nom qu'on le fabrique et qu'on le met en œuvre avec le plus de succès. L'Exposition de 1851 présentait un grand nombre d'objets en biddery, décorés par les dessins les plus gracieux.

Cet alliage[1] a pour qualité de n'être pas oxydable à l'air, même à l'air humide et sous le soleil des tropiques. Au lieu de se briser, tant qu'il n'est pas violemment frappé il cède sous le marteau.

Aux objets d'art qui sont fabriqués avec le biddery on donne une couleur noire fort estimée, en plongeant la composition dans une simple dissolution de salpêtre et de sel ammoniac ou de sel marin et de vitriol bleu.

Une composition différente des bidderys est rapportée par le docteur Hamilton :

Proportions de l'alliage : zinc, 126 parties; cuivre, 460; plomb, 414 (sans étain). Ces parties sont concassées et renfermées dans un creuset avec un mélange de cire d'abeilles et de résine, afin d'empêcher la calcination et d'obtenir simplement la fusion. L'alliage liquide est versé dans un moule de terre cuite et réduit à la forme désirée. Pour lui donner la couleur noire que nous avons déjà mentionnée, on emploie la dissolution de sulfate de cuivre.

[1] Voici comment l'alliage est formé : d'abord, de 16, 4 et 2 parties de cuivre, de plomb et d'étain fondus ensemble; puis on combine ce mélange avec le zinc, dans le rapport de 3 à 16.

La nielle appliquée aux bidderys.

Lorsque la composition est amenée à l'état qui vient d'être décrit, que sa surface est bien polie et ne laisse rien à désirer, on peut la nieller avec de l'argent ou de l'or, métaux dont l'éclat est rehaussé par le noir mat de l'alliage. L'artiste esquisse ses dessins avec un poinçon d'acier très-aigu; puis il découpe ses entailles avec de petits ciseaux diversement configurés, et qui s'adaptent à toutes les formes désirables. Il tient un poinçon d'une main, un marteau de l'autre, afin de remplir les sillons ainsi préparés, en y faisant pénétrer les lamelles du métal précieux qui sert à la nielle; l'adhérence et la fixité de ces lamelles sont parfaites. On polit, on vernit, et l'œuvre est accomplie.

Ici, comme à l'égard des poteries, la forme générale est admirée pour son élégance et les dessins pour leur grâce.

On voyait, à l'Exposition universelle, des imitations de biddery envoyées d'Aurengabad, ville du Deccan. On remarquait les beaux spécimens présentés par S. H. le Nizam et par son ministre Silaj-Oul-Moulk, celui qui, lors de la rébellion, resta si fidèle aux Anglais. M. le comte de Warden a visité le palais de ce ministre auprès d'Hyderabad.

Les armes et les équipements.

Les Indiens n'ont pas borné leur industrie à fournir la matière des armes les plus célèbres fabriquées dans la Perse et dans la Syrie; eux-mêmes ont fabriqué certaines armes qui ne laissent rien à désirer pour la qualité du métal, la perfection du travail et le goût exquis des formes.

Grâce au mélange des troupes européennes aux troupes asiatiques, les armées de l'Inde offrent l'emploi simultané des armes si différentes de la haute antiquité, du moyen âge et des temps plus modernes.

Cette circonstance donnait un éclat particulier à l'exposition du matériel militaire fabriqué dans l'Hindoustan. L'arc et la flèche, le fusil à mèche et, déjà, le fusil à piston représentaient les armes de jet portatives; un train complet d'artillerie des troupes de la Compagnie montrait des bouches à feu aussi complétement, aussi parfaitement confectionnées dans les arsenaux de Dehly et de Bombay que dans ceux de Woolwich, aux portes de Londres.

Les armes damassées, originaires de l'Inde, y sont encore fabriquées avec une rare perfection. On voyait des cimeterres dont la courbure savante rend si redoutable le coup porté par une main légère, en glissant au lieu de frapper. Sans effort apparent, ces lames tranchent avec une égale efficacité des corps très-durs, les coussins les plus moelleux, et des écharpes voltigeantes qui fuiraient sous le choc direct d'une lame rectiligne, lame qui porte coup perpendiculairement à sa longueur.

Au milieu des trophées d'armes, arrangés avec beaucoup d'art, les connaisseurs remarquaient des cottes de mailles du travail le plus délicat, des casques et des boucliers où l'acier se combinait avec le bronze. D'autres boucliers étaient faits avec des peaux de rhinocéros artistement préparées; cette arme défensive réunit à la légèreté une grande force de résistance.

Les princes de l'Inde que l'ambition empressée de la Compagnie n'avait pas encore détrônés, le Nizam du Deccan, le maharadjah de Goualior, les puissants princes radjepoutes et plusieurs autres souverains avaient envoyé leurs armes les plus remarquables, façonnées avec le meilleur goût et décorées avec un grand luxe. L'or, l'argent, les pierres gemmes, les perles, et même les diamants, étaient incrustés dans ces armes, dont le reflet était éclatant. Le célèbre Kohî-nour avait décoré le cimeterre des sultans et des maharadjahs; il passait de conquérant en conquérant, symbole à la fois de l'opulence et de la victoire.

Je me contente ici de mentionner, pour les difficultés vaincues, les sabres à doubles lames, et les poignards à cinq lames unies, qui s'écartent au moment où l'arme plonge dans la plaie; je cite au même point de vue les armes blanches d'apparat plutôt que d'usage, où l'ouvrier enchâsse une perle au centre de la lame d'un cimeterre.

L'argentier, l'orfévre, le bijoutier et le joaillier, qui sont les armuriers du sexe féminin, rivalisaient avec les arts que nous venons d'énumérer.

Dans tous les pays, les plus riches et plus brillantes matières sont travaillées pour ajouter au luxe des femmes. Mais l'Inde est au petit nombre des nations primitives où l'artiste a conçu que l'élégance des formes peut donner un nouveau prix aux matières les plus précieuses. C'est ce que nous fera tout à l'heure apprécier un juge éminent.

A côté de l'armement des cavaliers, on remarquait un équipement de chevaux particulier aux indigènes et celui des chameaux; mais les regards s'arrêtaient de préférence sur l'éléphant équipé pour les fêtes et les batailles, couvert de longues draperies de velours tantôt écarlate et tantôt d'azur: draperies brodées avec le plus riche métal afin d'imiter le brocart. Cette parure nous occupera davantage lorsque nous décrirons les industries qui se groupent autour de l'éléphant asiatique.

Travail artistique des métaux précieux; jugements dus à M. le duc de Luynes, membre de l'Institut, rapporteur du XXIIIe jury (t. IV).

Nous sommes heureux de pouvoir présenter ici les jugements portés par M. le duc de Luynes sur le travail des métaux précieux par les artistes de l'Inde. Dans les arts de cette nature, cet illustre examinateur est un juge de la plus haute autorité, par la sûreté de son goût et ses connaissances spéciales; on trouve à la fois dans ses talents variés un antiquaire de la plus vaste érudition, un dessinateur plein de goût, un chimiste qui perfectionne l'alliage des métaux. Proportion gardée avec leurs trésors, les Médicis ne protégeaient ni plus largement ni plus noblement les arts; ils n'avaient ni l'étendue ni la diversité de ses connaissances.

Les membres de la XXIIIe Classe du Jury international avaient choisi pour président M. le duc de Luynes; ils l'ont nommé leur rapporteur dans la partie qui concernait le travail artistique des métaux précieux. Son premier travail, rédigé pour la Collection britannique, était renfermé dans un cadre fort circonscrit, tracé d'avance et tel que le comportait une rédaction sommaire et, pour ainsi dire, immédiate.

En faveur de la Commission française, le savant aristarque a fait une œuvre nouvelle, où les principaux ouvrages artistiques exécutés avec des métaux précieux et des pierres gemmes, depuis l'origine du siècle et chez les diverses nations, sont décrits et jugés avec autant de goût que de sagesse et d'impartialité. Ces qualités distinguent en particulier l'examen relatif aux produits de l'Inde; et cet examen aura bien plus d'autorité que mes simples observations. Le voici :

1. — Les bijoux.

« L'Exposition de la Compagnie des Indes au Palais de cristal était une collection de ce que les trésors des souverains indigènes, dépossédés par les Anglais, renfermaient de plus splendide en joaillerie et en bijouterie. La magnificence de ces objets ne pouvait être égalée que par leur beauté, surtout si l'on considérait les objets d'art que les Indiens ont fabriqués *du temps des princes mogols*. On trouvait là des bijoux dont la matière ou le travail méritait toute l'attention des fabricants européens par les combinaisons pleines de goût et d'originalité de leur exécution.

« Nous citerons au premier rang un charmant collier d'or fin coloré en brun clair, probablement par une dissolution de fer, et composé de plusieurs rangs. Le premier rang est un treillis lâche en fils d'or, formant un petit bandeau étroit auquel sont suspendues des étoiles à huit ou douze rayons; le second présente une série de petites rosaces à quatre lobes, suspendues en quinconce aux étoiles du rang supérieur; le troisième est formé de clochettes attachées aux rosaces et réunies entre elles par d'autres petites rosaces; à l'extrémité inférieure de ces clochettes et des rosaces intermédiaires, pend un dernier rang de petites rosaces et d'ornements délicats, fleurons et clochettes, enchaînés par des anneaux. Ce collier est un chef-d'œuvre d'élégance et de belle fabrication; il doit être d'une époque déjà ancienne [1].

« Après cet ouvrage précieux, les bijoutiers ont pu

[1] Très-probablement il appartient aux règnes somptueux des princes mogols les plus favorables aux arts. Il a peut-être été commandé pour la plus belle des sultanes, appelée la Merveille du monde? Peut-être l'a-t-il

distinguer un autre collier d'or dont le rang supérieur est un bandeau imitant la vannerie; à ce bandeau sont suspendues de petites rosaces à six lobes, soutenant de longues chaînettes entremêlées d'olives très-déliées et de perles également en or. On remarquait aussi de charmants bracelets en filigrane d'argent; un panier du même travail, d'un goût excellent et digne de son exécution; un bracelet émaillé de bleu, de blanc et de rouge, avec des brillants et des rubis sertis après l'émaillage.

« Une autre série d'objets d'art attirait l'attention des connaisseurs. On distinguait : une boîte ovoïde en jade presque blanc, incrustée d'ornements et de rubis sertis en or fin; un plat de jade vert clair, en forme de cœur, incrusté d'or et de rubis; une autre très-belle boîte ovoïde, en jade laiteux, incrustée d'or et de rubis; des coupes en jade vert ou vert pâle, assez grandes, bien travaillées et de bon goût.

II. — Les émaux.

« Des ouvrages plus modernes, appelés parures du Bengale et de Bombay, sont d'un travail moins parfait, mais quelquefois ont encore un certain mérite. Le public remarquait avec plaisir un gros bracelet, complétement et très-finement émaillé en vert, en bleu, en rouge sur or, et décoré de trois médaillons : on avait peint un tigre sur le médaillon du milieu, et sur les autres des bouquets.

En général, les émaux se distinguaient par leur bon travail. Au contraire, des étriers en argent massif, des colliers et des bracelets en argent repoussé, singuliers quant aux formes, étaient sans talent dans leur exécution.

été pour la plus révérée des souveraines, celle en l'honneur de qui s'élève le mausolée connu sous le nom de *Taj Mahal*, auprès d'Agrah?

Les nielles.

« Nous ne terminerons pas ce qui concerne la bijouterie de l'Inde sans dire que ce pays a produit des nielles d'un art merveilleux et que l'on peut comparer, pour leur finesse, à ce que les artistes de la Renaissance ont fait de plus délicat; ces nielles étaient ordinairement appliquées à des garnitures d'instruments ou à des fourreaux de poignards, à des poignées de sabres et à des garnitures de carquois. Les Birmans et les Malais fabriquaient autrefois des chefs-d'œuvre de bijouterie appliquée aux armes, particulièrement des poignées de sabre en argent de la plus riche décoration, en forme de têtes de dragon, ciselées avec un art étonnant et garnies de petits rubis. Ils faisaient des manches de poignard ornés par les figures de divinités sculptées sur or fin et garnis de rubis et de diamants. »

Nous regrettons de ne plus avoir un guide aussi sûr pour les industries délicates qui nous restent à décrire, et pour lesquelles nous réclamons l'indulgence du lecteur.

De l'ivoire employé dans les arts délicats de l'Inde.

Nous placerons ici la charmante industrie des Indiens qui met en œuvre une matière d'un prix comparable à celui de certains métaux précieux : c'est l'ivoire.

Les Occidentaux ont reçu l'ivoire comme un présent des arts de l'Inde : c'est de cette contrée qu'ils ont appris l'art de le travailler, longtemps avant de savoir que cette matière précieuse était fournie par les défenses d'un animal extraordinaire, de celui que les Grecs appelèrent éléphant, lorsqu'il fut amené dans leur contrée après les triomphes d'Alexandre en Asie.

Homère avait fait mention de l'ivoire, mais sans jamais parler du quadrupède qui fournissait au travail de l'homme cette matière précieuse.

Ce sont les Indiens qui, les premiers, ont appris aux Européens quel secours merveilleux les arts peuvent tirer des défenses de l'éléphant. Sa croissance est formée de couches concentriques comme les couches d'un arbre; des veines longitudinales, peu prononcées, mais visibles, offrent des *ondulations*, des nuances et des effets qui sont l'ornement des couches détachées et polies par la main de l'homme. Pour l'ivoire, comme pour certains bois précieux, on parvient à séparer des couches circulaires afin de les aplanir. Des tablettes qu'on prépare ainsi, les unes, employées isolément, servent à ces peintures délicates auxquelles on a donné le nom particulier de miniatures; les autres peuvent être consacrées à des travaux infinis de placage, de marqueterie et de sculpture.

Deux grands travaux en ivoire figuraient, en 1851, dans le Palais de cristal. Le premier était un trône des plus somptueux que puisse offrir l'Hindoustan; ce trône était complétement couvert de sculptures en ivoire, où l'artiste moderne avait combiné les riches arabesques de l'Asie avec le léopard et les armes de la reine Victoria. C'était le second présent du nabab de Mourchedabad.

Un riche seigneur de Bénarès, le babou Deo-Naryn-Sing, avait, chose infiniment rare, exposé sous son nom, dans le Palais de cristal, un lit royal dont *le bois* de lit, qu'on nous passe l'abus des mots, était en ivoire, et sculpté avec une rare délicatesse. Ce lit était à formes droites et rectangulaires, comme un meuble de Rome antique ou du moyen âge; des colonnettes extrêmement légères supportaient le ciel de lit; les matelas, les coussins, étaient couverts de velours[1]; les rideaux étaient en soie ondoyante et légère[2]. Ces somptueux tissus étaient ornés par des broderies d'or, telles qu'on les exécute à Bénarès, c'est-à-dire avec une rare perfection.

Il y avait bien d'autres beaux ouvrages en ivoire; par exemple, des siéges de cour présentés par le radjah de Vizianagram.

Nous citerons avec plaisir un jeu d'échecs en ivoire dont les figures étaient sculptées, à l'imitation des dessins donnés par M. L. Layard dans sa description des antiquités de Ninive. Certainement l'exécution de ce travail n'avait pas eu lieu quinze ans avant 1851; pourquoi ne l'avoir pas récompensé? J'en dis autant du trône merveilleux qui portait les armes de Sa Majesté la Reine Victoria.

Dans le Palais de cristal, on voyait exposées bien d'autres imitations, mais empruntées à l'Inde. C'était d'abord le fameux char de Juggernauth, dont le temple est si compliqué dans son architecture et si surchargé de sculptures informes et bizarres. C'était ensuite l'éléphant en grand costume, tel que nous le décrirons avec ses parures, avec son cornac en avant et son prince assis sous un dais; puis la procession complète et fastueuse d'un maharadjah; un chameau paré de sa coiffure bordée d'or et de ses colliers de fête, muni de sa selle et richement caparaçonné; un autre chameau dépouillé de parures et de harnais; un cheval en ivoire; une barque royale, avec sa tente et tous

[1] Les Indiens ne font pas, comme nous, usage de draps de lit et de couvertures; ils s'étendent, la nuit, tout habillés sur les coussins qui leur ont servi pendant le jour à s'asseoir.

[2] C'est une espèce de gaze dont l'objet est surtout d'écarter les insectes, insupportables sous la zone torride.

ses ornements; une grande dame, une *Sahiba*, parée de ses plus beaux atours.

On remarquait des bracelets en ivoire. Par une coquetterie des dames de Cutche et de Guzerat, presque aussi raisonnables que les dames de l'Occident, leurs bracelets les plus recherchés sont *en ivoire d'Afrique;* non point parce qu'il est plus beau, mais parce qu'il vient de plus loin et que, par conséquent, il coûte plus cher.

Citons encore un éventail, un couteau, une boîte à ouvrage ornée de sculptures, pour les Sahibas élégantes. Il y avait un beau *chourie*, chasse-mouches en filaments d'ivoire; c'était un produit fabriqué dans les États du maharadjah de Joudpour.

Cette simple et très-incomplète énumération peut donner quelque idée de la variété des travaux délicats que les ouvriers de l'Inde accomplissent avec l'ivoire. L'élégance des formes, la grâce des ornements et la finesse de l'exécution font voir quelles qualités possèdent les véritables artistes à qui sont dus ces charmants travaux.

Le XXXe Jury de 1851 et les beaux-arts de l'Inde.

Les Anglais avaient fait appel à tous les beaux-arts, excepté quelques genres, tels que la peinture et l'architecture; ils avaient admis la sculpture, la gravure et la musique, au moins représentée par ses instruments.

Un Jury spécial et considérable, le XXXe, qui formait à lui seul *un groupe*, n'était pas chargé seulement de prononcer sur les œuvres d'art proprement dites; il avait mission de rechercher et de récompenser le mérite du goût artistique envisagé dans ses applications à l'industrie.

J'ai voulu vérifier la part que ce Jury des beaux-arts avait faite aux œuvres de l'Inde, qui brillaient d'un si grand éclat dans tous les genres qu'un goût exquis, et surtout un goût naturel, peut essayer d'embellir.

Le Jury des beaux-arts n'a pas accordé moins de quatre-vingt-sept médailles aux artistes de l'Occident, sans en réserver une seule pour les nations orientales; pas une pour des peuples qu'anime le sentiment du beau; pas une pour les deux cents millions d'habitants d'élite qui peuplent l'Inde et l'Indo-Chine.

Afin de montrer à quel point les Occidentaux auraient eu des occasions naturelles d'exercer autrement leur justice distributive, citons un exemple sur cent. On décerne trois médailles, très-méritées, je suis charmé de le dire, à MM. Couder, Laroche et Berrey, qui savent décorer avec tant de bonheur et de fécondité nos tentures et nos châles nationaux. Ils font bien plus : ils composent, dans le goût le plus français, le cachemire indien que Paris commande à l'Orient. C'est ainsi qu'au temps des jugements un peu douteux du Directoire et du premier Empire, nos ébénistes en renom maintenaient leur vogue en annonçant *qu'ils fabriquaient des meubles antiques, dans le goût le plus moderne!* Avec nos idées sur la mode, je conçois à la rigueur cette immixtion parisienne; mais le Jury général de Londres, qui récompensait largement les cachemiriens français, n'accorda rien aux dessinateurs coloristes de la vallée de Cachemire. Il n'accorda rien non plus aux dessinateurs de Dacca, de Bénarès et de Mourchedabad, pour des châles, des écharpes et des voiles dont les broderies étaient incomparables par l'esprit du dessin, par l'effet des couleurs et par le génie artistique! Voilà ce qui m'a paru difficile à concevoir.

Dans le Jury international, une voix s'était perdue au milieu de la foule: c'était celle du savant professeur Royle, le collecteur des produits de l'Inde. Il réclamait en faveur de ces produits, qu'il voulait qu'on appréciât en considérant la grâce des formes, l'imagination dans le dessin, enfin le talent de donner aux couleurs la puissance des effets et les secrets de l'harmonie. Il jugeait avec raison de semblables mérites dignes de hautes récompenses; mais, répétons-le, pas une seule ne fut accordée. Disons plus, pas une seule ne fut proposée!

Rapport de M. le comte de Laborde sur les beaux-arts et sur leurs applications à l'industrie.

1° Vues générales.

Lorsque la Commission des jurés français eut accepté la mission de présenter, pour la première moitié du XIXe siècle, le tableau du progrès de toutes les industries, M. le comte de Laborde, membre du Jury international pour la partie des beaux-arts, se trouva chargé d'une grande et belle tâche. Sa modestie recula pendant cinq années devant une entreprise qu'il était si capable d'accomplir avec éclat. A force d'instances, j'eus le bonheur de vaincre enfin ses irrésolutions. Non-seulement il remplit le cadre que notre programme indiquait; il sut l'agrandir. Il présenta, je dirais presque le précis universel et comparé des beaux-arts tournés vers l'utilité sociale. Il voulut montrer leur influence en distinguant : d'un côté, les nations essentiellement industrielles et plus ou moins artistes, mais qui toutes appellent à leur secours le travail des mécaniques et les progrès de la science pour fabriquer en quantités considérables, à bas prix et rapidement; de l'autre côté, les nations primitives, qui produisent des chefs-d'œuvre, quoiqu'elles n'inventent ni systèmes ni théories, et quoiqu'elles ne possèdent le secours ni des sciences profondes ni des machines compliquées.

Pour donner au lecteur une idée du style et des vues de notre ingénieux collègue, nous citerons d'abord ici la définition de ce qu'il comprend dans la catégorie où sont placés avec tant de distinction les peuples de l'Inde. « J'appelle une nation primitive, dit-il, celle qui n'offre avec l'antiquité que des rapports traditionnels d'origine commune, sans aucun de ces retours factices dits *Renaissance*, produits de l'archéologie et de la mode d'imitation; une nation vieille et jeune à la fois, qui a marché à travers les siècles, à travers les révolutions des empires et les alternatives de la prospérité et de la misère, emportant avec elle, défendant contre les autres et respectant pieusement les traditions qui enveloppent tout ce que Dieu a laissé de divin dans nos âmes, dans nos cœurs et dans notre esprit : la religion, l'art et la poésie. Les uns appellent ces nations barbares, les autres les estiment comme les plus civilisées du monde. Les deux opinions sont fondées; car leur état social est barbare [1], tandis que leur art est traditionnel, original et pur. »

2° Considérations et jugements propres à l'Inde.

Les nations primitives ainsi définies, il s'agit de les classer. L'auteur admet, avec raison, qu'il faudrait placer l'Inde au premier rang, si l'on ne considérait que la perfection de ses produits; mais il commet une erreur légère, laquelle heureusement n'a rien de commun avec les beaux-arts et leur empire : « Il faudrait, dit-il, à n'envisager que le chiffre de ses affaires, placer l'Inde au dernier rang!... »

M. le comte de Laborde a plus de raison qu'il ne le

[1] Au sujet des nations telles qu'en offre l'Inde, peut-être vaudrait-il mieux dire que leur état est à la fois très-avancé, très-policé, mais entaché par quelques coutumes barbares et par quelques croyances insensées.

suppose dans sa prédilection pour l'Inde. Ce n'est pas au dernier, c'est au premier rang des nations primitives qu'il faut placer les Grandes Indes, même pour le chiffre de leurs affaires commerciales avec l'étranger.

L'ensemble des produits de cette contrée qui sont importés dans la Grande-Bretagne surpasse de moitié tous les produits de la Turquie, de la Perse, de la Chine et du Japon reçus par la même puissance. Jugeons des exportations d'après les produits anglais que l'Inde consomme. A cet égard, sa supériorité, si c'en est une, est bien plus grande : ils représentent plus de deux fois la valeur des produits d'Angleterre envoyés aux quatre autres nations primitives les plus importantes.

D'après les derniers comptes officiels entre l'Inde et l'Angleterre, la valeur réunie des achats et des ventes s'élève au delà d'un milliard; pour les quatre autres nations primitives réunies, la somme correspondante n'atteint pas les trois quarts de ce grand chiffre. La même disproportion existe à l'avantage de l'Inde dans son commerce avec les peuples d'Occident autres que le peuple britannique.

Cette rectification, bien vulgaire à coup sûr, ne donnera que plus de force aux belles considérations du comte de Laborde en faveur des peuples de l'Inde. Il constate avec soin l'impression produite à Londres, dans le Palais de cristal, sur la foule du populaire comme sur l'élite des connaisseurs. Il va plus loin, et peut-être un peu loin : « En n'appréciant que cette impression, dit-il, personne n'a pu hésiter à placer ces nations primitives au sommet de la civilisation dont nous sommes si fiers. Comment concilier cette contradiction de nations barbares, ignorantes et misérables, exposant dans le grand concours des peuples un art si perfectionné qu'il témoigne des notions réservées aux peuples les plus avancés dans la civilisation, un art si magnifique qu'il porte en toutes choses une splendeur royale? Comment rendre compte de ce contraste de styles passagers, de modes éphémères, de créations aussitôt vieillies que mises au jour par nos artistes, et cet art vieux comme le monde, stable, immobile, se répétant à satiété et plein de jeunesse, de séve, de charme et de nouveauté? »

C'est à ces questions que l'ingénieux rapporteur se propose de répondre, et qu'il répond avec un rare talent d'observation; avec le talent, non moins rare, d'exprimer ses idées dans un style animé, gracieux et brillant d'un éclat que l'écrivain semble dérober aux produits orientaux dont il montre tous les mérites.

M. le comte de Laborde ne fait pas seulement apprécier le génie artistique de l'Inde; il présente, sur les nations industrielles, des considérations applicables surtout aux peuples de l'Occident les plus avancés. Il s'arrête avec amour à la région privilégiée qui réunit, dans la proportion la plus heureuse, les acquisitions de la science ajoutées aux présents de l'imagination; il sourit avec bonheur au génie de l'art, aux dons précieux du bon goût, départis par la nature à la nation française. Lorsqu'il voit les efforts que font de puissantes rivales pour nous enlever notre supériorité, il s'inquiète; il étudie, il recherche les dangers et les remèdes. Son patriotisme signale avec soin les institutions que nous devrions établir et les efforts que nous devrions faire pour rester toujours au premier rang. N'est-il pas juste de louer une telle sollicitude et des intentions si généreuses?

Nous ne pouvons qu'inviter le lecteur ami des arts à lire et à méditer l'ouvrage important qui, sous le titre de XXXe rapport, termine et couronne en quelque sorte la grande entreprise de la Commission française de 1851.

Entraîné par l'analogie des matières, nous avons traité d'abord tous les arts dont les produits plastiques ont des formes sur lesquelles peut influer le génie des beaux-arts.

Examen des arts textiles de l'Inde.

Pour compléter le tableau des travaux qui sont la gloire de l'Inde, il nous reste à parler des industries textiles qui peuvent être embellies par les dessins et les couleurs; ainsi qu'on l'a fait pressentir, elles peuvent aussi devoir une grande valeur au génie des beaux-arts. Nous commencerons par la soie et les soieries.

Production de la soie.

C'est de la Chine que les Indiens ont tiré le ver qui produit la soie, l'art de la filer et celui de la mettre en œuvre. L'époque de ces emprunts est inconnue, mais d'une antiquité considérable.

Lorsque les Européens abordèrent au Bengale, siége principal de l'éducation du précieux insecte, ils la trouvèrent dans un état qui paraissait être la décadence; et peut-être, dans ce pays, n'avait-elle jamais été très-perfectionnée. La préparation des fils semblait aussi dans un véritable état d'enfance.

Dès l'année qui suivit la victoire du colonel Clive, en 1757, la Compagnie des Indes orientales avait fait passer au Bengale un artiste intelligent, lequel eut mission d'améliorer le dévidage des cocons. Vingt ans plus tard, elle envoya dans la même province d'autres personnes expérimentées pour appeler le progrès sur toutes les parties de la préparation des soies.

Chose remarquable! l'éducation du ver à soie ne s'étendait pas vers le nord-ouest au delà des confins du Bengale; parce que plus loin, lorsqu'on remonte le Gange, l'Inde orientale subit la coïncidence funeste de chaleurs excessives avec de trop grandes et trop longues sécheresses.

Dans les vallées moyennes des Himâlayas, où les chaleurs sont moins intenses et tempérées par des pluies abondantes, on pourrait, ce me semble, propager sur une grande échelle la production de la soie.

Au milieu du siècle dernier, les indigènes n'élevaient le ver à soie ni sur la côte occidentale ni sur la côte orientale de l'Hindoustan proprement dit.

Sous la direction d'un habile Italien, on a tenté, pendant un assez grand nombre d'années, de naturaliser le précieux insecte sur les rivages de l'ouest; mais, dans ces derniers temps, on a fini par abandonner de tels essais, faute de succès. Au contraire, on a produit d'excellentes soies sur les plateaux élevés du royaume de Mysore, après l'époque où les Anglais se sont approprié la partie méridionale des États de Tippou-Sahib.

Même aujourd'hui, malgré tous les soins pris par les Européens, la presque totalité des soies de l'Inde offertes au commerce est d'une qualité très-inférieure. Dans ces dernières années, où des maladies funestes ont frappé les vers élevés en Europe, l'Angleterre et la France ont été forcées de faire dans ce pays des achats très-considérables. Il a fallu vaincre des difficultés singulières pour combiner les soies trop peu nerveuses empruntées au Bengale avec les soies de France et d'Italie. Les artistes de Lyon sont parvenus les premiers à résoudre ce problème délicat; les Anglais ensuite ont reçu d'eux des leçons. C'est ce que nous avons expliqué dans le volume précédent : FORCE PRODUCTIVE DE LA CHINE, p. 684; *Grandeur du commerce des soies entre la France et la Chine*.

La soie de l'Inde a ce défaut particulier qu'elle manque de nerf; mais elle est d'une admirable souplesse, et cette qualité se transmet aux tissus fabriqués par les indigènes : elle plaît surtout dans les foulards.

Ce qu'il y a de singulier, c'est que le ver à soie élevé dans l'Inde, malgré la communauté d'origine, diffère essentiellement du ver chinois, comme en diffère aussi la soie.

On remarquait, à l'Exposition, diverses espèces de vers à l'état sauvage : des espèces nommées *Bombyx*, *Phalæna* et *Saturnia*, ainsi que les tissus communs formés avec les fils qu'elles produisent. Les derniers sont connus du commerce britannique, et l'on s'en est servi pour couvrir des ombrelles.

Travail des soieries.

Parmi les produits de l'Inde figuraient, dans le Palais de cristal, des soieries fournies par le marché de Mourchedabad, où Warren Hastings, à son début, en achetait comme facteur il y a déjà plus d'un siècle; on remarquait des satins à larges raies de diverses couleurs, envoyés de Bénarès, de Cutche et d'Hyderabad.

Dans la Présidence de Bombay, c'est la soie de la Chine que l'Indien soumet à ses teintures et qu'il réduit en tissus. L'intelligence qu'il apporte dans ces travaux était démontrée par des produits variés, d'un travail perfectionné et d'un art de coloration dont les nuances et l'harmonie caractérisent un talent national.

Les Mahrattes de Pounah avaient envoyé à l'Exposition un remarquable tissu double, dont les deux faces offraient une couleur différente et des dessins particuliers.

D'autres cités, Surate, Ahmenughur et Tanna, présentaient des tissus très-dignes d'estime.

L'observateur arrêtait plus particulièrement son attention sur les soieries fabriquées à Cachemire; c'était l'ouvrage de la même population si célèbre par ses châles confectionnés avec le beau duvet des chèvres du Tibet. Elle mettait son génie spécial non-seulement à réunir la force à l'égalité dans ses tissus soyeux, espèces de taffetas, mais à les colorier avec des teintes douces, variées et d'une exquise harmonie.

Dans l'antiquité, et jusqu'à la fin de la Renaissance, les soieries de l'Inde étaient pour l'Occident l'objet d'un très-grand luxe et d'un commerce considérable. Avec le secours du temps, les Français, les Italiens, les Allemands, les Suisses et même les Anglais, chacun dans un genre différent, ont fini par surpasser ces brillants ouvrages, par les combinaisons, par la régularité et par la variété du tissage; ils ont obtenu ce succès non-seulement pour les tissus unis d'Orient, mais pour certains genres coloriés, à teintes tranchées, qui représentaient des fleurs, des animaux, des figures humaines. Malgré tant d'efforts, ils n'ont pas fait oublier les Indiens dans l'art de produire des effets vraiment merveilleux avec des couleurs peu nombreuses, habilement contrastées, et d'un effet général plein de charme et d'éclat.

Hyderabad, Ahmenabad et Bénarès présentaient des brocarts et des soieries à fleurs qu'on admirait pour leurs riches dessins et pour l'harmonie de leurs couleurs.

Les tissus formés avec le duvet des chèvres du Tibet.

C'est à l'extrémité la plus reculée de l'Inde, au nord des sources de l'Indus, c'est au pied des Himâlayas les plus avancés vers le centre de l'Asie, c'est là qu'il faut aller pour trouver la population dont les travaux n'ont encore été surpassés dans aucune partie du monde. Les habitants de Cachemire sont obligés de franchir ces hautes montagnes pour demander sur le versant septentrional les beaux duvets des chèvres du Tibet. Ils les filent à la main, en leur donnant à la fois l'égalité, la force et la finesse; puis ils les réduisent en tissus, soit unis, soit historiés. Les Européens, avec leurs mécanismes, ont surpassé les tissus unis pour la régularité, pour l'égalité du tissage; mais pour tout le reste ils n'ont pu s'élever à la supériorité.

Les manufacturiers de Cachemire sont d'admirables teinturiers; les nuances les plus fugitives de leurs châles conservent leur puissance et leurs rapports harmonieux, malgré les atteintes de l'usage et du temps.

Lorsque les Français arrivèrent en Égypte, à la fin du siècle dernier, ils furent frappés de voir les tissus de Cachemire embellir la parure des Orientaux, sous forme de châles, d'écharpes, de turbans, de ceintures, de vestes, de robes et de tuniques. Leurs yeux étaient charmés par le doux éclat et la richesse des couleurs. Ils admiraient l'opulence, la souplesse et la légèreté de ces beaux tissus, propres à tous les climats, qui drapaient à ravir les formes humaines, et qui, suivant les convenances et le génie des deux sexes, donnaient à leur parure tantôt la grâce et tantôt la majesté. Les châles et les écharpes qui furent alors envoyés en France obtinrent, comme par magie, le suffrage des femmes, dont le génie comprend si bien tout ce qui sied à leur beauté.

Nous serions surpris si nous comparions les produits du même genre qu'on exposait en 1851 avec les tissus les plus somptueux empruntés à Cachemire au commencement du siècle; tant ces derniers paraîtraient simples, tant ils étaient sobrement décorés par des bordures étroites et des palmettes légères.

. . . .

A mesure que le goût de ces tissus est devenu plus général en Europe, les classes riches ont demandé, disons mieux, ont commandé des châles plus somptueux. Par l'effet d'une telle impulsion, les artistes de l'Inde, au lieu de rester stationnaires et routiniers, comme nous nous plaisons à le supposer, ont facilement avancé dans la voie qui plaisait aux consommateurs des nations occidentales. Ils ont sans cesse augmenté la largeur et la longueur de leurs châles et de leurs écharpes; l'ampleur des parties historiées a pris une plus grande place et quelquefois a couvert le châle tout entier. On a fait des châles où le fond disparaît absolument; ils n'offrent plus que des dessins d'une complication toujours croissante et d'une variété inépuisable.

La production des châles, à Cachemire et dans quelques autres parties de l'Inde, augmentant plus vite encore que les besoins de l'Occident, le prix des tissus, malgré leur complication et leur grandeur toujours croissante, ce prix s'est constamment abaissé. Un châle plus somptueux qu'on ne l'obtenait au commencement du siècle pour 10,000 francs n'en coûterait pas 3,000 aujourd'hui.

Une autre cause a forcé les artistes de Cachemire à délaisser leur antique simplicité. Lorsque les manufacturiers européens, Ternaux à leur tête, ont entrepris de fabriquer des châles plus ou moins imités de Cachemire, un immense obstacle s'est présenté : nous ne parlons pas de la difficulté commerciale d'aller à six mille lieues chercher le duvet des chèvres tibétaines, ou par l'Inde et les mers orientales, ou par la Russie et la Baltique. La difficulté principale était dans la nature même du travail. Pour façonner un châle dans le genre de Cachemire, chaque fois que la trame, ayant couvert un ou plusieurs fils de chaîne, passe en dessous du tissu, il faut faire un nœud à la main et reprendre plus loin la même nuance. Ainsi l'industrie, l'intelligence et la force d'un ouvrier sont employées, nous dirons presque sont perdues, à produire lentement un si mince résultat : un nœud! Mille fils de chaîne recouverts ainsi par cent fils de trame pourraient donc exiger cent mille nœuds de tisserand, et l'on n'aurait produit que la faible partie d'un châle entier. On conçoit de pareils travaux dans une contrée où les mains ouvrières, d'une agilité, d'une délicatesse proverbiales, ne coûtent pourtant pas plus de 50 ou 60 centimes par journée complète; mais en Europe, où la même industrie se payerait 2 à 3 francs par jour, la concurrence paraît impossible, et pendant longtemps n'a pas été tentée.

En présence de cet obstacle, les manufacturiers français, les premiers engagés dans la lutte, ont borné leurs efforts à produire un dessus de châle comparable au vrai cachemire. A l'égard du dessous, de *l'envers*, lorsqu'un fil doit passer sous 5, 10, 15 fils ou davantage avant de reparaître avec la même nuance sur *l'endroit*, on l'a laissé libre en dessous. Ce dessous n'a présenté qu'un amas de fils agglomérés, sans ordre et sans beauté. Ensuite, au moyen d'une opération adroite, on les a coupés, en ne leur laissant d'adhérence avec les fils de la chaîne que par la pression générale du tissu.

On a de la sorte remporté la victoire du bon marché; mais ce bon marché même a classé les tissus brochés, les Ternaux, comme on les a dénommés, parmi les produits secondaires réservés à la moyenne propriété; tandis que le vrai cachemire, avec l'aristocratie de sa cherté et son mérite intrinsèque, est resté la parure propre à la richesse avec toutes ses insolences, si chères à la beauté.

Les Ternaux, à leur tour, ont fait appel à l'opulence ou du moins à la demi-fortune, en lui présentant des châles à dessins si grands, si coloriés, si compliqués, qu'il fallait bien ne pas les payer d'un bas prix trop désespérant. Ils acquéraient ainsi presque des titres à l'estime des consommateurs du premier ordre, qui réclament avant tout la cherté que ne peuvent atteindre les fortunes les plus modestes.

Aussitôt, pour conserver cette nature de supériorité, les maisons européennes commanditaires des tisserands de Cachemire leur ont demandé des châles de plus en plus somptueux, surchargés d'énormes dessins : des dessins, nous rougissons de le dire, que des artistes européens osaient composer; dessins qui n'avaient plus d'oriental que leur destination.

Peu de personnes, en Europe, ont suffisamment apprécié la décadence qu'un tel renversement de rôles tend à produire dans l'Inde. Ces palmettes si charmantes, ces palmes si grandioses que nous admirons dans les cachemires véritablement cachemiriens, elles ne sont pas l'objet du pur caprice et de la seule imagination. La nature, en Orient, nous présente des feuilles à contours sinueux imités du cou de cygne; sur ces grandes et belles feuilles le soleil a dessiné, gravé, colorié des ornements délicieux. Les artistes de l'Inde les ont imitées, comme les sculpteurs de la Grèce ont imité les découpures de l'acanthe et ses volutes hardies dans leurs chapiteaux corinthiens. Aujourd'hui que l'horticulture a tiré de l'Indo-Chine les superbes plantes appelées *bigonias*, chacun peut, en admirant leur feuillage, y reconnaître ce qu'a reproduit de plus pur et de plus gracieux le génie décorateur des artistes de Cachemire.

Si vous voulez maintenir le caractère indigène et la supériorité des châles de l'Inde, mettez donc de côté tous les bizarres dessins allemands, anglais, français même :

demandez à des dessinateurs, à des tisserands, à des teinturiers orientaux qu'ils reproduisent la beauté des plantes de l'Orient, imitées sur les tissus de l'Orient, avec ce sentiment oriental qui devine et reproduit l'harmonie magique des couleurs dans le vrai pays du soleil, au plus beau milieu d'une zone à moitié torride, à moitié tempérée.

En résumé, si je dirigeais le commerce des vrais cachemires en Europe, j'enverrais non pas des dessins, mais des dessinateurs dans l'Inde, et je leur dirais : Contemplez, étudiez cette éclatante nature; comparez les effets merveilleux de la lumière sur les plantes d'Asie, au point du jour, à l'aurore, à midi, le soir même, quand le soleil va disparaître. Acquérez le goût, le génie des artistes orientaux; alors vous pourrez composer des cachemires qui charmeront à la fois l'Orient et l'Occident.

A côté des tissus de Cachemire, Bénarès et d'autres grandes cités, Goualior, Hyderabad et Nagpour, offraient, à l'Exposition, des châles où les fils d'or et d'argent se mêlaient avec la soie et le duvet de Cachemire; le mélange présentait des tissus qui plaisaient à la fois par la richesse et la variété. En général, ils étaient remarquables par l'opposition des couleurs et l'effet presque magique de l'ensemble.

La filature et les tissus de coton.

L'industrie la plus nationale et la plus antique, pratiquée par le plus grand nombre de bras et poussée le plus loin vers la perfection que puisse atteindre la main de l'homme, c'est la filature et la mise en œuvre du coton pour servir aux arts textiles.

Dans cette grande industrie, l'Inde produit tout elle-même ; elle n'emprunte rien au Tibet, rien à la Chine. Dans le monde antique, elle était sans rivale chez les Romains, les Grecs et les Égyptiens, comme chez les Asiatiques. Pour la mise en œuvre du coton, elle ne fut égalée chez aucun peuple moderne jusqu'aux premières années du XIXe siècle. Pendant longtemps, il a fallu que les Occidentaux, abusant du droit de conquête, accablassent de droits, en grande partie prohibitifs, les tissus de coton envoyés des trois Présidences dans les ports des trois royaumes. La prudente Angleterre n'a préconisé de ce côté la liberté du commerce qu'après avoir triomphé, par la prohibition et la servitude, des cotons ouvrés, et depuis si longtemps supérieurs, produits dans la péninsule hindoustanie.

Sous les princes indigènes, sectateurs de Brahma, et plus tard sous les princes musulmans nationalisés sur les bords du Gange, de l'Indus et de la Jumna, la splendeur des cours encourageait les artistes à se surpasser eux-mêmes par la finesse incroyable des fils et par la légèreté, je dirais presque *la volatilité* des tissus diaphanes ; tissus qu'on ne désignait qu'en prodiguant des métaphores qui traduisaient l'étonnement et l'admiration.

Ce que depuis deux siècles ne fait plus l'opulence déchue des radjahs, des vizirs et des sultans, les agents de la Compagnie des Indes l'ont fait une fois, mais en petit et très-modestement, afin d'embellir l'Exposition universelle de 1851.

A Dacca, ville autrefois si célèbre par ses tissus, le comité préparateur, agissant au nom du Gouvernement, a proposé, puis décerné l'humble prix de 25 roupies (62[f] 50[c]), pour récompenser la personne qui produirait la plus fine et la plus belle mousseline. Un artisan merveilleux, Hubioulla de Golkonda, reçut la somme proposée, comme ayant tissé la pièce la plus parfaite. Ajoutons que le pauvre Hubioulla de Golkonda, quoique son œuvre ait été justement appréciée, n'a pas reçu du Jury de Londres la moindre distinction. Sa pièce de mousseline avait 9 mètres de longueur sur 9 décimètres de largeur; elle pesait seulement 87 grammes, et l'on pouvait la faire passer dans un très-petit anneau. En définitive, il aurait fallu 104 mètres d'un tissu si vaporeux pour peser un simple kilogramme.

Lorsqu'un des grands Mogols renommés pour leur somptuosité, Jéhanghire par exemple, voulait encourager les plus habiles artisans qui fussent alors à Dacca, pour qu'en se surpassant eux-mêmes ils apportassent des voiles d'une transparence et d'une perfection dignes de parer la sultane merveilleuse qu'on appelait *la Lumière du monde*, ce n'était pas avec la misérable annonce de 25 roupies qu'il faisait naître et récompensait les chefs-d'œuvre des Arachnés de son empire.

L'ingénieux M. Taylor a présenté des observations un peu complaisantes au sujet de la décadence de l'industrie cotonnière des Indiens, par l'avilissement des prix en Angleterre. Les mousselines de la plus rare finesse, assure-t-il, n'ont jamais formé qu'une faible partie des achats de l'Angleterre : une diminution quelconque, à ce sujet, n'a donc pas pu causer de ruine à Dacca; elle n'a pas empêché que les tissus les plus parfaits de ce foyer d'industrie ne conservassent dans l'Inde et dans le reste de l'Asie leur antique renommée; à présent même, elles sont encore jugées dignes d'être comptées parmi les présents les plus précieux que puissent recevoir les souverains indigènes. M. Taylor va plus loin : il affirme qu'aujourd'hui les belles mousselines qui proviennent des ateliers de Dacca sont supérieures à celles qu'on y produisait dans le siècle dernier; suivant son opinion, elles seraient parfaitement comparables aux merveilleux tissus fabriqués lors des plus beaux temps du fastueux règne d'Aureng-Zeb. Il nous paraît impossible d'accepter tant d'assertions dépourvues de preuves et qui contredisent toutes les traditions.

D'autres mousselines, remarquables aussi pour leur finesse, étaient envoyées à l'Exposition; elles provenaient de Cotter, dans la principauté de Travancore, des États du maharadjah de Goualior et de Kischenighur, cité du Bengale.

Dans les principaux centres de fabrication des trois Présidences, on avait envoyé les tissus de coton les plus variés, préparés pour suffire à tous les genres d'usages, depuis les grossiers tissus propres à l'emballage jusqu'aux plus belles percales; depuis les toiles à voiles jusqu'au linge de table et de toilette qui convient à l'opulence; depuis les mousselines historiées ou brodées jusqu'aux gazes les plus légères.

Les Circars ou districts du nord, à proximité de Calcutta, sont un centre de fabrication de fins calicots : on voyait leurs produits figurer à Londres.

Les plus beaux duvets de coton récoltés à Dacca, remarquables pour leur ténuité, sont précieux pour fabriquer les mousselines les plus parfaites, parce qu'ils ont la qualité de ne pas se gonfler lorsqu'on soumet ces tissus au blanchissage. Ce gonflement, au contraire, est chéri dans Manchester, parce qu'il donne un aspect plus *corsé* à leurs tissus communs, où l'apprêt copieux de l'amidonnier sert de supplément à la parcimonie de la matière filamenteuse.

Dans un rapport à la Cour des Directeurs, M. James Taylor, médecin de la Compagnie dans le Bengale, celui que nous avons déjà cité, a fourni des renseignements précieux sur la fabrique des cotons à Dacca; il avait fait préparer, pour l'Exposition universelle, la représentation graphique des diverses opérations, avec les instruments employés à la filature : profitons de ses travaux et tâchons d'y joindre nos interprétations.

La fileuse indienne carde son coton avec la mâchoire garnie de dents d'un poisson nommé *boalie*, appartenant à la famille des *silures*. Elle étire ainsi les filaments, après en avoir séparé les graines ou semences avec un petit rouleau de fer qu'elle fait aller et venir, comme celui d'un pâtissier, sur une table plane où le coton est étalé. Un petit arçon sert ensuite pour réduire les filaments à l'état d'un duvet vaporeux; par une légère torsion, la fileuse en fait un boudin peu serré, qu'elle tiendra dans sa main lorsqu'elle filera.

Pour la filature commune, les Hindous ont trouvé plus expéditif et plus économique d'employer le rouet au lieu de la quenouille et du fuseau; mais ils ont conservé la filature à la main pour produire les fils d'une finesse extrême, nécessaires aux plus belles mousselines. Lorsqu'on suit avec attention toutes les manipulations nécessaires pour obtenir ce merveilleux produit de l'Inde, on reconnaît que la perfection en est due à l'attention incessante, aux soins infinis apportés par les ouvriers et les ouvrières. La nature elle-même a doublé le succès d'un tel ensemble de soins et de vive attention, en donnant aux peuples de l'Inde une délicatesse de toucher qu'on ne trouve au même degré chez aucune autre race humaine. On ne doit donc pas s'étonner que ces Indiens aient demandé leurs plus merveilleux chefs-d'œuvre textiles non pas à des mécanismes, mais à des mains délicates et perfectionnées ainsi par le bienfait de la nature. Un des écrivains de l'Hindoustan proclamait cette vérité lorsqu'il disait : « Entre tous les instruments, le premier, le meilleur et le plus parfait, c'est la main de l'homme. »

Même avec ce présent de la Providence, il ne faut pas croire que la fileuse de l'Inde ait pu parvenir à produire des fils d'une finesse extraordinaire sans un long et judicieux emploi de son intelligence. Les moyens mêmes qu'elle a fini par découvrir nous démontrent le contraire. Sans posséder la moindre notion scientifique, la fileuse indienne a compris qu'une broche, une aiguille en fer, d'un très-petit diamètre, au lieu d'un fuseau volumineux, ne pourrait pas conserver sa force de rotation pendant un assez grand nombre de tours. En conséquence, elle attache à cette aiguille un disque d'argile, qui, faisant l'effet du volant d'une mécanique, accumule et conserve la force motrice. Cette conservation, quant à sa cause, était chose inconnue aux bords du Gange; mais l'effet portait avec lui sa démonstration. Quand on travaillera pour donner des fils à la plus belle mousseline, si l'aiguille tournait à la manière du fuseau libre, elle ferait effort avec tout son poids sur les filaments soumis à la torsion, et ce poids, quelque faible qu'il fût, suffirait pour les briser. Afin d'obvier à cet inconvénient, le bout inférieur de l'aiguille est supporté par un coquillage horizontalement et fixement établi; ce bout inférieur tourne dans une petite cavité pratiquée à la surface de la coquille, et n'occasionnant lors de la rotation qu'un frottement imperceptible.

Par la difficulté qu'on éprouve à faire comprendre ces actions délicates aux lecteurs qui ne sont pas mécaniciens, on peut apprécier l'intelligence de la fileuse indigène. Elle n'est parvenue à produire ses chefs-d'œuvre de ténuité et de régularité qu'en satisfaisant, par son esprit d'observation et d'invention, aux lois d'une science dynamique impérieuse, qui commandait quoique invisible, et dont elle n'avait pas la moindre idée.

Pour la filature délicate, on a reconnu que la température la plus favorable, agissant sur un air chargé d'une douce moiteur, est celle de 27 degrés centigrades. Sous la latitude de Dacca, cette condition exige que la fileuse travaille de grand matin, ou bien le soir, quand le soleil n'embrase plus l'atmosphère. Elle est quelquefois obligée de filer au-dessus d'un vase plein d'eau chauffée qui s'évapore et donne au duvet de coton le degré de moiteur indispensable au succès d'un travail si délicat.

Quand on veut obtenir des fils très-fins sous le climat trop souvent sec du Gange supérieur, on travaille *dans des ateliers souterrains;* c'est le seul moyen d'opérer au milieu d'une atmosphère dont l'humidité ne soit pas inégale.

Lorsque la fileuse indienne fait usage du rouet, celui qu'elle emploie a pour rayons de très-légers bambous rattachés à la circonférence par une corde élastique. Ce système, imparfait en apparence, est conservé même pour des rouets destinés aux dames opulentes et délicatement ornementés. Ce n'est donc point par économie que l'on s'abstient de donner au rouet une circonférence solide et rigidement assemblée. Une longue expérience a fait reconnaître que la corde polygonale qui relie tous les rayons procure à la roue une suffisante solidité; en même temps elle procure au système une élasticité favorable à la douceur des mouvements.

Blanchissage perfectionné des tissus de coton.

Les mêmes localités qui sont célèbres pour la fabrication des tissus le sont aussi pour les industries secondaires qui concourent à leur donner la supériorité : tel est l'art du blanchiment tel qu'on le pratique à *Barroche* et surtout à Dacca.

Les belles mousselines sont simplement mises à tremper dans l'eau, en les frottant au besoin dans ce liquide avec délicatesse. Toutes les pièces ainsi préparées sont ensuite plongées pendant quelques heures dans un bain composé de savon et de natron : carbonate de soude. Cela fait, on les étend sur une prairie; puis, pour aider aux effets blanchissants de l'air et de la rosée, de temps à autre on les arrose avec une eau pure.

Les Indiens ont reconnu le besoin, lorsque les tissus sont à moitié séchés, de les soumettre à l'action de la vapeur d'eau. A cet effet, on les enroule en spirales, comme les marins *lovent* un câble; ils sont disposés ainsi sur une large claie établie horizontalement, et qui couvre une excavation pratiquée dans le sol : au fond de cette excavation se place une chaudière pleine d'eau que l'on chauffe et d'où sort la vapeur qui traversera la claie et les tissus qu'elle supporte. Ces tissus, *lovés* comme il vient d'être dit, empilés les uns au-dessus des autres, sont enfermés sous un cône de bambou qui s'élève jusqu'à deux mètres au-dessus du col de la bouilloire. A mesure que la vapeur est dispersée dans les différentes parties de sa prison conique, elle traverse les tissus en dilatant les pores des fils par l'action de sa chaleur. L'opération dure toute une nuit. Quand elle est finie, les tissus sont trempés de nouveau dans une eau alcaline; puis étendus sur le pré, comme ils l'avaient été la veille. Ces actions alternatives de l'air libre, de la rosée et de la vapeur d'eau sont renouvelées huit à dix fois, jusqu'au parfait blanchiment. Après un dernier usage de la vapeur, les tissus sont trempés dans une eau qu'on acidule en y versant le jus d'un fort citron pour chaque pièce de toile.

Ces procédés, si méthodiques, sont pratiqués depuis longtemps. Tavernier, qui voyageait il y a deux siècles, rapporte que Barroche, dans le pays de Guzerat, était un lieu fameux pour ses blanchisseries; elles étaient favorisées à la fois par de vastes prairies et par l'abondance des citronniers cultivés dans le voisinage.

Certainement la chimie la plus perfectionnée n'indiquerait rien de plus judicieux que la série régulière qui nous présente tour à tour les actions de l'eau pure, d'un liquide alcalin et de la vapeur d'eau; puis celles de l'air, de la lumière et de la rosée; enfin, celle d'un bain d'eau acidulée : bain qui fait disparaître les moindres résidus alcalins et les dernières impuretés animales ou végétales. Le procédé peut sans doute paraître lent; mais il est parfait et n'altère en rien la nature ni la force des filaments les plus délicats.

C'est ainsi que le génie d'observation, chez les peuples étrangers aux théories modernes les plus puissantes, leur révèle parfois un ensemble d'opérations dont le système est précisément ce que prescrirait la rigueur de ces théories.

Mais un petit nombre de nations, et des plus favorisées par la nature, découvrent chacune à peine deux ou trois semblables systèmes, si la fécondité des théories ne vient pas à leur secours; tandis que le nombre de ces merveilleux enchaînements qu'exige le progrès des industries les plus délicates, ce nombre s'accroît tous les jours, et sans limites assignables, chez les peuples dirigés par la lumière des sciences. Ces derniers peuples, si récents qu'ils soient, l'emportent bientôt sur les premiers, célèbres depuis tant de siècles par leurs merveilleuses pratiques, découvertes avec lenteur à force de patience et de talent observateur.

La teinture sur coton et ses matières premières.

Les artistes observateurs qui combinent et raisonnent le blanchiment avec tant d'habileté n'ont été ni moins ingénieux ni moins judicieux pour embellir par la teinture leurs toisons, leurs soies et leurs filaments végétaux. La nature avait fait beaucoup pour eux, en leur offrant le modèle des couleurs puissantes et des nuances infinies qui parent les feuilles, les fleurs et les fruits des plantes intertropicales. Ils ont eu l'art d'extraire les principes colorants les plus précieux avec des procédés souvent peu faciles à découvrir, et dont le résultat n'était annoncé ni par l'aspect ni par les qualités de la matière primitive. C'est ainsi qu'ils ont trouvé le secret de créer un bleu particulier à l'Inde, bleu si précieux que toutes les nations l'ont adopté, et ne le connaissent que sous le nom d'*indigo*, qui rappelle son origine.

L'Exposition universelle de 1851 a prouvé, dit avec autorité le savant docteur Royle, que les Indiens savent obtenir par la teinture les couleurs de tous les genres, avec une grande variété dans les nuances.

Ils connaissent le pouvoir et, si je puis parler ainsi, l'influence de chacune d'elles sur les autres, par un rapprochement d'où naît l'harmonie de l'ensemble et le grand effet des contrastes.

C'est cet instinct, ce génie du coloriste oriental qui commandaient, dans le Palais de cristal, l'admiration des connaisseurs, même en présence des toiles peintes avec toute la science et le mérite des Occidentaux, Français, Anglais, Allemands et Suisses.

Sur les cotons et les mousselines les plus fines, les Indiens impriment l'argent et l'or. Il paraît que chez les

Birmans on emploie le suc d'une plante qui contient en dissolution l'*india rubber;* ce principe gommeux produit une adhérence durable entre les tissus et les follicules métalliques qu'on s'est proposé de fixer.

A Dacca, les teinturiers exécutent en fabrique, et plus économiquement que les peintres dont nous parlerons plus tard, les contours des dessins que la broderie devra remplir sur les tissus. Pour imprimer ces contours, ils emploient des matrices en bois sur lesquelles on a gravé les dessins en relief.

Les cotons imprimés ou teints qui parvinrent en Europe, quand un grand commerce s'ouvrit avec l'Inde orientale, réunirent tous les suffrages et furent admirés sous la dénomination générique d'*indiennes*.

Les Indiens, créateurs d'un art savant, sans science apparente, avaient découvert un phénomène capital. A chaque couleur dont il faut parer un tissu correspond une préparation liquide, que nous appelons *un mordant;* appliquée sur l'étoffe, dans les limites d'un dessin quelconque, et puis séchée, si l'on plonge le tissu dans un bain qui contienne la couleur correspondant au mordant, elle est saisie, *mordue*, fixée. Le teinturier indien a formé de la sorte une gamme corrélative de mordants et de couleurs, qu'il a su renfermer dans des dessins variés, pittoresques, harmonieux, pour servir à la fois l'imagination des artistes et les besoins de l'industrie.

Aujourd'hui nos blanchisseurs en manufacture et nos teinturiers de tissus, éclairés, guidés par les plus grands chimistes, tels que Berthollet, et par des fabricants pleins d'invention, surpassent de bien loin l'industrie des Orientaux dans sa partie savante et manufacturière : ils ne les font pas oublier comme coloristes.

Tapis de soie et de laine.

Goulâb-Sing, radjah de Cachemire, avait envoyé plusieurs grands tapis dont la chaîne était en soie, et dont l'éclat était rehaussé par de brillantes couleurs; on admirait de ces couleurs la variété, la vivacité, le contraste et la singulière harmonie. Des tapis semblables, mais de moindres dimensions, provenaient d'Hyderabad, de Khyrpour et de Tanjour.

Un genre de produits moins connu comme appartenant à l'Inde est celui des tapis de laine. Il faut citer ceux de Goruckpour et surtout ceux de Mirzapour, recommandables par leurs grandes dimensions, leurs dessins pleins de goût et d'originalité. Ils attestent un art que sans cesse on doit louer dans l'industrie de l'Inde, l'art de combiner les couleurs.

Dans les trois mois qui ressemblent au doux printemps et qui sont l'hiver de ce beau pays, on retire des appartements les plus somptueux les jolies nattes à la fois si légères et si fraîches en été. Le plus souvent, ces nattes sont remplacées par des tapis indigènes; mais parfois l'opulence y substitue des tapis empruntés à la Perse.

L'Exposition de 1851 avait montré combien sont liées entre elles toutes les parties de l'art indien, soit du dessin, soit de la coloration, et comment elles se font valoir les unes par les autres.

Un fabricant de Bangalore avait eu l'idée malheureuse d'exécuter un grand tapis d'après le dessin et les couleurs des tapis de l'Occident : les Européens juges de cet essai trouvèrent que l'effet était décidément inférieur au style des tapis indiens, qui conquéraient tous les suffrages.

Chacun a pu remarquer dans le Palais de cristal le modèle d'un métier vertical propre à fabriquer des tapis. On voyait cinq tisserands hindous assis devant les fils de la chaîne; le chef ouvrier, un livret à la main, les dirigeait pour passer convenablement les fils de la trame diversement colorés.

Tissus de poil de chameau fabriqués dans l'école ouverte aux enfants des Thugs.

A l'extérieur du Palais de cristal s'élevait une tente spacieuse, tissée par les familles de Thugs soumises à la réforme dans l'école des arts et métiers du Gouvernement. Cette tente, à l'égal de celle que les prisonniers de Cawnpore avaient exécutée, était comparable aux tissus indiens du même genre les plus estimés.

Raccommodage des tissus en poil de chèvre du Tibet.

Il est un art qui démontre à quel degré de perfection peut être portée l'adresse manuelle chez le peuple dont les mains ont reçu de la nature la plus rare délicatesse. Cet art consiste à réparer soit un accident, soit un défaut, dans les châles de Cachemire du travail le plus exquis. Nous allons voir que la même industrie s'applique avec non moins de succès pour raccommoder les percales et les mousselines qui peuvent être endommagées lors des opérations de blanchissage que nous avons expliquées. Arrêtons-nous à ce dernier genre de travail.

Art de rentraire ou de raccommoder les tissus de coton.

Les Occidentaux se formeront difficilement une idée du degré de perfection auquel cette humble industrie est portée dans l'Inde. Des mains aussi délicates que celles qui tissaient les mousselines vaporeuses que les meilleurs juges appelaient, par métaphore, de l'*air tissé* (*woven air*), de pareilles mains pouvaient seules faire disparaître les défauts et réparer les accidents qui déshonoraient des chefs-d'œuvre dignes d'Arachné. Qu'on se figure l'attention, la patience et l'adresse indispensables pour retirer sans rien endommager, d'une pièce de tissu longue de dix-huit à vingt mètres, un fil défectueux, lorsque ce fil déparait la régularité parfaite d'une mousseline dont la finesse, en quelque sorte miraculeuse, devait servir de voile à la fille d'un roi, d'un maharadjah ou de leur premier vizir! Eh bien, à force de patience et de dextérité, non-seulement l'artiste enlevait le fil condamné, mais le remplaçait avec un succès si complet, que l'œil le plus exercé ne distinguait plus le fil nouveau parmi tous les autres; on n'apercevait pas même la place qu'occupait, au milieu du tissu, l'ancien fil dont les défauts étaient intolérables. Cette industrie existe encore.

Quelques habiles dentellières de Valenciennes, de Bruxelles ou de Paris accomplissent dans un autre genre d'aussi grands miracles de dextérité; mais elles ne les surpassent pas.

Des travaux plus faciles et plus fréquents ont pour objet tantôt de faire disparaître les nœuds faits par le tisserand et de rejoindre les parties d'un fil rompu, tantôt de réparer les mousselines, les percales et les simples calicots endommagés pendant le blanchissage.

Des broderies sur le coton et sur la soie.

Dès 1744, l'abbé Guyon faisait remarquer en Europe, comme fabriquées à Dacca, les broderies les plus fines et les plus parfaites de l'Inde, exécutées avec des fils de coton, de soie, d'or ou d'argent; puis les mouchoirs brodés et les mousselines, comme disent les marchands, *superfines*, qu'on estimait si fort en France. C'était Dacca qui brodait le mieux, avec ses fils de coton, les plus beaux tissus de coton; l'art n'a pas disparu, et l'Exposition de 1851 en offrait des preuves remarquables.

La force de la vérité, qui triomphe de tout aux yeux des femmes dès qu'il s'agit de parer leur beauté, faisait confesser par une élégante lady, plus clairvoyante et plus impartiale ici que les Jurés britanniques, la supériorité des écharpes à broderies de l'Inde, quand ces broderies sont exécutées sur mousseline ou sur tulle; elle pensait qu'apportées par le commerce en Angleterre, et mises en œuvre pour les grandes parures de fête et de bal, elles obtiendraient un succès complet.

Les écharpes brodées de Delhy ont toujours été fort admirées; le luxe de la cour du Grand Mogol faisait naître et récompensait leur supériorité. L'Europe n'attache pas autant de prix à ces chefs-d'œuvre; mais ils continuent d'être recherchés par les Orientaux dans les bazars de Java et de Bassora comme ils le sont à Singapore.

Pour exécuter les belles broderies dont nous venons d'offrir l'idée, des artistes hindous en tracent au pinceau les contours sur la mousseline tendue dans un cadre de bambou; ce cadre est fixé seulement à deux tiers de mètre au-dessus du sol sur lequel sont assis les brodeuses ou les brodeurs. Des dessins complets et colorés leur servent de modèles.

Dans la ville de Dacca, beaucoup de brodeuses mahométanes descendent à l'œuvre très-vulgaire de broder avec du coton sur les tissus de fausse soie appelée *mounga*, soie filée par des vers phalènes nourris avec d'autres feuilles que celles du mûrier.

Faisons remarquer un fait qui suffit à retracer l'origine différente des travaux de broderie dans les deux parties du monde. Tandis que chez nous le travailleur tire à lui son aiguille, dans l'Inde il la pousse en avant et l'éloigne de sa personne. L'écriture offre la même disparate : tandis que la main droite des Occidentaux écrit en avançant de gauche à droite, la main des Orientaux, depuis les Hébreux jusqu'aux Chinois, se rapproche de l'écrivain en avançant de droite à gauche.

Les magnifiques broderies d'argent et d'or, en relief, sur les housses des éléphants; celles qui décoraient les dais royaux; les tapis sur lesquels les nababs fument le narguilé, toutes ces œuvres de grand luxe sont exécutées avec le plus de perfection à Bénarès et dans la ville de Mourchedabad.

Éducation, industrie et parure de l'éléphant asiatique.

Aristote a le premier donné des notions dignes d'un grand observateur sur cette merveille du genre animal, que les Hindous, dans leur langage figuré, nomment *Kohirawant*, la montagne mouvante; il écrivait d'après l'étude qu'il faisait de ces animaux qu'Alexandre avait capturés dans l'armée de Porus et qu'il fit passer en Grèce : ce furent les premiers que vit l'Europe.

Vingt-deux siècles plus tard, Buffon, l'Aristote français, ajouta considérablement aux observations, aux descriptions données par son devancier. Dans son Histoire naturelle, les éléphants apprivoisés par l'Inde et leurs rapports avec les habitants de cette partie du monde occupent la presque totalité d'un admirable chapitre où l'auteur a réuni tous les genres de mérite, et ceux de la pensée et ceux du style. On a très-souvent accusé ce grand écrivain de donner trop de pompe à sa diction, même au sujet des plus humbles animaux. Personne ne pourrait lui faire un reproche pareil lorsqu'il décrit le plus imposant des quadrupèdes : c'est alors qu'il sait être à propos brillant, noble et majestueux, ce qui ne peut surprendre personne. Mais, dans les endroits consacrés à la pure utilité, le merveilleux écrivain se montre, sans le moindre effort, aussi simple que gracieux, et d'un naturel parfait d'expression; l'envie aurait dû ne pas fermer les yeux sur ce dernier mérite.

Dans son étude complète, l'Afrique n'est pas oubliée. Cependant on est frappé de voir combien cette contrée lui fournit peu de faits importants; ce qu'il faut attribuer à la faible intelligence des peuplades nègres qui chassent l'éléphant, le domptent et lui donnent une éducation imparfaite comme leurs mœurs et leur civilisation. Tout ou presque tout appartient à l'Asie, disons mieux appartient à l'Inde; et c'est là que Buffon concentre son attention.

Ce que la nature des choses conduisait à faire chez l'historien des races du monde entier devient une obligation plus étroite pour nous, dans la partie de notre ouvrage consacrée particulièrement aux forces productives de l'Inde et de ses populations.

1. — *Supériorité des Indiens dans l'éducation de l'éléphant.*

La Providence a donné l'éléphant à l'Asiatique, et surtout à l'Indien, pour suppléer à la puissance de l'homme chez l'un des peuples les moins robustes, il est vrai, mais les plus intelligents.

C'est l'Indien qui, le premier, communiquant à l'éléphant sa civilisation et son industrie, a découvert le secret de développer chez ce puissant et docile élève des affections morales et l'art de travailler pour l'homme[1]. De ce redoutable serviteur il a fait son confident, son ami, son défenseur, au besoin, et le compagnon ingénieux de son labeur.

Le même ciel et la même terre convenaient merveilleusement à la nation favorisée par Brahma, ainsi qu'au roi des animaux de l'Asie orientale. D'après la mythologie de l'Inde, cet être privilégié ne peut vivre sur notre globe sans avoir reçu, par la métempsycose, l'âme de quelque grand sage et parfois de quelque dieu. Les Indo-Chinois vont plus loin : ils adorent, comme un être supérieur et privilégié, celui dont la divinité se manifeste par la blancheur infiniment rare de sa peau. Chose encore plus étonnante! cet hommage religieux, qui s'attache à la blancheur de l'épiderme, est rendu par un peuple et par des rois dont l'épiderme est presque noir.

Dans l'Inde et dans l'Indo-Chine, tout concourait à l'alliance de l'homme avec le plus raisonnable des animaux. Une heureuse harmonie de douceur, de patience et d'activité réfléchie s'est établie entre l'Indien et l'éléphant. Aidés l'un par l'autre, on dirait qu'ils pratiquent à l'envi, et de concert, les arts de la paix et ceux de la guerre; la nature des lieux et la situation des contrées sont éminemment favorables à ces deux genres de services.

L'éléphant le plus gigantesque est conduit par un humble

[1] « Les Asiatiques, très-anciennement civilisés, se sont fait une espèce « d'art de l'éducation de l'éléphant; ils l'ont instruit et modifié *selon leurs « mœurs.* » (Buffon.)

cornac, les Anglais diraient un groom, d'autant plus parfait qu'il est moins pesant; il se pose à cheval sur le col de l'animal. Il semble dépourvu des moyens qu'on jugerait indispensables à l'accomplissement d'une si rude tâche. Pour diriger un coursier quatre ou cinq fois moins massif que ce colosse, le plus robuste cavalier a besoin d'un levier de fer ou d'acier, c'est le mors, fixé, manœuvré par de fortes brides en cuir; à ce premier moyen coercitif il faut ajouter la pression de ses cuisses, de ses genoux, et le stimulant d'un fouet ou d'une cravache; enfin, l'action perçante ou tranchante d'éperons européens ou de lames acérées qui servent à l'Africain pour sillonner les flancs du cheval, ensanglantés au besoin. Le faible cornac n'a pas de selle, pas d'étriers, pas de bride en sa main et pas de mors pour peser sur la bouche de l'animal; un modeste sceptre, un court bâton ferré, qui se termine en bec-de-corbin, présente une espèce de crochet avec lequel il peut gratter un endroit sensible à côté des oreilles de l'éléphant : voilà son seul moyen d'action matérielle. Mais il y joint l'action de sa voix ou plutôt les paroles réfléchies avec lesquelles il entretient, il conseille son compagnon et son ami. L'éducation d'aucun autre animal ne présentait de pareilles difficultés à vaincre et qu'on ait vaincues avec un si grand art.

Je voudrais qu'un cornac intelligent écrivît ou fît écrire ce qu'en termes de gymnastique on pourrait appeler *l'École de l'éléphant;* je demanderais qu'il expliquât par quels attouchements ou par quels accents il commande la marche et la halte, la conversion vers la droite et vers la gauche, la modération ou l'accélération du pas, et bien d'autres enseignements écoutés, compris et suivis.

II. — De l'éléphant et de son caractère.

Le climat des Indes méridionales semble plus propre que celui de toute autre partie du monde à la multiplication des éléphants de la plus grande espèce, laquelle est aussi la plus courageuse.

Dans la zone tempérée, les parties les plus chaudes, et dans la zone torride, les parties les moins brûlantes, conviennent le mieux au développement des forces du géant des quadrupèdes. C'est dans la région moyenne des grandes chaînes de monts qui divisent l'Inde ou qui la limitent, montagnes abondantes en gras pâturages, c'est là qu'il atteint à la fois sa plus haute stature et ce courage physique inspiré chez les animaux, comme il l'est souvent chez l'homme, par le sentiment de leur force corporelle. Herbivore de sa nature, il ne cherche à détruire aucune race vivante; en même temps, les ennemis les plus hardis et les plus voraces, le tigre, le lion même, ne tentent pas sans grand péril de le choisir pour leur pâture.

Cet être vraiment supérieur aux autres animaux, jusque dans ses plaisirs les plus doux, subordonne aux lois de la pudeur la reproduction de son espèce. Il lui faut la paix profonde, il lui faut les grands ombrages et le mystère des forêts pour ses rares accouplements, à peine renouvelés tous les deux à trois ans; mais la longueur biséculaire de sa vie permet encore une abondante reproduction de cet individu chaste et monogame.

Dans les régions que nous venons de signaler, selon le grand naturaliste qui décrit avec tant d'éloquence et de sagacité la vie, les mœurs et l'organisation de ces animaux d'un ordre supérieur, « l'air étant plus tempéré, les eaux moins impures, les aliments plus sains, leur espèce arrive à son plus grand développement; elle acquiert à la fois toute son étendue, toute sa perfection. »

III. — Son organisation favorable aux arts.

Ce merveilleux serviteur que la nature a créé pour prendre part à nos travaux, elle l'a doté des instruments à la fois les plus puissants, les plus délicats et les plus propres à l'accomplissement des actions des genres les plus divers. De tels instruments sont en même temps les organes auxquels il doit une grande partie de son intelligence.

Sa trompe flexible, et sinueuse en tout sens comme le corps d'un serpent, lui permet d'atteindre tous les objets, en haut, en bas, en avant, en arrière, et des deux côtés de sa tête. Dans ce long tuyau creux, il fait à volonté le vide et repousse avec puissance l'air et les liquides. C'est le double jeu d'une pompe, tantôt aspirante et tantôt foulante, qu'il alterne à volonté. Il soulève de lourds fardeaux par le retrait de l'air que sa force d'aspiration opère sur la face supérieure des corps contre laquelle il fait adhérer l'embouchure de sa trompe; il est, à cet égard, aussi savant que le physicien de Magdebourg, qui surprenait l'Europe moderne avec la force d'adhésion de ses plaques célèbres.

Grâce à la même puissance d'aspiration, l'orifice de sa trompe, dès le jour de sa naissance, fait fonction de lèvres pour aspirer le lait de sa mère et l'accumuler dans ce long et flexible réservoir. Ayant ainsi rempli sa corne d'abondance, il s'en sert pour boire, comme l'Espagnol se sert d'une conque; il en introduit l'orifice au fond de sa bouche, puis il cesse d'aspirer, et, par une pression contraire, il injecte le lait dans le conduit étroit de son palais. L'instinct admirable de la nature, dirigé par la Providence, lui fait accomplir tout cela sans précepteur et dès le moment qui suit sa naissance.

Sa trompe est en même temps son bras et sa main. L'orifice ou bourrelet qui la termine et le doigt flexible dont il est armé sont doués d'un sens exquis du toucher.

Le même organe est aussi le siége de l'odorat. L'intérieur est tapissé par un immense nerf olfactif; ce nerf capital s'élargit de plus en plus depuis l'embouchure extérieure jusqu'à la base frontale, comme la trompette s'élargit jusqu'à son pavillon sonore. La trompe transmet au cerveau la sensation fortifiée des odeurs, comme le pavillon de l'instrument à vent porte à l'oreille des auditeurs les vibrations imprimées par l'embouchure du plus retentissant des instruments musicaux. Aussi voyez l'éléphant, dont la masse informe n'oppose à l'air extérieur que des surfaces rugueuses et qu'un épiderme presque partout à l'épreuve des atteintes les plus violentes ou du choc des corps aigus les plus pénétrants; voyez ce qu'a d'exquis son odorat! Par le bienfait de sa trompe, il perçoit les moindres nuances des odeurs, tout aussi bien que la jeune beauté dont les organes déploient la plus délicate sensibilité. Buffon se complaît à montrer cette faculté pleine de grâce : « L'éléphant, dit-il, aime avec passion les parfums de toute nature, et surtout les fleurs odorantes; il les choisit, il les cueille une à une; il en fait des bouquets, et après en avoir savouré l'odeur, il les porte à sa bouche et semble les goûter. La fleur d'oranger est un de ses mets les plus délicieux; il dépouille avec sa trompe un oranger de toute sa verdure et en mange les fruits, les fleurs, les feuilles et jusqu'aux jeunes bois. Il choisit dans les prairies les plantes odoriférantes, et dans les bois, il préfère les cocotiers, les bananiers, le palmier et les sagous. En définitive, la délicatesse du toucher, la finesse de l'odorat, la facilité du mouvement et la puissance de succion se trouvent réunies à l'extrémité du nez de l'éléphant. »

IV. — Parallèle des plus grands miracles de la vapeur avec le travail de l'éléphant.

On a vu, de nos jours, un ingénieux mécanicien faire mouvoir et, pour ainsi dire, animer d'énormes pilons dont chacun pèse autant que deux éléphants de première grandeur; ces pilons, une invisible vapeur les fait monter et descendre au gré du doigt d'un manouvrier appuyant sur la clef d'un robinet. On frappe ainsi des coups qu'aucun être vivant, avec un marteau, fût-il cyclopéen, n'avait frappés jusqu'alors. Par un admirable contraste, l'inventeur fait arrêter le monstrueux marteau à l'instant précis que désire le conducteur du mécanisme. On produit ce phénomène au point de transformer le choc qui comprime et transfigure les plus grandes masses d'un fer incandescent, et de le changer en pression assez légère pour casser une noix sans en meurtrir le fruit. L'industrie, avec raison, célèbre la merveille de cet éléphant à vapeur.

L'éléphant, tel que l'a créé la nature, accomplit des actes d'une grande puissance et d'une tout autre intelligence, lui qui porte des canons et leur sert d'affût; lui qui, par sa seule pression, enfonce des portes de ville et renverse des murailles; lui qui déracine de grands arbres. « Avec son doigt, il ramasse à terre les plus petites pièces de monnaie; il cueille les herbes et les fleurs, en les choisissant, nous l'avons dit, une à une; il dénoue les cordes, ouvre et ferme les portes en retirant ou tournant les clefs et poussant les verrous. On assure qu'il apprend à tracer des caractères réguliers avec un instrument aussi petit qu'une plume.

Sur un seul point, je suis surpris que le grand observateur de la nature, qui raconte si bien ces merveilles d'intelligence, puisse accepter l'exagération des voyageurs d'après lesquels tous les travaux de transport exécutés dans les Indes le seraient sans exception par le colosse, ainsi devenu le travailleur universel. Admirons en même temps comme un modèle charmant de clarté, de simplicité, je dirais presque de naïveté, l'énumération qu'il fait d'un choix d'opérations où l'intelligence de l'animal semble égaler celle de l'homme.

« Pour donner une idée du service que l'éléphant peut rendre, il suffira de dire que *tous* les tonneaux, les sacs, les paquets qui se transportent d'un lieu à l'autre dans les Indes, sont voiturés par des éléphants; qu'ils peuvent porter des fardeaux sur leur corps, sur leur cou, sur leurs défenses et même avec leur gueule, quand on leur présente le bout d'une corde qu'ils serrent avec les dents; que, joignant l'intelligence à la force, ils ne cassent, ils n'endommagent rien de ce qu'on leur confie; qu'ils font tourner et passer les paquets du bord des eaux dans un bateau sans les laisser mouiller, les posant doucement et les arrangeant où l'on veut les placer; que, quand ils les ont déposés dans l'endroit qu'on leur montre, ils essayent avec leur trompe s'ils sont bien situés, et que, quand c'est un tonneau qui roule, ils vont d'eux-mêmes chercher des pierres pour le caler et l'établir solidement, etc. »

Il faut voir l'éléphant, sur la côte de Malabar, s'employer au transport des bois nécessaires à construire, à radouber des navires. Pour qu'il traîne une lourde pièce, madrier ou mâture, attachée d'un bout avec un cordage, il suffit qu'on lui jette l'autre bout; il le porte à sa bouche, premier point d'arrêt; il le passe deux fois autour de sa trompe, puis il traîne sans conducteur la pièce de bois jusqu'au pied du navire en construction. Chose encore plus merveilleuse! Rencontre-t-il une autre pièce de bois en travers de son chemin, il soulève le bout antérieur de la sienne, afin qu'elle glisse par-dessus avec facilité. Une fois, peut-être, aura-t-il appris cet artifice par l'indication de quelque chef de travaux, et plus n'est besoin de renouveler l'enseignement.

Dans les marches et dans les opérations variées, imprévues, l'éléphant a besoin d'un conducteur. Son cornac, assis sur le cou du géant, nous l'avons dit, le régit avec une tige de fer pour l'aiguillonner dans les parties les plus sensibles de la tête; d'ordinaire, la parole sert plus que cet aiguillon; son cornac, je dirais plutôt son ami, raisonne avec lui, l'éclaire à propos par ses avertissements et l'exhorte au besoin à tenter un effort suprême. L'intelligent quadrupède comprend d'instinct cette voix; aussi longtemps qu'elle commande avec des égards, il redouble de zèle et d'intelligence afin d'exécuter des ordres qu'il prend à cœur et qu'il s'honore d'accomplir. Sur un seul point, l'éléphant, si merveilleusement instruit, ressemble trop à son maître asiatique; s'il est sensible au bienfait, il est en même temps implacable contre l'offense et souvent contre l'injure ou la seule dérision.

Dans les circonstances importantes, indépendamment du cornac qui, sur le cou de l'éléphant, est trop loin des obstacles du sol, un serviteur à pied se tient, pour ainsi dire, à l'oreille du quadrupède; il lui parle d'une voix grave, lente et soutenue; il l'avertit des mauvais pas et des objets qu'il faut éviter; il lui signale tout ce qui doit attirer son attention, mériter ses égards, exiger ses salutations ou nécessiter ses menaces et parfois ses coups terribles. Ce langage est compris et les conseils sont suivis.

La civilisation nous présente ces deux contrastes également dignes de notre admiration : d'un côté, l'homme qui s'identifie de la sorte avec l'éléphant; de l'autre, le chien de l'aveugle, qui sait quêter, demander pour cet ami dans le malheur l'obole de Bélisaire; qui sait le préserver des mauvais pas, du choc des obstacles inertes, et le sauver du heurt plus redoutable des hommes, des animaux ou des voitures qui croisent sa route. Ce que nous voyons chaque jour du service rendu par le petit chien qui conduit l'aveugle doit nous rendre facile à comprendre le même service rendu par l'intelligence humaine au plus grand, au plus intelligent des animaux.

Au milieu de tous les succès obtenus par l'homme pour s'approprier, en quelque sorte, la force et les facultés du plus puissant des quadrupèdes, ses efforts ont échoué sur un point capital, celui de la reproduction. Cette impuissance fait un étrange contraste avec les succès que nous obtenons sur le reste de la nature.

Entre tous les travaux de l'homme ayant pour objet d'amener certaines classes d'animaux à la servitude, il faut compter pour un de ses plus beaux triomphes l'influence de son génie sur la reproduction des êtres apprivoisés comme sur celle des plantes rendues utiles à ses besoins. Son industrie les a multipliés dans une bien plus grande proportion que ne le comportait leur état de nature au milieu de la création; il les a, par degrés, accoutumés à de nouveaux climats. Non-seulement il s'est rendu le maître, le dispensateur du nombre des individus à créer et des régions où peut s'entretenir la vie et s'opérer la reproduction; il a modifié, varié, perfectionné les espèces par le croisement, par l'alimentation et par le labeur systématique.

Une vertu naturelle à l'éléphant, la pudeur, a suffi pour s'opposer à tous les efforts que l'homme a tentés dans le désir de perpétuer cet animal une fois acquis à la domesticité.

« A l'état sauvage, et lorsqu'il peut céder à ses penchants, l'éléphant vit en troupes, heureux d'exister avec ses semblables ; la société qu'ils forment se partage en couples que la sympathie avait rapprochés avant des besoins plus doux. Quand s'approche le temps d'y céder, ces couples se réfugient en des lieux où nul regard ne puisse profaner la chasteté de leur amour : aussi jamais être humain ne les a vus s'accoupler. Dès l'instant que le but de la nature est atteint, le mâle s'abstient, quoique la gestation dure deux ans; ce n'est qu'à la troisième année que renaît pour lui la saison des amours, » comme parle Buffon qui nous présente ce tableau. Le puissant observateur s'élève à la plus haute éloquence en peignant une vertu que ne partage nul autre genre d'animaux.

« Lorsque l'éléphant devient pour l'homme un compagnon de tous les jours, les conditions des plus doux moments de sa vie sont rendues impossibles. Sa passion contrainte dégénère en fureur; ne pouvant la satisfaire sans témoins, il s'indigne, il s'irrite, il devient insensé, violent, et l'on a besoin des chaînes les plus fortes et d'entraves de toute espèce pour arrêter ses mouvements et briser sa colère. Ici, l'individu seul est esclave; l'espèce demeure indépendante et refuse constamment d'accroître au profit du tyran. Cela suppose dans l'éléphant des sentiments élevés au-dessus de la nature commune des bêtes : ressentir les ardeurs les plus vives et refuser en même temps de se satisfaire, entrer en fureur d'amour et conserver la pudeur, sont peut-être le dernier effort des vertus humaines et ne sont dans ce majestueux animal que des actes ordinaires auxquels il n'a jamais manqué; l'indignation de ne pouvoir s'accoupler sans témoins, plus forte que la passion même, en suspend, en détruit les effets, excite en même temps sa colère, et fait que, dans ces moments, il est plus dangereux que tout autre animal indompté. »

En vain des princes de l'Inde, non-seulement amis, mais adorateurs de ces animaux divinisés, ont fait les plus grands sacrifices dans le dessein de reproduire ceux qu'ils nourrissaient en grand nombre ; après d'impuissants efforts, ils ont pris le parti de séparer les mâles et les femelles, en renonçant à toute idée de propagation parmi les individus apprivoisés.

Par conséquent, il n'existe aucun éléphant réduit à la vie domestique qui ne soit pas né dans l'état sauvage. L'art de les prendre et de les dompter exige des soins extrêmes, dont nous ne pouvons expliquer ici les détails et qui, depuis nombre de générations, sont restés les mêmes.

Expérience proposée au Gouvernement britannique.

Ne serait-il pas possible que le Gouvernement britannique tentât un puissant et dernier effort dans quelque grande vallée des Himâlayas, où les bois, jusqu'à ce jour inhabités, approchent encore de l'état primitif? On établirait des étables spacieuses aux abords d'une forêt; on aurait de vastes pâturages où l'on ferait paître des éléphants mâles en compagnie des femelles qui n'auraient plus de petits à allaiter. Rien n'empêcherait les deux sexes de céder à leurs instincts doux et pudiques, de s'apparier et de s'éloigner en liberté dans la grande vallée sauvage, qui leur garantirait la solitude, la paix et la liberté, nécessaires à leurs amours. Plus tard, dût-on les chasser de nouveau suivant le mode accoutumé pour les prendre à l'état sauvage, on se rendrait maître des couples et de leurs petits. N'aurait-on pas les observations les plus neuves et les plus précieuses à faire sur ces rejetons d'une génération déjà civilisée, sur les aptitudes conservées et sur la facilité probablement plus grande qu'offrirait l'éducation des jeunes éléphants? Je serais heureux, je l'avoue, qu'on essayât une expérience qui contribuerait au bonheur des animaux les plus intéressants de la création, en secondant le vœu sacré de la nature.

Au moyen d'un signe distinctif imprimé sur l'ivoire des éléphants avant leur mise en liberté, ne pourrait-on pas rendre à chacun son ancien cornac, et vérifier jusqu'à quel point se seraient conservées la mémoire et l'affection de l'animal pour son premier conducteur?

S'il est vrai que la vie d'un éléphant soit de deux siècles et que tous les trois ans la femelle puisse produire un nouveau rejeton, ce n'est pas trop de supposer que chacune soit quarante fois mère, et pourvoie à vingt fois la multiplication des deux sexes. Il suffirait d'une reproduction beaucoup moins fréquente, même en ayant égard à toutes les causes de destruction, pour empêcher la diminution des animaux civilisés, auxquels, d'ailleurs, on ajouterait les conquêtes accoutumées sur les individus qui sont encore à l'état sauvage.

De l'éléphant employé pour les fêtes d'apparat.

Après avoir expliqué l'utilité de l'éléphant pour les arts de la production, indiquons son emploi dans les arts de luxe; nous l'étudierons ensuite dans les arts de la destruction, c'est-à-dire ceux de la guerre.

La nature s'est complu à favoriser le penchant des Orientaux, et surtout des Indiens, pour le faste et l'éclat des cérémonies civiles et religieuses. Aux abords des grands fleuves dont les eaux sacrées portent avec elles la fécondité dans les champs et la docile piété chez les fils de Brahma, là s'élèvent les temples et les palais. L'azur des cieux du Midi et la puissance des rayons du soleil prêtent leur splendeur aux solennités accomplies dans les beaux lieux. Une si vive lumière ajoute à l'éclat des costumes et des armes, où l'or, l'argent et les pierreries rehaussent l'aspect sévère du bronze, du fer et de l'acier!

L'ornement le plus imposant, le plus étrange, ajoute à la majesté de ces fêtes : c'est le grand éléphant d'Asie, plus haut deux fois que le cheval de haute stature qui redresse sa tête avec une mâle fierté; cet éléphant, dont la masse et la force impriment une crainte respectueuse à l'homme, qu'il peut saisir avec sa trompe et lancer au loin comme un projectile, ou jeter sous ses pieds pour l'écraser comme un reptile[1].

C'est un spectacle saisissant que celui d'un cortége composé de pareils colosses, qui dans leur marche, même paisible, font trembler la terre sous leurs pas. Dans les cérémonies solennelles, et lorsqu'ils apparaissent dans un rang distingué, chacun d'eux a le sentiment calme, fier et satisfait de son rôle et de sa parure. On dirait un pontife de Bouddha! Voyez celui qui porte un roi, un vizir, ou seulement un grand nabab! Son corps est couvert d'une ample chape et d'une étole de brocart, où l'or se dessine en relief sur un velours de pourpre ou d'azur. Son front est paré d'une mitre brodée, à laquelle sont attachés de nombreux et riches cordons qui descendent avec symétrie des deux côtés de sa tête et de ses défenses; les

[1] « Si le maître veut que l'éléphant fasse peur à quelqu'un, à sa voix, l'éléphant s'avance vers cette personne avec la même fureur que s'il le voulait mettre en pièces, et lorsqu'il en est tout proche il s'arrête tout court sans lui faire aucun mal. » (Buffon.)

défenses elles-mêmes sont parfois entourées de cercles d'or en guise de bracelets.

Trois hommes, léger fardeau, sont portés par le colosse : le conducteur, à cheval sur le cou de l'éléphant; le prince ou le grand seigneur, assis sur les coussins d'un vaste siége en ivoire artistement ciselé : c'est la chaise curule de la mollesse asiatique. Le grand personnage est abrité sous un dais dont la voûte, qui s'élève en hémisphère, est recouverte d'une soie richement brodée et garnie de franges d'or. En arrière, et sur un siége plus modeste, un serviteur agile fait osciller avec intelligence un long et large houssoir dont les crins sont des fils d'ivoire : un tel mouvement rafraîchit une atmosphère presque toujours embrasée et tient les insectes éloignés de la tête du souverain. Celui-ci montre à la foule émerveillée la fierté, la sérénité de son visage et la splendeur de son costume; son turban porte une aigrette implantée sur un faisceau de diamants; sa robe et le contour de sa coiffure font admirer leur mousseline vaporeuse, aux mille plis harmonieux; sa veste, brodée d'or et de perles, est tissée avec le plus fin duvet du Tibet, par la réunion des deux industries, où Bénarès ajoute son art à celui de Cachemire. Telle est l'idole politique offerte à l'admiration des spectateurs. Posé sur son *musnud*, on nomme ainsi le trône ambulant, le souverain s'avance à la tête d'une troupe où d'autres éléphants, montés par les grands officiers et les principaux seigneurs, composent un cortége dont la magnificence et la grandeur n'appartiennent qu'à l'Orient.

Le radjah de Mourchedabad, dont les prédécesseurs étaient vizirs du Bengale, voulant donner à Sa Majesté la reine Victoria quelque idée de la splendeur asiatique, a présenté pour hommage à la souveraine des trois Royaumes et des Indes l'équipage complet d'un éléphant portant un trône, tel que je viens de le décrire. La reine Victoria, pour embellir l'Exposition de l'Hindoustan, s'est rangée la première au nombre des exposants; elle a fait placer dans le Palais de cristal le simulacre d'un éléphant qui portait la riche parure dont je n'ai rappelé qu'imparfaitement la somptuosité.

Les conquérants britanniques, malgré la simplicité de leurs mœurs primitives, ont jugé nécessaire au prestige de leur puissance d'adopter la grandeur de cet apparat. Quand le gouverneur général visite les provinces de l'immense empire qu'il régit par l'imagination autant que par les lois, il voyage entouré d'un nombre prodigieux et d'hommes et d'animaux. Nous en avons donné l'idée en citant le cortége de ce lord Dalhousie qui promenait son despotisme en marchant accompagné de six mille serviteurs, avec cent trente-cinq chariots traînés par des bœufs, mille soixante chameaux et *cent trente-cinq éléphants*, groupés autour du colosse privilégié qui portait l'arbitre suprême de cent quatre-vingts millions d'hommes! Alexandre à Babylone ne triomphait pas avec plus d'apparat.

Emploi de l'éléphant à la guerre.

Avant l'invention des bouches à feu, l'éléphant prenait rang parmi les plus puissants auxiliaires des armées de l'Orient et du Midi; il n'a pas fallu moins que la discipline et l'intrépidité des Grecs conduits par Alexandre, et des Romains repoussant les efforts de Pyrrhus et d'Annibal, pour triompher de ces lignes d'éléphants qui marchaient en ordre serré dans le dessein d'enfoncer la phalange ou la légion. L'ennemi s'efforçait de tuer, de blesser le conducteur et les défenseurs placés sur la tour que portait l'éléphant; il tentait aussi d'effrayer ces animaux. Mais souvent il trouvait plus facile de vaincre les hommes ainsi protégés que le belliqueux animal qui combattait à la fois avec ses pieds, ses défenses et sa trompe, pour écraser, ou percer, ou lancer dans les airs les adversaires qui ne fuyaient pas assez vite une si redoutable attaque.

Aujourd'hui, dans les chasses, la cuirasse naturelle de l'éléphant ne résiste pas même aux longues et pesantes balles terminées par une pointe d'acier et lancées par des armes rayées. Tout cède aux moyens de détruire inventés par l'art moderne.

La grande utilité que l'éléphant conserve encore dans les guerres asiatiques, c'est de servir comme moyen de transporter les canons, les équipages, les munitions, en des contrées privées de routes, à travers les marais, les jongles et les forêts, et pour faire franchir aux plus lourds fardeaux les rudes pentes des montagnes.

Au XVIIIe siècle, lors des guerres que les Français ont soutenues dans le midi de l'Inde, ils employaient l'éléphant. Tandis que l'attelage de bœufs, capable de gravir les plus fortes pentes, les montait en traînant une bouche à feu, l'éléphant la poussait en arrière, avec sa tête appuyée contre la pièce. Dans les temps d'arrêt, un de ses genoux arc-bouté contre une roue empêchait le recul; il avait de lui-même cette intelligence.

C'est pour rendre des services de cet ordre qu'en 1818 un généreux roi d'Oude prêtait au gouverneur général, marquis de Hastings, trois cents de ses éléphants; ils servaient à combattre, au milieu des monts Himâlayas, les éléphants et les soldats du roi de Népaul. Ce grand service était rendu deux générations avant la confiscation, en pleine paix, du bienfaisant et beau royaume d'Oude.

TABLE DES MATIÈRES.

Pages.

HOMMAGE À S. A. R. LE PRINCE ALBERT.................... I
AVANT-PROPOS.................................... V

L'INDO-CHINE ET L'INDE.

I. INDO-CHINE.................................... 1
Empire d'Annam ou Cochinchine........................ 3
Population et territoire............................ *Ibid.*
Cochinchine proprement dite.......................... 4
Baie de Touranne. — Récente expédition des Français et des Espagnols.................................. 5
Commerce à développer en Cochinchine................... 7
Royaume de Siam.................................. *Ibid.*
Population et territoire............................ 8
Presqu'île, ville et détroit de Malacca.................. 9
Situation de la ville de Malacca........................ 10
ÎLE ET PORT FRANC DE SINGAPORE....................... 11
Création d'un port franc à Singapore.................... 12
Population de l'île de Singapore en 1851................. 13
Description de la ville de Singapore.................... 14
La rade et le commerce maritime....................... 15
Tableau du commerce de Singapore, de 1851 à 1852.......... 16
Poulo-Pénang...................................... 17
Population et territoire de Poulo-Pénang............... *Ibid.*
Province de Wellesley................................ 19
Établissements des détroits orientaux.................. *Ibid.*
Les marins malais au XIXe siècle....................... 20
Comment l'islamisme des Malais détourne les vents obstinés.... 25
Supériorité de l'officier britannique.................... 26
Triste marine de Siam. Barbaries siamoises............... 27
Les proscrits sauvés.................................. 28
Les côtes occidentales de l'Indo-Chine.................. 29
Provinces de Ténassérim.............................. 31
Topographie et ressources du pays...................... 32
Pégu... 33

Pages.
Empire Birman ou royaume d'Ava 34
Territoire et population.................................. 35
Commerce direct des Birmans avec les trois royaumes britanniques. 36

EMPIRE BRITANNIQUE DES INDES ORIENTALES.

Commencements de la Compagnie des Indes britanniques...... 37
Organisation définitive de la Compagnie réunie des Indes orientales.. 39
Ire partie. Gouvernement de la Compagnie dans la métropole.... 43
Idée du commerce de la Compagnie, à partir de sa constitution générale (année moyenne, de 1708 à 1728).............. 46
Objets du commerce qu'on effectuait à l'époque de 1708....... 47
IIe partie. Organisation de la Compagnie dans l'Inde.......... *Ibid.*
Hiérarchie des serviteurs de la Compagnie dans l'Inde........ 48
Distinction des deux services covenantés et non covenantés..... 50
Opérations de la Compagnie pour les importations et les exportations.. 51
Pouvoirs souverains délégués dans l'Inde à la Compagnie...... 53
Commerce personnel des agents de la Compagnie............ 54
Privilége de la Compagnie renouvelé.......................... 55
Revenus de la Compagnie...................................... 56

RÉVOLUTION COMMERCIALE ET GOUVERNEMENTALE.

Des écrivains historiques relatifs à l'Inde moderne............. 56
L'historien James Mill.. 57
Travaux historiques de Macaulay............................ 58
Appréciations générales relatives aux jugements de lord Macaulay. 59
Les commencements de Robert Clive........................ 69
Campagne de Clive au Bengale............................... 72
Le cachot noir ou *black-hole*.................................. 73
Succès de Clive au Bengale.................................... 75
Bataille de Plassy; chute de Sourajah-Dowla................ 81
Outrages de Clive et de ses conseillers envers la Cour des Directeurs.. 85
Triste résultat des conquêtes pour la Compagnie des Indes..... 86
Second retour de Clive en Angleterre.......................... 87
Maux excessifs de la centralisation du pouvoir, pour administrer trente millions d'âmes, à cinq mille lieues de distance...... 88
Vices de l'organisation métropolitaine de la Compagnie des Indes orientales, au XVIIIe siècle............................ *Ibid.*
Tentations infinies et démoralisation, dans la métropole, au sujet des Indes orientales.. 89
Excès du mal au Bengale...................................... 90

Pages.
Troisième mission de Clive........................... 94
Révolution introduite dans le gouvernement des vice-rois du Bengale........................... 101
Du commerce des consommations intérieures, pratiqué par des serviteurs de la Compagnie........................... 105
Les traitements de l'armée et les réformes militaires........... 107
Quelques erreurs de l'historien Macaulay sur l'administration et les exploits de lord Clive........................... 110
Jeu des actions de la Compagnie, savamment préparé par lord Clive........................... 114
Première intervention du Parlement........................... 117
Retour de lord Clive en Angleterre........................... Ibid.
Ce qu'étaient au XVIIIe siècle les nababs de la Compagnie des Indes. 119
L'Inde après le départ de Clive........................... 124
Opinion de M. Malcolm Ludlow sur lord Clive et lord Macaulay. 131
Gouvernement de Warren Hastings........................... 132
La charte de la Compagnie renouvelée en 1773............. 144
Salutaires mesures adoptées à l'égard de la Compagnie........ 145
Création d'un gouverneur général; composition de son conseil.. 146
Création d'une Cour suprême de justice au Bengale........... Ibid.
Énormes traitements fixés par l'Acte du Parlement........... 148
Intervention du Gouvernement dans les affaires et dans les revenus de la Compagnie........................... Ibid.
Désordres produits dans l'Inde par l'impéritie parlementaire.... 149
Anarchie de la nouvelle justice introduite dans l'Inde......... 152
Lutte de Hastings contre Hyder-Ali........................... 157
Les grands besoins d'argent après les grandes conquêtes....... 158
Usurpation et spoliation de Bénarès........................... 159
Les spoliations du viziriat d'Oude........................... 161
Les meilleurs côtés du gouvernement de Hastings. 164
Un gouverneur général de l'Inde jugé par le Parlement d'Angleterre........................... 167
Tableau d'une évolution dans la Chambre des communes...... 171
Sage opinion de M. Malcolm Ludlow sur les jugements de lord Macaulay........................... 182
Projets d'intervention directe du Gouvernement britannique dans les affaires de l'Inde........................... 184
Création d'un ministère, appelé *Bureau de contrôle*, pour surveiller le gouvernement de l'Inde........................... 186
De quelle manière pouvait fonctionner l'institution du contrôle.. 187
Comment fut violée, dès le principe, la loi qui constituait le Bureau de contrôle........................... 189
Empiétements du Bureau de contrôle sur l'autorité de la Compagnie à l'égard de ses subordonnés........................... Ibid.

Pages.
Empiétement sur l'action financière de la Compagnie......... 190
Rapports irréguliers du Bureau de contrôle avec les dettes de l'Inde.. 191
Impuissante humilité de la Cour des Directeurs.............. 192
Macpherson, le faux Ossian, gouverneur par intérim......... 198
Les lords Macartney et Cornwallis............................. 199
La forteresse et la principauté de Courg conquises par lord Cornwallis.. 200
Gouvernement intérieur de la principale présidence, amélioré sous lord Cornwallis.. 201
M. Malcolm Ludlow, historien et jurisconsulte, pris pour guide sur les droits de propriété dans leurs rapports avec le Gouvernement britannique.. 202
Parallèle des systèmes hindou et musulman sur la propriété.... *Ibid.*
Introduction du système britannique........................ 203
Premiers essais pour améliorer la perception des revenus...... 206
Opinions et travaux financiers de sir John Shore, lord Teignmouth. 207
Régulation célèbre de lord Cornwallis pour immobiliser les propriétés du Bengale, à partir de 1793.......................... 208
La grande mesure du gouverneur Cornwallis après soixante ans d'exercice.. 213
Comment se continue la situation précaire et périlleuse des zémindars.. 216
Grande et belle enquête sur le sort de l'Inde, sur ses revenus et sur sa colonisation par des Anglais......................... 217
Comment sont dépossédés les propriétaires au Bengale........ *Ibid.*
Comment le Gange facilite périodiquement la dépossession des zémindars.. 218
Le fisc, servi par les rivières, porte également la main sur les domaines des zémindars anglais............................ 219
Sir John Shore, nommé plus tard lord Teignmouth.......... 221

NOTIONS ESSENTIELLES SUR LES POPULATIONS DE L'INDE.

I. TRIBUS ABORIGÈNES.. 222
Les Gourkhas.. 224
Les Garrows... *Ibid.*
II. LES HINDOUS.. 225
La religion des Hindous.. 227
Des hymnes et des commentaires dont se compose le *Véda*..... 229
Publication du *Véda* par la Compagnie des Indes orientales: Exposition universelle à Londres, 1851.......................... 231
M. Max Müller, éditeur du *Véda;* son hommage au génie d'Eugène Burnouf.. *Ibid.*

Pages.

Les travaux d'Eugène Burnouf honorés par la France et par l'Exposition universelle de 1851 234
Les brahmanes ou prêtres de Brahma 237
Le code sacré de Manou; les castes qu'il établit 238
Parallèle et séparation des peuples où règne l'inégalité du brahmanisme et de ceux où règne l'égalité chinoise et bouddhique . . . 240
Lutte implacable entre le brahmanisme et le bouddhisme 241
Comment les brahmanes ont conservé leur caste et leur autorité sociale 242
Comment a dégénéré le brahmanisme 248
Poésie des Hindous; ses rapports avec les trois règnes de la nature. 251
Le drame chez les Hindous : *Sacountala* 253
Un poëme épique : *le Ramâyâna* 258
Une science cultivée par les Hindous : le calcul 261
Illusions sur l'astronomie des Hindous 262
Les arts cultivés par les Hindous, défavorisés par l'Angleterre. . . *Ibid.*

III. Les Mahométans; leurs irruptions au milieu des Hindous. . . . 263
Immigrations par le Nord-Ouest 264
Immigrations par le Sud-Ouest 266
Amour des mahométans pour la carrière des armes 267
Attractions des indigènes vers l'islamisme 268

IV. Les Parsis 272

V. Les Chrétiens dans l'Inde 273
Immigrants arméniens 274
Invasion des chrétiens occidentaux: les Portugais 275
Les Français dans l'Inde 277
Territoire et population des Portugais et des Français dans l'Inde. 278
Des chrétiens anglais; leur isolement au milieu des populations indigènes . . . . *Ibid.*
Race britannique mélangée 279
Nécessité d'une chrétienté fortement protégée dans l'Inde 281
Nombre de convertis au protestantisme, donné par M. Kaye, en 1852, pour l'Inde britannique 282
Du clergé gouvernemental . . . . *Ibid.*
Tableau de la dotation des cultes qui dominent dans chacun des trois royaumes 283
Rivalité latente du catholicisme et du protestantisme dans l'Inde. *Ibid.*
Les missionnaires protestants 284

VI. Les Juifs 286
Progrès de la puissance du gouvernement de la Compagnie dans l'Inde au XIXe siècle . . . . *Ibid.*
Le comte de Mornington, marquis Wellesley, gouverneur général des Indes : 1798 à 1805 . . . . *Ibid.*
La conquête et la destruction de l'empire de Mysore 288

Pages.
Bataille de Malvilly; premiers succès du colonel Wellesley, qui deviendra le duc de Wellington 292
Caractère et gouvernement de Tippou-Sahib 293
Le partage des dépouilles 295
Noble désintéressement du marquis Wellesley 298
Profonds dissentiments du gouverneur général et de la Compagnie des Indes 299
Établissement général des alliances subsidiaires par le marquis Wellesley 303
Des résidents 306
Résultats obtenus 308
Les successeurs du marquis Wellesley 318
Sir Georges Barlow, gouverneur transitoire, fin de 1805 319
Gouvernement de lord Minto, comte de Moira, de 1806 à 1813. 320
Renouvellement de la charte de la Compagnie, en 1813 321
Gouvernement de lord Hastings, de 1813 à 1823 322
Guerre contre les Pindaries et les Mahrattes ..... *Ibid.*
Mesures déplorables contre les produits manufacturés de l'Inde.. 324
Gouvernement de lord Amherst, de 1823 à 1828 325
Gouvernement général de lord Bentinck, 1828 à 1835. L'Inde une fois administrée dans l'intérêt des Indiens 327
Réformes administratives et financières 328
Les indigènes appelés à siéger dans les tribunaux 330
Efforts tentés en faveur de l'enseignement du peuple 331
Enseignement des missionnaires écossais offert aux jeunes Hindous. 334
La loi rendue protectrice pour les indigènes convertis ..... *Ibid.*
Création d'un collége médical ouvert aux natifs 335
Mesures adoptées contre l'immolation des jeunes filles 336
Les *suttis*, ou sacrifices des veuves, supprimés par lord Bentinck. 337
Charte de la Compagnie : renouvellement pour vingt années, en 1833 338
Les successeurs de lord William Bentinck.
Intérim de sir Charles Metcalfe, 1836 339
Lord Aukland, 1836 à 1842 341
Sur la famine de 1838 et sur le besoin des irrigations 342
Envahissements des Anglais au delà de l'Indus 344
Première iniquité contre Sattara, principauté séquestrée en 1839. 345
Lord Ellenborough, 1842 à 1844 352
La Compagnie destitue lord Ellenborough 354
Belles qualités de cet homme d'État ..... *Ibid.*
Lord Hardinge, 1844 à 1848 356
Origine et croyance des Sikhs 357
Runjet-Sing devenu roi de Lahore; tristes guerres après sa mort 358

Pages.

Création du gouvernement de Cachemire.................. 360
Première association formée dans la métropole pour la réforme du gouvernement de l'Inde.......................... 361
Les réformateurs et le radjah de Sattara sous le gouvernement de lord Hardinge.................................... Ibid.
Gouvernement de lord Dalhousie, de 1848 à 1855........... 363
Lord Dalhousie et le commandant des forces, sir Charles Napier. 365
Lord Dalhousie et le nouveau commandant des forces, sir John Campbell.. 372
Lord Dalhousie et les souverains indigènes................ 373
Lord Dalhousie et la principauté de Sattara................ 376
Lord Dalhousie et l'orphelin héritier du roi de Lahore........ 379
Lord Dalhousie et le fournisseur Jotie Persâd.............. 380
Lord Dalhousie et les partisans du 5 p. o/o réduit au 4 p. o/o subtilisé : *The swindled* FOUR PER CENTUM................ 382
La principauté de Nagpore annexée......................... 383
Lord Dalhousie et la confiscation du royaume d'Oude......... 384
Comment la Compagnie a progressivement exploité la richesse et l'alliance du royaume d'Oude......................... Ibid.
Érection du viziriat d'Oude en royaume; esquisse d'un règne illustre.. 389
Un nouveau règne exploité.................................. 395
Jugement porté sur Oude par le prédécesseur de lord Dalhousie. 398
Lord Dalhousie arrive dans l'Inde et tourne ses regards vers le royaume d'Oude.. Ibid.
Ce que deviennent les sujets par le fait d'une annexion dans l'Inde. 405
LES INDES REPRÉSENTÉES À L'EXPOSITION UNIVERSELLE DE 1851.. 406
Caractère indigène de l'exposition des Indes britanniques..... 407
Comment s'est préparée dans l'Inde l'Exposition universelle..... 408
Matières premières exposées................................ 410
Les collections de matières animales et végétales envoyées de l'Inde, jugées par le grand Jury international de 1851..... 413
I. Produits alimentaires..................................... 415
II. Substances végétales utiles aux arts : les gommes et les huiles... Ibid.
III. Les teintures et les couleurs............................ 417
IV. Matières textiles : les cotons, la jute, etc............... 418
V. Les bois utiles aux arts.................................. 419
VI. Produits du règne animal................................ Ibid.
Tableau des produits industriels les plus remarquables et des procédés les plus ingénieux qu'offrent les arts de l'Inde............... Ibid.
Travaux du professeur Royle................................ 421
Céramique employée aux usages généraux.................... 422
Céramique réfractaire...................................... 423
Produits poreux et perméables.............................. 424

Pages.
Perfection du travail et du bon goût de la céramique indienne. École nouvelle de Madras.......... 424
Production du fer et de l'acier.......... 425
Fabrication du voutz, le célèbre acier de l'Inde.......... 427
Applications remarquables de l'acier indien.......... 428
Application au poli parfait des pierres dures dans les monuments. 429
Application aux ornements architectoniques.......... 430
Application au travail des vases précieux.......... 431
Alliage des métaux et ses applications.......... 433
Alliage du fer, du cuivre, du zinc et de l'étain : les bidderys.... 434
La nielle appliquée aux bidderys.......... 435
Les armes et les équipements.......... *Ibid.*
Travail artistique des métaux précieux : jugements dus à M. le duc de Luynes, membre de l'Institut, rapporteur du XXIIIe Jury...... 438
I. Les bijoux.......... 439
II. Les émaux.......... 440
Les nielles.......... 441
De l'ivoire employé dans les arts délicats de l'Inde.......... *Ibid.*
Le XXXe Jury de 1851 et les beaux-arts de l'Inde.......... 444
Rapport de M. le comte de Laborde sur les beaux-arts et leurs applications à l'industrie.
1° Vues générales.......... 446
2° Considérations et jugements propres à l'Inde.......... 447
Examen des arts textiles de l'Inde.......... 450
Production de la soie.......... *Ibid.*
Travail des soieries.......... 452
Les tissus formés avec le duvet des chèvres du Tibet.......... 454
La filature et les tissus de coton.......... 459
Blanchissage perfectionné des tissus de coton.......... 465
La teinture sur coton et ses matières premières.......... 467
Tapis de soie et de laine.......... 469
Tissus de poil de chameau fabriqués dans l'école ouverte aux enfants des Thugs.......... 470
Raccommodage des tissus en poils de chèvre du Tibet.......... *Ibid.*
Art de rentraire ou de raccommoder les tissus de coton.......... 471
Des broderies sur le coton et sur la soie.......... 472
Éducation, industrie et parure de l'éléphant asiatique.......... 473
I. Supériorité des Indiens dans l'éducation de l'éléphant.......... 474
II. De l'éléphant et de son caractère.......... 477
III. Son organisation favorable aux arts.......... 478
IV. Parallèle des plus grands miracles de la vapeur avec le travail de l'éléphant.......... 480
Expérience proposée au Gouvernement britannique.......... 485
De l'éléphant employé pour les fêtes d'apparat.......... 486
Emploi de l'éléphant à la guerre.......... 489

ERRATUM.

Page 327. Au lieu de : *de 1828 à 1825*, lisez : *de 1828 à 1835*.

www.ingramcontent.com/pod-product-compliance
Ingram Content Group UK Ltd.
Pitfield, Milton Keynes, MK11 3LW, UK
UKHW021939200726
13856UKWH00005B/112

9 782013 399807